江苏水利丛书

江苏农村水利

JIANGSU NONGCUN SHUILI

江苏省水利厅　编著

中国水利水电出版社
www.waterpub.com.cn
·北京·

内 容 提 要

本书是对江苏近70年来农村水利工程建设、运行管理与科技推广成果的系统总结。全书分10章，第1～第3章为江苏农村水利概况、灌排渠系与配套建筑物、农田水利分区治理等内容；第4～第8章为专项农村水利工程建设；第9～第10章为管理服务体系与科技成果总结。

本书可作为各市县从事农村水利工程建设、规划设计、运行管理与科学研究等工程技术人员和研究人员的参考书，也可作为高等学校农村水利工程专业本科生、研究生教学参考教材。

图书在版编目（CIP）数据

江苏农村水利 / 江苏省水利厅编著. -- 北京 : 中国水利水电出版社, 2021.1
（江苏水利丛书）
ISBN 978-7-5170-9382-4

Ⅰ. ①江… Ⅱ. ①江… Ⅲ. ①农村水利－江苏 Ⅳ. ①F323.213

中国版本图书馆CIP数据核字(2021)第025254号

书　　名	江苏水利丛书 **江苏农村水利** JIANGSU NONGCUN SHUILI
作　　者	江苏省水利厅　编著
出版发行	中国水利水电出版社 （北京市海淀区玉渊潭南路1号D座　100038） 网址：www.waterpub.com.cn E-mail：sales@waterpub.com.cn 电话：(010) 68367658（营销中心）
经　　售	北京科水图书销售中心（零售） 电话：(010) 88383994、63202643、68545874 全国各地新华书店和相关出版物销售网点
排　　版	中国水利水电出版社微机排版中心
印　　刷	北京印匠彩色印刷有限公司
规　　格	184mm×260mm　16开本　19.75印张　481千字
版　　次	2021年1月第1版　2021年1月第1次印刷
印　　数	0001—1800册
定　　价	**180.00**元

《江苏水利丛书》编纂委员会

《江苏水利丛书》编纂委员会办公室

前　　言

江苏位于中国东部，地处长江、淮河及沂沭泗诸河下游，东临黄海。境内气候温润，河湖密布，人多地少，城乡经济发达。江苏地形以平原、圩区居多，自身排水不畅，又要承受江、淮、沂、沭、泗诸河洪水压力，以及黄海高潮顶托，因此，历史上江苏也是一个多灾之邦，洪、涝、旱、风、暴、潮灾害频发。

中华人民共和国成立以来，江苏省委、省政府始终把治水作为江苏发展的基本战略，先后在20世纪50年代、70年代、90年代及2000年后的近20年，掀起四次大规模农村水利建设高潮。从治理洪水入手，发展到治涝治旱、防渍降渍、节水灌溉、生态环境修复；从单一治理发展到综合利用，大力推进乡村振兴；从零星试点到集中连片治理；从工程水利到资源水利、生态水利，不断向广度和深度发展。70年来，从除水害到兴水利、从解决生存环境到提高综合生产能力、从农业的基础保障到整个国民经济的命脉，江苏农村水利经历了从传统水利到现代水利的巨大转变。江苏农村水利事业的健康发展，保障了江苏人民生命财产安全、粮食安全、饮水安全与生态安全，为江苏经济社会发展、乡村振兴提供了有力支撑。

为系统总结、全面梳理70年来江苏农村水利建设与管理经验、科技推广成果，江苏省水利厅组织编著了《江苏农村水利》一书。

本书全面回顾了江苏农村水利发展历程，详细介绍了江苏农村水利分区特点、工程建设标准、发展模式，系统梳理了江苏农村水利分区治理经验与节水灌溉、灌区续建配套、饮水安全等专项农村水利工作的建设、管理方法与科技推广成果。全书包括江苏农村水利概况、灌排渠系与配套建筑物、农田水利分区治理、大中型灌区建设与改造、高效节水灌溉、水土保持、农村河道治理、农村供水工程、农村水利管理服务体系、农村水利科技等10个章节。各章节均结合实际案例进行阐述，力求客观、翔实。本书可作为各市县从事农村水利工程建设、规划设计、运行管理与科学研究等工程技术人员和研究人员的参考书，也可作为高等学校农村水利工程专业本科生、研究生教学参考教材。书中高程全部为1985年国家基准高程。

本书由程吉林、陶长生、叶健、蔡勇等策划并编著，全书由程吉林统稿。主要编著人员有：扬州大学程吉林、蔡守华、蒋晓红、张礼华、仇锦先、何莲、袁承斌、陈兴、龚懿、刘怀玉等，江苏省水利厅陶长生、叶健、蔡勇、刘敏昊、夏晶等。此外，金兆森、刘有勇、倪明娟、韩品元、吴岳芳等长期从事江苏农村水利工作的专家、领导对本书提出了宝贵修改意见，在此一并感谢。

由于江苏农村水利内容多，涉及范围广，有错误、不到之处，敬请广大读者批评指正。

编者

2020 年 9 月

目　　录

1 江苏农村水利概况

农村水利包括县域范围内的防洪减灾、灌溉排水、土壤改良、农村供水、水土保持、水生态环境保护等工程的建设与管理。江苏农村水利的主要任务是根据江苏平原区、圩区、丘陵山区特点，建立完善的灌排渠系与配套建筑物布局，推进农田水利分区治理；重点开展灌区续建配套、节水灌溉、水土保持、农村河道整治、农村供水等专项工程的建设与管理；进一步提高农村防洪减灾及灌溉排水标准，全面提高农田抗御自然灾害能力，保障国家粮食安全；进一步加强灌区水环境与生物多样性保护和修复，维护农村河道健康，改善农村生态环境和农村居住环境，保障农村饮水安全。通过几十年的持续努力，江苏已经初步建成布局合理、功能完备、运行高效的农村水利工程体系；建成以大中型灌区管理单位为骨干，以乡镇水利管理站为核心，以农民用水合作组织为纽带，以村级水管员为基础，以抗旱排涝等专业服务队为补充，面向农村社会经济发展的保障型、服务型、促进型农村水利管理与社会化服务体系。

1.1 农村水利发展历程

1.1.1 历史上的江苏农村水利

水育万物，滋润生命。古人云："水者，地之血气，如筋脉之通流者也。""凡立国都，非于大山之下，必于广川之上，高毋近旱而水用足，下毋近水而沟防省。"人离不开水，农业生产同样离不开水，农业发达地区多在滨水区。江苏省名来源于"江宁府"与"苏州府"合并之简称。"苏"的繁体字"蘇"，由草、鱼、禾字组成，很形象地诠释了江苏自古就是鱼米之乡，其重要依托就是以长江和运河为主要骨架的发达水系。

江苏最大的特色在于水。江苏位于中国东部，地处长江、淮河及沂沭泗诸河下游，东临黄海。境内气候温润，河湖密布，人多地少，城乡经济发达。江苏总面积为10.72万km^2，其中平原洼地占68.8%，低山丘陵占14.3%，河湖水面占16.9%。江苏地形以平原、圩区居多，自身排水不畅，又要承受江、淮、沂、沭、泗诸河的洪水压力以及黄海高潮顶托，因此，历史上江苏也是一个多灾之邦，洪、涝、旱、风、暴、潮灾害频发。据史书记载，太湖地区10—19世纪的1000年间，共发生水灾386次，平均每2.5年一次；旱灾236次，平均每4年一次。里下河地区在1949年前的100年中，发生各种水旱灾害51次，平均每2年一次。沂沭泗下游地区在1074—1949年间，发生水灾303次，平均每3

年一次。因此，“鱼米之乡”也曾有过另外一番景象。“住江边，吃江鲜，大水一来屋朝天。挑起箩担去逃荒，大水退了再还田。”古老的歌谣是苏中靖江百姓深受水患的纪实。1931年苏北大水灾，洪水冲垮运河堤防，7.7万人丧生，千万亩农田绝收。上海《申报》报道：“棺木出售一空，大小木店概改制棺木。”

江苏农村水利，历史悠久。据考古证实，在距今五六千年前的太湖地区马家浜文化遗址发现经过人工驯化的稻谷；在苏州邱城遗址附近发现9条排水沟和2条引水沟；在淮北邳县大墩下层出土炭化粟米。这些古迹说明江苏农田水利早已开展。

春秋时期，吴国在太湖地区开凿铺渎，发展农田排灌；淮北修建陂塘，蓄水灌溉。秦汉期间，江淮农田水利继续发展，筑塘堰，开河沟，建陂塘，修圩岸。东汉末年，据史书《太平寰宇记》，淮阴县“白水塘在县南九十五里，故老云，邓艾平吴时修此塘，置屯田四十九所，灌田，以充军储”。又记宝应县“白水陂在县西八十五里，邓艾所立，与盱眙县破釜塘相连，开八水门，立屯溉田万二千顷”。扬州里运河（邗沟）东西相平，河湖相连，未设堤防。唐代在太湖地区大量疏浚塘浦，修筑圩岸，湖东部分洼地形成纵横棋布的塘浦圩田；淮北修建白水塘、富人塘、固本塘等较大的灌溉工程。

北宋初期，水利一度失修。自王安石革新变法，实施《农田利害条约》（又称为《农田水利法》）以后，州县水利又继续得到发展。封建王朝为保“漕运”兴建堤防和“减水闸”，形成了灌区的雏形，沿堤群众借用“减水闸”放水灌田，始有自灌，但由于工程薄弱，用时极少，使得淮水不可靠，江水用不到。南宋片面强调漕运，盲目围垦河湖，加上黄河夺淮，农田水利失修。

元朝、明朝、清朝600多年间，朝廷主要致力于黄、淮、运的治理，农田水利发展迟缓，堤圮河湮，水系紊乱，旱涝频繁。江苏苏南农田水利基础比较好，俗称“苏湖熟，天下足”，自晚清以后，由于统治阶级腐败以及长期的战乱，水利衰落，堤防残缺，难以摆脱“大雨大灾，小雨小灾，无雨旱灾”的局面，农业生产基本停留在靠天收的状态。

民国时期，尽管有识之士奔走呼吁，引进西方技术，兴办了一些水利工程及机电灌排设施，时至民国初期，里运河一带仅有数万亩自灌，淮阴（今淮安）也只剩下140万亩[1]排灌设施极其简陋的农田，农田水利面貌并无多大改观，抗御水旱灾害能力很差。

1.1.2 中华人民共和国成立后的江苏农村水利

中华人民共和国成立以来，江苏省委、省政府始终把治水作为江苏发展的基本战略，作为长治久安的根本大计，坚持治省必治水，治省先治水的发展思路。先后在20世纪50年代、70年代、90年代、2000年后的近20年，掀起四次大规模的农村水利建设高潮。从治理洪水入手，发展到治涝治旱、防渍降渍、节水灌溉；从单一治理发展到综合利用，大力推进农村水利现代化；从零星试点到集中连片治理；从工程水利到资源水利、生态水利，不断向广度和深度发展。60多年来，从除水害到兴水利、从解决生存环境到提高综合生产能力、从农业的基础保障到整个国民经济的命脉，江苏农村水利经历了从传统水利到现代水利的巨大转变。

从20世纪50年代起至60年代末，江苏在集中力量大规模治理淮河的同时，发动群

[1] 1亩≈666.67m^2。

众大搞农田水利建设，每年冬春季节全省都有几百万人投入农田水利建设，形成了冬季搞土方、春季搞配套的建设制度。1958年制定《江苏省农田水利分片规划提纲》，将全省分成4片12类地区。首次提出农田水利治理标准，摸索出了圩区“四分开、一控制”的有效治理方法，即“洪涝分开、高低分开、内外分开、灌排分开，控制地下水位”。60年代，江苏发扬“大寨精神”，坚持小型为主，中型为辅，兴办必要的大型工程，狠抓配套管理，全面、广泛、深入地开展农田水利建设。重点围绕“梯级河网化”的目标，开挖、整治了一大批重点灌排河道，兴建了大量调蓄水库，形成了各区域相对独立的灌排调蓄水系，增强了排涝抗旱能力。在流域治理上，把治理洪涝、解决干旱缺水有机结合起来，开始规划实施“扎根长江、江水北调、淮水北调”的跨流域调水伟大工程。

70年代，江苏持续掀起了大规模的以治水改土为中心，以建设旱涝保收、稳产高产农田为目标的农田水利建设高潮。农田水利向“洪涝旱渍碱综合治理、沟渠田林路统一安排，桥涵闸站井配套成龙”的格局发展。江苏及时总结了不同类型地区的典型经验，制定了《建设旱涝保收、高产稳产农田六条标准》，树立了一批样板，带动面上农田水利建设发展，江苏农田水利建设取得了重大突破。这个阶段主要建设内容有：新建淮北、滨海和低山丘陵区农田抗旱引水补水骨干工程，扎根江湖，翻水上山，灌田补库；挖河开沟修渠，建立新河网，平整土地，修筑水平梯田，建好桥、涵、闸、站等配套建筑物，实现水能引得进、灌得上、排得出、降得下；大力发展农田机电排灌，城市郊区蔬菜喷灌，淮北地区井灌；大力开展低山丘陵区水土保持建设。

80年代，由于宏观经济政策的调整，国家对水利建设的投资一度明显减少，但是江苏治水的步伐不停，力度不减，继续实施了一批区域治理的骨干工程，继续推进以“中低产田改造、旱涝保收田建设”为重点的农田水利基本建设。以内涵建设为主，制定并实施了《近期农田水利建设八项标准》；开展了“农田水利配套建筑物技术革新、机电排灌节能改造以及农田水利分区治理”。特别是1988—1990年实施完成了黄淮海平原低产田改造工程，使江苏农田水利的基础保障能力又上了一个新台阶。

进入90年代，江苏根据各地的特点进行分类指导，明确主攻方向。在丘陵山区开展以水土保持为重点的小流域综合治理，针对水源短缺、水土流失严重等情况，实行以蓄为主、蓄引提结合的计划，突出水源工程建设，推动山、水、田、林、路综合治理；在平原地区，针对内河少、实心田多、易涝易旱的特点，按照“深、网、平、分”的要求，开挖深沟深河，建立健全灌排水系，实现梯级河网化；在水网圩区，针对地势低、涝渍重的特点，高筑圩、双配套（闸、站配套），改造老河网，建立新水系，做到“挡得住、排得快、降得下、灌得好”。在沪宁、宁通、宁连等高等级公路沿线恢复水系，建设农田水利示范片；在苏锡常火炬带和长江经济带建设高标准农田水利工程，打造吨粮田；在苏北徐连经济带，围绕脱贫致富奔小康的目标，实施淮北重点地区中低产田改造，推进旱改水工程建设；同时，积极探索、大胆实践，对2.4万处小型水利工程进行了产权制度改革。1996—2000年实施完成的淮北重点地区以及盐城市渠北11个贫困乡镇与革命老区的低产田改造工程，取得了良好的社会经济效益。

进入21世纪以来，社会主义新农村建设和水利现代化建设将农田水利建设推向了新高潮。根据江苏经济社会全面、协调、可持续发展的要求，以提高农业综合生产能力为核心，以保障粮食安全、改善农业生产条件和生态环境为目标，结合江苏国土整治、新农村建设等，开展集中连片高标准农田建设，按照不同地区的自然、地理与水文水资源条件，构建“河、渠、路、林、村，闸、站、桥、涵、田”统筹规划，“洪、涝、旱、渍、咸”综合治理，大、中、小工程合理配套，“挡、排、引、蓄、控”功能齐全的灌区水利工程体系，确定江苏农田水利建设为“三重点一示范一管理”，即“五位一体”的总体布局。其中，“三重点”为：①突出水源工程建设，即加强水源工程建设与灌溉水源优化配置，重点是沿海垦区与平原河网地区河道整治、丘陵高岗地区水源工程配套与改造；②强化骨干工程建设，即注重大中型灌区骨干灌排渠沟整治与建筑物配套改造，进一步提高灌排标准与灌溉水利用系数；③大力推进管道灌溉工程建设，重点是小型机电灌区推广低压管道技术、城郊经济作物种植区与农业园区，推广喷微灌等高效节水灌溉技术，进一步提高农田灌溉效率、土地利用效率，并加强农田生物多样性保护。“一示范”是指分类指导、因地制宜，建设各类示范区，即通过科技示范与推广，注重实效，以发展田间节水灌溉为重点，加强各类示范区建设，注重示范区的特色与靓化，以点带面，加强周边地区的辐射与推广，逐步形成高标准农田规模化，建成一片，发挥效益一片，推进农田水利现代化进程。“一管理”是指实现现代化管理，完善管理服务体系，即以灌区水利信息化建设和灌溉配水科学管理为重点，构建灌区水利信息化与自动化管理平台，促进灌区管理信息化、数字化与智能化，实现江苏大中型灌区“面上工程信息化、骨干工程自动化、灌排调度科学化”；同时，建立完善以灌区管理单位为骨干、以乡镇水利管理站为核心，以水系和渠系组建用水合作组织为纽带，以村级水管员为基础的管理体制与社会化服务体系，保障灌区充分发挥效益并维持可持续运行。

1.2 农村水利分区及自然特点

根据江苏自然地理条件、流域特点，全省可划分为平原区、山丘区和圩区，各分区范围及特点如下。

1.2.1 平原区及自然特点

江苏平原区总面积为 4.6 万 km^2，可划分为四大片，即徐淮平原、沿江高沙土地区、沿海垦区和太湖平原。

1.2.1.1 徐淮平原

徐淮平原位于苏北灌溉总渠以北，为黄河、淮河及沂沭泗的冲积平原。根根地形和土壤特征，徐淮平原可分为高亢平原、平原坡地、平原洼地三种类型。

（1）高亢平原。高亢平原主要指丰沛西部和废黄河沿线高滩地，地势高亢，坡降较大。一般地下水位低，水源短缺，土质为粉沙土，土壤瘠薄，水土流失严重，引水条件差，因而易旱、易冲。

（2）平原坡地。徐淮平原大部分属平原坡地。地势较为平坦，倾斜微缓，地下水位低。北部多黏性土壤，南部地表覆盖多是黄泛沉积物，沙性土质，含有盐碱，毛细管上升速度快，部分地区下面还分布有深厚不等的黏土隔层，起托水作用，同时有机质含量少，土壤瘠薄，易碱、易渍、易冲刷。由于淮河、沂沭泗等洪水河道过境以及本身地面高差大，存在洪水威胁。

（3）平原洼地。平原洼地主要由湖、河淤积而成，分布在微山湖、骆马湖、洪泽湖、蔷薇河、古泊善后河、灌溉总渠北岸等沿湖、沿河地区，其他地区也有零星分布，土壤多为黏土，质地细、黏性大、肥力高。地势平坦低洼，面临河湖，背靠岗丘或高地，汛期高水下压，往往腹背受敌，地下水位高，故易涝，易渍，洪水威胁重。

徐淮平原是江苏历史上洪、旱、涝、碱、渍等灾害严重的地区。经多年治理，大中型骨干河道已基本形成。

在排洪方面，淮河水系洪水汇入洪泽湖后，部分经三河闸下泄入长江，部分经灌溉总渠、入海水道入海，也可由淮沭新河分部分洪水入新沂河。沂沭泗水系主要行洪河道有沂河、新沂河、沭河、新沭河、中运河、大沙河等，分别导泄洪水入湖入海。

排涝河道在运西主要有复兴河、濉安河、徐洪河、房亭河等，分别排涝入微山湖、洪泽湖和中运河。运东沂北地区的内水由鲁兰河、蔷薇河、古泊善后河等经埒子口等处入海。沂南的涝水则由柴米河、南北六塘河、一帆河等经灌河入海。渠北地区有和灌溉总渠平行的入海水道，从淮安经阜宁、滨海入海。

徐淮平原灌溉水源主要来源于洪泽湖、骆马湖和微山湖，已建成十几个大型自流灌区，也有少量地势高亢地区开发利用地下水。

1.2.1.2 沿江高沙土地区

沿江高沙土地区主要是通南高沙土区，位于长江北岸通扬运河以南，包括如泰运河水系、九圩港水系、通吕运河水系、通启运河水系等，有利用潮汐涨落引排之利，总耕地面积为804.95万亩，有效灌溉面积为623.84万亩（涉及南通、扬州、泰州、镇江）。沿江高沙土地区地面高程为1.81～5.81m（废黄河零点），地势高低不平，土质沙性大，水土流失相对严重，农田易旱、易渍、易冲。

该区域以稻麦轮作或粮棉轮作为主，复种指数高。经多年建设，先后开挖和疏浚了通江河道，口门也都建闸控制；内部河沟较浅，排涝标准尚需提高，枯水季节，引水相对困难，农田主要依靠提水灌溉。水源引自长江，向黄海排水，实现大引大排。

1.2.1.3 沿海垦区

沿海垦区东临黄海，西以盐河（新沂河以北）及串场河（新沂河以南）为界，北至赣榆东部一线，南到栟茶河南，总耕地面积为656.71万亩，有效灌溉面积为541.02万亩。

沿海垦区属沙性土质，地势平坦，地面高程为0.81～4.31m（废黄河零点），受海潮顶托，地下水矿化度高，缺少淡水冲洗，因此易旱、易渍、易盐，也易受海潮和台风侵袭。经多年治理，已基本脱盐。河道出海口容易淤塞，排水不畅，引淡路线远，水源尚不充足；引、排系统相对较差，配套率不高。沿海垦区农作物布局多属粮棉轮作，是江苏的主要产棉区。

1.2.1.4 太湖平原

太湖平原，主要河道江南运河横贯全境，北与通江各港相接，调节太湖水源。东部湖泊多，河浜稠密，水源充沛，调蓄作用强。太湖平原总耕地面积为970.52万亩（包括圩区），地面高程为3.28～5.28m，土质为熟化程度较高的水稻土（黏壤土），有利于农作物生长。苏州市的漕河地区、镇江市的洮滆湖间，地势较高，为高亢平原。该区域旱时江水引不进，灌溉水源保证率相对较低，仍易受涝、受渍，西部易旱。

1.2.2 圩区及自然特点

江苏低洼圩区遍及长江南北，分布甚广，总面积为3.45万km^2，耕地面积为2200多万亩，由于地理特征和水利条件的不同，可分为老河网圩区（太湖地区、里下河地区）和沿江沿河沿湖圩区，其中以老河网圩区面积最大。圩区的主要特点是水高田低，汛期内的一段时间，外河水位高于田面，依靠圩堤挡水，主要威胁是洪、涝、渍。

1.2.2.1 老河网圩区

老河网圩区主要分布在苏南太湖地区和苏北里下河地区以及白马湖、斗龙港以北部分地区。

1. 太湖圩区

太湖圩区分布在湖东阳澄、淀泖地区和湖西低洼地区，地势平坦，涉及苏州、无锡、常州、镇江，城镇密集，工农业生产发达，是长三角经济最发达的地域，现代农业和经济发展水平较高，对基础设施的保障要求更高。

太湖圩区地面高程为0.78～1.78m，东部最低处为0.28m左右，西部较高，为1.78～3.28m，圩区总面积占太湖地区总面积的70%。太湖圩区湖荡港汊稠密，河网密布，一般圩内四周高，中间低，汛期与枯季水位相差不大，为1.0～1.5m。湖荡水面大，调节能力强，旱涝转化比较平稳。该地区受海洋性气候影响，温和多雨，年平均降雨量在1000mm以上，灌溉水源较有保证，干旱威胁较少。

在一般年份，农业生产比较稳定，是著名的江南鱼米之乡，但由于雨量分布很不均匀，每年6—9月的汛期雨量约占全年一半以上，因此汛期经常受到洪涝威胁。特别是东部阳澄、淀泖等湖荡圩区，地势最低，洪涝威胁更为严重，在1999年太湖流域遭遇特大洪涝中，太湖最高水位为3.36m，超过历史最高水位0.27m，阳澄淀泖区、浦南地区、武澄锡虞和湖西部分圩区全面告急，圩堤险情不断。近20年来，随着太湖地区城镇化快速发展，在城镇圩区提高标准、半高地框圩建设等方面取得了长足进展。

2. 里下河圩区

里下河圩区位于苏北灌溉总渠以南、通扬运河328国道及如泰运河以北、里运河以东、通榆河以西，涉及扬州、泰州、盐城等市。除沿运河、沿总渠有300多万亩农田为自流灌溉外，腹部是大面积低洼水网圩区，地势四周高，中间低。地面高程一般在1.81m左右，最高达3.81m以上，最低的在1.31m左右，兴化、建湖、溱潼素有“锅底洼”之称。里下河地区湖荡多，河港稠密而凌乱。腹部地区汛期雨水汇集，四水投塘，涨水极快，而排水入海路程远达100km以上，地势平缓，比降一般为1/100000，射阳河仅1/300000，加上海潮顶托，退水缓慢，极易成涝。该区土质含盐重，水质咸，怕涝渍，需要补给大量淡水。

里下河圩区易旱易涝，甚至连续旱年或易旱涝急转，但主要危害还是涝渍。历史上存在“洪、涝、渍、旱、碱、潮、卤、淤”八害，经里下河及淮河流域规划治理，洪害已基本控制，但涝渍还没有完全解决，地下水位普遍较高。近年来，随着新一轮里下河洼地治理工作的推进，里下河圩区的防洪除涝能力得到了进一步加强。

1.2.2.2 沿江沿河沿湖圩区

沿江圩区分布在长江两岸的狭长地带和江中的几个洲上；沿河圩区分布在长江支流的滁河、秦淮河沿岸，沂河、沭河、邳苍分洪道、淮沭新河、新沂河、六塘河、古泊善后河干支河沿岸；沿湖圩区主要分布在固城湖、石臼湖、洪泽湖、黄墩湖、骆马湖、微山湖、白马湖、高宝湖周围的干支河沿岸和沿海洼地。沿江港口多，大部分已建闸或涵闸控制，涨潮引水，退潮排涝，但受高潮潮水顶托影响，排泄不畅。

这部分圩区的共同特点是：防洪任务重，大圩子多，如秦淮河流域内面积万亩以上的大圩占56%；圩堤高达4.0～6.0m，虽经多年培修，建设标准仍然不足。另外，除沿江圩区直接受潮水影响外，滁河、秦淮河、固城湖和石臼湖圩区干旱年景，潮低水枯，抗旱紧张。滁河、秦淮河圩区中，还有一些背山面水的圩区，称为半山半圩，较一般圩区又多一重山洪威胁。半山半圩区，大多已开撇洪沟，山圩分家，但标准还有待提高。

1.2.3 山丘区及自然特点

江苏丘陵山区主要分布在与山东省交界的省境北部和与安徽、浙江省相邻的省境西部、南部，并延伸至太湖沿湖丘陵地带，根据地理位置分为淮北丘陵山区、宁镇扬丘陵山区和苏锡常丘陵山区。

1.2.3.1 淮北丘陵山区

淮北丘陵山区地处淮河流域下游，位于东陇海铁路沿线和环洪泽湖西南部，分属徐州、连云港、淮安、宿迁四市，主要分布在新沂、邳州、铜山、贾汪、赣榆、东海、灌云、盱眙、金湖、泗洪10个县（市、区），总耕地面积为1029.9万亩，有效灌溉面积为680.8万亩。

淮北丘陵山区属暖温带的南缘，处于暖温带向北亚热带过渡地区。近海为湿润季风气候，内陆为半湿润季风气候。年平均气温为13.2～14.1℃，年平均日照时数为2000～2250h，年平均降水量为782～980mm，无霜期为199.5～223d。发生频率较高的灾害性天气有春旱、初夏旱、冰雹、干热风、台风等。该区大部分地区的多年平均降雨量小于蒸发量，人均、亩均水资源占有量远低于全省平均水平，水资源严重紧缺。灌区灌溉除利用当地水源外，以京杭运河北调水源及沿线调蓄湖泊水源作为灌溉补充。目前，淮北丘陵山区补给供水区耕地面积548.7万亩，有效灌溉面积为311.5万亩；库塘区面积为440.2万亩，有效灌溉面积为338.2万亩；井灌区面积为41.0万亩，有效灌溉面积为31.1万亩。

淮北丘陵山区土地资源较为丰富，是江苏人均耕地、林地、荒地面积较高的地区，一般达3亩左右。徐连丘陵山区主要属山东沂蒙山余脉延伸，连云港片为东新赣岗岭区，沿海有江苏最高峰云台山玉女峰（海拔625.3m），但一般山地高仅200～300m，向西、向南渐趋平缓，形成大片较为平缓的岗岭坡地。徐州片山丘区，山体较矮小，且分布零散，岛状突出地面，山脚延伸出大片缓坡地。盱眙属大别山余脉延伸，有低山分布。金湖、泗洪为岗地。本片区土壤类型以棕壤、褐土为主，有酥石岭沙土、包浆土、山红土、山黄土、山淤土、石灰土等，大多耕层浅薄、地力低下，灌溉条件较差，水土流失较严重。

1.2.3.2 宁镇扬丘陵山区

宁镇扬丘陵山区位于江苏的西南部，分属南京、镇江、扬州三市，主要分布在六合、浦口、江宁、溧水、高淳、丹徒、句容、丹阳、邗江、仪征、高邮11个县（市、区）。总耕地面积为648.45万亩，有效灌溉面积为372.84万亩，其中，丘陵、岗地面积占总面积的82.3%。

宁镇扬丘陵山区属南暖温带向北亚热带过渡地区，年平均气温为14.5～15.0℃，年平均日照时数为2029～2222h，年平均降水量为1005～1097mm，无霜期为213～235d。主要灾害性天气有冻害、台风、伏、秋旱和梅雨期连阴雨。该地区除高宝湖区外，地势较为高亢，灌溉以本地库塘蓄水为主，干旱年份需要多级提引长江或高邮湖水补充灌溉不足。

宁镇扬丘陵山区有长江横穿，江北为大别山余脉延伸，江南为天目山延伸。江南、江北均有海拔为50～300m的低山分布，山麓有大片岗丘蔓延，受地面较多流水切割，形成岗、塝、冲地形。江南的大部和江北的一部分地区，水利条件较好，大部分冲地甚至塝田均已改造成水田。宁镇扬丘陵山区土地资源比较丰富，人均耕地、林地、荒地面积一般在2亩左右，有大片岗坡地可供发展经济林果。土壤为黄棕壤，广泛分布有下蜀系黄土，土质黏重、土壤大多瘠薄，由北向南，土壤富铝化程度加大，酸性加重。

1.2.3.3 苏锡常丘陵山区

苏锡常丘陵山区位于省境西南部和南部的宜溧山区，以茅山山脉、天山山脉为主体形成了一个丘陵、岗地、平原、圩区交错分布的地貌综合体，分属苏州、无锡、常州三市，主要分布在吴中、宜兴、滨湖、溧阳、金坛5个县（市、区），总耕地面积为526.46万亩，有效灌溉面积为417.50万亩。

苏锡常丘陵山区处于中亚热带向北亚热带的过渡地带，年平均气温为15.3～16.1℃，年平均日照时数为2000～2200h，年平均降水量为1025～1200mm，无霜期为220～240d。太湖水体调节对周边丘陵地区气候影响较大，主要灾害性天气有冻害、台风、伏、秋旱和梅雨期连阴雨。本地区降雨较多，水资源相对比较丰富，但季节性干旱和水质性缺水仍常对农业生产构成威胁。

苏锡常丘陵山区为天目山余脉延伸，地带性土壤为黄棕壤、红壤，宜溧山区及太湖沿岸丘陵山区土壤地力较高，富弱铝化、酸性。人均耕地及山林地面积为1亩左右，但对经济发达、人口稠密的苏锡常地区来讲，仍是有待进一步开发的宝地。

1.3 农村水利建设标准

农村水利建设标准是确定灌排沟渠、灌排泵站、渠系建筑物、供水工程等农村水利工程规模的重要依据。建设标准高，则工程规模大，工程效益好，但投资高，工程设施使用率不高。反之，建设标准低，则工程规模小，投资少，但会影响工程效益的发挥。江苏十分重视农村水利建设标准的修订工作。早在1958年，江苏省编制《江苏省农田水利分片规划提纲》，首次提出防洪、灌溉、排涝和降渍标准，农村水利建设标准不断完善，以标准引领农村水利建设，有效地促进了江苏农村水利事业的健康发展。

1.3.1 农田水利建设标准

1.3.1.1 农田水利分片规划建设标准

1958年，江苏编制了《江苏省农田水利分片规划提纲》，将全省分成4片12类地区，首次提出农田水利标准：要求丘陵山区雨量200mm清水不下山，超过200mm清水下山；

太湖地区主要圩堤防洪达到20年一遇，里下河、秦淮河主要圩堤防洪达到50年一遇；丘陵山区、平原坡地和淮河流域50～60d不雨不受旱，太湖和长江流域80d不雨不受旱；10年一遇的雨量能及时排除不受涝；地下水位，棉花地区降低到地面下1.5m，旱作物地区降低到地面以下0.8～1.0m。

1.3.1.2 建设旱涝保收、高产稳产农田六条标准

1973年9月，在江苏水利工作会议上，总结制定了《建设旱涝保收、高产稳产农田六条标准》，具体内容包括：日雨150～200mm不受涝；70d无雨保灌溉；地下水位控制在田面以下1.0～1.5m；灌排分开、建筑物配套、能灌能排能降；因地制宜平整深翻土地；粮棉全面超《全国农业发展纲要》，淮河以北每亩粮食要达到250kg，淮河以南每亩粮食要达到400kg。

1.3.1.3 近期农田水利八条标准

1982年江苏省水利厅修订、1983年江苏省政府颁布《江苏省近期农田水利八条标准》，具体内容包括以下方面：

（1）防洪。确保新中国成立以来最大洪水不出险，超标准洪水有对策。

（2）排涝。日降雨量150～200mm不受涝，圩区排涝模数达到0.5～0.7$m^3/(s \cdot km^2)$。

（3）灌溉。有水源地区50～70d无雨保灌溉，水源不足地区积极创造条件开辟水源，提高灌溉标准、扩大灌溉面积。

（4）防渍降渍。地下水位基本上要控制在田面以下1.0～1.5m，盐碱土地区还要适当加深。

（5）建筑物配套。小沟以上建筑物配套率要达到60%以上，主要建筑物力争配齐。

（6）植物措施。沟河开到哪里，树草种到哪里，基本实现农田林网化，沟、河、堤坡面植被化。

（7）机电排灌设备。调整、配套、更新，装置效率要在现有基础上提高10%左右。

（8）经营管理。水利管理单位和乡镇水利站，在确保安全、效益的前提下，积极开展综合经营，做到管理经费自给自足，为农业增效、农民增收、发展农村经济、改善农村环境创造条件。

1.3.1.4 农村水利现代化建设标准（试行）

2011年制定的《江苏省农村水利现代化建设标准（试行）》包括防洪排涝、灌溉节水、农田降渍、工程配套、生态环境、饮水安全、科技推广、运行管理等八项内容，涵盖农村水安全、水资源、水环境、水管理等各个方面。这些具体量化指标，主要参照国家相关规范和要求，瞄准当今世界农村水利的发展前沿，与江苏的自然、地理、经济等情况，特别是水文水资源条件紧密结合，针对性强，操作性好，社会易于接受，较好地适应江苏省各地农村水利现代化建设的需要。具体内容包括以下方面：

（1）防洪除涝。防洪设计标准达到国家规范，苏北圩区除涝标准为10年一遇设计暴雨，农田雨后1d排出，苏中、苏南圩区为20年一遇设计暴雨，农田雨后1d排出；城镇圩或城乡混合圩按城镇排涝要求，达到20年一遇24h暴雨，确保每小时圩内骨干河道的水位不超过控制水位。

（2）灌溉节水。淮北、沿海、丘陵地区灌溉设计保证率大于80%，其他地区大于

90%；节水灌溉面积占耕地面积80%以上；大、中、小型灌区的灌溉水利用系数分别达到0.5、0.6、0.7以上。小型机电灌区稻麦轮作区设计灌水率以2.0～3.0m^3/（s·万亩）为宜。

（3）农田降渍。控制地下水位是防止渍灾的关键，一般要求控制农田地下水位在雨后2～3d内降至田面0.80m以下，盐碱土地区1.2m以下。

（4）工程配套。灌排降工程布局合理；中沟级以上建筑物配套率100%，小沟级90%以上。

（5）水生态环境。农村河道建立轮浚和管护机制，水面率保持不下降；水土流失治理面积达90%以上。

（6）饮水安全。城乡饮水水质分别达国家相关标准。农村自来水入户率达98%，供水保证率达95%以上。集中饮用水源地整治达标。

（7）科技推广。推广标准化、系列化配套建筑物，生态河道、节水灌溉、农村水利信息化智能化管理平台等先进适用技术。

（8）运行管理。工程产权明晰，责任主体明确，长效管理措施及运行经费落实；乡镇水利站职责明确，人员经费落实，管理能力和水平适应农村水利发展需求。

1.3.1.5 高标准农田建设标准

高标准农田是指适应现代农业发展要求，灌排设施配套、土地平整肥沃、田间道路畅通、农田林网健全、生产方式先进、产出效益较高的农业生产田块。江苏省高标准农田建设标准具体包括以下方面：

（1）灌排设施配套。苏南、苏中圩区、平原地区灌溉设计保证率达到90%以上，淮北地区、沿海地区和丘陵地区灌溉设计保证率达到80%以上。日降雨150～200mm时，雨后1d排出积水。控制农田地下水位埋深在田面0.8m以下，盐碱土地区在1.2m以下。灌排工程配套率和完好率在90%以上。

（2）农田平整肥沃。条田面积淮北平原地区达200亩以上，其他平原地区达100亩以上，丘陵山区达50亩以上。耕层厚度大于20cm，沙土区土壤有机质含量每公斤达20g以上，非沙土水旱轮作区达20g以上、旱作区达16g以上。实现秸秆综合利用，土壤环境质量符合无公害农产品生产基地建设要求。

（3）田间道路畅通。机耕路与乡村公路相连接，路面净宽不少于3m，高出田面0.3～0.5m，主要路段硬质化；生产道净宽不少于2m，高出田面0.2～0.4m。

（4）农田林网健全。沟渠路设置防护林带，干支渠和机耕道两侧配置2行林带，农渠配置1行林带，达到一级农田林网（每格200亩）建设标准。

（5）生产方式先进。平原地区农业机械综合作业率不低于80%，丘陵山区不低于60%。农作物优良品种覆盖率达到100%。基本实现农业适度规模经营。

（6）产出效益较高。种植粮食田块年亩产达1000kg以上，种植其他作物田块每亩纯收入达2000元以上。

1.3.1.6 灌溉泵站建设标准

为提高江苏面广量大的小型机电灌区灌溉泵站（单机小于2m^3/s，总规模小于10m^3/s）的建设与管理水平，针对泵站布局、设计标准等提出了10项具体标准、指标或要求。

（1）泵站布局。灌溉泵站布局应服从县域农村水利规划，与新农村建设、国土整治、万顷良田建设相衔接，注重连片规模化整治，渠灌区和管渠结合的小型机电泵站灌溉面积不宜小于600亩，管道输水灌溉及喷微灌工程灌溉面积以300～600亩为宜。灌排结合泵站布局应根据当地灌排水系、地形等条件进行规划，合理布局，并从投资、运行管理费用等方面进行综合效益比较。

（2）设计标准。苏南、苏中圩区、平原地区灌溉设计保证率大于90%；淮北、沿海、丘陵地区灌溉设计保证率大于80%。小型机电灌区的稻麦轮作区设计灌水率以2.0～4.0m^3/(s·万亩）为宜，旱作区设计灌水率以1.0～2.0m^3/(s·万亩）为宜。

（3）水泵选型。混流泵与离心泵泵房基础简单、维修方便。扬程大于5m的小型机电灌区宜选用混流泵；高效节水灌溉喷微灌工程及扬程大于10m的灌区，可选用离心泵；扬程低于5m的灌区宜选用轴流泵。选用潜水泵时，可不建站房，宜采用自动耦合装置，方便拆装与维护。

（4）配套动力及设备。泵站配套动力应选择安全、高效、节能型电机，传动方式尽量采用电机与水泵直接传动方式；配电设施应符合电力部门相关规定，喷微灌与管道输水灌溉的泵站可选用变频恒压控制设备。

（5）进出水池。泵站进、出水池应尽量按照正向进、出水方式布置，出水管出口应淹没并设置拍门，进水池应设置拦污栅。进、出水池都应设置安全防护栏杆及警示标志。

（6）装置效率。泵站装置效率大于部颁标准，轴流泵站装置效率不低于55%，其他泵站的装置效率不低于60%。

（7）站房。站房面积应能够满足机电设备结构布置、安装运行、检修保养要求，并考虑通风、采光、防火、防潮、防盗、节能、安全卫生等要求，原则上站房与配电房、管理房应分开布置。单台机组泵房面积在20m^2左右为宜；2台机组以上的泵房面积，在满足泵机组与配套机电设备的空间布置面积外，应增加20～40m^2的机组维护、运行管理面积。

（8）站房外观设计。应与新农村建设环境相适应，做到外形美观、内部整洁、功能适用。

（9）运行管理。泵站运行应与灌区渠道、渠系建筑物及田间工程实行统一管理，设置专门管理人员，制定泵站运行管理制度、用水制度。农灌结束后，按泵站运行管理规程进行维修保养。

（10）科技水平。泵站建设与运行管理中，宜推广应用国内外先进、适用的装备、产品与工程技术。

1.3.2 农村河道治理标准

为满足农村县乡河道和村庄河塘治理及管理需要，江苏省水利厅下发了《江苏省县级2013—2015年农村河道轮浚规划编制提纲》，对县乡河道和村庄河塘分别提出了治理标准。

1.3.2.1 县乡河道治理标准

（1）防洪除涝标准。防洪标准达到国家规范要求，圩区确保中华人民共和国成立以来最大洪水不出险。除涝标准苏南地区达到20年一遇，苏中地区超过10年一遇标准，苏北地区基本达到10年一遇标准，农田雨后1d排出，城镇骨干河道水位不超过控制水位。

（2）灌溉标准。苏南、苏中圩区、平原地区河道引水灌溉设计保证率大于90%，淮北、沿海、丘陵地区应大于80%。

（3）建筑物配套标准。及时更新改造河道建筑物，做到桥、涵、闸、站、护坡、跌水等全面配套，一般河坡进行植物防护，重点部位做好工程防护，做到河坡、沟头稳定。中沟及以上建筑物配套率、完好率100%，中沟以下90%以上。

（4）水功能区标准。实现河势稳定、河道通畅，一般工业用水区及人体非直接接触的娱乐用水区不低于Ⅳ类标准，用于农业用水区及一般景观要求水域不低于Ⅴ类标准。

（5）水清景美标准。水面清洁，90%以上水面无水花生、水葫芦等恶性水生植物和漂浮物、废弃物；岸坡整洁，无生活生产垃圾、建筑垃圾及其他杂物堆放。河道管理范围内绿化、水土保持措施到位，岸坡植被覆盖率达90%。

（6）管护标准。扎实推进农村环境“五位一体”（河道管护、道路养护、绿化维护、垃圾清运、公共服务等）管护模式，实现河道环境“五个无”（即河面无水花生、漂浮物；河坡无垃圾，杂物堆放；河底无淤泥、暗坝；河中无固定阻水渔具；河岸无圈厕草堆、扒翻种植）。

1.3.2.2 村庄河塘治理标准

村庄河塘整治遵循“两清一建”标准，即：清理淤泥，拆除坝埂，疏通水系，改善水质；清理垃圾，清除杂物，整理河坡，改善环境；建立制度，明确责任，长效管理，巩固成果。达到水系沟通，引得进、排得出，恢复提高引排能力；河面无水草、漂浮物，河坡整洁无垃圾；水质达到景观水标准；建立长效管理制度，不往河里倒垃圾，不往河里排污水，河塘保洁有人管，落实管护组织和经费。

1.3.3 农村供水建设标准

1.3.3.1 农村饮水安全工程建设标准

江苏“十一五”和“十二五”期间农村饮水安全工程建设标准主要以《农村饮用水安全卫生评价指标体系》为依据。

1. 农村饮水安全卫生评价指标

将农村饮用水安全分为安全和基本安全两个档次，分水质、水量、方便程度和保证率四项指标进行评价，具体见表1.1。四项指标中只要有一项指标低于安全或基本安全最低值，就不能定为饮水安全或基本安全。

表1.1　农村饮用水安全卫生评价指标体系

评价指标	安　全	基　本　安　全
水质	符合国家《生活饮用水卫生标准》（GB 5749—1985）	符合《农村实施〈生活饮用水卫生标准〉准则》
水量	江苏北部每人每天可获得的水量不低于50L；江苏北部以外地区每人每天可获得的水量不低于60L	江苏北部每人每天可获得的水量不低于30L；江苏北部以外地区每人每天可获得的水量不低于40L
方便程度	人力取水往返时间不超过10min	人力取水往返时间不超过20min
保证率	不低于95%	不低于90%

2. 建设标准

（1）供水水质。符合国家《生活饮用水卫生标准》（GB 5749—1985）或《农村实施

〈生活饮用水卫生标准〉准则》（1991）的要求。

（2）供水水量。满足《农村饮水安全评价指标体系》的规定值和《村镇供水工程技术规范》（SL 310—2004）的要求，农村居民生活用水量应结合各地的经济条件、水资源条件、地形状况和农村居民用水现状确定。

（3）用水方便程度。要求集中供水工程供水到户。

（4）供水保证率。在严重缺水地区不低于90%，其他地区不低于95%。

1.3.3.2 农村饮水安全巩固提升工程建设标准

“十三五”期间，江苏按照“城乡同源、同网、同质”供水的建设标准进行巩固提升工程建设，主要建设内容是农村区域供水管网延伸及改造配套工程。具体建设标准如下：

（1）根据需要配备完善和规范使用水质净化消毒设施，使供水水质达到《生活饮用水卫生标准》（GB 5749—2006）的要求。

（2）改造和新建的集中式供水工程供水量参照《村镇供水工程设计规范》（SL 687—2014）等确定，满足不同地区、不同用水条件的要求。以居民生活用水为主，统筹考虑饲养畜禽和第二、第三产业等用水。

（3）改造和新建的集中式供水工程供水到户。

（4）改造和新建的设计供水规模200m^3/d以上的集中式供水工程供水保证率一般不低于95%，其他小型供水工程或严重缺水地区不低于90%。

（5）改造和新建的供水工程中各种构筑物和输配水管网建设符合相关技术标准要求。

1.4 农村水利发展模式与分区重点

根据江苏经济社会全面、协调、可持续发展的要求，以提高农业综合生产能力为核心，以改善农业生产条件和生态环境为目标，构建江苏农田水利建设总体发展布局，即突出灌区建设重点，亮化高效节水示范，注重农村水系、农村生态环境整治等。同时，结合新农村建设、农业综合开发、国土调整规划等，进行连片高标准农田建设。

1.4.1 农村水利发展模式

根据江苏不同地区自然地理、水资源状况、作物种植和经济发展水平等因素，因地制宜地确定江苏农村水利发展模式。

（1）江苏年降雨量大多为800～1100mm，且过境水资源丰沛，在农田水利建设与管理中，注重节水与水生态环境保护，特别是灌区生物多样性保护。

（2）加强大中型灌区续建配套与节水改造，提高灌溉保证率和灌溉水利用系数；黏壤土区输水渠道整治采用黏壤土压实防渗；大中型自流灌区的沙土区采用混凝土衬砌，以提高渠道输水能力，维持渠道断面稳定。

（3）对面广量大的小型机电灌区、徐淮地区井灌区，积极推广发展管道灌溉工程，特别是沿江沙土区、废黄河高亢地区，推广管道灌溉工程，具有节省土地、利于保护农田生态环境、节水、高效、防治水土流失等多种效益。管道灌溉工程模式取决于灌溉轮灌工作制度，对于分散式经营、灌溉无序、难于实行轮灌制度的小型机电管道灌区或井灌区，积极推广变频恒压自动灌溉工程模式。对规模化种植、农场化经营的小型机电管道灌区，可示范推广按支管轮灌，由计算机控制泵站、支管管道电磁阀的自动灌溉工程模式。

（4）对速生蔬菜、名特瓜果等高附加值经济作物（林）种植区，与农业示范园区建设相结合，发展喷微灌等高效节水灌溉工程，以科技示范与工程实施后的经济效益为导向，引导相关企业、部门投入高效节水灌溉工程建设。

（5）结合各县（市、区）水系规划确定的河道等级与功能定位，深化河道轮浚制度，加强河道疏浚整治，拆坝建桥，畅通水系，健全农村河网总体布局，保持现状水面率；在不影响防洪除涝与灌溉供水条件下，应加强自然河道保护，河道断面宽深、弯曲自然；加强河道生态修复，注重保护农村河道生态与生物多样性；同时加强河道蓝线控制，恢复河道行洪除涝、引水灌溉、景观、生态及航运等功能，打造“河坡有湿地、坡边生水草、水面漂浮叶、水里游鱼虾、水底爬螺蚌”的“河畅、水清、鱼跃、鸟飞、蝉鸣、岸绿、景美”的农村生态河道。同时坚持分级负责、因地制宜，做好农村河道管护工作，实现农村河道疏浚整治和管护常态化、制度化和科学化。

（6）连片种植区的机耕路、田间生产路应满足中型农业机械的生产要求；沿河、沿路建设主副林网，农田林网网格不大于200亩；对泵站、水闸等水利工程外观设计应与景观协调，美化农村环境。

（7）加强灌区水利管理，建设灌区自动化控制和灌区信息系统，实现“面上工程信息化、骨干工程自动化、灌溉配水科学化”的现代化管理模式。

（8）解决江苏农村供水问题，实现“城乡同源、同网、同质供水”是根本方向。充分挖掘现有城镇区域水厂供水潜力，推动城镇供水设施向农村延伸，进一步加快推进区域供水工程农村供水覆盖率。对已接上区域供水管网的地区进行镇以下管网升级改造；对尚未接入区域供水管网的乡镇，进行区域管网延伸和改造；对于区域供水暂时未能送达、但饮水安全保障率较低的地区，可先进行对现有农村水厂的局部改造提升，镇村联网供水；对于个别边远山丘区，可充分利用村内现有设施进行续建改造。

1.4.2 分区治理重点

1.4.2.1 平原区治理

江苏平原区，注重涝旱碱兼治，开挖平底深沟深河，形成网络，分级控制，实行梯级河网化。加强灌区续建配套、泵站节能改造，提高建筑物配套率与灌溉水利用系数；改善引输水工程设施，疏浚骨干排涝沟河，增强引、排水能力；完善梯级控制，拦蓄回归水，开辟灌溉水源，推广节水灌溉措施，防治水土流失。

平原区梯级河网建设是关键。江苏平原区梯级河网由骨干河网、基本河网和田间墒网组成。骨干河网包括经整治的原有主要河道和新开主要河道，分干河和支河两种等级。基本河网是在干、支河规划整治的基础上，合理布局大沟、中沟、小沟。田间排水系统毛沟、腰沟、墒沟等为墒网。与大沟、中沟、小沟相对应布置灌溉系统、道路系统、农田防护林网和居民新村。布局以大沟定向，逐级派生中沟、小沟、田块。上下级沟基本相互垂直，交织成网，田块方整；平原坡地地面有高差的，进行分级控制。一般大沟间距为2000～5000m，中沟间距为500～1200m，小沟间距为100～200m。

平原沙土区的河、沟、渠坡防护是减少农田灾害、水土流失的重点。江苏平原沙土区，采取工程措施、植物措施相结合，在沟、河、渠的土坡和青坎上进行林草护坡，减少水土流失。具体做法是“黏包坡，倒流水，截水沟，防冲槽，植草皮，种树木”。

1.4.2.2 圩区治理

江苏圩区长期推行高筑圩、双配套（闸、站配套）、两改造（老河网改造、易涝易渍低产田改造）、一调整（产业结构调整）的农田水利发展模式，做到“四分开，三控制”（内外分开、灌排分开、高低分开、水旱分开、控制内河水位、控制地下水位、控制土壤适宜含水量），逐步实现挡得牢、排得畅、降得下、灌得好。

圩区灌排布置，河道是关键。圩区以区域性骨干引排河道为一级河，县内主要引排河道为二级河，相互交织构成外河骨干河网。圩区过大，影响引排时，开分圩河，做到分圩让路；圩区过小，则适当联圩并圩，以缩短防洪战线。圩内河网一般分为中心河（相当于中沟）、生产河（相当于小沟）两级，河网布局依圩型、规模和圩外河网情况而定。长方形圩一般采用“丰”字形布置，竖河为中心河，横河为生产河；圩区面积较大且较为方整的，采用“井”字形布置，可有两条以上中心河；垂直中心河两侧均匀布置生产河，构成纲目分明的内河网，在中心河两端及适当的生产河口建圩口闸。沿江圩区潮差大，有自流灌溉条件，圩内通江港河可适当改为引水、排水相间的河道，口门分别控制，高水河引潮灌溉，低水河腾空滞涝，做到高低分开，灌排分开，有利圩内排灌降调度运用。半山半圩区，在山圩之间开挖撇洪沟，留足排洪走廊，撇走山洪不入圩，再在圩内布置河网。

江苏圩区大多采用“一圩多站、分区灌溉、统一排涝”的模式。面积较大、特别是半山半圩地区，排水采用“等高截流、分片排水、高水高排、低水抽排”的原则。传统上一个灌溉泵站面积1000亩左右；有的灌溉站沿圩布设，考虑灌排两用。近年来，结合土地流转、高效节水灌溉技术推广，灌溉单元有小型化发展趋势，圩区灌溉泵站不再考虑灌排两用，灌溉站主要沿生产河布置。

1.4.2.3 山丘区治理

江苏丘陵山区农田水利坚持“建塘筑库，以蓄为主，以提补蓄，库塘相连，长藤结瓜，蓄、引、提相结合”的原则，大力整治塘坝、大口井及骨干输水渠道，修建机电泵站，提高灌溉设计保证率；丘陵山区亩均塘库蓄水容积为180～200m^3/亩、水旱种植比为3：7时，灌溉保证率达75%。丘陵山区注重种植业调整，大力发展林果与茶叶等经济作物，一般三级以上提水区域减少种植高耗水作物，坡度大于25°不开垦。

丘陵山区以岗、塝、冲田梯度分布为主要特征。岗田地势最高，保水性差，灌溉效率低，长期受雨水冲刷，土壤耕作层浅，肥力低下；冲田土壤潜在肥力较高，但地下水位高，质地黏重，透气性不良；塝田则介于两者之间。丘陵山区大力推广“冲田排灌化、岗塝梯田化、沟渠（路）林网化、荒坡果（茶）林化”的小流域治理模式。水源较远或灌溉不便的丘陵山区，充分利用坡面及雨量充沛的有利条件，兴建、扩建塘坝，扩大库容，新建雨窖、蓄水池等工程，拦截降雨；大力抓好翻水线和泵站的更新改造，提高灌溉水源保证率；积极发展适应于山丘区复杂地形的高效节水灌溉工程，不仅提高灌溉标准，而且可以提高山丘区特种经济作物产量、品质，增产增收。

2 江苏灌排渠系与配套建筑物

灌溉系统包括水源取水、通过渠道及其配套建筑物向农田供水、经田间工程进行农田灌溉的工程系统，主要由渠首（引水闸涵、提水泵站）、输配水渠系与配套建筑物、田间工程组成。排水系统（同样由各级排水沟道、配套建筑物与排水承泄区组成）与灌溉系统并存，两者互相配合，协调运行，共同构成功能完备的农田灌、排、降工程体系。

2.1 灌排渠系布置

中华人民共和国成立以来，在农田水利实践的基础上，江苏一贯注重对农田灌排渠系布置模式进行研究和总结。徐淮平原区、太湖平原区、沿海垦区、沿江高沙土区、里下河圩区和太湖圩区等地，由于自然、地理与水文水资源条件不同，形成了特色各异的农田灌排渠系布置模式，这些布置模式的研究、总结和推广使用，对提高农田灌溉、除涝、降渍能力，保证粮食生产，起到了重要的作用。

2.1.1 徐淮平原区

徐淮平原区地形平坦开阔，耕地集中连片，沟渠布置形式一般采用“灌排相间”或“灌排相邻”，见图 2.1 和图 2.2。地面向一侧倾斜，坡度均匀，灌溉渠和排水沟只能向一侧灌水或排水，这时采用灌排相邻布置；地势平坦或微起伏地形，宜采用灌排相间布置，灌溉渠和排水沟都双向控制。

(1) 斗渠、中沟相间布置，农渠、小沟相间布置。地势平坦平原，每万亩约分为 6 框，每框为 1500～1800 亩，一般以大沟作为灌溉水源提水灌溉。淮北地区多数地方在一般年份可以自流排水，因此，不少排涝站在布局上将河网补水和排涝统一考虑，一般年份补水，涝时排水。

大沟间距一般为 1800～2000m，斗渠、中沟相间布置，中沟间距为 1100m 左右，长度为 2000m 左右。小沟长度为 550m 左右，小沟与农渠相间布置，小沟间距为 200m，每小框为 90 亩，每条小沟或农渠控制 180 亩。沿大沟有交通干线，另在两大沟之间布置一条中心交通线；中沟和斗渠在一侧布置支路；田间生产路沿农渠布置，路一侧农机可直接下田，另一侧由农渠生产桥下田，每 12 亩（4 块田）一座。

(2) 斗渠、中沟相间布置，农渠、小沟相邻布置。中沟基本垂直于等高线布置，小沟平行于等高线布置的平原坡地，采用斗渠、中沟相间布置，农渠、小沟相邻布置。中沟布

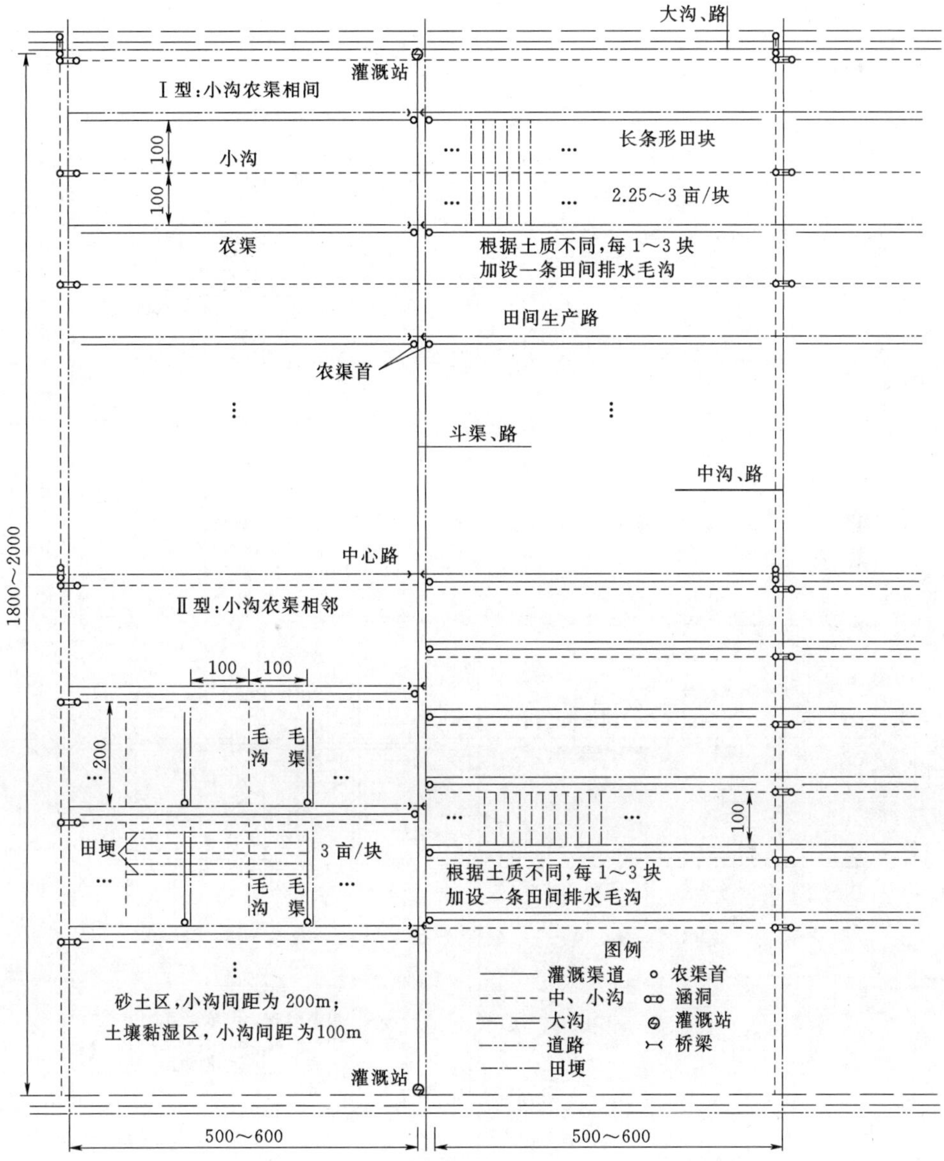

图 2.1 徐淮平原灌排系统（斗渠、中沟相间）布置图（单位：m）

置规格同（1）。土壤黏重地区小沟间距为 100m，采用沟—渠—路布置。毛沟间距一般控制在 20～30m。沙性土壤地区小沟间距为 200m，土质较好时，采用沟—渠—路布置形式，减少下田桥。土质较差时采用沟—路—渠布置，防止小沟塌坡，但配套桥梁较多。

（3）斗渠、中沟相邻布置，农渠、小沟相邻布置。坡度较大的平原坡地采用斗渠、中沟相邻布置，农渠、小沟相邻布置。每万亩以中沟分隔成 5 框，每框约为 2000 亩。一般以大沟作为灌溉水源，建灌溉泵站，每万亩布置 10～20 座灌溉泵站。中沟间距为 600～700m，长度为 2000m 左右，小沟间距为 100～200m。

（4）斗渠、中沟相邻布置，农渠、小沟相间布置。适用于地势平坦或微起伏地形的地

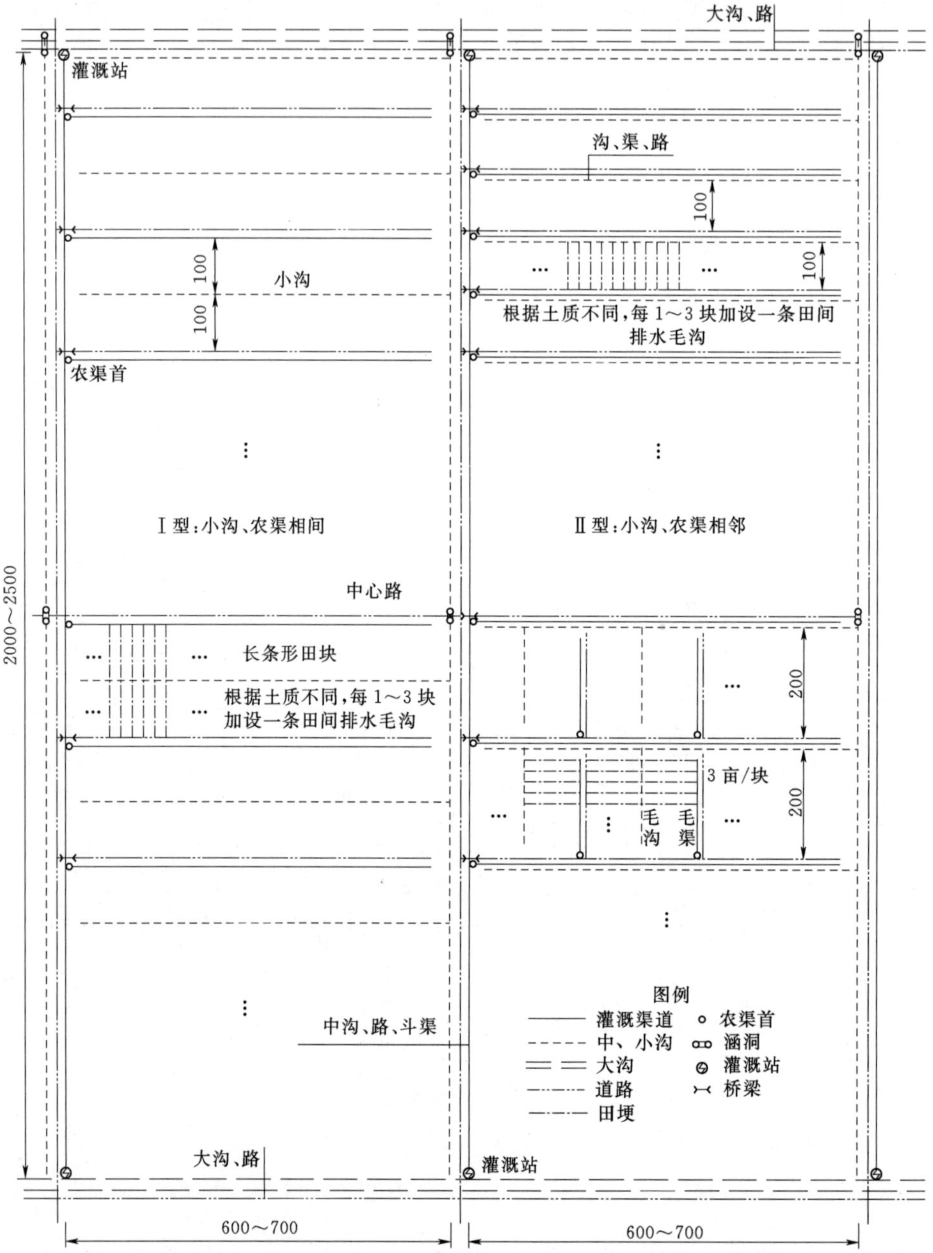

图 2.2 徐淮平原灌排系统（斗渠、中沟相邻）布置图（单位：m）

区，田间布置与图 2.1 基本相同。

2.1.2 太湖平原区

太湖平原区灌溉，由灌溉泵站从大沟抽水，斗渠、农渠两级到田；灌溉泵站每万亩布置约 6 座，每站控制 1800 亩左右。斗渠、中沟相邻布置，间距为 400～500m；农渠、小沟相间布置，相距 80～100m。具体布置见图 2.3。

对平原区、圩区土壤黏性较重的地区，末级沟道间距为 15～30m；土质较轻的壤土

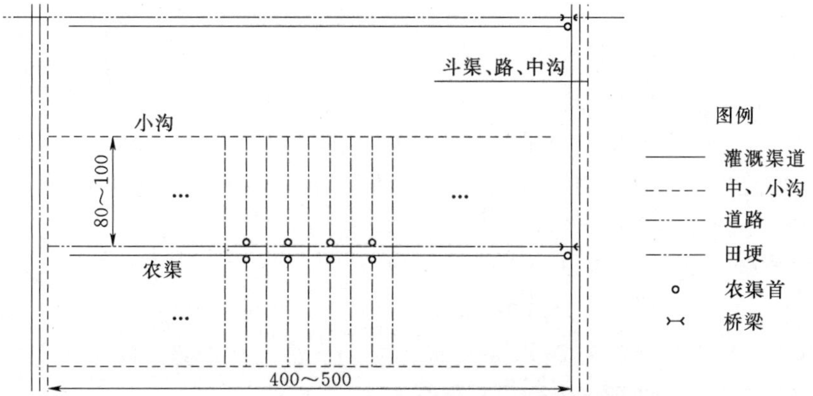

图 2.3　太湖平原区灌排系统布置图（单位：m）

地区，末级沟道间距为 25～50m。由于太湖平原区土质黏性相对较重，原有小沟不足以满足降渍要求，故在小沟以下，还加设田间排水毛沟，以满足作物对地下水埋深的要求。

2.1.3　沿海垦区

沿海垦区地下水矿化度较高，易产生次生盐碱化，因此大、中沟间距较小，中沟和斗渠采用相邻或相间布置，具体布置见图 2.4。

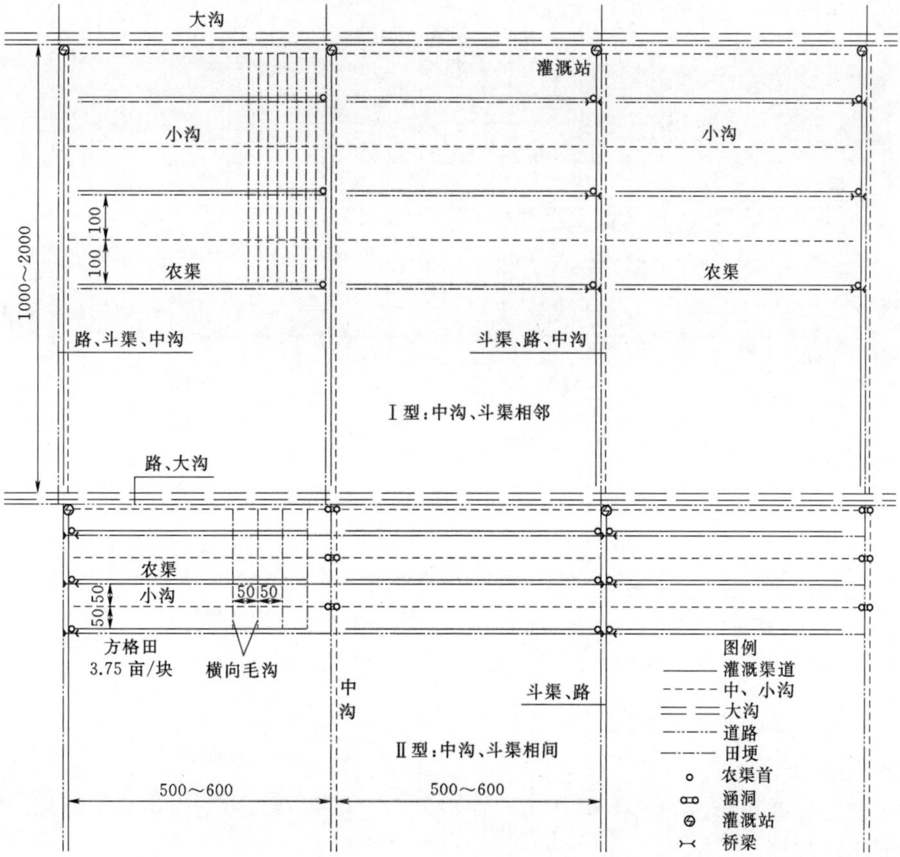

图 2.4　沿海垦区灌排系统布置图（单位：m）

（1）Ⅰ型。大沟间距为1000～2000m，斗渠、中沟相邻布置，灌溉泵站每万亩布置6～12座，每站控制750～1800亩。中沟间距为500～600m，由于土质不同采用沟—渠—路或沟—路—渠布置。农渠、小沟相间布置，沟渠相距100m。

（2）Ⅱ型。大沟间距为1000m左右，斗渠、中沟相间布置，灌溉泵站每万亩布置约6座，每站控制1800亩左右。中沟间距为1000m左右，因中沟间距大，故加密小沟，农渠、小沟间距为50m，横向毛沟间距为50m。

2.1.4 沿江高沙土区

大沟间距为1000m，中沟间距为500～600m。由于沙土渗透性强，为防止排水沟塌坡，多采用沟渠相间布置，道路沿渠布置，或沟—路—渠布置。灌溉泵站每万亩布置10～20座。灌排系统有两种布置型式，见图2.5。

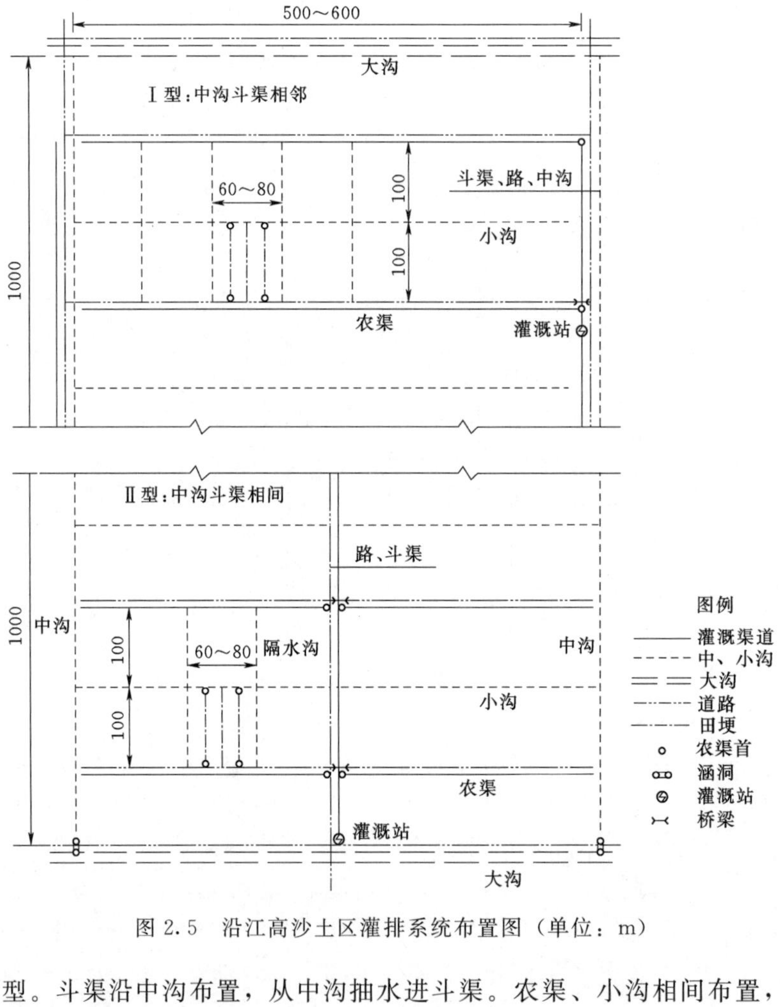

图2.5 沿江高沙土区灌排系统布置图（单位：m）

（1）Ⅰ型。斗渠沿中沟布置，从中沟抽水进斗渠。农渠、小沟相间布置，长为500～600m，间距为100m。

（2）Ⅱ型。斗渠布置在两中沟之间，农渠、小沟长度短，控制面积为Ⅰ型的一半，田间布置和Ⅰ型相同。

在大面积水稻种植区，苏南有些地方将隔水沟作为毛渠用于稻田灌溉，此时隔水沟两端有建筑物控制进水和排水。水旱轮作时，原隔水沟起辅助小沟降渍的作用，深为1.0～1.2m，根据土质及沟深不同，每隔3～4块田应有一条隔水沟。

2.1.5 里下河圩区

里下河圩区水网密布，呈“丰”字形或“井”字形布置。土质多为黏土或重壤土，控制地下水位要求的沟间距小，为15～35m。生产河将圩区划分为若干小框，每万亩约10框，每框1000亩左右，与外河相交处建涵闸与外河相通，用以活水。灌溉采用固定站，布置在生产河一侧。中沟、斗渠相邻布置时，灌溉站由生产河抽水入支渠，垂直于支渠布置斗渠，分为支渠、斗渠、农渠三级渠道下田。中沟、斗渠相间布局时，灌溉站由生产河抽水直接到斗渠，斗、农两级到田。里下河圩区灌排工程布置有以下两种型式：

(1) Ⅰ型。农渠、小沟相间布置，控制面积200亩左右，沟距和渠距各为200m左右，长度为500～700m，生产路沿灌渠布置，农机下田一侧由路直接下田，另一侧过生产桥下田，见图2.6。

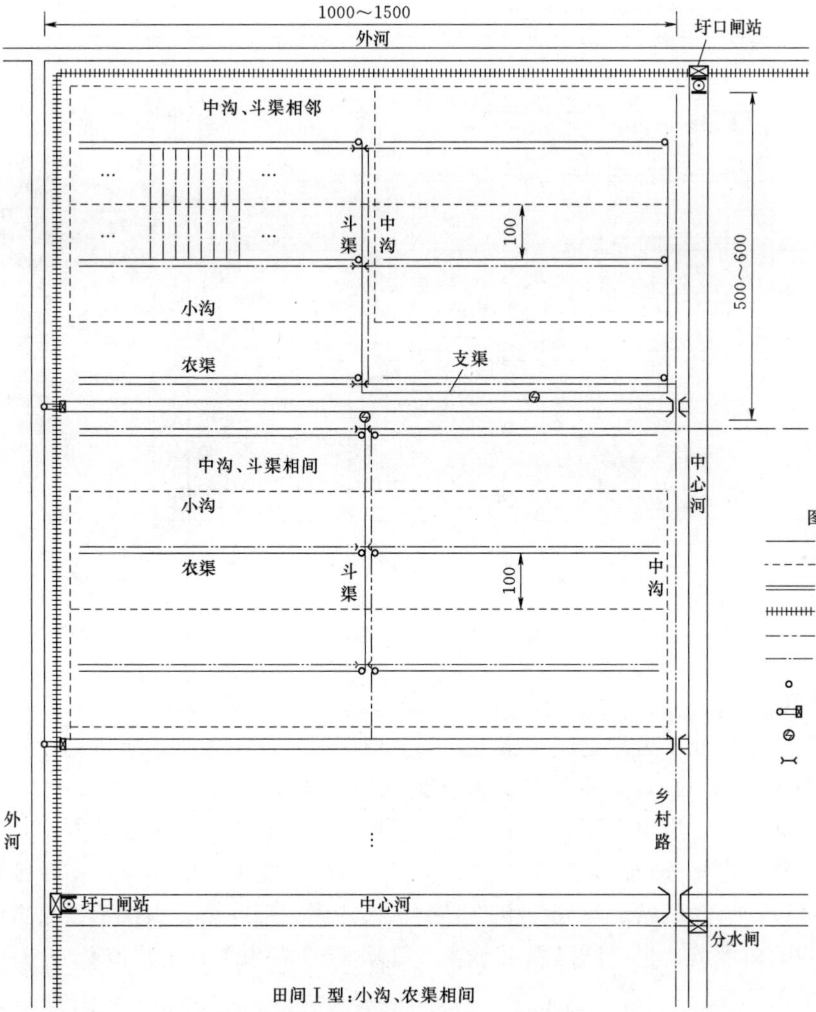

图2.6 里下河圩区灌排系统（农渠、小沟相间）布置图（单位：m）

(2) Ⅱ型。农渠、小沟相邻布置，沟渠相距100m左右。每条农渠、小沟长度为500～700m，控制面积100亩左右。土质较好时，采用沟—渠—路布置形式，减少下地桥；土质较差时采用沟—路—渠布置，防止小沟塌坡，但配套桥梁较多，见图2.7。

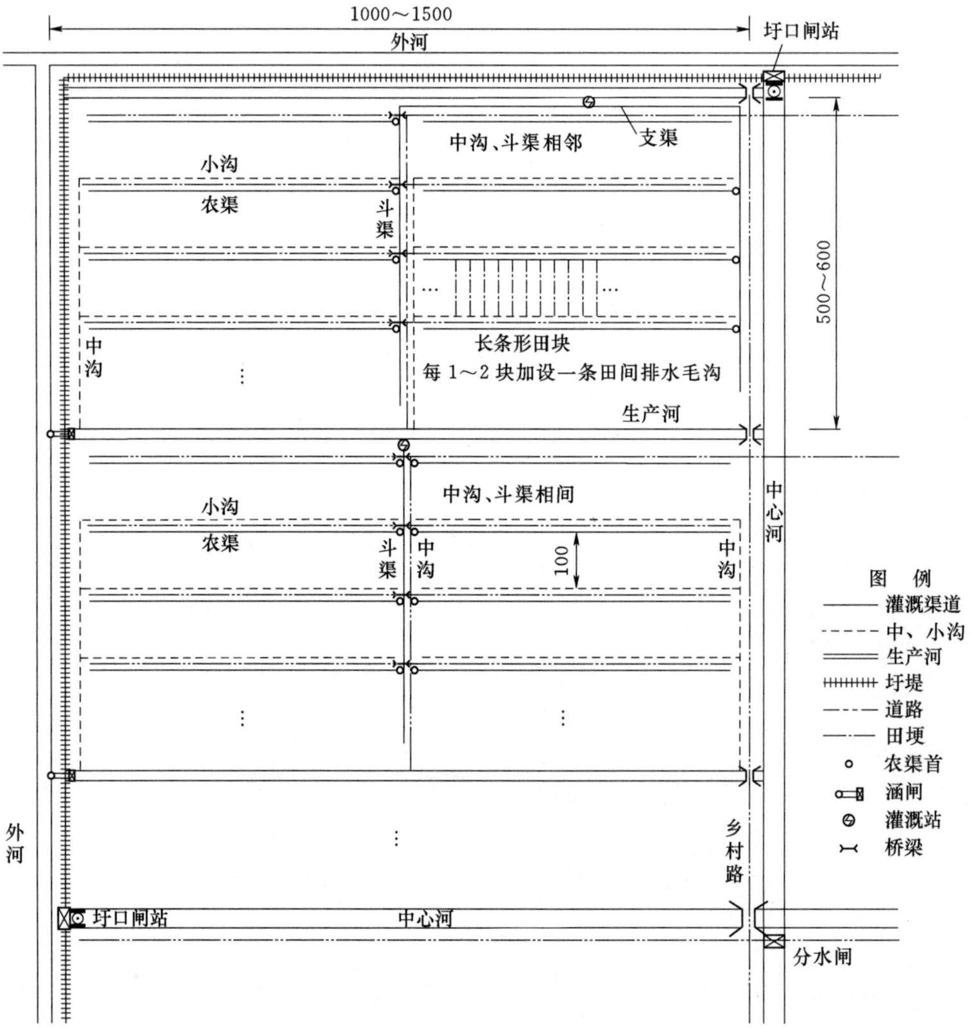

图2.7 里下河圩区灌排系统（农渠、小沟相邻）布置图（单位：m）

2.1.6 太湖圩区

太湖圩区，土壤质地多为黏土或重壤土，部分地区以沙壤土为主。土壤黏性较重的地区末级沟道间距为15～30m，土质较轻的壤土地区末级沟道间距为25～50m。一般圩区中心河沿长边方向布置，沿中心河布置主干道，根据地形可在中心河上建节制闸，达到高水高排，低水低排，灌排分开。垂直中心河每600m左右布置一条生产河，将圩区划分为若干小框，每框设一座灌溉站。灌溉由生产河抽水入斗渠，经斗渠、农渠两级渠道下田。

农渠全部为双向灌溉，生产路沿农渠布置。每隔2～4条农渠，生产路跨中心河相连。灌排系统布置见图2.8。

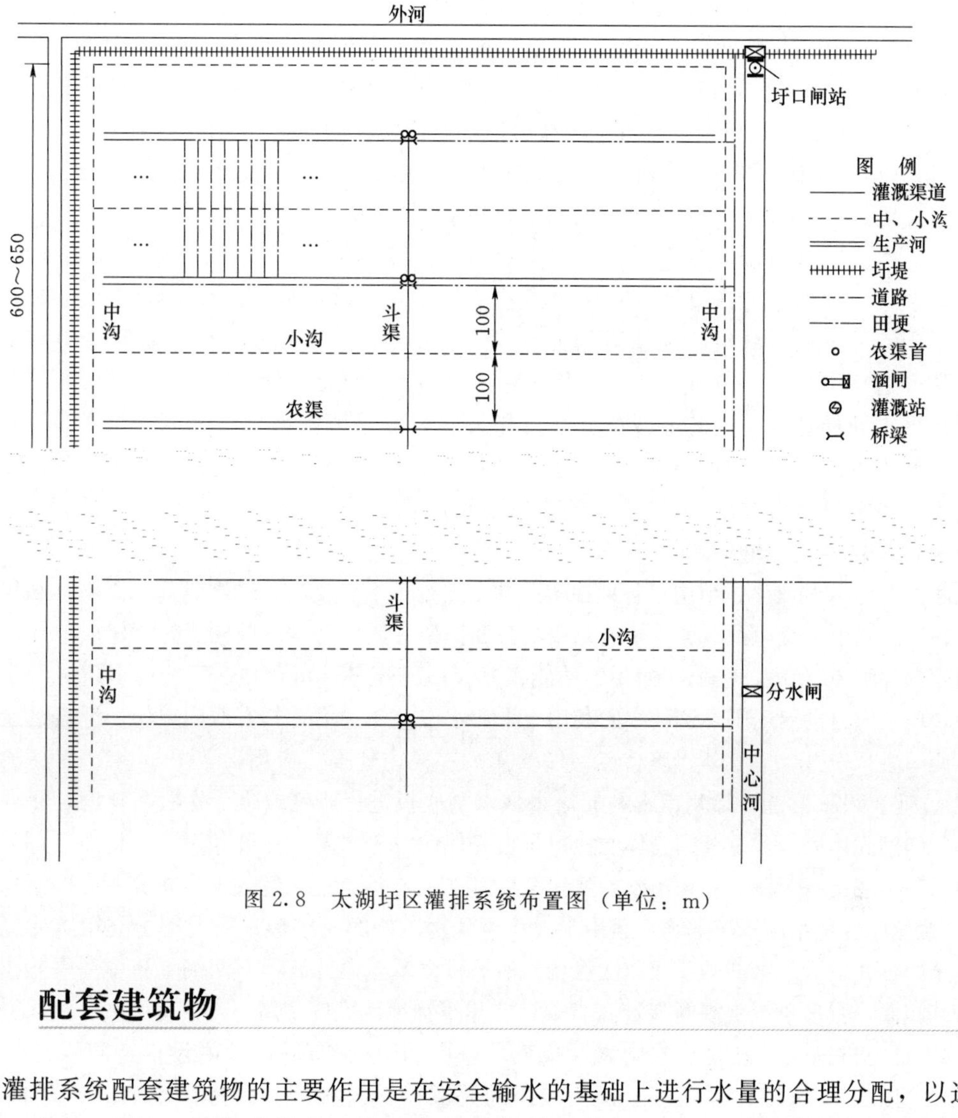

图 2.8 太湖圩区灌排系统布置图（单位：m）

2.2 配套建筑物

灌排系统配套建筑物的主要作用是在安全输水的基础上进行水量的合理分配，以达到灌溉、排水、供水、通航等目的，其形式包括控制、交叉、衔接、量水和泄水建筑物等。截至 2015 年，江苏灌排渠系配套建筑物总数为 255.33 万座，其中中沟及以上建筑物 65.29 万座（包括水闸 6.87 万座，桥梁 24.15 万座，涵洞 19.5 万座，泵站 8.85 万座，渡槽、倒虹吸、跌水、陡坡等其他建筑物 5.92 万座）；小沟级建筑物 190.04 万座。

2.2.1 小型水闸

水闸是一种既挡水又泄水的低水头水工建筑物，通过闸门的启闭来控制水位和流量。设计流量小于 100m^3/s 的水闸称为小型水闸，是农田水利工程的重要建筑物。至 2015 年，江苏有各类小型水闸 6.87 万座。

2.2.1.1 技术改造历程

江苏近 80%的国土面积为平原河网区与平原圩区，河网密布，水闸是江苏最重要的小型农田水利工程，长期以来，江苏十分重视小型水闸的技改工作。

20 世纪 50 年代，江苏小型水闸闸门大多采用叠梁门，但由于启闭不便，且易散失，后逐步被淘汰。60 年代中期，以钢筋混凝土和钢丝网水泥平板门为主，有人字门、一字门和直升门等形式。圩区的圩口闸、套闸，由于交通运输频繁，闸门常因船只碰撞而遭损坏。70 年代后期，吴县水利局研制成功悬挂式横拉门，开启时将闸门移至一侧岸墙的门库内，解决了闸门易损坏的问题。80 年代初，扬州地区也对圩口闸闸门进行革新改进，1982 年成功研制悬卧式闸门，80 年代中期又研制出悬搁式闸门，并在里下河圩区大力推广。

小型水闸的岸翼墙，20 世纪 50 年代初多采用重力式，60 年代中期，采用斜坡丁字式、门字式、梯形斜坡式翼墙，由于防渗长度不足，效果不理想。以后除门字式翼墙在上下游之间用黏土回填满足侧向防渗要求仍采用外，另外两种形式不再采用。70 年代起，一些地方进一步革新、改进，逐步采用扶壁式、连拱空箱式轻型挡土墙。1980—1986 年，徐州地区水利局分别采用卸荷减载、拉撑和预制装配等革新技术，研制推广了卸荷板式、立柱拉杆连拱式、锚定板（桩）立柱连拱式和加筋等 16 种轻型挡土墙，与重力式挡土墙相比，工程量可节省 30％～70％，工程造价可节约 20％～50％，已在该地区普遍推广，省内其他市、县也相继应用。

水闸其他部位或整体结构，各地在实践中也进行了不少改进。1963 年起，泗阳县水利局将水闸底板、闸墩、交通桥、工作桥连结成变截面框架，形成超静定结构，先后建成单孔、多孔变截面框架闸 30 余座，经长期使用，性能良好。1975 年冬，东台县在富安镇丁湾河上建成空箱旋转门水力自动启闭闸，这种水闸利用上下游水位差作动力，具有双向启闭、开启迅速、管理方便、运行安全、节省动力等特点。1976 年后在县内外推广应用，至 1987 年，江苏已推广建成 45 座。1979 年起，徐州市水利局对小型水闸底板进行研究改进，先后在新沂、沛县等地建成旋转型壳体底板、倒椭圆壳体底板、折板壳体底板等水闸，充分利用了材料强度，节省了大量材料，经运行观测，一切正常。1986 年，高邮县在沙土地区建成水力冲沉一字形箱式圩口闸 10 余座，这种水闸不挖基坑，运用水力将事先浇筑好的一字形钢筋混凝土空箱，冲沉入基面以下，使其成为承载的闸基兼作防渗墙，然后再浇筑至设计高程，两侧空箱可利用兼作门库或安装机泵，其造价较常规闸节省 20％，已在里下河地区推广使用。

21 世纪以来，特别是《水闸设计规范》(SL 265) 颁布后，水闸设计走向规范化、标准化的道路。在闸门结构形式上，从传统的叠梁门、平板门、弧形门发展到钢丝网波形门、升卧门、下卧门、自动翻板门等，既满足了挡水、泄水的要求，又自成一景，同时美化了周边环境。岸翼墙结构形式上，传统的岸翼墙结构形式主要有重力式、悬臂式、扶臂式、空箱式、连锁式等，都是针对土体特性和结构特点的适应性发展而来。近年来，为增加结构稳定性，出现了一些岸翼墙改进形式，如斜底面式、混凝土支撑梁式、空箱开孔式凸榫抗滑式、地板式、抗滑桩式等几种形式。近年来，水闸建设特别注重与周边环境相协调，在保证安全可靠和运用方便的前提下，力求做到工程量最省、便于施工，优选技术经济最佳的方案；同时注重建筑的美学效果，注重建筑与左右岸景观的和谐协调，如苏南的园林风格、徐州地区的汉风建筑、都市里的现代风格等。

2.2.1.2 分类与组成

1. 按功能分类

从功能上，按其担负任务不同，分为圩口闸、进水闸、分水闸、排水闸、节制闸、套闸等，分别起到挡水、引水、分水、泄水、调节水位和控制流量的作用。

圩口闸（或挡潮闸）是平原水网地区排水系统上的重要建筑物。根据平原河网布局，通常在圩区圩外河道和圩内河道连接处设圩口闸，用于排涝、挡洪（或挡潮），按交通要求布置1～2座套闸。另外，从防洪管理的角度，圩堤应尽量少开口子，少建圩口闸，但从改善圩区水环境、建设活水工程角度考虑，骨干河道两端应尽量不设断头浜，在中心河与圩外河道连接处设圩口闸或套闸，生产河与圩外河道连接处设换水涵闸。在外河水位高于内河水位时，关闸挡水，防止外水倒灌；在外河水位低于内河水位时，开闸排除圩内涝水；在枯水期则关闸蓄水或引外河水灌溉。

进水闸、分水闸通常建在河道、湖泊、水库的岸边，用以控制进入引水干渠的流量。又因进水闸位于渠首，所以也称为渠首闸；位于支渠、斗渠、农渠的首部，则称为支渠分水闸、斗门、农门。

节制闸通常横建在河流或渠道上，是为灌溉、通航等需要控制闸前水位和过闸流量而兴建的水闸。河道上的节制闸也称为拦河闸。渠道上的节制闸，常建在支、斗渠分水口的下游，用以抬高闸前水位，满足下一级渠道引水时对水位的要求。

排水闸常建在圩区低洼地区排水沟道末端，用以排除低洼地区的积水。在外河水位高于内河水位时，关闸挡水，防止外水倒灌，在枯水期则关闸蓄水或引外河水灌溉。

套闸是一种小型简易的船闸。当引水渠道（河道）兼有通航之用，而又需要抬高渠段（河段）水位时，可在该段修建两个节制闸，利用两闸之间的渠道（河段）作为船闸的闸室。水网圩区常把套闸布置在内河的出口段，既能起到防洪排涝、控制水位的作用，又可解决好内外交通运输问题。闸首因排涝常带水头开启，故套闸区别于一般小型船闸的是在闸首的下游设有防冲消能设备。

2. 按结构分类

从闸室结构上，水闸可分为开敞式和涵洞式水闸两种。当引（泄）水流量较大、渠堤不高时，常采用开敞式水闸。根据闸前水位变化条件，开敞式水闸又分为有胸墙和无胸墙两种。

涵洞式水闸主要建在渠堤较高、引水流量较小的渠堤上。在闸室后面有洞身段，洞顶上填土可做路基，有利于洞身的稳定。

3. 水闸的组成

水闸由闸室、上游连接段、下游连接段三大部分组成，如图2.9所示。

闸室由底板、闸墩、闸门、工作桥、交通桥等组成，主要作用是挡水、泄水、调节水流。

上游连接段是和上游沟河、渠道的连接部分，包括铺盖、护底、护坡和翼墙等，其作用是导水、防渗、挡土、防冲。

下游连接段是与下游沟河、渠道的连接部分，包括护坦、海漫、防冲槽、护坡、翼墙等，其作用是顺流防冲。

2.2.1.3 主要技术参数

小型水闸主要技术参数包括确定闸孔、防渗、铺盖、消力池与海漫等尺寸。

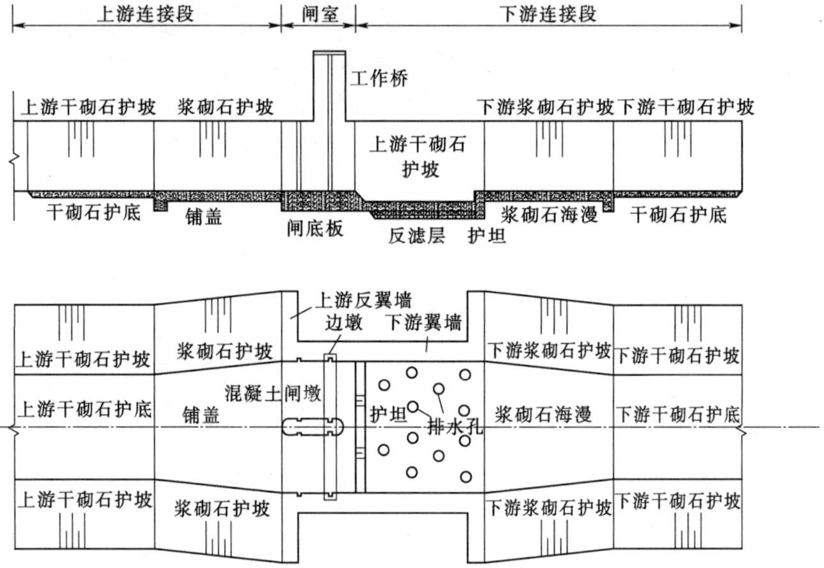

图 2.9　水闸组成示意图

1. 闸孔尺寸与孔数

闸孔尺寸主要按设计流量和上下游水位决定。闸孔的泄流能力按不同的堰流形式选用相应的水力计算公式。它与上下游水位、过闸单宽流量、闸孔形式及底板高程有关。

一般小型水闸多采用开敞式，进闸水流状态多属于宽顶堰流，其闸孔泄流量常用自由堰流及下游淹没堰流的公式计算。

在决定闸孔净宽时，除满足水力计算公式外，还应考虑结合当地来往船只的大小及其他要求。

当淹没堰流时，闸孔总净宽可按下式计算：

$$B_0=\frac{Q}{\sigma\varepsilon m\sqrt{2g}H_0^{\frac{3}{2}}} \tag{2.1}$$

式中：B_0 为闸孔总净宽，m；Q 为过闸总流量，m^3/s；H_0 为计入行近流速水头的堰上水头，m；m 为堰流流量系数，一般取 0.385；ε 为堰流侧收缩系数，常取 0.95，单孔闸取 1.0；σ 为堰流淹没系数与下游堰上水深 h_s 和堰上水头 H_0 的比值（h_s/H_0）有关，当 h_s/H_0 为 0.80～0.99 时，宽顶堰的堰流淹没系数 σ 取 1.0～0.28。

根据闸孔总净宽 B_0 确定水闸孔数，考虑河流或渠道流态对闸室与下游护岸稳定影响，一般取 1、3、5 等奇数。

2. 防渗长度与要求

（1）闸基渗流和侧向渗流。由于水闸上下游有一定的水位差，在此水头作用下，水从铺盖上端透水处渗入地下，沿透水地基的孔隙慢慢流向下游，是闸基渗流；水从闸墙上游端透水处经过闸墙后面缓慢的流向下游，是侧向渗流。

（2）渗径长度。较大的渗流会危害闸身的安全，因此要求有一定的渗径长度。对闸基渗流，渗径长度包括铺盖、底板、消力池（不设排水孔）的总长度；对侧向渗径，其渗径长度为闸墙长度，参见图 2.10。

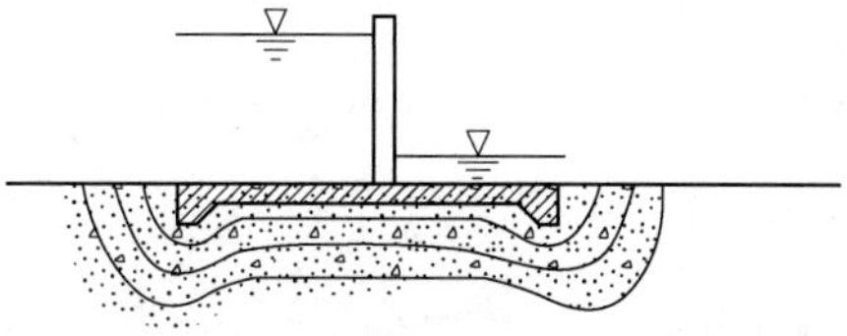

(a) 闸下渗透(剖面图)

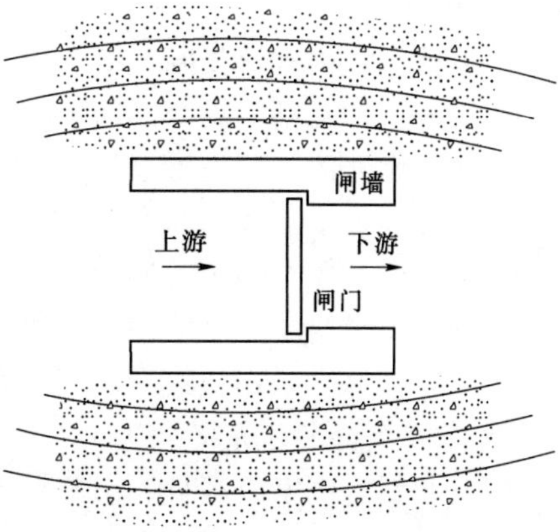

(b) 侧向渗透(平面图)

图 2.10　渗流途径示意图

(3) 防渗要求。防渗长度一般按照地基条件，先参照已建同类地基条件闸基地下轮廓的尺寸，选用初步尺寸，然后计算防止渗透变形的最小渗径长度与渗透压力，进行修改校核。小型水闸防渗设计一般采用直线比例法，要求防渗长度大于或者等于最小渗径长度 L，或闸基任一点的渗压值 h_x 小于或等于允许坡降 J。

最小渗径长度 $L=C\Delta H$，其中，ΔH 为上下游水位差 (m)，C 为闸基渗径系数，查表 2.1 可得。

渗透压力为

$$h_x=\frac{\Delta H}{L}x\leqslant J \tag{2.2}$$

式中：h_x 为闸基任一点渗压值，m；x 为渗径上某点距渗流出口端点的距离，m；J 为允许坡降，见表 2.1。

表 2.1　　渗径系数与允许坡降表

土壤类别	渗径系数 C	允许坡降 J	土壤类别	渗径系数 C	允许坡降 J
粉沙、淤泥	8	0.125	壤土	8	0.33
细沙	6	0.167	中密黏土	2	0.50
中、粗沙	4～5	0.25～0.29	极密黏土	1.6	0.625
黄土	4	0.25			

注　对小型水闸，渗径计算按有反滤层考虑，其中 $J=1/C$。

(4) 反滤层及排水。反滤层是防止管涌的有效措施，布置在渗流出口处，由 2～3 层沙石料组成。排水措施是为了将闸基的渗水迅速排走，设置在闸下游低水位一侧。

3. 铺盖

为了增加渗径，降低渗透压力，在闸底板上游渠床上做铺盖。铺盖用不透水且具有一定柔性的材料做成。常用的材料有黏土、重壤土、黏土混合土、混凝土等。铺盖长度为上游水深的 1～3 倍。

4. 消力池与海漫

(1) 消力池。过闸水流受闸孔的约束，部分势能转为动能，流速大，挟沙能力强，通过设置消能设施，保证闸身安全。为了消能防冲，在平原地区的土基水闸常用底流式水跃消能，产生底流水跃的主要措施是设置消力池。

消力池长度和深度可参考同类水闸的消力池尺寸，小型水闸消力池深度 h_s 取 30～50cm，总长度取 h_s 的 3～6 倍，厚度取 30～50cm。

(2) 海漫。海漫要求坚固耐冲，一般用干砌石或堆石铺设，设置在消力池末端，作为防冲加固措施，使海漫末端流速沿水深分布接近天然河道，其长度可取 h_s 的 3～6 倍。

5. 闸室布置及稳定计算要求

(1) 闸室布置。闸室由底板、闸墩、闸墙、闸门（有的闸门设有胸墙）、工作桥、交通桥等组成。

底板是闸室结构中的主要组成部分，其宽度按水力计算确定，长度为 1.5～3 倍的上下游水位差 ΔH，除满足渗径长度要求，还要满足交通桥、工作桥、闸槽等结构宽度布置的需要。水闸底板常用的形式有平底板和反拱底板两种，不同土质的底板长度见表 2.2。小型水闸的平底板一般采用 C25 混凝土，厚度为 30～60cm，反拱底板用 C25～C30 混凝土，厚度为闸孔净宽的 1/10～1/15，可取 30～50cm。

表 2.2　　底板顺水流方向的长度

地基土质	沙砾土	沙性土	黏性土	黏土
板长度/m	1.5～2.0	2.0～2.5	2.25～2.75	2.5～3.0

闸墩的作用是分隔闸孔，支承闸门，并将其荷载传给底板。长度可和底板相同或是稍短于底板，墩厚可取 60～100cm。

闸墙除防渗、导流及挡土作用外，还承受交通桥、工作桥、闸门等传来的荷载。小型水闸的闸墙一般用预制混凝土构件砌成，墙高与填土齐平，长度与地板长度相同。

工作桥是安装启闭机供工作人员操作的闸门，桥高必须满足闸门能够提到设计要求的高度，工作桥常用板梁结构。交通桥结合交通要求设置，有关结构及尺寸选用，可参阅 2.2.2 节农桥部分。

(2) 稳定计算与要求。水闸主要荷载有自重、水重、扬压力、土压力、静水压力、泥沙压力、波浪压力等。小型水闸（4～5 级水闸）的稳定计算要求为：抗滑稳定系数 K_c 大于 1.2；闸底边缘最小的地基应力 σ_{min} 大于零；闸底边缘最大地基应力 σ_{max} 不超过地基允许应力 $[\sigma]$。

抗滑稳定系数为

$$K_c = \frac{f \sum W}{\sum P} \tag{2.3}$$

式中：K_c 为抗滑稳定安全系数；f 为底板与地基土之间的摩擦系数（不同土质在 0.20～0.55 之间）；$\sum W$ 为竖向力的总和，kN；$\sum P$ 为水平力的总和，kN。

地基应力为

$$\begin{matrix}\sigma_{max} \\ \sigma_{min}\end{matrix} = \frac{\sum W}{LB}\left(1 \pm \frac{6\sigma_0}{L}\right) \tag{2.4}$$

式中：σ_{max}为闸底边缘最大的地基应力，kN/m^2；σ_{min}为闸底边缘最小的地基应力，kN/m^2；L 为底板顺水流方向的长度，m；B 为闸室计算单元宽度，m；σ_0 为合力与底板中心的偏心距，m。

稳定计算要求 σ_{max} 不超过地基允许应力 [σ]，黏性土地基的允许承载力为 100～600kN/m^2，砂性地基的允许承载力为 100～400kN/m^2，与地基含水状态有关。

6. 闸门及启闭机

小型水闸的闸门形式多用平面闸门，按启闭方式通常有：叠梁门、直升门、横拉门、人字门、一字门、升卧门、悬卧门及多轴自动翻倒门等。材料多用铸铁、钢等。闸门门高一般高于上游水位 20～30cm；门宽为闸孔净宽加门两侧伸入门槽的长度，一般伸入槽内 5～20cm。

小型水闸常用的启闭机有螺杆式、绳鼓式、液压式等多种形式。

2.2.1.4 圩口闸

圩口闸设计除了结构形式选择外，主要是确定闸底板高程、闸孔宽度和闸顶高程等。

1. 闸底板高程

闸底板高程主要根据排水闸的任务确定。从满足排空内河（湖）涝水或满足远处低洼农田降低地下水位的要求而言，闸底板高程可以与闸前排水干沟的底高程齐平、略高或略低。而闸前沟底高程可由最远处低洼农田田面高程并考虑降低地下水深度、各级沟道比降 i 和局部水头损失 Δz 等逐级推算而得，如图 2.11 所示。

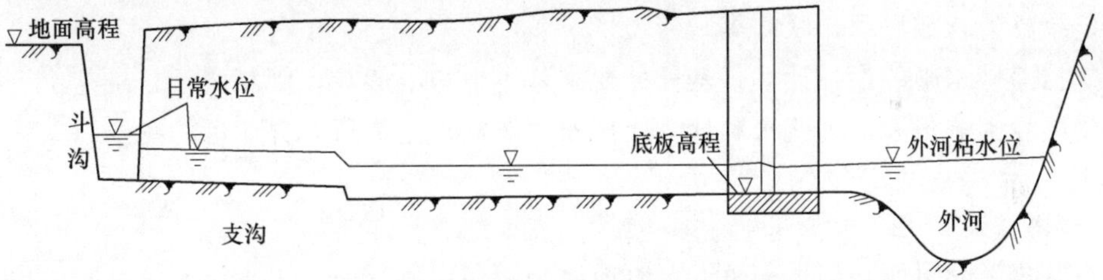

图 2.11 圩口闸底板高程推算示意图

闸底板高程的确定还需结合闸孔宽度一并考虑。因为在排涝流量一定的情况下，如果底板高程定得低，上游水头（上游水位与底板高程的差）大，过水能力相应增大，因此闸孔宽度可减小；反之，底板高程定得高，闸孔宽度就大。此外，还需注意闸基地质情况，避免由于闸底开挖过深而导致施工困难。

2. 闸孔宽度

圩口闸有以下两方面的排涝任务：①抢排汛期涝水；②在汛后排除涝水。在有蓄涝内湖的情况下，应使内河水位在一定时间内降低到规定高程。闸孔宽度应根据上述两项排涝流量确定，排涝流量越大，闸孔净宽越大。由于汛期抢排任务比较紧迫，时间性强，抢排任务总是重于汛后排涝任务，因此圩口闸的闸孔宽度主要是按汛期抢排流量确定。根据圩内滞蓄涝水的能力大小，计算闸孔宽度的途径可分为以下两种：

（1）滞蓄水面较小的圩区。有些圩区圩内滞蓄水面较小，由于暴雨所产生的全部涝水要求在规定时间内及时排走，故当外河水位高于内河水位时，应采取提水排水的方法；而当汛期外河水位短期回落，内涝积水有可能自流外排时，则应尽量争取抢排。圩口闸的闸孔宽度，应根据一次暴雨所产生的设计排涝流量（抢排流量）和相应的闸上、下游水位计算确定。

（2）滞蓄水面较大的圩区。对于圩内滞蓄水面较大的圩区，在确定排水闸设计流量和相应的闸孔尺寸时，就需要考虑圩内水体的滞蓄作用，进行蓄涝、排涝演算。通过蓄涝、排涝演算，可同时确定或校核圩内最高蓄涝水位。关闸期可按水量平衡方程逐时段进行水量平衡分析，得出圩内水体蓄水量的变化过程，再根据水位-容积关系曲线得出相应的水位过程线。当圩内水位与外河水位相平，此时的圩内水位即最高蓄水位，此后外河水位将低于内河水位，即可开闸排水。开闸排水过程的计算，属于排涝演算的内容，它的目的是确定圩口闸闸孔宽度或校核已建圩口闸是否能满足排涝要求。通过排涝演算确定圩口闸闸孔宽度，一般首先初步选定某一闸孔宽度，然后进行排涝演算，如果选定的尺寸不能满足排涝要求，则需重新选定闸宽，直至满足排涝要求为止。

按水利计算求得的闸孔宽度，还须根据水工建筑物的要求（结构及闸下消能等）对其单宽流量进行校核，以便最后确定闸孔尺寸。近年来，为了改善圩内水环境，促进圩内外水体交换，圩口闸的闸宽有加大的趋势，如太湖圩区，在满足挡洪、排水要求的前提下，以不低于河口宽的60%确定圩口闸闸宽。

3. 闸顶高程

圩口闸闸顶高程应根据圩口闸所在河段的防洪标准确定，闸顶高程为设计洪水位与风浪爬高、安全超高之和，一般不得低于两侧原有堤防的堤顶高程，有时还应考虑河道洪水位的可能抬高值（如淤积、联圩等）。

至于挡潮排水闸的设计计算，其任务要求基本上与一般圩口闸相同，只是它位于感潮地区，受潮汐影响很大，因此水利计算应按非恒定流理论进行，并应考虑潮汐对关闸壅高的影响等。

2.2.2 农桥

农桥是指田间道路与沟渠发生交叉时建设的农用桥梁，主要为农田机耕及农民生产生活服务。2015年，江苏共有中沟及中沟以上农桥24.15万座。

2.2.2.1 技术改造历程

中华人民共和国成立以前，江苏农桥多为木桥、石拱桥。20世纪50年代农桥墩台大都采用圬工砌筑的重力式结构；上部结构较多采用钢筋混凝土梁板结构。60年代，淮北沙土区多采用水泥土拱桥。60年代中期，江苏曾推广双曲拱桥，由于不用钢筋，以砖砌筑，自重大，墩台位移易产生裂缝，以后基本不用。从70年代开始，各地对墩台进行技术革新，出现一批结构新颖的轻型桥台。如丰县水利局的井柱桩连拱桥台，有较大的承载能力，适用于软弱地基；淮阴县水利局的管拱桥台，以预制混凝土管和拱板安装而成；大丰县的π形薄拱轻型桥台，由连拱台背、弧形翼墙及整底板组成；昆山县的护坡式桥台，采用三角形钢筋混凝土块，平放在河坡上；金坛县的微仰斜式板桥台，增加基础的抗滑性能。桥墩在原来圬工墩的基础上，发展了灌注桩、水冲桩、锤击桩、预制混凝土板管、预制柱桥桩等多种轻型桥墩。

90年代以后，江苏农桥型式以板梁桥为主。

2.2.2.2 分类

农桥一般由上部结构和下部结构两部分组成。上部结构包括桥面、桥梁（或拱）等，其作用是直接承受车辆、人群等荷载；下部结构包括桥墩、桥台和基础，起支承上部结构的作用，并把上部结构传来的重量经基础传给地基。

农桥按上部结构的形式可分为板梁桥、三铰拱桥、双曲拱桥、石拱桥、板拱桥、桁架拱桥、刚架桥等；按荷载等级可分为农用便桥（荷载为250～350kg/m^{2}或1.5t手扶拖拉机）、农村公路桥（汽-8或汽-10）。现将几种类型农桥分述如下：

（1）板梁桥由预制钢筋混凝土板、梁装配而成，适宜于跨度较小的桥梁，结构简单，对地基变形的适应性较强，便于拆迁，造价低。这种桥梁结构型式较多，有矩形板梁、预应力空心板、叠合空心板、T形梁、组合微弯板等。

（2）三铰拱桥属于静定结构，对地基沉陷、桥台变位的适应性好，与跨径相同的板梁桥相比，可节省钢筋和水泥，具有省工、省料、施工方便、造价低等优点。三铰拱桥的上部结构由钢筋混凝土拱板、拱上填土、路面、拱上侧墙等组成。三铰拱桥的拱板可以先预制后安装，也可以就地筑土模现浇。简易铰用钢筋混凝土浇成，结构上要求连接点能自由转动。现浇的拱板可做成拱肋结合的π形或倒π形断面。

（3）桁架拱桥是一种具有拱形下弦的桁架结构，其上、下弦杆在跨中汇交成实腹段，使结构同时具有桁架和拱的性能。

（4）刚架桥是桁架拱桥在结构上的改进桥型，减少了杆件和结点数量，增加了结构的刚性，并具有施工简便、装配化程度高、桥下净空大等优点。

2.2.2.3 主要设计参数

农桥的主要设计参数包括宽度、跨径、净空等。

（1）宽度。一般农用便桥宽2～2.5m；满足通过中型农业机械要求的桥梁净宽一般为4.5～6m；农村公路桥满足农村交通道路要求。一般以桥宽来控制过桥的荷载。

（2）跨径。平原地区人工开挖的河、沟、渠上的农桥孔径布置应以不影响原断面过水能力为前提。当修建拱桥时，其孔径应大于原断面水面宽度；当修建梁板桥时，其矩形桥孔宽度，应不小于原有断面过校核流量时水面宽度与渠底宽度的平均值。

各类农桥适宜跨径如下：板梁桥为4～10m；刚架桥为6～40m；三铰拱桥为8～18m；桁架拱桥为12～40m。

（3）净空。净空是指桥上部结构最下缘（梁式桥的梁底、拱桥拱顶以下几十厘米至几米）到设计水位或通航水位之间的距离。无通航要求的河道，桥面梁底至少应高于设计水位0.5m；在通航河道上，桥下净空应满足通航要求。江苏省平原地区通航300～500kN货船的航道，桥下净空不小于3.5m；通航1000kN货船的航道，桥下净空不小于4.5m。

（4）其他。农桥一般不设人行道，仅设置缘石，如作为农村公路桥使用，则需设栏杆柱、扶手，在桥面设置厚度为5～8cm的现浇混凝土铺装层，铺装层可做成双向横坡，以利于排除雨水。

2.2.3 其他交叉建筑物

灌排系统常见的其他交叉建筑物主要有涵洞、倒虹吸、渡槽等。

2.2.3.1 涵洞

道路与渠道相交，渠水位低于路面且流量较小时，常在路面下埋设平直的涵管，称为涵洞；或渠道与河沟相交，河沟洪水位低于渠底且流量不大，则采用填方渠道跨越河沟，在填方渠道下方修建排洪涵洞，见图 2.12。

2015 年，江苏有中沟及中沟以上涵洞 19.5 万座。

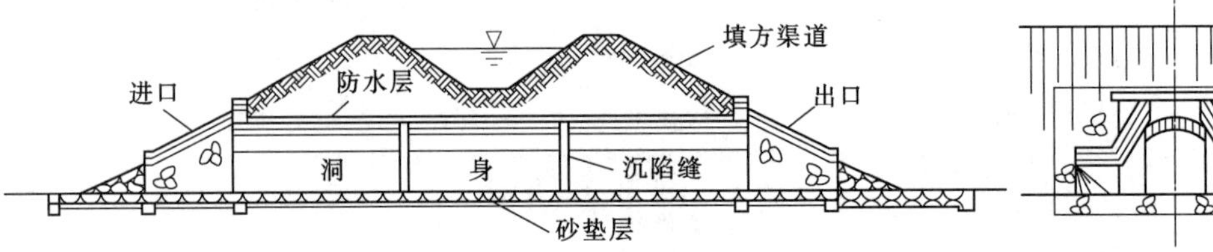

图 2.12 涵洞示意图

涵洞横断面可采用圆形或矩形。一般采用混凝土或钢筋混凝土管涵，也可采用钢筋混凝土箱涵或混凝土、砌石拱涵。管涵直径大多为 0.5～1.5m；箱涵跨径为 1.5～3m；拱涵矢跨比为 1/2～1/8。明流管涵、拱涵水面以上的净空高度不应小于洞高的 1/4，箱涵不应小于洞高的 1/6。

常见圆管涵、拱式涵洞如图 2.13、图 2.14 所示，规格尺寸见表 2.3、表 2.4。

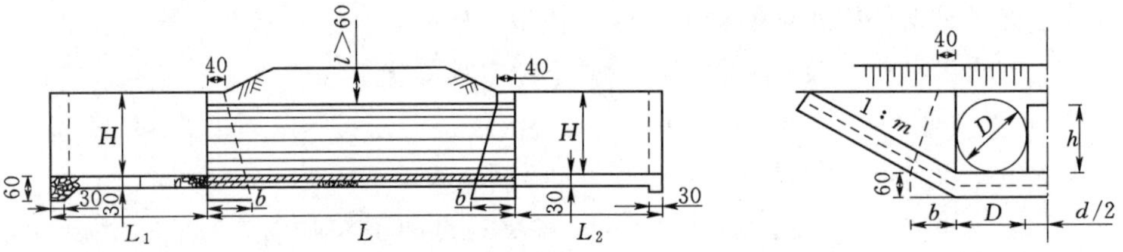

(a) 正视图　　(b) 侧视图

图 2.13 圆管涵洞示意图（单位：cm）

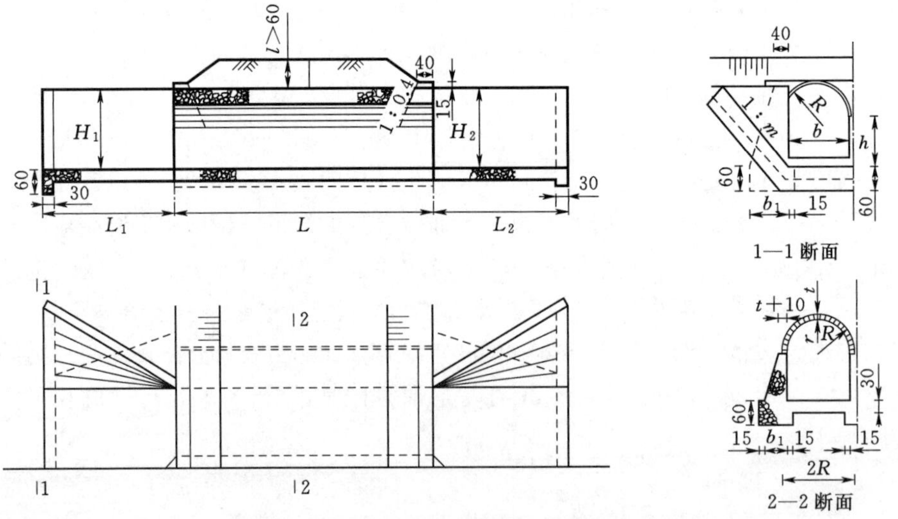

图 2.14 拱式涵洞示意图（单位：cm）

表 2.3 圆管涵洞各部尺寸

设计条件			各部尺寸/cm						
上下游水位差	洞前水深	设计流量/(m^3/s)	D	h	d	H	b	L_1	L_2
5~15	70	0.25~0.33	φ50	55	40	90	70	110	210
		0.50~0.66	2×φ50	55	40	90	70	110	210
	100	0.50~0.66	φ70	75	40	120	75	150	300
		1.0~1.32	2φ×70	75	40	120	75	150	300
	120	1.05~1.38	φ100	105	50	140	80	180	360
		2.10~2.76	2×φ100	105	50	140	80	180	360
	80	0.25~0.33	φ50	55	40	100	70	120	240
		0.50~0.66	2×φ50	55	40	100	70	120	240
	110	0.50~0.66	φ70	75	40	130	80	170	330
		1.0~1.32	2×φ70	75	40	130	80	170	330
	130	1.05~1.38	φ100	105	50	150	85	200	400
		2.10~2.76	2×φ100	105	50	150	85	200	400
	100	0.25~0.33	φ50	55	40	120	75	150	300
		0.50~0.66	2×φ50	55	40	120	75	150	300
	120	0.50~0.66	φ70	75	40	140	80	180	360
		1.0~1.32	2×φ70	75	40	140	80	180	360
	140	1.05~1.38	φ100	105	50	160	90	210	420
		2.10~2.76	2×φ100	105	50	160	90	210	420

注 1. 采用单孔时，中墩宽度 d 不需查表。

2. 管径 D 栏中 2×φ50 表示 50cm 直径的双孔。

表 2.4 拱式涵洞各部尺寸

设计条件			各部尺寸/cm											
上下游水位差	洞前水深	流量/(m^3/s)	b	r	R	t	h	d	b_1	b_2	H_1	H_2	L_1	L_2
5	50	0.352	100	50	74	24	45	48	45	60	70	70	100	150
10	50	0.440	100	50	74	24	40	48	45	60	70	70	100	150
5	70	0.508	100	50	74	24	65	48	50	65	90	90	125	210
10	70	0.660	100	50	74	24	60	48	50	65	90	90	125	210
5	100	0.742	100	50	74	24	95	48	60	75	120	120	150	300
10	100	0.99	100	50	74	24	90	48	60	75	120	120	150	300
5	150	1.135	100	50	74	24	145	48	80	90	180	180	225	450
10	150	1.540	100	50	74	24	140	48	80	90	180	180	225	450
5	100	1.115	150	75	106	31	95	62	70	75	120	120	150	300
10	100	1.485	150	75	106	31	90	62	70	75	120	120	150	300

续表

设计条件			各部尺寸/cm											
上下游水位差	洞前水深	流量/(m^3/s)	b	r	R	t	h	d	b_1	b_2	H_1	H_2	L_1	L_2
5	150	1.700	150	75	106	31	145	62	85	90	180	180	225	450
10	150	2.310	150	75	106	31	140	62	85	90	180	180	225	450
5	200	2.285	150	75	106	31	195	62	100	110	230	230	300	600
10	20	3.140	150	75	106	31	190	62	100	110	230	230	300	600
5	100	1.485	200	100	137	37	95	74	75	75	120	120	150	300
10	100	1.980	200	100	137	37	90	74	75	75	120	120	150	300
5	150	2.270	200	100	137	37	145	74	90	90	180	180	225	450
10	150	3.080	200	100	137	37	140	74	90	90	180	180	225	450
5	200	3.050	200	100	137	37	195	74	110	110	230	230	300	600
10	20	4.180	200	100	137	37	190	74	110	10	230	230	300	600

注 1. 涵洞单孔时，表中墩宽 d 不需查表。
2. 涵洞双孔时，表中流量应乘以 2。

2.2.3.2 渡槽

当渠道从河沟、道路上方穿过时，如果渠底高于河沟的最高洪水位或渠底至路面的净高大于行驶车辆要求的安全高度时，可架设渡槽，让渠道从河沟、道路的上方通过，如图 2.15 所示；渠道穿过洼地，采用高填方渠道工程量太大，也可采用渡槽。

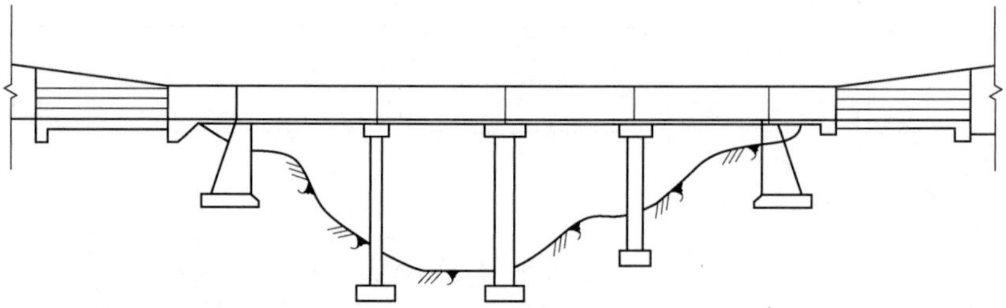

图 2.15 渡槽示意图

1. 渡槽形式

渡槽由槽身、支架及引水流的进出口三部分组成，可由木、石、砖、钢筋混凝土和钢丝网水泥等材料建成。

（1）槽身。槽身是渡槽的主体，一般常采用矩形及 U 形断面。渡槽的高宽比一般不得大于 1，小型渡槽高宽比在综合经济比较后，可以大于 1。

（2）支架。支架为支承渡槽的结构，在纵向常采用梁式或拱式支承。下部支撑结构一般多采用单、双排架。两柱可平行，也可不平行，也有采用墩柱或基础支承的。

（3）引水流的进出口。进出口是渡槽与渠道的连接部分，一般要做成渐变段，以便使进入或流出渡槽的水流流速逐渐变化，减少水头损失，防止渠道冲刷。渐变段的形式通常用扭曲面或八字翼墙式进出口，其进口段长度较短，出口段稍长，一般采用渠道水深的 3～4 倍。

2. 渡槽的水力计算

渡槽的水力计算主要是确定槽身断面尺寸及渡槽比降。

当渡槽长度 L 小于或等于 20 倍上游渠道水深时，槽身宽度 b 按宽顶堰公式计算：

$$b=Q/(3.6h\sqrt{z_0}) \tag{2.5}$$

式中：Q 为流量，m^3/s；h 为渡槽中水深，m；z_0 为水头损失，m。

当槽身长度大于 20 倍上游水深时，按明渠流公式计算：

$$b=Q/(hc\sqrt{Ri}) \tag{2.6}$$

式中：c 为谢才系数；R 为是水力半径；i 为槽身比降。

2.2.3.3 倒虹吸

渠道穿越河沟、道路时，如果渠道水位高于路面或河沟洪水位，但渠底高程却低于路面或河沟洪水位时；或渠底高程虽高于路面，但净空不能满足交通要求时，需采用压力管道代替渠道，从河沟、道路下方通过，称为倒虹吸。

(1) 结构形式。倒虹吸结构一般有三种形式，即竖井式、曲线式及缓坡式，见图 2.16。一般过路倒虹吸都采用竖井式。缓坡式进口底坡为 1∶1.5～1∶2。如将斜坡改为埋管延伸，就是曲线式倒虹吸。倒虹吸管顶填土厚度，穿过渠道时不小于 1m；穿过道路时不小于 0.6m；穿过河道时要埋于河床冲刷线下 0.5～0.7m。

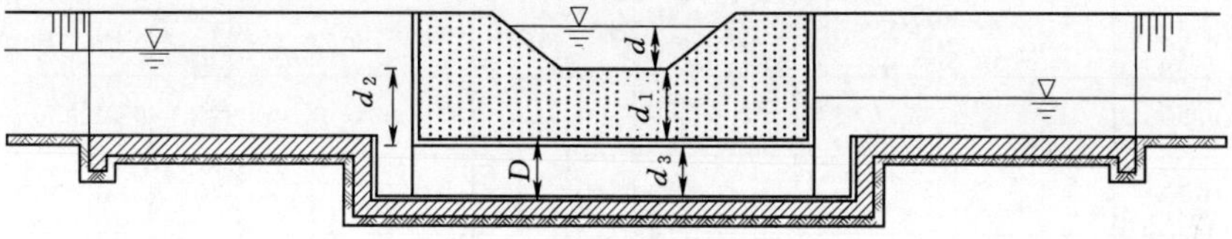

(a) 竖井式

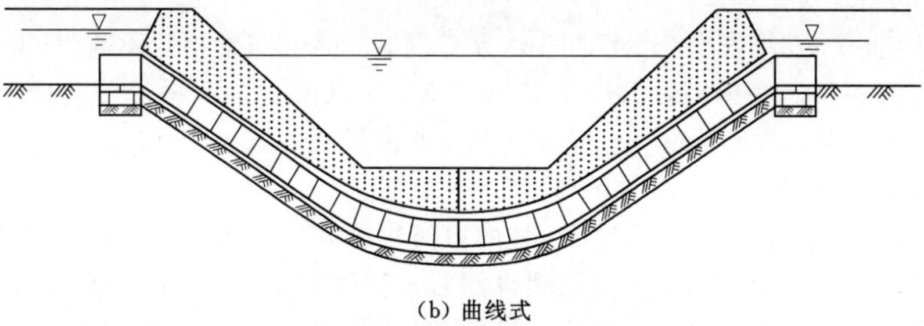

(b) 曲线式

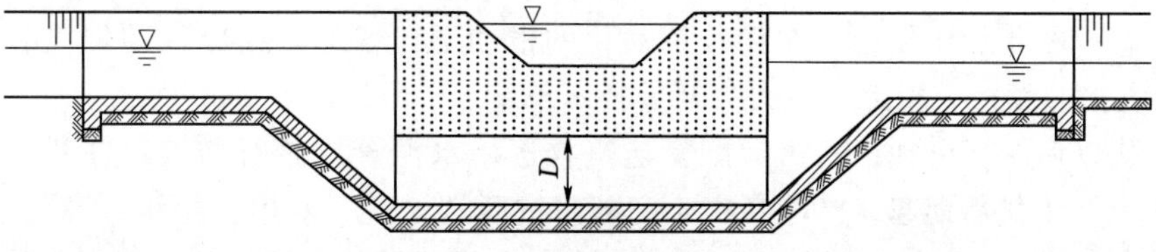

(c) 缓坡式

图 2.16 倒虹吸示意图

（2）规格尺寸。常见斜管式圆形倒虹吸管可根据流量、水位差、管长等选用管径，其管径尺寸数据见表 2.5。

表 2.5　　圆形倒虹吸管流量、尺寸数据表

管长 L/m	管径 D/m	上下游水位差 ΔH/cm							
		5	10	15	20	25	30	35	40
		流量 Q/(m^3/s)							
10	0.34	0.050	0.074	0.090	0.104	0.116	0.128	0.140	0.144
	0.45	0.100	0.140	0.170	0.196	0.216	0.240	0.260	0.280
	0.55	0.160	0.230	0.280	0.320	0.360	0.396	0.424	0.456
	0.65	0.244	0.328	0.424	0.492	0.550	0.600	0.650	0.692
	0.90	0.450	0.640	0.780	0.900	1.000	1.100	1.190	1.727
20	0.45						0.208	0.224	0.240
	0.55		0.200	0.244	0.280	0.312	0.340	0.370	0.396
	0.65	0.212	0.300	0.368	0.424	0.476	0.520	0.560	0.600
	0.90	0.400	0.570	0.700	0.808	0.900	0.990	1.072	1.148
30	0.65					0.424	0.464	0.504	0.540
	0.90		0.520	0.640	0.740	0.824	0.900	0.976	1.042
40	0.90				0.680	0.760	0.840	0.910	0.972
50	0.90							0.848	0.900

2.2.4　装配式建筑物

江苏于 20 世纪 70 年代末开始研制小沟及田间装配式建筑物，经不断改进，使装配式建筑物有了很大的发展和提高，取得了丰硕的成果。装配式建筑物主要包括灌溉站、水闸、交通桥、生产桥、穿路涵、田间进水洞和排水洞等。

2.2.4.1　技术改造历程

20 世纪 50 年代初中期，江苏尚无像样的田间建筑物，大都根据农事生产需要，在田头临时开堵进出水口，少数在末级沟渠埋设涵管。1958 年起至 20 世纪 60 年代，多是就地取材，选用砂浆、三条（杞柳、蜡条、紫穗槐）、黏土、稻草等材料，做成简易建筑物，但耐久性差。60 年代中期起，在设计革命化的推动下，各地总结以往的经验教训，在农田水利建筑物的设计、施工中，大力开展技术革新。

70 年代以后，部分地区对田间配套建筑物选用水泥管或砖石砌筑，并开始研制预制装配结构。70 年代后期起，江苏各级水利部门按照"先进、实用、经济、高效"的要求，积极采用新技术、新材料、新结构、新工艺，对各类建筑物工程的分部位或整体结构进行研究、改进、创新，促使结构合理，牢固耐用，材料节省，造价降低，速度加快。1978 年，高邮县在龙奔乡试点，按灌溉、排水、交通三种类型，开发成系列化的田间配套建筑物近20个类型，在西楼片6000亩耕地上配套应用，取得了良好的效果；在此基础上，高邮水利局又研制开发了相应的木制模具，集中预制浇筑，成批生产。1981年10月，江苏省水利厅选择江都县砖桥乡，试点示范开展以建筑物配套为重点的农田水利工程建设。江都县水利局结合沙土地区的特点，研制装配式田间配套建筑物，预制、生产了灌溉、排水、交通三个系列、30多种结构形式。特别是在排水系统方面，成功研制了双层排水洞及多种形式跌水消能的田间配套建筑物，较好地解决了沙土地区排水防冲问题。该试点实建各种配套建筑物3571座，使12700亩农田基本配套齐全，做到灌溉级级有控制，排水沟沟保通畅，农机作业和群众下田生产方便。1984年4月，该试点通过了水利电力部组织的验收，被认为达到国内先进水平。80年代后期，高邮县在原有基础上进一步研究改进，将木模改制成定型钢模，成立了钢模具厂，按灌溉、排水、交通三种类型生产成套系列钢模具和配套预制施工机具，供应县内和省内外其他市、县应用。省水利厅及时总结高邮等地经验，先后组织编写并印发了《农桥轻型桥台资料选编》《装配式田间工程建筑物》《桁架拱桥图集》《小型涵闸工程设计图集》《小型机电排灌配套手册》《农田水利配套建筑物施工细则》等配套建筑物的技术资料20余种，加强技术指导，推进建筑物的技术进步和建设速度。1980年、1982年、1987年，江苏省水利厅分别在宿豫、江宁和高邮，三次召开江苏农田水利配套建筑物技术研讨会，交流技术革新经验，研究探讨技术发展方向，及时推广应用先进适用的科技成果，使配套建筑物的技术水平不断提高。截至1987年，江苏累计兴建各类小型建筑物159多万座，配套面积为4116万亩，占江苏耕地面积的60%。

近年来，江苏农田水利配套建筑物从开始的“重、厚、笨、老”发展到“轻（轻型）、薄（薄壳）、巧（灵巧）、预（预制、装配）”，进而向“合（合理布局、综合利用）、改（技术改革、挖潜改造）、新（新技术、新结构、新材料）、化（标准化、系列化、工厂化、施工机械化）、精（轻、巧、薄）”的方向发展。

2.2.4.2 技术特点

几十年来，江苏农田水利配套建筑物逐步形成自己的特色：尽量采用拱、壳、管、框架等轻型结构和预应力构件，充分利用各种结构的优点，增强工程总体强度，力求做到轻型、薄壳、灵巧、牢固；枢纽建筑物统筹考虑，整体布置，集挡洪、排水、灌溉、降渍、交通等多种功能于一体，达到一座建筑物发挥多种效益，综合利用的目的；对面广量大的田间建筑物、中小跨度农桥，实行定型设计，集中生产，形成多品种、多规格的系列产品，进而对中沟以上建筑物的部分构件也集中预制生产，以适合不同沟渠的配套需要；采用钢模具浇筑装配式预制构件，设计合理，制作规范，结构轻巧，质量稳定，操作方便。具体特点如下：

（1）结构合理，造价低廉。通过多年的努力，许多地区根据当地实际情况，研制开发了适应不同需要的多种装配式建筑物，并对其强度、过水能力、稳定性（滑动、抗倾）、渗透变形和消能等方面都做了计算和检验。预制的装配式建筑物结构合理，具有轻、薄、小块体、生产工厂化等优点，大幅提高了灌排渠系建筑物配套建设的劳动生产率。同时，材料的散失浪费、能耗和施工费用等均比传统施工方法少。据统计，对于同等规模的建筑物，采用预制装配方法比采用现场砌筑方法节省10%～40%的材料。

(2) 工厂化生产，施工方便。相对于传统的现场施工方法，装配式建筑物先由工厂生产构件，再现场拼装。由于构件的制作在工厂（预制场）内进行，一方面，其质量容易得到保证；另一方面，其制作可以不受季节和时间的限制。装配式建筑物的现场安装时间短，构件安装与土方工程可同时进行，大大缩短工期。

(3) 运输、安装方便。由于装配式建筑物一般是由重量轻、厚度薄、体积小的构、部件组装而成，所以安装、运输都很方便，无需大型设备。当规划修改，调整田块需拆迁建筑物时，拆卸后易地安装，照样可以使用，从而可减少损失和浪费。

(4) 工程质量高，便于使用管理。由于工厂化生产，应用新技术、新工艺和新型模具，既保证工程质量，延长了建筑物的使用寿命，又减少了使用过程中的维护养护费用，节约用水，方便使用管理。

2.2.4.3 典型装配式建筑物

1978年，高邮市按灌溉、排水、交通三种类型，首次开发了近20个类型的田间配套建筑物。通过40年来的不断改进完善，2012年省水利厅农水处、高邮市水利推广中心与扬州大学整理汇总了三大类、45种定型化、系列化装配式建筑物。以下介绍两种典型的装配式建筑物：斗渠进水洞首与斗渠埋板闸。

1. 斗渠进水洞首

(1) 结构设计。斗渠进水洞首（又叫斗门）修建在支渠迎水坡上，见图2.17。它由胸墙、门框、底板、翼墙及门洞构成，为整体预制。门框上部安装螺杆启闭机，进口两翼墙为对称的八字形墙，其体形在平面上呈Y形，有利于稳定。

设计流量为0.2m^3/s。

该建筑物适用于黏土地区；若用于沙土地区，翼墙宽度可适当加宽。

(2) 预制要求。浇筑前，钢模先刷一层脱模剂，便于脱模；钢筋安装时，位置应准确，先定位后浇筑；预制浇筑时，预留装运孔，混凝土强度等级C25。

(3) 安装要求。清槽时，要平整、压实；安装时，按先洞首、后涵管、再洞尾、防冲槽等顺序安装，并使洞轴线与渠首轴线相吻合。

洞首安装时要做到：洞底与出水池底相平或洞顶与田平；洞顶启闭机的位置应高于正常水位10～20cm。

用于沙土地区时，安装前先砌2层平砖或浇筑5～6cm的混凝土垫层。

填土应对称、压实。

洞门检拆时，应挖去活动挡板后填土，取下挡板再检修。

2. 斗渠埋板闸

(1) 结构设计。斗渠埋板闸是一字形闸的一种类型，见图2.18。它由挡水面板、门柱、闸门、框架组成，为整体预制安装，板厚为12cm，挡水墙采用肋形结构，适用于黏土地区。

(2) 预制要求。浇筑前，钢模先刷一层脱模剂，便于脱模；先预制闸门，并将闸门下缘四角做成圆弧形；门槽模板要固定，要求不能变形；钢筋安装时应先固定，预制时预留安装孔；混凝土强度为C25。

(3) 安装要求。闸基坑开挖不能扰动原状土；水闸上游进水口底部与上级渠底相平，插板入渠身长度大于20cm，填土压实。

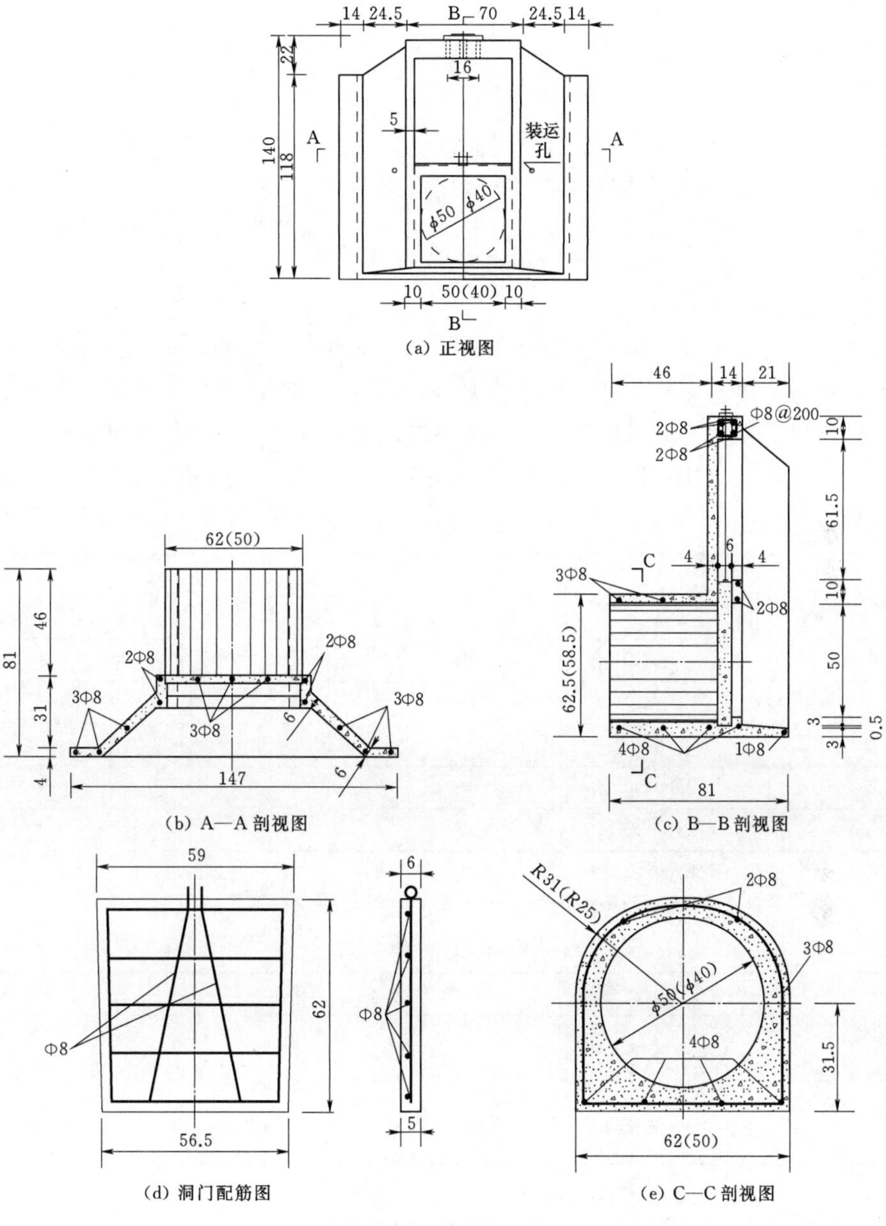

图 2.17 斗渠进水洞首（单位：cm）

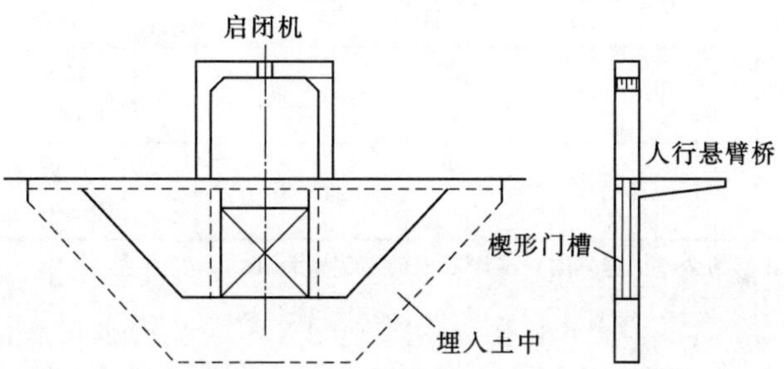

图 2.18 斗渠埋板闸示意图

2.3 机电排灌

机电排灌是江苏最重要的农业基础设施之一，为抗御洪涝旱渍灾害做出了重要贡献。截至2015年底，江苏共有灌排泵站9.89万座（其中中沟及以上8.85万座），配套动力为395.8万kW，其中灌溉站7.50万座，219.04万kW；排涝站1.65万座，130.18万kW；排涝结合站0.67万座，44.13万kW。

2.3.1 泵站分类与结构形式

泵站有多种分类方法。按泵站功能，可分为供水泵站、排水泵站、多功能泵站；按水泵的类型，可分为离心泵站、轴流泵站、混流泵站和潜水泵站等；按动力机的类型，可分为电力泵站、风力泵站、太阳能泵站等；按装机规模，可分为大型、中型、小型泵站。

《泵站设计规范》（GB/T 50265）规定的分等指标见表2.6和表2.7。

表2.6 灌溉、排水泵站分等指标

泵站等别	泵站规模	分等指标	
		装机装置/(m^3/s)	装机功率/万kW
Ⅰ	大（1）型	≥200	≥3
Ⅱ	大（2）型	200～50	3～1
Ⅲ	中　型	50～10	1～0.1
Ⅳ	小（1）型	10～2	0.1～0.01
Ⅴ	小（2）型	<2	<0.01

注 1. 装机流量、装机功率系指单站指标，且包括备用机组在内。
2. 由多级或多座泵站联合组成的泵站工程，可按其整个系统的分等指标确定。

表2.7 机组规模划分指标

机组规模		大型	中型	小型
轴流泵或导叶式混流泵机组	水泵口径/mm	≥1600	<1600 ≥900	<900
	配套功率/kW	≥800	<800 ≥300	<300
离心泵或蜗壳式混流泵机组	水泵进口直径/mm	≥800	<800 ≥500	<500
	配套功率/kW	≥600	<600 ≥280	<280
潜水电泵	叶轮直径/mm	≥1200	<1200 ≥500	<500
	配套功率/kW	≥500	<500 ≥280	<280

注 当机组按分等指标分属两个不同等别时，应以其中的高等别为准。

2.3.2 技术改造过程

江苏泵站建设早，发展快，在20世纪60—70年代，曾进行局部和单项的技术改进，改善了泵站运行状况。至1980年，江苏已基本实现灌排机电化，但同时，由于发展速度过快，使得江苏约有3.1万座小型泵站、54万kW动力、10万台水泵，不符合节能、节水、安全、高效的要求，有100万kW灌排动力带病运行。主要问题是：机泵设备老化，效率降低；有些设备制造质量较差，效率达不到部颁标准；机泵型号多而杂，柴油机型号多达128种，很多属于淘汰或不定型产品；有的泵站大机拖小泵，低扬程用高扬程泵；有些泵站站址选择不当，进出水池和机泵管路布置、安装不合理、效率低等，亟需进行技术改造，提高泵站装置效率。

1981年江苏省水利厅颁布《关于加强机电排灌管理搞好调整配套工作意见》，提出了“调、配、改、修、换”5个方面的一整套泵改技术措施。同年，江苏省水利厅选择武进、溧阳、江都、铜山4个县为泵改试点县，1982年省农机局又将丹徒县作为泵改试点县，由省计委安排国家技改经费贴息贷款。截至1983年底，这5个县共改造995台机组，配套动力3.3万kW，泵站效率从原来平均39%提高到54%，年节电5万kW·h，增加提水流量$35m^3/s$，改善灌排面积715万亩。武进是江苏第一个自主进行泵改的试点县，1983年就有54个乡（占乡总数83%）共改造178个站、221台泵组，装置效率达到或超过部颁标准，平均提高25.6%，年节电99.37万kW·h，仅以节省电费一项，4.5年收回改造投资，对江苏推广泵改技术起到了示范带头作用。

1984年，江苏省水利厅根据几年来的普查和1.6万座泵站现场测试资料，经整理分析，江苏泵站装置效率平均为40%，达到部颁标准的泵站仅占总站数的13%（1980年水利部规定的泵站装置效率标准是：电力泵站为54.4%，每提千吨水的耗电量为5kW·h；机械泵站为54.8%，每提千吨水的耗油量为1.35kg）。11月，水利电力部农水司在武进县召开全国机电灌排节能节水技术改造和体制改革经验交流会，进一步肯定了武进县的试点成效。会后，水利电力部在武进县试点经验的基础上，组织有关部门制订《泵站现场测试规程》(SD 140—85)，于1985年正式颁布施行，使泵站效率测试有章可循。

在1984—1986年间，江苏以国家技改、农田水利经费贴息贷款方式，将泵改的试点县扩大到15个，改造968座泵站，更换水泵913台，涉及配套动力2.7万kW。改造后的泵站装置效率，由原平均34%提高到53%，增加提水流量$86m^3/s$，改善灌排面积1178万亩，推动了各县（市）自主进行泵改。在此期间，水电部农水司组织江苏省水利厅、江苏农学院和溧阳县水利局进行“溧阳县低扬程泵站节能试点研究——开敞式进出水池现场测验研究”，该课题提出了进出水池的合理结构、布局和长宽比及水泵喇叭口适宜的悬空高和淹没深等数值；为解决低扬程地区使用高扬程水泵的问题，省水利厅与有关院校、厂家、用户等协作，开发了系列高比转数的混流泵、贯流泵、潜水泵以及改进的圬工泵。

20世纪90年代，泵站技术改造在江苏全面展开，江苏省水利厅陆续印发了《江苏省机电灌排效率测试技术改造资料汇编》《中小型泵站技术改造经验选编》以及《泵站技术改造竣工验收条例》《泵站技术改造验收合格证》等，使江苏泵站技术改造逐步走上规范化、标准化道路。在经济发达的苏南农村，开始结合泵站改造，建设标准化泵站和标准化灌区。标准化泵站和灌区的要求为：站容站貌要达到或优于农村住房，泵站效率要达到或超过部颁标准，灌区渠道、建筑物和田间工程配套齐全，渠系水利用系数和工程完好率分别达到0.80和90%，技术管理制度化、规范化。

21世纪以来，江苏灌排泵站的工作重点是，针对泵站老化状况，结合灌区续建配套与节水改造、农田水利重点县建设等项目，对老化泵站进行更新改造，以提高泵站机电设备技术水平，并对部分泵站进行现代化改造，实现计算机自动监控和泵站优化运行，消除工程安全隐患，达到安全、高效、低耗。不少已建灌排泵站，外形美观，内部整齐现代，运用信息化、物联网技术，不仅使工程管理调度中心与灌排泵群联网、监控，还能实现信息自动采集、传输，分析决策与优化运行功能，泵站现代化建设迈入了新的发展阶段。

2.3.3 灌排泵站规划要点

泵站特征参数主要是设计流量和特征扬程。它们是水泵选型和泵站建筑物设计的依据，影响到泵站规模、投资和效益。

2.3.3.1 灌溉泵站

1. 灌溉泵站选型

（1）设计流量。灌溉泵站设计流量是在灌溉水源满足一定灌溉设计保证率的情况下，供给灌区作物生长所必需的流量及输配水过程中渠系和田间所损失的流量之和。对于大中型灌区，通常是根据灌区内气象、土壤、作物种类和耕作技术等因素，参照有关的灌溉试验资料和灌水经验，制定灌区作物的灌溉制度，推求设计灌水率，确定轮灌工作制度，推算设计流量。

一般稻麦轮作区小型机电灌区的设计流量，要保证水稻亩均80～100m^3泡田定额、泡田延续时间3～5d的要求。

（2）设计扬程。

1）出水池水位。灌溉泵站的出水池水位就是灌溉干渠的渠首水位，一般是从灌区内离站较远的田面高程加上适宜的灌水深度后的水面高程，再加上通过各级渠道及相应建筑物的水头损失，逐级推求而得。渠首水位与渠道过流大小有关，一般以通过设计流量时的水位为准。

2）进水池水位。进水池水位根据水源设计水位推求。为了确保灌溉和泵站的防洪要求，需分析确定农田高峰用水阶段可能出现的低水位和整个灌溉期间的最低水位以及全年最高洪水位。水源水位在扣除了进水池至水源间的水头损失后，即为进水池水位。

3）设计扬程。泵站进、出水池的设计水位差（即设计净扬程）加上管路水头损失，就是泵站的设计扬程，用公式$H_{设}=H_{净}+H_{损}$表示，其中，$H_{设}$为泵站设计扬程，$H_{净}$为泵站设计净扬程，$H_{损}$为泵站管路水头损失。一般$H_{损}$可按$H_{净}$的5%～25%进行估算，如净扬程低于10m时，可取较高的百分数，净扬程高于30m时，则用较低的百分数。

（3）泵站选型与台数确定。根据泵站设计扬程与设计流量，即可运用水泵选型表或水泵性能表等资料，进行水泵型号的选择与台数的确定。

水泵选型时，要满足设计扬程和设计流量的要求；机泵在运行期间保持运转正常，不发生汽蚀和动力机超载等不正常现象，并在绝大部分时间内其装置工作点处于水泵允许工作范围内；按选定的机组方案建站，土建和设备等投资经济合理；选用就近能供应的产品，在同一泵站内尽量选用同型号水泵，便于安装、检修和购置互换零配件；选用动力能综合利用的泵型。具体步骤如下：

1）初选泵型。查水泵选型表或水泵性能表，找出水泵扬程符合泵站设计扬程的若干种水泵型号。灌溉泵型有离心泵、轴流泵、混流泵与潜水泵。稻麦轮作区，扬程不足4～5m，宜采用轴流泵；扬程大于5～6m时，宜采用混流泵与潜水泵。经济作物种植区，若采用高效节水灌溉工程宜选用离心泵或潜水泵。

2）确定泵型与台数。用泵站设计流量除以各种初选泵型的铭牌流量，得出各种型号水泵的具体台数。

3）扬程校核。进行管路的配套设计后，假定通过水泵铭牌流量计算管路的水头损失。将计算的水头损失加上设计净扬程，如在水泵允许工作范围内，则符合要求，否则重新选型。

（4）动力机选配。泵站常用的动力有电力、风力与太阳能。小型灌溉站一般用三相交流异步电动机带动水泵。但在具体选用时要根据当地的实际情况，如偏远或少电的地区，可使用风力与太阳能。

2. 灌溉泵站规划

（1）站址选择。灌溉泵站站址设在灌区地形较高的地段，既方便输水入田，又可扩大排灌面积；机房尽量设在较好的地基上，避免建在流沙或淤泥层上，以减少地基处理和加固的费用；站址应设在交通方便、靠近电源和居民点的地段，以便设备、器材的运输，节省输电工程和提高动力的综合利用。

（2）泵站的渠道布置。泵站主要由抽水设备、水工建筑物和辅助设备等组成。灌溉泵站主要包括水泵、引水渠道、进出水池、机房输水涵洞、输水渠道等；辅助设备包括功能设备、机房内供排水设备和起吊检修设备等。

灌溉泵站布置形式基本上分为两种：一种是有引渠的形式，如图2.19（a）所示，适用于岸边坡度较缓、水源水位比较稳定的灌区；另一种是无引渠的形式，如图2.19（b）所示，适用于岸边地形较陡、水位变化不大的灌区。

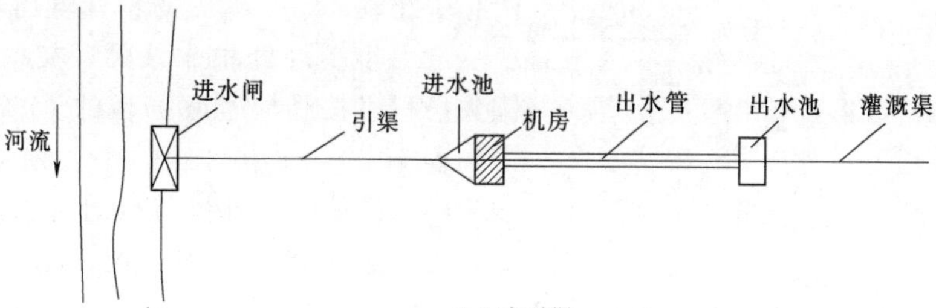

(a) 有引渠

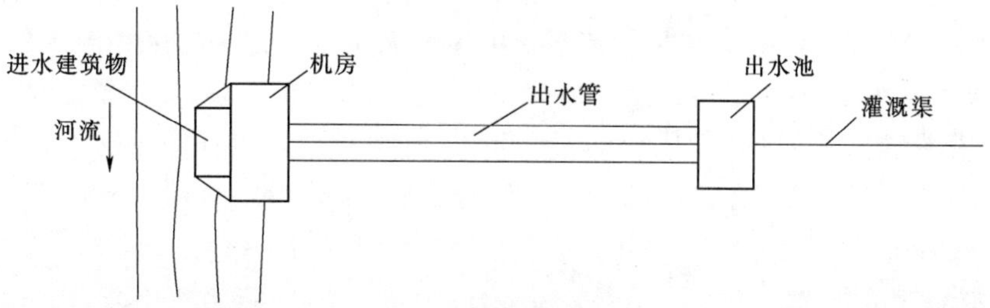

(b) 无引渠

图2.19　灌溉泵站布置示意图

2.3.3.2 排涝泵站

1. 设计装机容量

设计装机容量的确定，包括确定排涝设计流量和设计扬程两部分。

（1）设计流量。设计排涝模数确定后，乘以排水区域总面积，即得到区域排涝设计流量 Q；在分区排水的圩区，排涝模数要分别乘以各片区的面积，作为各片的设计排涝流量。

（2）设计扬程。扬程指水泵能够提水的高度，通常用 H 来表示。扬程以水泵轴线为界，分为上、下两部分，如图 2.20 所示，下一段是从进水池把水吸上来，叫作吸水扬程（$H_{吸}$）；上一段是通过出水管把水压出去，叫作压水扬程或出水扬程（$H_{压}$）。两部分加起来叫作水泵的实际扬程（$H_{实}$）。排涝泵站的任务是将区域涝水按规定的时间排至外河，因此排涝泵站的上、下水位也称为内、外水位，进水池的水位是内河水位，出水池的水位是外河水位。实际扬程即设计外河水位与设计内河水位之差。

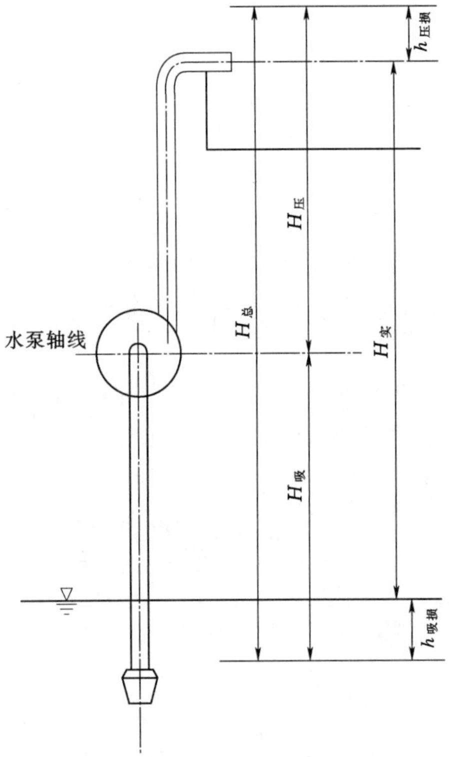

图 2.20 水泵扬程示意图

设计内河水位是根据预降，并结合控制地下水的要求确定，一般设计内河水位取最低田面高程以下 1.0～1.5m。设计外河水位，一般采用汛期平均洪水位。

水量的吸进与压出都要通过水管，水经过管路，受到摩擦阻力而减少水泵的提水高度，为损失扬程 $H_{损}$。损失扬程计算比较复杂，对于一般中小型圩区排水泵站，在初选水泵时，损失扬程可按相应实际扬程的 15%～20%计。总扬程 $H_{总}$ 等于实际扬程与管路损失扬程之和。

（3）设计装机容量与机组选型。一般先根据设计流量和设计扬程确定水泵型号和台数。选择水泵及机组时，要保证日常排涝效率高；遭遇特大洪水位时，排涝泵站正常工作，保证排得出；对排灌结合的泵，还要兼顾满足最高田块的灌溉要求；泵型一般采用轴流泵或混流泵。扬程不足 4～5m，宜采用轴流泵；扬程大于 5～6m 时，宜采用混流泵。

2. 排涝泵站布置

排水泵站布置形式如图 2.21 所示，由于圩区地势低洼，当圩外河水位高于圩内地面高程、圩区遭遇设计暴雨无法自排时，开启排涝站提水排涝；否则，开启自排洞，自流排水。

2.3.3.3 排灌结合泵站

在江苏淮北平原、圩区部分区域，过去常常为满足不同时期的排灌要求，不分别建灌溉站、排涝站，而是集中建站，用水工建筑物控制水流，实现能灌能排，提高设备利用

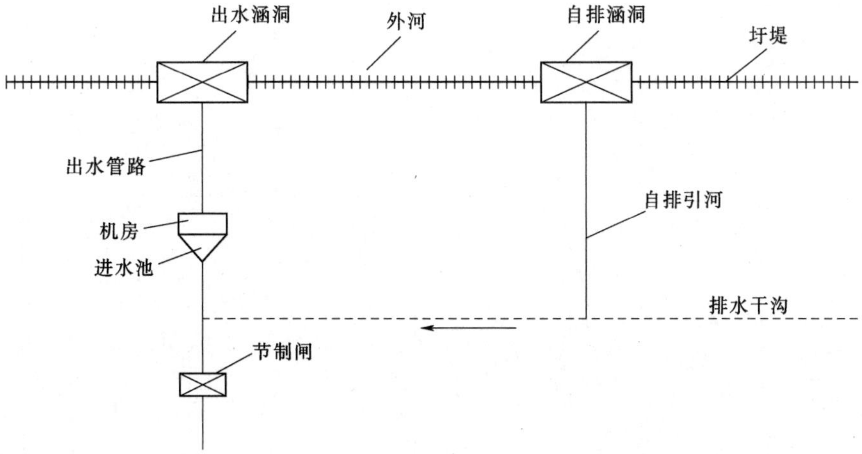

图 2.21　排水泵站平面布置示意图

率，达到灌溉、排水的目的。其布置形式如图 2.22 所示。

排灌结合泵站需分别计算出灌、排流量，采用其中大者作为泵站设计流量。同时分别计算灌溉扬程和排涝扬程，并进行分析比较，取较大值作为排灌结合泵站的设计扬程。当排涝、灌溉两种设计扬程相差较大，选一种泵型不能满足要求时，应分别选泵。

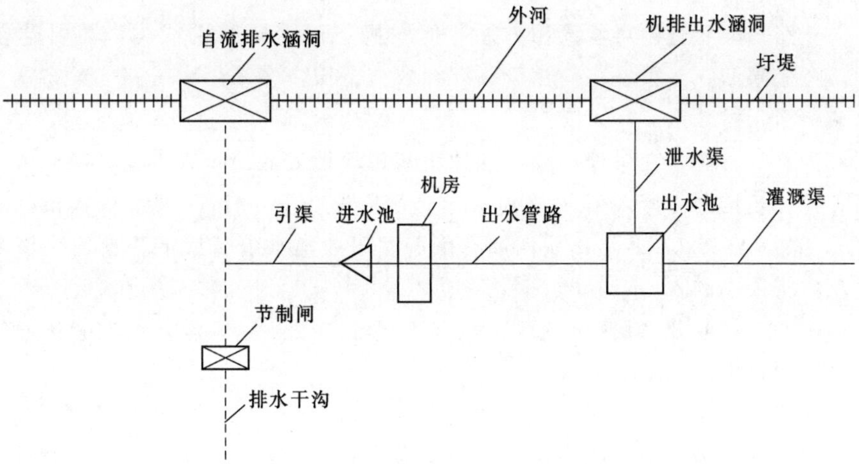

图 2.22　排灌结合泵站平面布置示意图

2.4　田间工程

2.4.1　田间工程布置

田间工程指最末一级固定渠道（农渠）和固定沟道（农沟）之间的工程设施，包括条田范围内的沟路渠、配套田间建筑物与条田等；做好田间工程是进行合理灌溉、提高灌水工作效率、及时排除地面径流和控制地下水位的必然要求，才能实现旱涝保收，建设高产、优质、高效农业的目的。其规划布置的重点在于确定田间沟渠路布置形式、田间塥沟、田间道路、条田规格等。

2.4.1.1 沟渠路布置形式

田间渠道、沟道、道路的布置形式一般有沟—渠—路布置、沟—路—渠布置、路—沟—渠布置三种（图 2.23），其中，图 2.23（a）和（b）所示为当前常用形式。

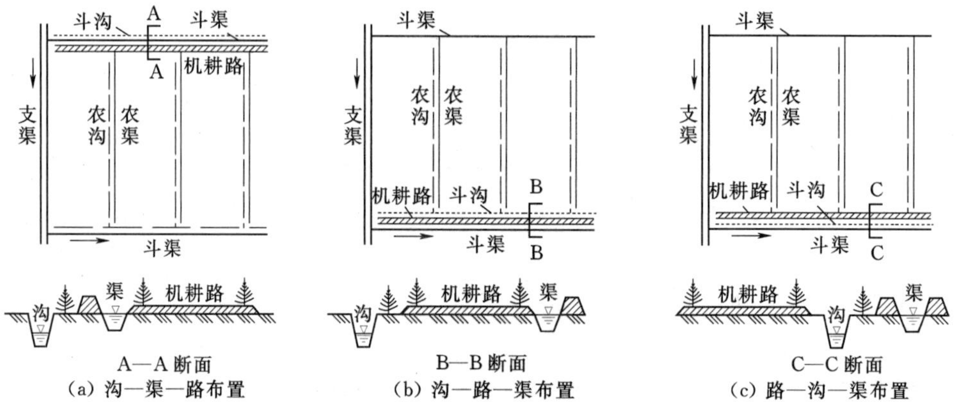

图 2.23　田间渠道、沟道、道路的布置形式

（1）沟—渠—路布置。道路位置高，不易积水，农机可从路旁直接下田，渠水进田要穿路，沟渠距离近，要求土质好。

（2）沟—路—渠布置。渠水入田方便，但农机下田需要跨渠或沟，需要建较多的桥涵，路面拓宽受限制。斗渠、中沟由于不存在农机下田，多采用沟—路—渠布置方式。

2.4.1.2 田间墒沟

田间墒沟是临时沟，在旱作期间，加速汇集田块地表径流排入小沟，减少入渗，从而减轻涝渍灾害。墒沟网由竖墒和横墒组成，竖墒间距为 3～4m，深约 0.25m；横墒每块田 2～3 条，深 0.4～0.5m，沿田块四周有围墒。田内集水由竖墒汇集至田头横墒，集中由一个排水口排入小沟。

水稻种植期间，要开“川”字形或“十”字形深 0.1m 浅墒沟，增加旁渗通气，利于烤田落干，方便补水。

为解决在作物布局上不统一、对水要求不一致的矛盾，每 2～4 块田开一条深 1.0m 左右的隔水沟。隔水沟一端和小沟相连，一端为盲沟，除解决水旱分开外，对排涝降渍起辅助作用。

为截住渠道渗水，沿渠道靠田块一侧，常增开导渗沟，导渗沟大小根据渠道大小决定。为了不增加配套桥梁，导渗沟可以分段和隔水沟相连。

2.4.1.3 田间道路

田间道路规格需满足中型农机具下田要求。各级别道路规格见表 2.8。田间道路两侧应布置林带，可按《农田林网建设工程技术标准》(DB32/T 02601) 推荐的树种与株距进行布置。

2.4.1.4 条田规格

农田条田规格主要有长条形、方格形两种类型。长条形田块长度为 80～125m，宽度

表 2.8　　　　田间道路规格表

道路类型	主要联系范围	沟渠结合级别	行车情况	路面规格	路面宽/m	高出地面高度/m
简易公路	乡镇与乡镇之间	干渠或大中沟	双车道或单车道加错车道	沥青、水泥路	5～8	0.5～0.7
机耕路	村与村之间、村与田块之间	斗渠或中沟	单车道加错车道	水泥路或砂石路	4～5	0.3～0.5
生产路	田块与田块之间	农渠或小沟	单车道	砂石路或土路	2～4	0.2～0.4
			无机动车	土路	1～2	0.2～0.4

为 16～20m，面积为 2～3.5 亩，以 20m×100m 最常见，见图 2.24，单非与双非是两种常见的灌溉布置形式。方格形田块是指在农渠、小沟以下，增加一组灌排结合的临时毛沟，将田块分为约 50m×50m（3.75 亩）的田块，徐淮地区、沿海垦区采用此形式较多（图 2.25）。

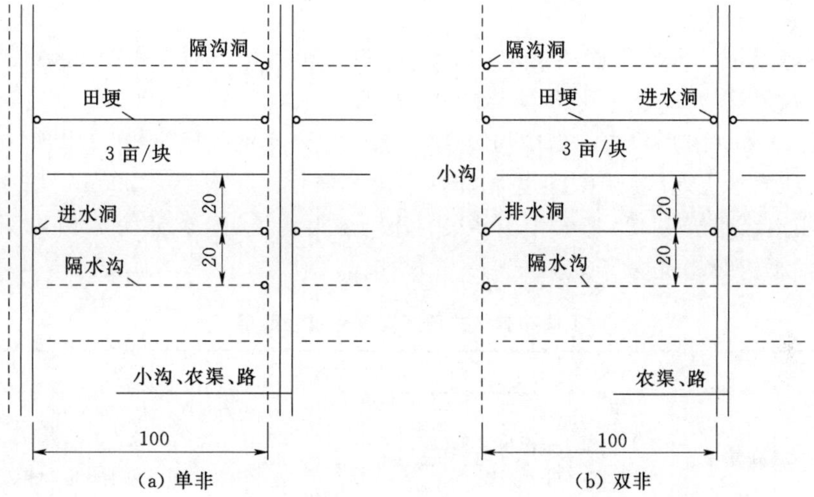

图 2.24　长条形田块（单位：m）

2.4.2　田间工程万亩定额

江苏徐淮平原区、太湖平原区、沿海垦区、沿江高沙土地区等不同灌排布置模式的万亩田间配套建筑物种类与数量，见表 2.9。其中，中沟级建筑物主要包括灌溉站、交通桥、穿路涵、生产桥等，小沟级建筑物主要包括农渠进水洞、生产桥、路涵等。

（1）徐淮平原区。中沟斗渠、小沟农渠均相间时，需中沟级建筑物 42 座，小沟级建筑物 522 座；中沟斗渠、小沟农渠均相邻，小沟间距为 100m，沟渠路布置时，需中沟级建筑物 130 座，小沟级建筑物 110 座；中沟斗渠、小沟农渠均相邻，小沟间距为 200m，增毛沟毛渠时，需中沟级建筑物 75 座，小沟级建筑物 55 座。

（2）太湖平原区。对于平原区，中沟斗渠相邻，小沟农渠相间，沟距为 200m 时，需中沟级建筑物 78 座，小沟级建筑物 487 座；对于圩区，小沟农渠相间，沟距为 200m 时，需中沟级建筑物 88 座，小沟级建筑物 519 座。

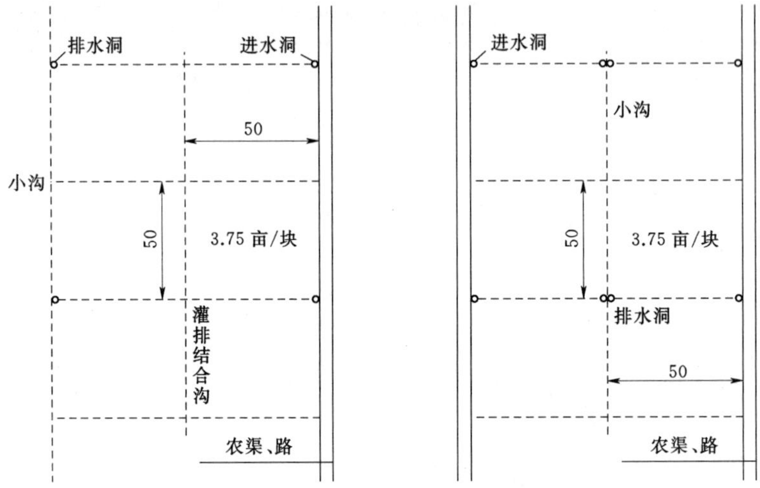

（a）淮北　　（b）垦区

图 2.25　方格形田块（单位：m）

（3）沿海垦区。大沟间距为 1000m，中沟斗渠相邻，小沟沟距为 200m，长条形田块，需中沟级建筑物 76 座，小沟级建筑物 495 座；大沟间距为 1000m，中沟斗渠相间，小沟沟距为 100m，方形田块，需中沟级建筑物 40 座，小沟级建筑物 1045 座。

（4）沿江高沙土地区。中沟斗渠相邻，小沟农渠相间，沟距为 200m，需中沟级建筑物 66 座，小沟级建筑物 495 座；中沟斗渠、小沟农渠均相间，沟距为 200m，需中沟级建筑物 66 座，小沟级建筑物 550 座。

表 2.9　　不同布置模式田间配套建筑物数量

建筑物		徐淮平原区			太湖平原区		沿海垦区		沿江高沙土地区	
		中沟斗渠相间，小沟农渠相间	全部相邻小沟间距为 100m，沟渠路布置	全部相邻小沟间距为 200m，增毛沟毛渠	平原区：中沟斗渠相邻，小沟农渠相间，沟距为 200m	圩区：小沟农渠相间，沟距为 200m	大沟间距为 1000m，中沟斗渠相邻，小沟沟距为 200m，长条形田块	大沟间距为 1000m，中沟斗渠相间，小沟沟距为 100m，方形田块	中沟斗渠相邻，小沟农渠相间，沟距为 200m	全部相间，沟距为 200m
中沟级	灌溉站/座	6	10	10	6	8	10	6	11	11
	斗渠交通桥	30	110	55	66	30	55	28	44	44
	中沟穿路涵	6	10	10	6	30	11	6	11	11
	生产河桥					10				
	圩区涵闸					10				
	合计	42	130	75	78	88	76	40	66	66
小沟级	农渠进水洞	60	110	55	55	60	55	110	55	110
	农渠生产桥	432	0	0	432	429	440	880	440	440
	小沟路涵	30	0	0	0	30	0	55	0	0
	合计	522	110	55	487	519	495	1045	495	550

续表

建筑物		徐淮平原区			太湖平原区		沿海垦区		沿江高沙土地区	
		中沟斗渠相间，小沟农渠相间	全部相邻小沟间距为100m，沟渠路布置	全部相邻小沟间距为200m，增毛沟毛渠	平原区：中沟斗渠相邻，小沟农渠相间，沟距为200m	圩区：小沟农渠相间，沟距为200m	大沟间距为1000m，中沟斗渠相邻，小沟沟距为200m，长条形田块	大沟间距为1000m，中沟斗渠相间，小沟沟距为100m，方形田块	中沟斗渠相邻，小沟农渠相间，沟距为200m	全部相间，沟距为200m
田间	进水洞（长）	810	1650	1650	810	850	810	650	850	850
	进水洞（短）	810	0	0	810	850	810	650	850	850
	排水洞	1620	1650	1650	1620	1700	1620	1300	1700	1700
	毛沟级			165						
	合计	3240	3300	3465	3240	3400	3240	2600	3400	3400

3 江苏农田水利分区治理

长期以来，江苏根据农田水利分区特点，以平原区梯级河网、圩区洪涝与降渍、丘陵山区水源与蓄引提“长藤结瓜”工程建设为抓手，全面推进农田水利建设工作，取得了丰硕成果。

3.1 平原区治理

3.1.1 概述

1. 基本情况

江苏平原区地处长江、淮河和沂沭泗诸河下游，由长江、淮河等冲积而成，因其属于长江和淮河流域，于是统称为“江淮平原”。根据空间分布的不同，平原区划分为四大片区，即徐淮平原区、沿江高沙土区、沿海垦区和太湖平原区，总面积为4.6万km^2。平原区由于种植作物类型多，增产潜力大，对于全省的农业生产发展，具有十分重要的作用。

平原区地势总体趋势是西高东低，由西向东倾斜。西北地面高程最高超过39.81m，向东南逐渐降至1.81m左右。平原区气候温和湿润，雨量充沛，土壤主要由第四纪松散沉积层所组成，沉积厚度达数百米。废黄河沿线和淮河以南的沿海垦区多为粉沙土，沿江高沙土地区多为细沙土，其余则多为黏性土壤。

平原区浅层地下水埋藏深度大都在1～3m；废黄河滩地和丰沛西部埋藏较深，达3～5m；射阳河和灌云以东的滨海区及临近河湖的洼地埋藏较浅，小于1m。地下水受降雨和河湖水位的影响明显，一般在汛期埋藏较浅，枯水季节（10月至次年4月）埋藏较深。浅层承压水分布深度一般在50m以内，以西北部较为充沛；东部沿海在180～300m以下才有淡水层。

淮北平原多坡地，西北高东南低，地面坡降大，历史上多实心地，河沟稀少，排水蓄水条件差；通南平原地势高亢，土质沙性重，土地不平整，龟背田、实心田多；沿海平原土质沙性、含盐，条沟浅密，坝头坝埂多；太湖平原地势较高，断头浜、呆塘多，土地不平整。由于具有以上特征，江苏平原区因地而异，存在易涝、易旱、易冲和易碱等问题。

2. 治理历程

中华人民共和国成立后，江苏平原地区主要是疏浚原有沟河，沟通水系，并着手农田水利试点建设，探索不同类型地区的治理路子。1958年8月，江苏省水利厅在总结有关试点经验的基础上，要求全省平原地区以“梯级河网化”为中心开展农田水利建设。20世纪60年代初期，以小型、配套、社队自办为主，因地制宜地开展农田水利建设，扩大已有工程效益。70年代，在全国北方地区农业会议的推动下，江苏深入开展农田水利建设，进一步完善河网水系。80年代，为适应农业高产稳产的需要，平原地区按照“深、网、平、分”的要求，继续进行梯级河网建设，做到“引得进、排得快、降得下、灌得好、能通航、能调度”。

21世纪以来，特别是随着大中型灌区续建配套、县乡河道整治与轮浚等工作的展开，江苏平原区的防洪减灾、除涝降渍、灌溉供水、水生态保护等能力有了进一步提高。

3.1.2 治理措施

注重平原区梯级河网建设，突出“深、网、平、分”等特点，以深为关键，满足平原区排涝降渍、灌溉供水、通航、水环境与水生态保护等综合利用要求，充分发挥河网化的综合效益。

注重盐碱地综合治理，以水利改良为基础，突出暗管排水改良技术，推广水、土、肥、林、化综合治理，稻、麦、棉、绿肥轮作，用养结合，标本兼治的改良技术。

江苏平原区治理以梯级河网建设为抓手，以旱涝保收农田建设（改良盐碱土治理、改造中低产田）为核心，以除涝降渍、解决灌溉水源为重点，全面推进农田水利工作，做到大、中、小型工程紧密结合，沟、渠、路、林、桥、涵、闸、站全面配套。按流域、水系、地形进行连片规划，综合治理。

3.1.3 梯级河网建设

3.1.3.1 建设历程

在中华人民共和国成立初期，江苏选择不同类型地区进行试点，探索农村河道治理措施。1955年起，先后在高邮车逻乡、沛县敬安乡、睢宁朱楼圩等自流灌区、井灌区和平原坡地试点。1958年，全省开展河网化建设，在平原地区选择涟水县东风公社、邳县赵墩公社、如皋县新民公社、淮阴县丁集公社、东台县富安公社等37处进行河网化试点。这些试点单位，大多在短时间内在河网化建设方面取得了明显成绩，起到典型示范作用，推动了全省梯级河网化建设的深入发展。

20世纪60年代中期，江苏平原区进一步健全沟河渠系，改善生产条件，提高抗御自然灾害的能力。1968年，涟水县黄营公社大飞大队重新制订了水利规划，以治水为中心，开挖深沟深河，实行深沟密网，水、土、肥、路综合治理，治水与改土造田、平整土地相结合，与积肥、多种经营相结合。经过4年艰苦奋斗，改变了全大队飞沙盐碱面貌。省革委会抓住这一典型，在全省大力推广。

70年代，在全国北方地区农业会议精神的推动下，平原地区梯级河网化建设进一步深入发展。1977年3月，省水利厅组织举办了全省农田基本建设规划学习班，总结交流了全省20多年的治水经验，提出了《江苏省农田基本建设规划布局的意见》，肯定了平原地区的河网建设按大蓄、大引、大调度，大雨不漫、小雨不干、暴雨能分散、干旱能引水的要求，建设标准较高的“深（沟河深）、网（沟河成网）、平（沟底河底平）、分（分片分级控制）”梯级河网。

80年代，平原地区的梯级河网化建设继续巩固提高。80年代初，徐州地区大多数地方已建成梯级河网。丰县以复新河为骨干，按 34.5m、37m、39m、41m 四级水位控制，每个梯级内的干河、支河、大沟和局部中沟都挖成平底，保持蓄水深 2m 以上。沛县沿高程 39m、37m、35m、33m 分别开挖了龙口河、徐沛河、苏北堤河、顺堤河 4 条南北向的骨干河道，同时还把原来分散的东西向小河合并成鹿口河、沿河、杨屯河 3 条主要排水河道，形成梯级河网，既可分段拦截滚坡水，达到高低分开，高水高排，低水低排；又能相互调度，蓄泄兼施，综合利用。淮阴地区除盱眙外基本上都是平原坡地，按照梯级河网化的要求，经过 30 多年的治理，梯级河网已经基本形成，旱涝保收、高产稳产农田面积不断增加，成为江苏重要商品粮基地。

江苏在 20 世纪 50—80 年代，特别是在“农业学大寨”运动中，基本完成了平原区梯级河网化工作。

进入 21 世纪后，江苏巩固农村河网建设成果，大力推进农村河道轮浚、村庄河道整治工作。按照“统一规划、先急后缓、综合治理、长效管护”的原则，结合供水和农村环境整治，以圩区、村庄为单元，开展新一轮农村河道疏浚整治工作。如南通市要求按照“二级河 6～8 年、三级河 5 年左右疏浚一次，四级河 2～3 年轮浚一遍”的标准，对全市河网进行全面轮浚，建成“水通、水动、水清、水美”的河网水系。

3.1.3.2 梯级河网要求

为了满足河网排涝降渍、灌溉供水、水环境与水生态等综合利用的要求，江苏平原梯级河网要求“深（沟河深）、网（沟河成网）、平（沟底河底平）、分（分片分级控制）”。其规格布局为：大沟间距 2000～5000m、深 4～5m，中沟间距 500～1000m、深 3～4m，小沟间距 100～200m、深 1.5～2.0m，盐碱土地区小沟间距 50m，梯级级差视地形决定，一般 2m 左右，建闸控制，形成梯级河网。

（1）深，即沟河要深，能排地面水，也能降地下水，并能蓄水灌溉。大沟、中沟、小沟担负着既排除地面水，又降低地下水位的任务，因此要求有足够的深度，既能拦蓄大雨，又能引用外水与浅层地下水。

（2）网，即沟河成网，各级沟河互相通连，调度灵活，蓄泄自如。布置中水系分布均匀，交织成网，形成新水系。河网挖得深，可为降低地下水位创造条件；再加上梯级控制河网水位，可有效控制和合理保持不同地区的地下水位。

（3）平，即沟底河底要平，能排能引，可航运、可养殖。为了充分发挥河网工程综合利用能力，便利排、引、蓄，各级沟道一般采用平底或很缓的河底比降。由于沟河深，底又平缓，常年有水，有利于航运和水面养殖。

（4）分，即要求对河网划分梯级，实行分片分级控制。实现高低地分级拦蓄降雨，遇特大暴雨又能分级排水，高水高排、低水低排，从而解决高低地、上下游的矛盾。

以上深、网、平、分，以深为关键，做到深，才能达到大蓄、大引、大调度、大雨不漫、小雨不干，暴雨不猛涨，无雨能引水，满足排、灌、降、航多方面的要求，充分发挥河网化的综合效益。

3.1.3.3 梯级河网建设实践

以睢宁县梯级河网建设加以说明。

睢宁县位于徐州市东南方，属黄泛冲积缓坡平原，自西北向东南倾斜。地面高程除西北部分地区及废黄河滩地在29.81m以上外，一般为17.81～24.31m。全县属淮河流域，废黄河以北为沂沭泗水系，流域面积为149km²，以民便河、小阎河为排水干河，经宿迁排入皂河闸下中运河；废黄河本身为一独立水系，流域面积为204km²；废黄河以南大部分属徐洪河水系，流域面积为1382km²，排水经徐洪河入洪泽湖。

历史上睢宁县多灾低产，土壤多为飞泡沙盐碱土，易包浆，易板结，土质瘠薄。境内河道弯曲狭窄，引排能力低。据历史记载，两年一水灾，三年一旱灾，旱、涝、渍、碱交替为害，农业生产长期低而不稳。

中华人民共和国成立后，全县人民艰苦奋斗，兴建了一批水利工程，初步改善了生产条件，农业生产得到一定的发展，但由于未能从根本上解决排水出路和灌溉水源，农业产量长期徘徊不前。1976年兴办徐洪河工程，打开了废黄河以南地区的排水出路，同时解决了这一地区的灌溉水源，加上内部梯级河网工程的发展，旱、涝、渍、碱综合治理，提高了抗灾能力，促进了农业生产的不断发展。

1977年制订了具有截、蓄、引、滞、排多种效益的梯级河网规划。其基本构想是：以新龙河、徐沙河、废黄河3条东西向横河和徐洪河南北向竖河为骨干，兴建凌城、沙集、高集、袁圩4个枢纽工程，结合地形和水系分成睢南、睢北、西北、废黄河及黄墩湖五片，以82条平底深沟相连接，实现南引洪泽湖水，北引骆马湖水，分级排水、分级拦蓄，逐级翻水、互相调剂，达到旱、涝、渍、碱综合治理。

1. 梯级河网规划主要内容

根据地形及水源条件，规划分成五个梯级。

（1）睢南片。以凌城闸为控制工程，控制水位为17.81～18.31m，大沟挖成平底，高程为15.31～15.81m。

（2）睢北片。以沙集闸为控制工程，控制水位为18.81～19.31m，大沟平低，高程为16.31～16.81m。

（3）西北片。以高集闸为控制工程，控制水位为23.31m，大沟平底，高程为20.81～21.31m。

（4）黄墩湖片。控制水位为18.81～19.31m，大沟平底，高程为16.81m。

（5）废黄河片。废黄河为一独立水系，全长69.5km，分成三个梯级进行治理，每个梯级均挖成平底，河底高程分别为28.81m、26.31m、24.31m，所有引水大沟保证引水深度在2m左右。

每个治理片内结合骨干河网布置基本河网。一般大沟（支河）多为南北向布局，间距3km左右；中沟东西向布局，间距1km左右；小沟间距200～400m，毛沟间距200m，条沟间距100m，依次分割成小方块。

河网内部的配套灌溉站大多采取小型分散建站，二级到田。

2. 梯级河网规划的实施

在骨干河网基本形成的同时，全县1977—1989年共开挖、疏浚大沟（支河）70余条，中沟631条，小沟4487条，完成有效土方近2亿m³。1985年兴建沙集抽水站，1987年完成古邳抽水站东站改建工程，1990年兴建高集抽水站。在此期间，完成小沟级以上配套建筑物5100座，新建小型机电站275座，增加装机15245kW。上述工程的兴建，使睢宁县初步形成了蓄、引、排、降、滞，并能在梯级之间互相调度的工程体系。

3. 规划实施后的效益

睢宁县汛期暴雨集中，强度大，范围广，加之平原坡地产流快、汇流急，高水下压，使洼地内涝成灾。梯级河网形成后，高水高排，低水低排，分级排水，避免洼地受涝；还可以在雨前预降河网内部沟河水位，扩大滞蓄库容，提高河网调节作用，削减洪峰流量。同时，根据降水和排水的情况，可在各级河网之间互相调度排水。在龙河疏浚前后，龙河流域曾两次经历特大暴雨，在面雨量和起涨水位基本一致的情况下，疏浚后比疏浚前洪峰水位低 2.44m，涨水历时缩短 34%，洪峰持续时间缩短 90%，最大流速提高 11%，洪峰流量也增大 11%。在干河河道中出现这种低水位、大流量、汇流快、历时短的排水特征，为迅速排除沿河两岸及支流的涝水提供了有利条件。

睢宁县原有 16 条河道，常年无水，随着梯级河网规划的实施，目前，建有 17 条干支河、109 条大沟，981 条中沟，6550 条小沟，配套建筑物 2.5 万座，已初步建成了集防洪、排涝、灌溉、蓄水、调度等多种功能于一体的梯级河网化水利工程体系，80%的农田达到 5～10 年一遇排水标准，70%以上农田实现了旱涝保收、稳产高产。

3.1.4 盐碱土治理

江苏盐碱土主要有分布在东部濒临黄海一带的滨海盐土和分布在废黄河两岸的花碱土。中华人民共和国成立前，全省盐碱地约 1060 万亩，粮棉产量很低，亩产皮棉仅 5～25kg、粮食 50kg 左右。中华人民共和国成立后，大力进行盐碱土治理，主要采取兴修农田排灌沟渠，发展“旱改水”，种稻淋盐，扩种绿肥，粮、棉、绿肥轮作，秸秆还田等技术措施改良盐碱土，效果显著。

3.1.4.1 滨海盐土改良

19 世纪初，民族资本家张謇力主“废灶兴垦，振兴实业”。在他的倡导下，北自海州庙湾场，南至启东昌四场的滨海滩涂上兴修水利，改良盐碱土，按区、匡建立排沟、条沟排水系统，开垦种植粮棉。至 1935 年，垦殖农田面积达 560 万亩，其中棉田 140 万亩。但水利工程标准低、不配套，抗御洪、涝、卤、风灾害能力不强，盐土改良效益不明显。

中华人民共和国成立后，各级人民政府发动群众，首先全线修筑挡潮海堤，兴建挡潮涵闸，疏通主要排水干支河道，提高抗御洪、涝、卤灾害的能力。田间盐土改良仍采用原有的开沟淋盐、平整田面、围堰蓄淡、铺生盖草等措施，见效缓慢。1954 年后，省水利、农业部门在六垛、南通、东台、射阳和国营新洋农场等地先后建立水利、农业改土试验站，研究水盐运动规律，探索改土技术措施。1954—1956 年，国营大有农场进行土壤定点采样观测，研究明沟排水淋盐的小沟规格布局，提出排水小沟的沟距经验公式。据经验公式的推算，滨海盐喊土区的适宜小沟沟距为 50～100m，超过 130m 时排盐功效不明显。1956 年开始，东台县三仓公社新五大队根据“盐随水来，盐随水去”的特点，从兴修农田水利入手，逐步摸索出“开沟淋盐，种植绿肥，合理轮作”的控制盐碱方法。在 1956—1964 年的 9 年中，全大队粮食单产平均每年增长 14.5%，棉花单产平均每年增长 44.6%，1964 年皮棉亩产 89.5kg，粮食亩产 345.5kg，成为改良盐碱土、棉粮高产的先进典型。江苏省水利厅及时总结推广这一经验，推动盐碱土改良的开展。1959 年东台、射阳水利试验站经多年试验观测地下水埋深对土壤盐分变化、棉花根系发育和产量的影响，总结出当地水盐运动规律："春秋返盐，夏季脱盐，冬季缓变，盐随（地下）水（而）来，盐随（排）水（而）去。"地下水消退形态为入渗渗流蒸发型，排水条件较好的地区，土壤逐渐脱盐，并且未见返盐现象。

1959—1963年，射阳水利试验站在射阳县双龙乡重盐碱地上进行引水种稻淋盐改土试验。采取灌排系统分开布置，引淡水灌溉，排水有出路。试验结果表明，各层土壤含盐量迅速下降，在60cm以内土壤接近脱盐，改土增产效果明显。对重度、中度盐碱土不同灌溉定额试验结果表明，重盐地采用大灌溉定额（约每亩灌水500m^3以上）是加快淋盐改土的重要技术措施。

1964年，射阳水利试验站在合兴公社条心大队，选择重盐地150亩，含盐量在0.4%～2.4%，分成10个小区，采用每亩353～911m^3的水量进行引淡冲洗改良盐土试验。经27～47d冲洗，各小区各层土壤脱盐平均超过60%，最大达89.6%。试验结果表明，冲洗次数按照土壤盐分轻重程度确定，一般要冲洗5～7次，各次灌水定额为：第1次每亩70～90m^3，第2次每亩130～150m^3，第3次每亩80～100m^3，第4次以后每亩60～80m^3。

1963—1974年，东台、射阳等农田水利试验站间断进行明沟排水改良盐碱土试验，选择有代表性而又有不同沟网规格的地段，设立观测点，根据土壤盐分周期平衡原理，控制作物根层土壤盐分变化规律。在分析研究的基础上，提出末级固定小沟的适宜沟距为60～100m，沟深为1.5～2.0m，为滨海垦区农田水利规划提供了科学依据。

1975年，射阳农田水利试验站在合兴公社盐碱地上进行鼠道排水试验，打鼠道试验田100亩，洞深为80～100cm，洞距15m，与50亩其他条件相同的无鼠道田对比观测。鼠道田雨停田干，地下水埋深长期控制在田面以下80cm，土壤含盐量从1975年的0.2%下降到1978年的0.1%，脱盐率为49%，田面盐碱斑基本消失。而无鼠道农田，雨后田面积水，地下水位接近地面，田面仍多盐碱斑，浅层地下水未见淡化。建成3年，鼠道田皮棉单产稳定在60kg以上，比无鼠道田增产10～15kg。同年，东台水利试验站亦在东台进行暗管排水改土试验，采用每节管长33cm、内径为8cm的瓦管，连接成暗排管路，接缝用三层棕皮覆盖作滤料，暗管埋深为1.2m，管距为20m。雨后暗管田排水快，雨停田爽，地下水位比无暗管田少涨0.67m，0～50cm土层内土壤含水率在很短时间内接近棉花生长的适宜水分要求，有利于土壤脱盐和抑制土壤返盐，亩产皮棉比对照田增产19.9%。

1975—1982年，东台水利试验站，在东台1500亩重盐碱地上，进行竖井排水排盐试验。设试验井5口，井深为20～30m，呈梅花形布局，外围井距为500m，用水泵从井中抽水排盐，经7年试验测定，试区农田土壤盐分下降，农业生产逐步提高。但因周边无封闭措施，试区停止抽排后，相邻地区高矿化度地下水会很快涌入试区降落漏斗内，抵消了抽排效果，且竖井建设投资大，抽水成本相应提高。

20世纪80—90年代，江苏沿海垦区随着旱改水工程的推进，水稻播种面积的不断加大，滨海地区盐土治理取得了长足进展，大规模土壤盐碱化现象得到了根本性控制。特别是新世纪以来，该区结合农田水利重点县、县乡河道整治等工程，以骨干河网达标建设为抓手，以推广稻麦轮作、推进灌排降田间工程达标建设为重点，结合旱涝保收田建设，控制地下水位，并试点示范塑料暗管排水等工程技术，防止土壤返盐。

3.1.4.2 淮北花碱土改良

20世纪50年代初期，淮北地区对花碱土改良沿用括碱皮、换黑土、窖碱、躲碱等老办法，只能短期内改变耕层土壤盐分状况，争取作物立苗、出苗，但总的土壤盐碱程度和地下水质并未明显改善，一旦耕层土壤结构破坏，下面的盐分仍然上升到表层，依然危害农作物生长。50年代中期起，沛县、睢宁、淮阴等地水利试验站先后进行花碱土改良试验，采用筑台田、旱改水、化学改良、渗排等治碱改土技术措施。1958—1966年，涟水、睢宁、宿迁等水利部门在没有灌排系统的实心死碱地上筑台田，台田四周筑小土埂，种上夏绿肥田菁，利用天然降雨把土壤盐分淋洗到沟河中去。但由于台田碱地是沙性土，雨后易塌，排水沟淤塞，排水不畅，使盐分又上升，仍不能种植。

1964年，涟水水利试验站在该县东风公社城北大队一片200亩重盐碱荒地上进行引种水稻的改土试验。经观测，一年后土壤盐分从种稻前的0.27%下降到0.05%，脱盐率达81.5%，改土效果明显。但由于重灌轻排，排水不畅，渗洗出来的盐水汇集在排水沟中，抬高了地下水位，使周围旱地发生次生盐渍化，改稻的田块产量也逐年下降。1965年起，涟水县水利部门总结前一阶段“旱改水”的经验教训，在全县兴修和完善六大灌区的排灌水系，大力推广“旱改水”，同时扩种绿肥面积，实行水稻、绿肥轮作制，使花碱地改良取得显著的效果。1982年又进一步实行水稻、冬绿肥、麦子轮作，全县水稻面积扩大到53万亩，绿肥面积达到83万亩，花碱土面积由1965年的43.5万亩下降到1983年的10万亩；全县1965年粮食产量为5100万kg，1982年上升到2.66亿kg。同期，宿迁、睢宁、铜山、邳县、淮阴、阜宁、响水、滨海等县的盐碱地也都开展引淡水扩大“旱改水”试验，大搞农田排灌水系配套，并扩种绿肥，均取得土壤盐分下降、粮食增产的良好效果。

1976—1981年，睢宁县水利试验站在该县梁集公社七井大队井灌区进行渗排改土试验。试区150亩为碱性较重的花碱沙土地，历来有较大范围不出苗的碱斑。试区内埋设排水暗管，深0.5m，加速排除雨后田面积水和潜水。经5年试验，田间盐分经雨水淋洗，逐年从渗管中排走盐水，第一年渗排1t水中排走盐分254.8g，至第四年原有一处不能立苗的4432m^2碱斑已基本消失，小麦已能立苗生长。

随着江苏江水北调配套工程建设的日益完善，淮北地区的水资源紧缺问题逐步改善，20世纪80—90年代，江苏以平原区梯级河网建设为主要抓手，以“旱改水”为主要措施，帮助淮北地区农民摆脱贫困。随着淮北地区水稻播种面积的不断加大，盐碱土改良也取得了根本性进展。特别是进入21世纪以来，该区结合大中型灌区续建配套与节水改造，农田水利重点县、县乡河道整治等工程建设，进一步推进骨干河网达标整治，并结合旱涝保收田建设，健全、完善与骨干河网相配套的农田墒沟、腰沟、隔水沟等田间工程建设，控制地下水位，防止土壤返盐。

3.1.4.3 盐碱土综合改良

从20世纪50年代后期开始，各地在农田水利试验站盐碱土改良试验成果的基础上，吸收农林、土壤等部门的盐碱土改良技术，在全省普遍推广以水利改良为基础，水、土、肥、林、化综合治理，稻、麦、棉、绿肥轮作，用养结合，标本兼治的综合治理改土技术。其主要技术措施为：一是建立健全排灌水系，开好田间排水沟系，降低地下水位；引进淡水，发展“旱改水”，种稻淋盐，有条件的地区推广地下排水工程；二是平整农田，改造微域地形，深耕深翻，结合施肥改良耕层土壤；三是推广粮、棉、绿肥轮作，秸秆还田，加施有机肥料；四是在大沟、中沟、小沟和道路两旁普植树木，形成农田林网，在干、支河和路堤两旁栽植树木，形成防风林带，改善农田小气候，降低地下水位，抑制土壤返盐；五是对于重花碱地，因地制宜施用化学改良剂，治碱改土。

盐城地区濒临黄海边，土壤含盐成分较多。1959 年全区盐碱土面积为 360 万亩。1960 年起，省、专区分别在射阳、东台和新洋农场设立盐土改良试验研究站，并在滨海、阜宁、响水等地建立试验样板田，探索以“水、土、肥、林”为主要内容的综合治理改土措施。20 世纪 70 年代，结合区域规划进一步强化综合治理改土措施，调整水系，疏通沟洫，平整田地，秸秆还田，完善粮、棉、绿肥轮作制度，加速盐土改良。80 年代，进一步推广综合治理技术，巩固和发展盐碱土改良成果。至 1987 年，全区盐碱土面积已治理 310 万亩，粮食总产量达到 42.15 亿 kg，皮棉总产量达到 1.47 亿 kg，分别为 1959 年总产量的 4 倍和 3 倍。

1973 年，徐州地区农科所和南京土壤研究所针对花碱地碱性重、难溶于水、不易排除的情况，在铜山县何桥公社和睢宁县双沟公社重碱地上施放石膏粉和磷石膏，以化学方法改良盐碱土。试验结果表明，该方法可基本消除土壤碱化现象。经比较，每亩施用磷石膏 250kg，水稻增产 23.2%，改碱增产作用比石膏好，若结合灌溉冲洗则效果更好。同年，铜山县何桥公社采用附近煤矿的副产品煤石矸石，轧成粉状，施入花碱地，亦有效果，粮棉有增产。

1980 年，如东县在北坎新垦区进行“水、草、萍、绿”综合治理盐碱土试验。经过 3 年多的综合治理，重盐碱土改良效果十分显著，1m 土层中脱盐率为 85.6%，含盐量从 1.23%降至 0.18%；0～20cm 土层含盐量在 0.13%以下；0～10cm 土壤有机质由 0.37%提高到 0.93%；含氮量由 0.034%提高到 0.054%，速效磷由 1mg/kg 提高到 7mg/kg。第一年种植水稻亩产 332kg，第二年种植大麦亩产 101kg，第三年移栽棉花，皮棉亩产 75kg，第四年移栽棉花，皮棉亩产 78kg，直播棉花亩产 64kg。综合改良 4 年，农作物产量即达到较高水平，与一般灌水压盐改土相比，可提前 4～5 年改好，是一条投资少、收效快、加速滨海垦区重盐土改良的有效途径。

20 世纪 80 年代以来，江苏盐碱土的治理已从单项措施逐步发展为综合配套的技术体系，即“旱、涝、盐、碱、瘦”综合治理，宏观微观结合，从区域整治着眼，结合流域治理，以区域水盐动态的有效控制为中心，大力改善生产条件、生态环境，健全农业生态经济系统，通过发挥系统的总体功能，达到综合治理和总体开发的目的。

3.1.4.4 暗管排水盐碱地改良实践

江苏沿海盐碱地暗管改良示范区位于南通市如东县九龙垦区，面积为 384hm^2，海拔约为 2.1m，属典型的粉砂淤泥质海滩。该区于 2007 年围垦，示范建设前未种植作物，除了零星的野生耐盐植物外，基本为裸露地面。根据研究需要将示范区划分为暗管试验区、暗管示范区和对照区。

暗管试验区位于示范区中部东侧，面积为 66.67hm^2，主要供试验研究使用。规划条田的宽度为 70m，长度为 550m 左右，条田用田埂分割为格田，每条格田布置 4 条暗管。暗管埋设间距分为 10m、15m 和 20m，对应格田宽度分别为 40m、60m 和 80m。每个条田布置一种暗管埋深，埋深分别为 0.6m、0.9m 和 1.2m。3 种不同间距及 3 种不同埋深组合各设置 3 个重复试验，共 27 个试验格田。根据试验结果，优选出最佳组合方案。暗管选用外径为 63mm 的透水管，外包草绳加上 40g/m 土工布的外包滤料，为提高格田拦蓄雨水的能力，在格田出水口处安装田间自动排水设施 1 套。

暗管示范区位于示范区北部及中部西侧，面积为 180hm^2，主要是在试验确定的暗管排水技术参数基础上，在区内埋设暗管，建立滨海盐碱地暗管改碱与生态建设综合示范区。根据暗管试验区的试验研究成果，埋深 0.9m、埋设间距为 15m 的组合综合效果最优，按此组合在暗管示范区内埋设暗管，构建暗管改碱与湿地保护的工程体系，并进行示范效果和相关技术经济指标观测。

对照区位于示范区南部，面积为 131.33hm^2，主要进行传统的明沟明渠布局，田间工程除不埋设暗管以外，其余与暗管示范区相同。对照区设立的目的是为了与暗管示范区进行对比，测试两者排盐效果的差异。

暗管示范区排水暗管经过一个汛期的运行，较快地降低了土壤含盐量，显著降低了土壤 pH 值。其中暗管埋深 0.9m、埋设间距为 15m 的组合淋盐洗碱效果最好，经检测，1m 深土壤的平均总含盐量降为 2.47g/kg，pH 值降为 8.04，土壤干容重降为 1.53g/cm^3，相对降幅分别为 64.93%、6.84%和 8.22%。

暗管排水技术除改善土壤理化性质外，还具有可观的经济效益。与当地传统明沟排水相比一般可节约土地面积 15%以上，与大水漫灌洗盐相比，大幅节约了单位面积的用水成本，而且能有效防止土壤返盐。

3.2 圩区治理

圩区指有堤垸防御外水的低洼平原区，有的地方称围、圩或垸，统称圩垸。圩垸主要分布在中国南方沿江滨湖的低洼易涝地区和受潮汐影响的河口三角洲地区。这些地区均是江湖冲积平原，土壤肥沃，水网密布，湖泊众多，水源充沛，加上一般年份雨量丰富，自古以来，人们在江河两岸和沿湖滩地筑堤围垦，形成了大面积的水网圩区。其特点是地势低洼平坦，大部分地面高程均在江、河（湖）洪枯水位之间，每逢汛期，外河（湖）水位常高于圩内地面；当地暴雨径流因河道纵坡平缓，排水能力有限，加之受外河（湖）洪水顶托而不能及时外排，往往形成涝、渍灾害；大水年份，还存在外河洪水泛滥威胁；由于降雨不及时，也经常出现干旱。

3.2.1 概述

1. 基本情况

据统计，江苏共有圩区 5600 多个，总面积约为 3.45 万 km^2，耕地面积为 2200 多万亩，约占全省总面积和耕地面积的 1/3。圩堤总长度为 44290km，其中达标圩堤长度为 32236km；圩口闸 21618 座，其中完好的圩口闸 14609 座；圩内建有大中小沟 44 万多条，建有小沟级以上建筑物 76 万多座。江苏省圩区建设情况详见表 3.1。

表 3.1　　江苏省圩区建设情况汇总表

序号	行政区划	圩区/个		圩堤长度/km		圩口闸/座	
		圩区数	万亩以上圩区数	总长度	达标长度	总数	完好数量
1	徐州市	128	107	2281.4	1188.4	866	609
2	连云港市	104	30	1838.6	419.4	520	140
3	宿迁市	729	69	2561.3	1480.8	457	223
4	淮安市	540	74	3164.5	2072.0	976	571
5	盐城市	1096	161	11411.0	9218.5	6607	4113
6	扬州市	557	118	4864.2	3470.3	2493	1495
7	泰州市	586	74	5326.1	4465.3	4667	3721
8	南通市	79	0	689.1	400.6	576	335
9	南京市	296	59	1592.9	1090.6	96	95
10	镇江市	66	5	925.7	724.8	1166	721
11	常州市	419	36	2067.1	1779.4	194	97
12	无锡市	412	46	2250.3	1749.5	689	626
13	苏州市	563	167	5043.6	3966.3	2245	1818
14	省农垦	30	2	274.7	210.0	66	45
合　计		5605	948	44290	32236	21618	14609

注　表中数据摘自《江苏省农田水利规划（2010—2020）》。

2. *治理历程*

历史上江苏圩区除少数万亩以上大圩外，大部分是几百亩，甚至有不少是仅几十亩的鱼鳞小圩。这些圩区，圩堤堤线长，堤身矮，渗漏水量大，调蓄作用小，抗灾能力低。早在春秋战国时期，吴国在固城湖西侧筑相国圩，圩内面积为 33km^2，是江苏最早建立的圩区，今仍保留原有规模。同一时期，在太湖周围开凿浦渎，围垦浅沼洼地。南北朝时期，太湖部分地区已是低洼田皆筑圩，足以御水，涝不为患。中唐以后，太湖湖东已从零星分散的围田发展为规格成片的塘浦圩田。北宋以后，排水入海通道渐堵，塘浦圩田逐步分化为浜泾小圩。明清期间，浚治入江 36 浦，大力巩固小圩体系，开挖圩内河网。东汉前，在里下河地区就兴建射陂，围垦湖田。明万历年间，黄河南泛射阳河，运堤亦时有溃决，里下河逐步成为泄洪区，积水数月不退。为此，结合浚河修筑圩堤，以保局部农田。清乾嘉时期，里下河大力筑堤圈圩，疏通沟洫，以求形成“表里相维、高深相就、经纬相制”的圩田布局。清末、民国期间，圩田治理技术虽有发展，但工程标准较低，圩堤单薄卑矮，零乱分散，缺乏统一规划。中华人民共和国成立前，太湖、里下河重点圩区约有 3 万多个，但大多数圩田已趋于衰败，堤圮河湮，难起御洪护田作用。历史上江苏洼地除采取圈圩垦殖外，还采取挖沟取土垫高田面的办法，形成“垛田”，以抗御雨涝灾害。每块垛田面积一般为 1～2 亩，最大不超过 3 亩，小的仅几分地，田块小而分散，四面围水，交通不便，易涝易旱，生产不稳。在里下河、太湖地区的低洼易涝地，还有常年积水、一年只能种一季水稻的“沤田”。

中华人民共和国成立初期，江苏圩区治理重点是加高培厚原有圩堤，填塘固基，消除险工隐患，浚河开沟，提高抗灾能力。20世纪50年代，1954年大水后，江苏省水利厅选择昆山石牌乡栏杆圩、常熟西湾圩进行试点，根据圩内地形高低，加筑隔堤，开挖排水沟系，结合灌溉预降圩内水位，实行高低地分级排水，做到“二分开、一控制”（内外分开、高低分开，控制内河水位）。1958年省水利厅进一步总结栏杆圩、西湾圩的治理经验为“三分开、一控制”（比“二分开”增加灌排分开），向全省推广。同年，根据全省以梯级河网化为中心的水利规划，在整治六口（车口、渡口、泥口、牛口、圩口、机口）的基础上，全面实施联圩并圩，将原来若干小圩联成一定规模的联圩，利用、改造圩内河网，修筑灌溉渠系，发展机电灌排。太湖、里下河圩区的一熟沤田，经过50年代中期试点，60年代的大发展，到70年代初，已将560多万亩一熟沤田改为稻、麦两熟田。60年代后期至70年代，为改善生产条件，将里下河地区一些垛田，逐步圈圩平垛，削垛填沟，改垛田为圩田，加快了联圩并圩步伐，至70年代初，太湖、里下河地区，原有30000多个小圩，除还有3000多个分散的小圩外，已联并成4000个联圩，圩口已基本定型。70年代开始，全省圩区以治水改土为中心，积极推广“高筑圩、双配套（闸、站）、三分开、一控制”的技术措施，抗御洪涝灾害的能力进一步得到加强。80年代，在总结各地圩区治理经验的基础上，又进一步提出“四分开、三控制、三改造”（内外分开、高低分开、灌排分开、水旱分开，控制内河水位、控制地下水位、控制土壤适宜含水量，改造老河网、改造插花地、改造低产田）的治理措施，要求圩内保持8%～10%的滞涝水面积，实现挡得住、排得快、降得下、灌得好、土壤含水量控制适宜，把治水和改土结合起来，为协调土壤中水肥气热关系、培养高产土壤创造条件。苏州、无锡、常州等经济发达地区，在土地平整、田块方整、灌排分开的基础上，进一步改明渠为暗渠，改明沟为暗沟，改明墒为暗墒，建设“三暗”工程，有效地改善灌溉、排水、降渍条件，增加耕地面积，把圩区治理提高到一个新水平。

90年代以来，特别是1991年、1999年大水以后，随着江苏经济社会的快速发展与城市化进程的不断推进，江苏在城镇圩区、半高地圩区建设等方面取得了长足进展。从2007年开始实施乡镇水系规划、新农村水系规划、水美乡镇水系规划，对少数圩区（主要集中在苏南的城镇圩区或城乡混合圩区）进行了联圩并圩，进一步提高圩区防洪除涝能力、增加圩内水面、修复圩区水生态环境。另外，对城镇或城乡混合区的半高地，进行筑堤框圩挡洪、建站排水，大幅度提高半高地的防洪除涝标准。如昆山市从1991年开始，特别是1999年以后，对82.6万亩半高地筑堤框圩，共建设半高田圩区66个。

近10多年来，国家加大了流域、区域治理，苏南地区的七浦塘、走马塘、新沟河、新孟河等工程建设完工，苏北地区的入江水道、入海水道、分淮入沂加固工程、泰东河、川东港、新沂河、新沭河、沂河、沭河、邳苍分洪道等一批流域、区域性河道实施了开挖、疏浚整治、加固建设，里下河洼地开展了全面治理，圩区的防洪除涝能力得到了大幅提升。

3.2.2 治理措施

圩区治理是指在平原低洼地区一定范围内修建圩堤、兴建泵站、整治河道等水利工程，来解决圩区的防洪、除涝、降渍和灌溉等问题。

针对圩区现状，江苏高度重视防洪除涝能力建设，通过实施圩堤达标、加固改造圩口闸、配套排涝泵站、疏浚圩内沟渠河网水系等措施，确保圩区人民群众生命财产安全、农田旱涝保收；同时，保护圩区水面，加强圩区水生态环境修复。太湖圩区治理与经济发展水平相适应，分类重点是确定圩区建设标准，匹配流域与区域防洪除涝格局，协调省际边界地区过水能力；里下河圩区治理以配套完善圩口闸、排涝闸，加固圩堤，提高排涝动力，疏浚圩内沟渠为建设重点；沿江圩区重点加固堤防，整修圩堤涵闸，疏浚引排河道，加快泵站更新改造。

圩区治理，要求做到挡得牢、排得畅、降得下、引得进、灌得好、调度灵、交通运输通畅、控制运用自如、生态环境优美。

（1）挡得牢，解决防洪问题。挡得牢不牢，这是圩区能不能保障人民群众生命财产安全，保证农业增产、农民增收的关键。需按照防洪标准推算出防洪设计水位，整修加固圩堤，做好圩口涵闸配套，巩固防洪阵地。

（2）排得畅，解决排涝问题。根据圩区除涝标准，考虑预降滞蓄，合理计算排涝模数，根据排涝模数配备机电动力抽排；采取多种措施，力争抢排、快排；装机容量可以根据财力、物力条件，分期实施；有条件的地区，要提高除涝标准。

（3）降得下，解决降渍问题。是否降得下内河水位和地下水位，是能否控制地下水位、降渍的关键，涉及圩内河网是否开挖到足够深度、建筑物和田间工程是否配套等问题。具体要求为：一是汛期雨前预降，沟河水位要求降低至田面以下 1.0～1.5m；二是麦作后期地下水位要求控制在田面以下 1.0～1.5m，棉田蕾期和铃期地下水位要求控制在田面以下 1.5m 左右。

（4）灌得好，解决旱问题。根据灌溉设计保证率的要求，要能保证引水提灌，灌溉水源有保障。既能提内河水，又能提外河水。消灭串灌、漫灌，采取灌排分开，浅水勤灌。

（5）配好套，解决水利工程效益问题。要求灌排分开，排水沟河、灌溉渠道各有一整套独立系统，互不干扰。同时搞好闸、站、桥、涵、倒虹吸等配套建筑物建设，以便于控制、调度。做到内外分开、高低分开、灌排分开、水旱分开，能灌、能排、能降、能调，充分发挥水利工程效益。

（6）翻、整、平，解决土、肥、水综合治理问题。土地是农业的基础，水利是农业的命脉。平田整地、改良土壤，是农田基本建设关键。治水不改土，有水没用处；改土不治水，旱涝要吃亏。抓不住土，治水的效益就不能很好发挥；因此，要求因地制宜，深翻改土，做到田块方整、土地平整。

（7）水动、河清、岸绿，解决圩区生态保护问题。圩区水生态环境状况与圩内人民生活息息相关，需通过河网水系建设，使分散的、孤立的水系连成流动、循环的水网系统，满足亲水要求，达到水系的连续、整体和流畅；在加强圩内水环境综合整治、水质改善基础上，通过植被体系建设，使沿河、沿湖植被和水中生物得到恢复，做到水清、岸绿，实现河湖水系生态化；对于具有水文化特色的水系，要结合名胜古迹、旅游景观、水上运动和娱乐等项目，为其提供水环境保障。

江苏圩区以圩堤达标、泵站更新改造、圩口闸建设、圩内水系疏浚整治、旱涝保收高标准农田建设等为重点，以圩区规划布局、防洪除涝与农田降渍等为主要抓手，开展的圩区治理工作已取得了显著的成效。目前，防洪排涝能力显著增强，灌排条件大幅改善，已基本实现挡得住、灌得上、排得出、降得下，初步建成了较为完善的防洪、排涝、灌溉和降渍等圩区工程体系，圩区的自然面貌和生产条件不断改善。

3.2.3 圩区规划布局

圩区规划布局的重点是确定圩区适宜规模、水面率与圩内水系布置。

3.2.3.1 圩区规模

江苏圩区以多大规模为宜，在圩区治理过程中控制面积始终是一个关键问题。

（1）小圩区格局。从现行体制及农村政策的出发点来看，小圩区格局的主要优点是易于管理，矛盾较少，利害关系容易统一。但是历史经验也证明，小圩区格局有着很多局限性，总的来说弊大于利。例如：小圩区格局堤防长度长，且由于经济条件的限制，防洪标准一般比较低，难以抵御高标准的洪水；圩堤渗漏大、地下水位高等特点，也使得很长一段时间内小圩区农作物产量很低；随着社会的进步，人们对于生活质量的要求逐日高涨，小圩区格局圩内水面积小的缺陷也使其难以与经济发展水平相适应，因此小圩区格局逐渐退出舞台。

（2）大圩区格局。将小圩联圩并圩成大圩，具有设备效率高，堤线短，投资省，造价低，并可增加圩内调蓄水面积，易于集中精力防守等优点，但也存在一些问题。例如：规模过大的联圩并圩会使得圩区外河河道防洪排涝压力增大，抬高了洪水位，加重防洪排涝的困难；河道水流过分集中，河床冲刷现象严峻；航道改变、过船等建筑物增多，给水上交通带来不便；圩外水面积减少，缩小了圩外河网的调节和排水功能。

从小圩区格局以及大规模联圩并圩格局的分析比较可以看出，江苏圩区联圩并圩，合理确定圩区规模，是满足新形势下的圩区防洪排涝安全以及水环境改善的需要。圩区规模的调整主要包括新建、合并、拆分以及撤除联圩 4 种方式，以流域、区域规划为依据，因地制宜进行调整。圩区联圩规模的确定主要与以下几个方面有关。

（1）防洪排涝安全。确保防洪排涝安全是确定联圩规模的总则。江苏联圩并圩不仅需注重圩区本身的防洪排涝安全，还应考虑圩外骨干河道的泄洪能力，以及对周围乃至整个区域河道防洪除涝能力的影响。在联圩过程中，不堵断主要行洪河道，特别是不能占用或堵断流域性、区域性引、排、航等重要河道。例如：1958 年后吴江县进行联圩并圩时，兴建万亩以上大圩 21 座，大圩林立，使得頔塘、澜溪塘、运河等骨干排水河道屡屡出现“卡脖子河段”，河道断面上游宽下游窄，排水出路受阻，抬高了水位，特别是洪水发生时出现严重水障。此外，上海的青松大包围实施后，在昆山县境内沿青松边界向东的排水出口由原有 25 个减少到 2 个，过水断面只有原来的 10%，结果造成汛期水障上下游水位差可达 0.3～0.5m。在 1991 年大水时，不得不采取爆破手段，打开地区部分水障。因此，在确定联圩并圩的初步方案时，首先考虑圩区防洪排涝的安全。

（2）圩外河道水位。圩区规模一般与圩外水头的大小关系密切。通常挡水水头越大，圩区规模越大。这是由于挡水水头越大，相应的圩堤断面就越大，但是单位耕地负担的圩堤长度不能太长，因为在耕地紧张的情况下，如果过多的占用耕地，难以杜绝部分村民在圩堤上乱耕乱种的情况，反而危及堤防安全，所以圩区的规模适当大一些。如里下河地区的圩区要挡住淮河洪水接近 7.0m 的水头，也就相当于上千万亩的“大圩区”。相反，苏南圩区大部分挡水水头仅高出堤后地面 0.5～1.5m 左右，圩堤的堤防断面比较小，所以苏南圩区的规模可以小一些。

20 世纪 50 年代末，江苏省水利厅同中国水利水电科学研究院及华东水利学院等单位，针对苏南地区与里下河地区圩区面积与圩外挡水水头的关系进行了研究，提出圩区规模与圩外水头的关系大致是：若圩外河道水位高出圩堤后地面 1.0m 以上，圩区规模一般大于 5000 亩；高出 0.5～1.0m，以 3000～5000 亩为宜；高出 0.5m 左右，则小于 3000 亩，甚至千亩以下都可以。由于江苏圩区大部分的挡水水头较小，高水位持续时间较短，挡水高度大多为 0.5～1.5m，因此，仅考虑圩区挡水水头的影响，江苏圩区规模宜 3000～5000 亩。

（3）堤线长度。在圩区防洪排涝建设过程中，堤防工程的费用占了很大一部分投入，通常多个小圩区在经过联圩并圩后，堤线长度只有原来的 1/5～1/3，因此，联圩并圩可以极大地减少在堤防工程方面的投入。尽管联圩规模越大，堤防工程投入越少，且单位耕地承担的堤线长度越小，但联圩规模达到一定程度时，堤线长度与圩区面积的比值变化不再明显，趋于稳定。2016 年，扬州大学对昆山、常州部分乡镇 100 多座圩区的面积与堤线长度进行了统计分析，得出堤线比与圩区面积关系，见图 3.1。当圩区面积大于 3.5km^2（约 5000 亩）时，堤线比开始趋于稳定，之后虽有所起伏，但变化幅度相对较小，因而仅从堤线比这一指标看，圩区规模宜大于 5000 亩。

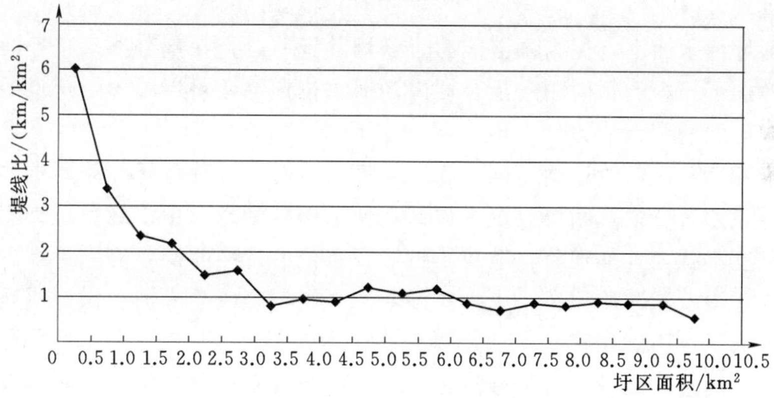

图 3.1　堤线比与圩区面积关系图

（4）地形条件。联圩并圩时要考虑圩内地形条件，尽量不要把地面高差过大的圩区实施联圩。因为圩内地形相差悬殊，高低片、高低田的灌排、预降矛盾比较大，特别是控制圩内高低分开时，需要增加分级控制建筑物，容易形成“圩中圩”的情况，不利于圩区的高效管理与运行。所以联圩的范围要适当，地面高差大的，联圩宜小；高差较小、地势平坦的，联圩可稍大一些。一般采取联圩的圩内地面高差以不超过 1.0m 为宜，同时还要注意圩形的方整。

3.2.3.2　联圩并圩

联圩并圩是将面积小、布局不规则、堤身矮小、防洪标准低、堤线长的圩垸合并成较大的圩垸，从而可以缩短防洪线，减少修圩土方量。中华人民共和国成立以来，江苏圩区的治水过程基本上就是联圩并圩的过程，这一措施对圩区防洪除涝和农业生产的发展起着极为重要的作用。

1. 联圩并圩的作用

联圩并圩将不再承担泄洪的支流汊河，用筑堤或建闸的方法予以堵塞，将沿河两岸分散的小圩联成一个大圩。如图 3.2 所示，将A、B、C、D、E、F 各处堵口筑堤或建涵修闸，将原来的 6 个小圩联成 1 个大圩，使原来小圩的部分外河，变成了大圩的内河。联圩并圩的作用主要有如下几个方面：

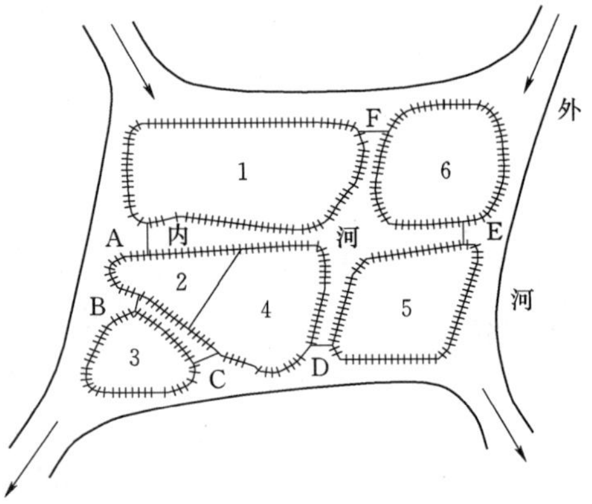

图 3.2　联圩并圩示意图

（1）缩短防洪战线，减轻防洪负担。根据太湖典型圩区的调查，联圩并圩后单位面积上的圩堤长度和总圩堤长度都可大为缩短。通常小圩并大圩后，可以缩短堤线长度到原有长度的 1/5～1/3，这样不但有效地缩短了防洪战线，易于集中精力防守，也减少了修筑圩堤的土方任务和挖压面积，节省投资。

（2）缩短堤线，控制圩内水位。圩堤堤线缩短后，减少了圩堤的渗漏量，减轻排水负担，有利于控制圩内水位。

（3）增加圩内水面率，提高调蓄能力。联圩并圩后，把一部分原来是外河的水面积圈进了圩内，增加了圩内的水面积，配合圩内沟河水位预降，可以腾出一定量的圩内沟河库容，增强圩内河网的调蓄能力。

（4）便于综合治理，改造老河网。联圩并圩后，对无分片分级控制要求的各个小圩间的圩堤可以拆除，大圩内水系可以统一规划，便于综合治理。由于封堵了支流汊河，减少了水系之间相互干扰和顶托现象，缩短了洪峰高水位的持续时间，有利于圩区的排涝。同时，外河可以集中水流冲刷河床，束水攻沙，防止淤积，改善外河行洪、通航条件。

联圩并圩的优点固然很多，但是不适当的联圩并圩可能产生新的矛盾。改变后的工情、水情也会给周边地区带来防洪排涝压力，并对区域水面率的保持、圩内自然河道生态保护带来不利影响。

2. 联圩并圩的实施

联圩并圩的实施涉及圩内和圩外水系、闸站等建筑物和排涝系统等调整改造，是比较复杂的问题，如果处理不当，会带来一些不利影响。例如河道堵塞过多，会抬高洪水位，加重防洪和排涝困难；河道水流集中，将加剧河道冲刷；航道改变、过船等建筑物增多，可能给交通带来不便；还会影响圩内河道水质与河湖生物多样性。可根据流域、区域与圩区的自然、水文水资源条件与防洪排涝工况，建立河网非恒定流模型，模拟不同联圩方案对圩区防洪、排涝、航运、供水、水环境与水生态的影响，进行综合评价，确定适宜的联圩面积、水系格局与圩区排水泵站等建筑物布局。同时，注重处理好如下问题：

（1）根据地区原有河道、湖泊的位置，确定联圩范围。联并小圩时必须考虑到该地区原有河道、湖泊的情况。联圩中，不要堵断主要河道，特别是不能占用或堵断流域性、区域性引、排、航等重要河道。圩外一定要有足够的排水通道，而且要较为顺直，以利于调蓄和排泄，便于交通运输，便于抽水提灌或提排。

（2）注意圩内外水面积的适当安排，以提高滞洪滞涝能力。圩内水面积大，有利于滞涝，而圩外水面积大则有利于扩散局部暴雨、滞蓄洪水。所以在改善排水条件的作用方面，两者是一致的，但在水面积安排上二者又是矛盾的。这个矛盾要用浚深河网、调整圩内外水面积、逐步扩大机电排灌动力和排洪出路等综合性措施来加以解决。湖泊、大河原则上不要并入圩内，因为过多占用圩外水面积，会相应抬高外河水位，延长外河高水位持续时间，既不利上游排水，又增加了当地防洪压力。圩内水面积过小，不能提高滞涝能力。圩内水面积的大小一般受各地原有河网密度所控制，如太湖圩区一般为8%～15%，里下河圩区一般为6%～14%。从排涝和增加圩内调蓄作用来讲，要求圩内水面积大一点，但过大又降低了土地利用率。目前，太湖圩区治理过程中提出农业圩区圩内水面率控制在8%以上。

（3）联圩要适当考虑行政区划。为防止增加交通、防汛、灌、排、降管理上的各种矛盾，联圩时要尽量避免将不同行政区划的圩区实施联圩。

（4）半高田地区建圩与联圩的考虑。太湖地区的半高田、里下河地区的散滩田，田面在常水位以上、洪水位以下，平时能自流排水，遇到较大洪水年景，防洪没有保证。对于沿江半高田地区，在滞蓄水面率充足的前提下，可利用长江潮位涨落规律，实施高潮位关闸挡水，低潮位开闸排水，是否设圩需慎重论证。对于其他防洪没有保障的半高田地区，提倡建圩，已经建立小圩的，也提倡适当联圩。

（5）联圩时要处理好干支流、上下游及左右岸的关系。一般先加强干流、后控制支流，统筹兼顾。即先加强干流泄洪能力，再筑闸控制和堵塞支流，统筹考虑上下游和左右岸的要求，不轻易节制、影响洪涝水归槽。

3.2.3.3 分圩

圩区凡有以下情形，需考虑分圩：①现有圩区面积过大，高低田、排与灌、交通、行政区划和管理上矛盾较大，需根据圩内生产要求予以分圩；②圩区切断或占用主要干支河道，占有较大湖荡，对邻区或整个地区排水、引水及通航有较大影响；③对原有圩外河道较小、原有圩区大小及外形又很不规则的圩区，也可以不受原有圩区界限，重新规划开挖新河圈新圩。

如阳澄淀泖区对区域性通江河道杨林塘拓浚改造时，使其在昆山市境内改道至巴城湖，将昆山杨木圩拆分成两个圩区；昆山市为提高昆南地区水系畅通性及改善区域水环境，将许巷港向东拓浚延伸至道褐浦，对沿线千灯圩、石浦圩也进行了分圩。

3.2.3.4 圩区水面率

1. 水面率对圩区排水的影响

圩区水面率是指圩区内具有调蓄功能的河网和湖泊的水面积与圩区总面积的比值，以百分数表示。其值的大小，表明圩区河网和湖泊的调蓄能力以及土地利用率的高低。圩区一般河网、湖泊密布，水面率相对较大，但随着城市化进程的推进，在基础设施建设过程中，与河争地、盲目填河、侵占河滩地等开发行为时有发生，使得圩区水面率下降，再加上河道淤积，河湖的实际调蓄能力被削弱，时常出现大雨大灾、小雨小灾的现象。因此，对于这类地势低洼、河湖密布的圩区，河网水面对圩区涝水的滞蓄、排除均起着重要作用，特别是在外河水位日益高涨的情况下，暴雨期间河网水系的调蓄功能显得更为重要。圩区所需的排涝流量与水面率密切相关，当圩区水面率比规划水面率小时，从排涝角度讲相应的泵站规模及河道疏浚规模就得加大，否则达不到设计排涝标准，同时在遭遇超标准降雨时，受灾损失将会更大。另外，水面率的增加可使圩区生态环境与人文景观得到改善。

2. 水面率控制及措施

根据江苏、湖南、湖北、江西等省的经验，圩内水面率以10%～15%为宜；如果圩区内部没有湖泊，需新挖河网进行滞涝时，河网的滞涝水面率可小些，以不低于8%为宜。江苏各地结合实际相继提出了水面率控制目标，如苏州市要求各片区开发建设不得侵占现有水面，调整河网水系必须遵循“等量等效”的占补平衡原则，保持现有水面率不下降。2007年江苏省水利厅在《乡镇水系规划技术指导意见》中要求：城镇中心区和经济开发区水面率不低于6%；平原区（不设防区）不低于10%；圩区不低于8%。

圩区建设势必涉及水系调整，因开发建设等原因确需填堵河道，要按照占补平衡、等效等量原则进行补偿，保持开挖与填埋平衡，占一还一、先补后填，就近兴建替代工程或者采取其他补偿措施，保证水面率不降低，不影响圩区引排与圩区水生态环境。随着城市化进程的推进，圩区建设一方面需有计划地对现有河道进行清淤清障、拆坝建桥、沟通水系，保留一定数量的蜿蜒曲折的调节滞涝河道，尽量扩大水面；另外，按水系功能需要规划新开河道，立足于长期控制，逐步实施，注意河道的自然属性和生态功能；景观河道、人工湿地或公园景观等，要统一规划，通过土地平整、改造孤塘、断头浜，调整、置换滞蓄水面，进一步改善圩区生产、生态、景观和人居环境。

3.2.3.5 圩内水系布局

江苏历史上圩区河网存在着弯、浅、断、乱等问题，有的有网无纲，疏密不均，深浅不一，有的河沟稀少。20世纪70年代，在圩口定型的基础上，对圩内老河网全面改造，建立新的排灌水系，经过整治的圩内河网主要由中心河（相当于中沟）和生产河（相当于小沟）两级组成。中心河两端及生产河河口适当建圩口闸或套闸，以利于引排和通航。

1. 改造老河网的作用

改变圩区的生产、生活条件，除了巩固防洪阵地外，关键在于对圩区老河网进行改造。改造后的圩区河网概括为“三网”：①圩外河网；②圩内河网；③田间沟、墒网。以下所说的圩区老河网改造指的是圩内河网改造，即圩内新水系的规划。

圩内河网相当于淮北平原区的中、小沟，但标准要求高，其作用在于承受田间沟、墒网的来水，排入外河。同时，经过涵闸及泵站排水，起控制地下水位和预降调蓄作用。条件较好的太湖和里下河圩区的圩内河网还有航运、景观和多种经营等作用。

2. 平原圩区河网布局

在平原河网圩区，灌溉水源不能满足要求，而汛期雨量较为丰沛，因此对圩内河网不但要求能排涝水，而且还要能蓄水、引水、补充灌溉水源；此外，还要求河沟滞蓄涝水，以减少排涝流量和排涝泵站的装机容量，平时还要维持一定水深，以便通航、养殖。因此，如何利用圩内原有河网，完善圩内新河网布局，仍然是圩区治理的一项重要内容。建立新水系的目的是为了充分发挥圩内河网的作用，要求河道层次分清，系统明朗，布局均匀。

圩内河网一般由中心河和生产河组成，起蓄水、排水、引水和降低地下水位的作用。河网的主要特征也可概括为“深、网、平、分”。圩内河网的布局要根据圩区的形状、规模和老河网的情况，以及圩外河网的布局和原有涵闸、排灌站的位置，在充分利用现有水系格局的情况下，以一些村、镇级河道和部分生产河道为基础，调整、疏浚、拓宽圩内骨干排水河道，需要时新开部分骨干河道，使之达到行洪排涝的要求，建立一个经纬分明的骨干河网，并尽可能减少开挖量、侵占土地和开挖公路。

圩区形状一般不规则，但多数接近长方形，如果面积不太大，在圩区的中心位置或接近中心的位置，布置一条干河，垂直干河两侧均匀地布置若干条支河，构成如图 3.3 所示的“丰”字形河网。干河是纲，位置要适中，便于承受各方向的来水；支河要分布均匀，可以缩短流程，加快排涝速度，并起降低地下水位作用。实践证明，“丰”字形河网是一种基本河网。如果圩区规模较大，圩形接近方形，“丰”字形河网可扩大为“井”字形，其竖横方向河道并不限于两条，依范围大小而增减。在一个大联圩内，如果原有主要河道，较大较深，可以以这些主要河道为骨干，分片规划为“丰”字形或“井”字形河网，方向不一定强求完全一致，每片自成系统，田块方向为南北向或东西向，这种布局是利用原有干河较多的一个形式。

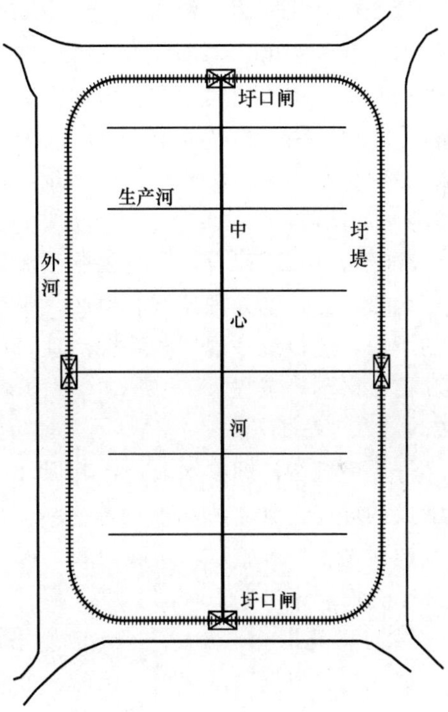

图 3.3 “丰”字形河网布置示意图

综上所述，无论是“丰”字形还是“井”字形河网，实际上是由纵（南北向）、横（东西向）两级交汊河道组成的，干支分明，方向清晰。这样布局排除了旧河网走向多变、疏密不均、深浅不一，抓不住纲的缺点，灵活性很大，便于进一步发展。

根据圩形不同，平原河网圩区圩内水系布局大致可归纳成以下三种类型：

（1）南北长的圩形，采用“丰”字形河网，以纵河为干河，横河为支河。田块均垂直于横河，为南北向或接近南北向。如果圩形较长需要四面排涝、四面通航时，可以选择横河中的一条或数条扩大开挖标准，并在圩口建闸建站，进行调度，满足排涝和通航要求。

（2）面积较大、较方的圩形，采用“井”字形河网，仍以纵河为干河，横河为支河，田块南北向。横河也可根据需要，适当扩大开挖断面。

（3）东西狭长的圩形（这种圩形分布较少），也采用“丰”字形河网，以横河为干河、纵河为支河。为了保持田块南北向，在垂直于支河的东西方向多开一级田头排水沟。如果圩形东西方向很长，其纵向支河也可根据需要，扩大开挖标准。

3. 沿江圩区河网布局

对于潮差大，有自灌自排条件的沿江圩区，原有通江港河又较密，可适当改造为排、引相向的河道，口门分别建涵闸控制。涨潮时引潮进行灌溉，落潮时腾空河水，以便滞涝调蓄，做到水系高低分开、灌排分开，有利于排、灌、降，调度运用自如。

4. 半山半圩区河网布局

这类地区，后临丘陵地区或高地，前沿江、湖，俗称半山半圩地区。半山半圩区需首先把山水撇掉，确保山水不入圩。圩内的河网布局和上述要求相同，但要注意对伸进圩内的少量高地的处理，尽可能利用高地径流或灌溉回归水对低地进行灌溉。

5. 圩区河道规格

圩区中心河间距一般为800～1000m、深度为3～4m，生产河间距一般为200m左右、深度为2.5～3.0m。对城镇化程度较高的城镇圩或工业圩，为满足排水要求，便于雨水管道的布置，中心河间距一般为1000m，生产河间距一般为500m左右。农业圩区田块一般垂直于生产河，生产河间距不能过密，需适应机耕要求，但间距过大，会导致田块过长，给农田平整和田间灌排带来困难，且达不到控制地下水位要求，影响生产。

3.2.4 圩区防洪

圩区防洪工程建设，首先要服从流域和区域的防洪需要，合理安排蓄、泄、分（撇）等综合措施，正确处理流域和地区、干流和支流、上游和下游以及洪、涝、旱、渍等各方面的矛盾，进行统一规划和综合治理，以抵御设计洪水。防洪工程主要包括堤防、分洪蓄洪和截流撇洪等工程。

3.2.4.1 堤防工程

圩堤是抵御江湖洪水入侵，确保圩区生产和人民生命财产安全的重要工程措施。历史上形成的圩垸，其堤防标准很不一致，有些圩小堤薄的河段，成为防洪薄弱环节。按水系、地区逐步加以整修，消除隐患，提高防洪能力，以达到统一的防洪标准，具体包括以下几个方面。

1. 圩堤堤线

堤线布置根据防洪规划，地形、地质条件，河流或海岸线变迁，结合现有及拟建建筑物的位置、施工条件、已有工程现状以及征地拆迁、文物保护、行政区划等因素，经过技术经济比较后综合分析确定。

新建圩堤，选择坚实地基，不建在淤泥地基上。堤线要比较顺直，尽量避免从湾迎溜、地势特洼或跨越大而深的河塘等容易发生险工的堤段。迎开阔湖荡堤段，除必要时做好护坡工作外，要留足堤外青坎。老堤培修加固，也要注意原有堤线布置是否安全合理，遇有不合理的堤段，如弯曲度太大或坐湾迎溜，堤身下面地基土质不好，要适当改线。改线后的堤线，要力求合理，施工时注意工程质量，避免造成薄弱环节。

2. 堤防防洪标准及级别

圩堤防洪标准需根据保护区内保护对象的防洪标准、历史洪水灾害情况和经审批的流域防洪规划、区域防洪规划综合研究确定。城镇防护区根据政治、经济地位的重要性，常住人口或当量经济规模指标分为4个防护等级，其防护等级和防洪标准可参照表3.2选定；乡村防护区根据人口或耕地面积分为4个防护等级，其防护等级和防洪标准可参照表

3.3 选定。堤防工程上的闸、涵、泵站等建筑物及其他构筑物的设计防洪标准，不低于堤防工程的防洪标准。

目前，在进行堤防规划时，一般采用实际年法（如长江干堤按 1954 年洪水位标准）和频率法两种方法确定具体的设计标准。滨海平原圩区的海堤以防御台风暴潮为主，其设计标准各省均有具体规定。堤防工程的级别需根据保护对象的防洪标准确定，见表 3.4。

表 3.2　城市防护区的防护等级和防洪标准

防护等级	重要性	常住人口 /万人	当量经济人口 /万人	防洪标准 (重现期)/年
Ⅰ	特别重要	≥150	≥300	≥200
Ⅱ	重要	<150，≥50	<300，≥100	200～100
Ⅲ	比较重要	<50，≥20	<100，≥40	100～50
Ⅳ	一般	<20	<40	50～20

注　当量经济规模为城市防护区人均 GDP 指数与人口的乘积，人均 GDP 指数为城市防护区人均 GDP 与同期全国人均 GDP 的比值。

表 3.3　乡村防护区的防护等级和防洪标准

防护等级	人口 /万人	耕地面积 /万亩	防洪标准 (重现期)/年
Ⅰ	≥150	≥300	100～50
Ⅱ	<150，≥50	<300，≥100	50～30
Ⅲ	<50，≥20	<100，≥30	30～20
Ⅳ	<20	<30	20～10

表 3.4　堤防工程的级别

防洪标准 (重现期)/年	≥100	<100，≥50	<50，≥30	<30，≥20	<20，≥0
堤防工程级别	1	2	3	4	5

3. 圩堤堤顶高程

在确定的堤防标准中，如规定了防御某一设计洪水位，则圩堤的堤顶高程由下式确定：

$$Z=H+Y \tag{3.1}$$

$$Y=R+e+A \tag{3.2}$$

式中：Z 为堤顶高程，m；H 为设计洪水位，m；Y 为堤顶超高，m；R 为设计波浪爬高，m；e 为设计风壅增水高度，m；A 为安全加高，m，可按表 3.5 确定。

表 3.5　堤防工程安全加高值　　单位：m

堤防工程的级别		1	2	3	4	5
安全加高值	不允许越浪的堤防	1.0	0.8	0.7	0.6	0.5
	允许越浪的堤防	0.5	0.4	0.4	0.3	0.3

由于圩区堤防种类繁多、数量较大，受经济条件限制，大多数堤防堤顶和背水侧边坡没有采取有效的工程保护措施，一旦越浪将有可能使堤顶和背水侧边坡材料冲蚀破坏，造成洪水漫顶而失事，因此，一般堤防都采用不允许越浪堤防。

1 级堤防工程重要堤段的安全加高值，经过论证可适当加大，但不得大于 1.5m。山区河流洪水历时较短时，可适当降低安全加高值。平原河网地区，洪水位变幅较小，圩堤挡水水头较小，高水位持续时间较短，且城区段堤防多与市政道路相结合，堤顶道路宽度在 10m 以上，堤身经护砌后的安全度较高，允许短时间越浪。因此，平原河网地区堤防安全加高值可适当降低，而在堤身结构和基础防渗等方面增加一定的安全度，做到既安全又美观。

4. 堤防标准断面

堤防标准断面的拟定，需综合考虑圩堤所在的地理位置、重要程度、堤址地质、堤防高度、筑堤材料、水流和风浪特征、施工条件、运用和管理要求、环境景观、工程造价等各方面因素，经过技术经济比较，综合确定断面形式和尺寸。一般做成梯形断面。

堤顶宽度需根据防汛、管理、施工、构造及其他要求确定，当堤顶作为交通道路时，堤顶宽度需满足相应等级公路的有关规定；如无交通要求，仅为防汛和检修需要，则堤顶宽度需根据堤防级别和重要性而定，级别高和较重要的堤防，堤顶宽度应大一些，其他堤防的堤顶宽度可略小一些。1 级堤防不宜小于 8m，2 级堤防不宜小于 6m，3 级及以下堤防不宜小于 3m，考虑中型农业机械的通行，一般为 4～5m。为了排除降雨时堤顶上的雨水，堤顶应做成向一侧倾斜或向两侧倾斜，使堤顶表面具有 2%～3%的横向坡度。

堤坡需根据堤防级别、堤身结构、堤基、筑堤土质、风浪情况、护坡形式、堤高、施工及运用条件，经稳定计算确定。1、2 级土堤的堤坡不宜陡于 1∶3。一般圩堤的边坡迎水坡比背水坡要缓，这是由于迎水坡经常淹没在水中，处于饱和状态，并遭受河道水位变化和风浪的作用稳定性较差的缘故。太湖、里下河一带水网圩区大部分是黏土、壤土，圩堤迎水坡和背水坡一般采用 1∶1.5～1∶2，地基较差的堤段可根据需要再放缓一些。在外河河面宽、风浪大、堤身高的沿江沿湖堤段以及通航频繁的堤段，外坡可放大到 1∶2～1∶3。通常根据上述条件初步选定堤防的边坡坡度后，还要根据稳定计算、渗透计算和技术经济分析才能最后确定。

为了防止风浪、浮冰、雨水、温度变化和河道中水位变化等因素对防护堤边坡的影响，防护堤的迎水坡和背水坡需进行护坡。具有通航要求，或易冲刷、不稳定的河段堤岸可采用石笼护坡、砖护坡、砌石护坡、混凝土护坡等工程护坡形式；其他堤岸采用草皮护坡、植物护坡、堆石护坡等自然生态护坡形式。

河道堤防设计要在吸取国外发达国家近期建设经验上，改变堤顶同高、边坡均同的河堤设计方式。在满足水利规范要求的堤身宽度、高度、边坡条件下，充分利用天然堤防、自然地形等条件，形成微地形堤防，也可将防洪堤暗藏在绵延起伏的高尔夫地形中，满足景观要求；同时，在满足防洪要求的基础上，构筑能透水透气、生长植物的生态护岸，通过栽种花草和乔灌木等恢复河岸生态体系。

3.2.4.2 分洪蓄洪

分洪蓄洪是江河中下游一项极为重要的战略性防洪措施。江河中下游主要靠堤防保护着两岸农田以及城镇工矿，但现有堤防只能防御一定标准的设计洪水，一旦发生特大洪水，须有计划地采取分洪蓄洪措施。如防护区附近有洼地、坑塘、废墟、民垸、湖泊等承泄区（分洪区）、能够容纳部分洪水时，可利用上述承泄区临时滞蓄洪水，在河道洪水消退时或在汛末，再将承泄区中的部分洪水排入原河道。为了解决圩区耕地少、人口密集、农民生活困难的问题，有些行蓄洪垸可以“退人不退耕”“小水收，大水丢”。即当河道洪水将超过保证水位或流量将超过安全流量时，为保证重点保护区安全，通过闸等建筑物分泄超额洪水，进入行蓄洪区；小水年份，外河水不进入行蓄洪区，农民可以耕作种植受益；大水年份，则放弃种植的作物。

分洪蓄洪工程规划，主要包括原有河道泄洪能力分析，分洪蓄洪区选择，分洪蓄洪工程（排洪闸、分洪道、蓄洪区围堤、安全区等）布局，各项工程联合控制运用方案拟订，控制断面上水位流量推求，各项具体工程规模的拟定以及技术经济论证等。

分洪蓄洪工程划要在流域规划的基础上进行，同时注意以下几点：分洪区的位置尽量选在被保护地段的上游，以发挥最大的防护作用；尽量选择圩内地面高程低、蓄洪容积大、淹没损失和堤防费用少的地区分洪蓄洪，这样分洪效果显著，而且蓄洪淤积可抬高老垸的地面高程，改善垦殖条件；在工程布局上要抓住主体工程（如分洪闸、分洪道、蓄洪区等）的规模和联合运用，使各项工程的作用充分发挥；退人不退耕的行蓄洪区只能在小水年份正常受益，遇大水年份须服从防洪和保障整体利益的需要，分洪蓄洪。

3.2.4.3 截流撇洪

山前平原圩区，一般上有山洪汇注，下受江水倒灌。截流撇洪是拦截山坡或河流上游的洪水，使之直接自流泄入江河（或海洋），不再流入平原农田或湖泊的工程措施，是半山半圩区防洪除涝的一项成功经验。其主要作用有：一是撇洪可使河流与湖泊或圩垸分开，实现洪、涝水分开，以减少湖泊或圩垸的集水面积和相应来水，为改善沿湖农田除涝排水和计划围垦湖滩创造条件；二是撇洪可达到等高截流、高低水分排的目的，减少圩区抽排的面积、设备和费用（外河水位高于内河水位时期）。撇洪工程主要包括河道改道或开挖撇洪沟（河）及其上的溢洪、泄洪建筑物等。撇洪工程的规划，主要包括选择撇洪沟（河）的线路，计算沟（河）设计洪水，分析外河设计水位，确定沟（河）及其堤防断面尺寸和建筑物规模等。

撇洪沟路线的选择关系到工程防洪除涝效益、工程的难易与安全。为此要求撇洪沟线路尽可能短直平顺；尽量少占耕地，减少拆迁；尽量避免过多交叉建筑物；避免山体滑坡。

撇洪沟的设计标准要与当地除涝标准和工程规模相适应。规模较大、位置重要的工程，标准可提高一些。撇洪沟均以24h暴雨产生的洪峰流量作为设计依据。但撇洪沟达到20年一遇标准不是指撇洪沟的设计过水断面必须通过20年一遇的洪峰流量，而是要求在发生频率为20年一遇24h暴雨时，撇洪沟能够单独或配合其他溢洪、蓄涝和机电提排等措施保证圩区不受涝。通常在撇洪范围内，结合实际情况，尽可能增加一些满足滞蓄洪水的塘、库和湖泊，做到以撇为主和撇蓄结合。

撇洪沟设计流量的拟定，一般分两种情况：一是以设计洪峰流量为撇洪沟的设计流量；二是以设计洪峰流量的一部分作为撇洪沟的设计流量，而洪峰的其余部分，则通过撇洪沟上在适当地点设置的溢洪堰或泄洪闸排入湖泊或圩区，暂时滞蓄或由排水泵站抽走。撇洪沟的设计流量一般较大，为了使设计的断面和沟道土方量不致太大，常选用较大的沟底比降和较大的设计流速，为防止沟道局部冲刷，断面要采取防冲措施。

撇洪沟的断面通常采用复式断面，见图 3.4。这样在枯水时，水流集中在主槽，可以维持一定的水深，并可防止局部冲淤、保持河道稳定；在汛期洪水漫过边滩，由主槽和边槽一起宣泄洪水流量。

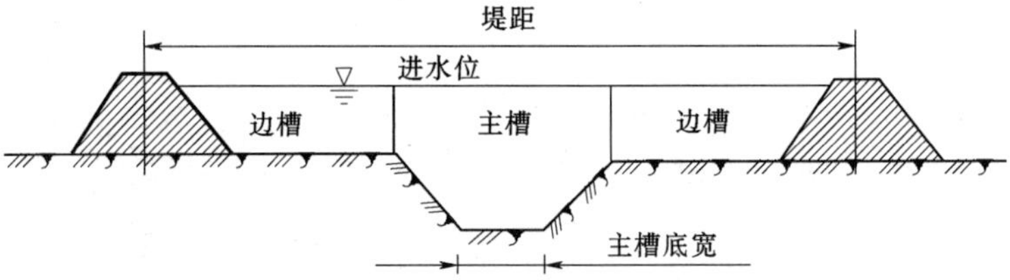

图 3.4　撇洪沟断面形式

苏州太湖国家旅游度假区位于苏州市吴中区西南，西、南濒临太湖，北至穹窿山，东以顺堤公路为界，总面积为 11.2km²。度假区地处太湖之滨，属于半山半圩区，大部分面积处于洪潮威胁之下。特殊的地理位置决定了其容易发生洪涝灾害，特别是北部穹窿山汇流较大，经常遇到洪与涝、高地与低地、地表水与地下水之间的矛盾，有时洪涝相互影响，加重灾害。为此，2006 年，按 20 年一遇的设计标准，沿山脚下的穹窿路新开了 4.4km 撇洪河道穹窿河，承接穹窿山洪水，使洪水不入内河，确保度假区的防洪安全。

3.2.4.4　圩外行洪河道

1. 圩外行洪河道断面校核方法

随着城市化进程的加快、流域防洪情势的变化，圩区面临的防洪压力越来越大。一方面，原来以农业为主的农村圩区逐步向城镇发展，不少地区的排涝模数从 0.8～1.0$m^3/(s \cdot km^2)$ 增加到 3.0～3.5$m^3/(s \cdot km^2)$，甚至更高，大大增大了圩外河道的排水压力；另一方面，圩区联圩并圩后导致圩外水面减少，洪水期外河水位高涨，下降缓慢。一旦区域发生设计洪水，圩区遭遇设计暴雨，容易造成洪水漫堤，甚至溃堤。可见，圩外骨干行洪河道断面的确定和校核非常重要。

规划中可首先对圩外骨干河网进行概化，在此基础上建立一维河网非恒定流模型。考虑流域、区域遭遇设计洪水，规划区域遭遇设计暴雨，圩口闸全部关闭，圩内泵站全力开机抽排的工况，采用一维河网非恒定流模型，模拟分析圩外各行洪河道的最高洪水位，校核各行洪河道断面，最终合理确定河道规划方案。

2. 圩外骨干行洪河道断面校核

以昆山市域圩外骨干行洪河道断面校核为例加以说明。

昆山市地处太湖下游碟形洼地的中部，是太湖流域洪水北排长江和东排黄浦江的重要环节。其所处的特殊地理位置、城市化进程的加快、太湖流域防洪情势的变化，加剧了昆山所面临的防洪排涝压力。一方面，原来以农业为主的农村圩区逐步向城镇圩区转变，排涝标准不断提高，排涝动力不断加大；另一方面，20 世纪 90 年代以来的联圩并圩、半高地筑堤框圩工程，使圩外水面缩减，河道泄洪能力降低，洪水期外河水位高涨，下降缓慢。一旦区域发生设计洪水，市域遭遇设计暴雨，防洪形势非常严峻。2015年，扬州大学在《昆山市城市防洪规划》中，采用一维河网非恒定流模型对昆山市域圩外骨干行洪河道断面进行了校核，确定了圩外河道的治理方案。

(1) 河网概化。根据昆山市区域范围、河道特征及规划目标，对市域范围内圩外骨干行洪河道进行了概化。概化中除考虑一般河流概化原则外，还体现了河道分级及闸站工程运行特征，便于对工程方案进行比选。

(2) 边界条件。根据昆山市防洪设计标准，考虑现状（2014年）、近期（2020年）、远期（2030年）3种边界情况：

1) 现状工况下，考虑区域遭遇50年一遇设计洪水，市域遭遇20年一遇设计暴雨，圩外河道沿线的闸门关闭，排涝泵站开机抽排，控制圩内水位在最低和最高控制水位之间。

2) 近期工况下，考虑区域遭遇50年一遇、100年一遇设计洪水，市域遭遇20年一遇设计暴雨，圩外河道沿线的闸门关闭，排涝泵站开机抽排（最大流量为2038.26m^3/s），控制圩内水位在最低和最高控制水位之间。

3) 远期工况下，考虑区域遭遇100年一遇、200年一遇设计洪水，市域遭遇20年一遇设计暴雨，圩外河道沿线的闸门关闭，排涝泵站开机抽排（最大流量为2199.44m^3/s），控制圩内水位在最低和最高控制水位之间。

(3) 模拟分析。在河网概化的基础上，考虑边界条件，通过一维河网非恒定流模型，在现状工况和规划工况下，对昆山市域范围内的骨干河道洪水位进行模拟分析。模拟昆南地区千灯浦、大直港、道褐浦及大石浦河道断面24h水位变化。

(4) 断面校核。河道初始断面结合流域、区域规划要求，及河道现状断面、工程实施的可行性等先初步拟定，根据最高洪水位的模拟分析结果，对水位壅高较严重的河道（段）调整断面尺寸或新开分流河道，反复进行模拟分析，最终合理确定河道治理方案。

经模拟分析，实施界浦港连通工程、澄湖—昆青界河水系连通工程、东部昆青界河整治工程、大石浦—淀山湖骨干河道整治等工程后，千灯浦、埛坵港、胜利河、可麻泾等昆南腹部地区河道的最高洪水位可降低3～8cm。

3.2.5 圩区排涝

3.2.5.1 排涝流量

汛期，圩区外河水位经常高于圩内的田面，圩内的涝水不能自流排出，主要依靠配备机电动力进行提水排涝，排涝流量是确定圩内排灌动力的主要依据。圩区设计排涝流量一般难以根据实测径流资料进行统计分析确定，而往往采用以下几种方法计算确定。

1. 平均排除法

平均排除法是以排水面积上的设计净雨在规定的排水时间内排除的平均排涝流量或平均排涝模数作为设计排涝流量或排涝模数的方法，即

$$q=\frac{R}{3.6Tt} \tag{3.3}$$

$$Q=qF \tag{3.4}$$

式中：Q 为设计排涝流量，m^3/s；q 为设计排涝模数，$m^3/(s \cdot km^2)$；F 为排水河（沟）设计断面所控制的排涝面积，km^2；R 为设计径流深，mm；T 为排涝历时，d；t 为每天排水时间，h，一般自排 $t=24h$，抽排 $t=20\sim22h$，也可根据当地机泵管理需要确定。

确定设计径流深 R 时，首先要确定设计暴雨。设计暴雨一般包括暴雨历时、暴雨大小及时程分布诸因素，它们都和除涝排水面积的大小有关。圩区由于面积较小，洪峰流量主要由一日暴雨形成，设计暴雨量根据设计标准进行频率分析计算得到。

圩区的设计径流深需考虑沟、塘滞蓄或预降滞蓄，以及圩堤渗漏产水和套闸进水，其计算公式为

$$R=\frac{R_1F_1+R_2F_2+R_3F_3}{F_1+F_2+F_3}+R_4+R_5 \tag{3.5}$$

式中：R_1 为水田设计径流深，mm；F_1 为水田面积，km^2；R_2 为旱地和非耕地的设计径流深，mm；F_2 为旱地和非耕地的设计面积，km^2；R_3 为河网、沟塘等水面的设计径流深，mm；F_3 为河网、沟塘等水面的设计面积，km^2；R_4 为排水期间圩堤的渗漏水量，mm，可按实测确定，《江苏省水文手册》中圩堤渗漏量建议取 0.2mm/d；R_5 为排水期间套闸进水量，mm，按实测或估算，苏州常按圩区总面积 5000 亩估计套闸放水进水量约为 0.55mm/d。

$R_1\sim R_3$ 的具体计算如下。

（1）R_1。采用暴雨扣损法，其计算公式为

$$R_1=P-h_{田蓄}-E \tag{3.6}$$

$$h_{田蓄}=h_p-h_0$$

$$h_0=\frac{h_{max}+h_{min}}{2}$$

式中：P 为设计暴雨量，mm；$h_{田蓄}$ 为水田滞蓄水深，mm，水稻田的滞蓄水深取决于水稻的耐淹能力，包括耐淹深度和耐淹天数及雨前的稻田积水深；h_p 为雨后水田最大允许蓄水深度，mm；h_0 为雨前正常水深，mm；E 为排水期间水田的耗水量，mm。

（2）R_2。

1）利用 $P+P_a$ - R 关系曲线。P 设计暴雨量，mm；P_a 为前期影响雨量，且 $P_a=\alpha I_{max}$，其中，α 为前期影响系数，可根据表 3.6 按实际情况取用；I_{max} 为最大初损量，单位为 mm，根据试验资料，由次降雨径流关系成果（可见当地水文手册），平原区可取 $I_{max}=90mm$。

表 3.6　　前期影响系数 α 值表

降雨天数/d	1	3	7	适用范围
一般暴雨 α	0.60～0.67	0.45	0.35	100～250mm
较大暴雨 α	0.70	0.60	0.50	250mm 以上

2）利用径流系数法。

$$R_2=\alpha P \tag{3.7}$$

式中：α 为径流系数，旱地一般取 0.6，非耕地可取 0.7～0.75。

（3）R_3。采用暴雨扣损法，其计算公式为

$$R_3 = P - h_{沟蓄} - E_{水} \tag{3.8}$$

式中：$h_{沟蓄}$ 为河网、沟塘滞蓄水深，mm；$E_{水}$ 为排水期间河网沟塘的水面蒸发量，mm。

这一方法确定的排涝流量或排涝模数，是一个均值，为了与地区经验公式法等按照最大排涝模数确定排水沟设计流量的方法相区别，故把这种方法称为平均排除法。由于以农业为主的水网圩区和抽水排水地区，河网有一定调蓄能力，且在不超过作物允许耐淹历时的条件下，可以允许地面径流在短时间内漫出沟槽，所以这类地区不论排水面积大小，此方法均适用。

2. 逐时段调蓄计算法

随着圩区经济社会的发展，城镇化进程的推进，很多农业圩区发展成为农业和城镇混合圩区，短时间的受淹也会造成较大的经济损失，所以这类圩区排涝模数或排涝流量的计算不能采用平均排除法。对城镇排涝，一般要求达到 20 年一遇最大 24h 降雨时每时段（以 1h 为一时段）圩内水位不超过最高控制水位的排涝标准。为此，可将来水流量过程作为河道的输入，先假定河道的疏浚断面和泵站排涝能力进行调节计算，得到河道的蓄水量及相应水位。将计算得到的河道最高水位与控制水位比较，两者相等时的排涝流量即为所求的设计排涝流量。用下式进行调节计算：

$$V_2 = V_1 + \frac{Q_1 + Q_2}{2}\Delta t - q\Delta t \tag{3.9}$$

式中：V_1、V_2 分别为计算时段始、末的河道蓄水量，万 m^3；Q_1、Q_2 分别为计算时段始、末的汇入流流量，m^3/s；q 为假设的泵站排涝能力，m^3/s；Δt 为计算时段。

综合考虑农业和城镇混合圩的平均地面高程和雨水管道的排水要求，确定圩区的控制水位，一般为平均地面高程以下 0.5～0.8m。由圩区常水位和汛期外河水位情况确定圩区关闸水位、开机水位。当外河水位从常水位涨至关闸水位时，关闭所有圩口闸，关闸后内河水位涨至开机水位时泵站开机全力抽排，控制内河水位在控制水位以下。

3.2.5.2 排涝泵站站址与布局优化

排涝泵站的规划，主要是根据排水出路和地形条件，正确处理自排与提排、内排与外排、排田（抢排）与排湖（内河）的关系，尽量减少排涝泵站的装机容量，降低工程投资。同时尽可能兼顾灌溉要求，提高泵站设备的利用率。在布局上从整体出发，既有利于挡洪、灌溉、排涝、降渍综合治理，也有利于机耕、交通、绿化、生态和环境保护等。排涝泵站规划包括站址的选择和设计装机容量的确定等。

1. 站址的选择

站址要服从圩区治理的需要，根据圩区自然条件（地形、地质、河网水系等）和社会经济状况（行政区划、水利、输电、交通等）拟定各种方案，择优选定。

（1）集中建站与分散建站。一般而言，对于排水面积较大而地形起伏不大或地势单向倾斜，蓄涝容积集中且较大，或排水面积不大、地势平坦、蓄涝容积较大、排水出口和行政区划单一的地区，宜集中建站。对于水网密集，排水出口分散，或地势高低

不平的地区，宜分散建小站。因此，圩内排涝泵站的布局有两种布置方式：①排涝泵站集中布置，即排涝泵站布置在圩内一级河道两端，集中排除涝水，此种布置方式泵站座数少，单位装机容量造价低，输电线路短，便于集中管理，但要求有完善的圩内河网布局，要开挖大的骨干排水河道，土方量大，挖占耕地面积大，且排涝时间长；②排涝泵站分散布置，即排涝泵站布置在圩内一级及部分二级河道上，相对分散的排除涝水，此种布置方式工期短，收效快，工程量小，挖占耕地面积少，有利于结合灌溉，排灌及时，但由于泵站座数多，管理相对较难。由于圩区的情况往往比较复杂，故需根据具体情况，因地制宜。

(2) 一级排水和二级排水。排涝泵站无论集中建站或分散建站，都有两种排水方式，即一级排水与二级排水。所谓一级排水就是由排涝站直接将涝水排入承泄区，或由排涝站将涝水先排入蓄涝区，而蓄涝区的涝水则待外水位降低时再开闸自排；二级排水方式，即在低洼地区建小站，将涝水排入蓄涝区内，这种站称为二级站或内排站，一般排水扬程较低；而蓄涝区内的涝水则需要另外建站提排，这种站称为一级站或外排站。如蓄涝容积较大时，除利用泵站提排外，还可以利用蓄涝区滞蓄涝水，待外水位降低后再开闸排除蓄涝区滞蓄的涝水，利用闸站配合排水，以减少外排站装机容量。

对于面积较小的圩区，一般只设外排站，而对于面积较大的圩区，则以采取内排站与外排站相结合布置的方式为宜，即由外排站控制一定的内水位，使大面积较高农田的涝水能自流排入内河（湖），少数低洼农田设内排站。对于大面积圩区，如果只设外排站，不设内排站，这时圩区的内河（或内湖）涝水位必须控制在低田的田面以下，由此导致大面积排水扬程增大，相对降低了内河（或内湖）调蓄水位，减少了调蓄容积，从而加大了抽排流量或增大了装机容量，对排水干沟来说，也将增大底宽与工程量。相反，如果只有内排站而没有外排站，圩区内河、湖水位无法控制，达不到除涝目的。

2. *排涝泵站布局优化*

(1) 排涝泵站布局优化方法。根据排涝设计标准，计算确定圩区总排涝流量后，各排涝泵站位置及规模将直接影响圩内骨干河道的排涝水位及涝水排除时间，影响圩区的排涝效果。因此，在确定排涝泵站位置及装机容量时，可提出几种排涝泵站布局组合方案，进行优化比选。考虑圩外洪水位顶托、圩内遭遇设计暴雨，建立一维非恒定流模型，针对不同的圩口排涝泵站布局组合方案，泵站全力开机抽排，内河水位在最低水位和控制水位之间，模拟比较圩内各骨干河道的水位变化、排水时间等，并以此确定圩内泵站布局的最优方案。

(2) 常州市武进区合作圩排涝泵站布局优化实践。常州市武进区合作圩总面积为 $8.92km^2$，地面高程为 4.7～5.5m，现状水面率为 8.1%。内部骨干水系为“两横两纵”格局。以城镇 20 年一遇排涝标准，设计排涝流量达 $21m^3/s$。

结合圩内水系格局、排涝泵站位置及其规模等，在总排涝流量相同的情况下，初步拟定 3 种排涝泵站布局方案，分别是建设 5 座、7 座与 3 座泵站。

方案比较的边界条件：外河 50 年一遇洪水位 5.38m 顶托，排水区遭遇 20 年一遇设计暴雨，泵站全力抽排，河道水位变幅在生态水位 3.0m 与控制水位 4.8m 之间。

方案优选：通过建立一维非恒定流河网模型进行模拟分析，即外河遭遇 50 年一遇洪水位 5.38m 顶托、圩内 20 年一遇设计暴雨、泵站全力抽排、控制河道水位在 3.0～4.8m

时的圩内骨干水位变化，以此模拟骨干河道48h的水位变化，比较分析确定适宜的泵站优化布局。

模拟结果：方案一开机41h时，圩内骨干河道梧岗河处出现最高水位6.00m；方案二开机40h时，也在梧岗河出现最高水位6.29m；方案三开机35h时，在冯家村河出现最高水位5.52m。方案三排水时间最短，最高水位最低，且集中建站后便于管理维护。因此，确定改建3座泵站的规划方案。

3.2.5.3 排涝措施

1. 分片排涝，等高截流

分片排涝，等高截流，高水高排，低水低排，已成为圩区治涝的一条重要经验。划分排水区尽可能满足内外水分开、高低水分开，并充分利用自流排水条件。内外水分开主要是洪涝分开，避免外河洪水侵入圩内；高低水分开就是要求等高截流、高水高排、低水低排，高水汇集到低地会加长排水时间，产生或加重涝害；同时，实现高水高排，也可避免高水汇集到低地，增大低地的排涝压力，甚至引起高、低区之间的排水纠纷；另外，由于高水往往有自排的可能，充分利用时机，可及时自流排水。

(1) 沿江滨湖平原圩区。沿江滨湖平原圩区地面虽平坦，但还有一定的高差，尤其是面积较大的圩区。由于地形高差大，各处自流排水的机会不同，需统一规划，合理的划分排水区。分区时，需根据地形特点、承泄区水位条件，适当兼顾原有排水系统。对地势较高、有自排条件的地区，尽量利用自排条件，划分高排区；对地势较低，排涝期间外水位长期高出田面的地区，划分低排区，以提排为主；介于上述两者之间的地区，可采取自排与提排相结合的排水方式。

如图3.5所示的圩区，根据地形条件和高低分排的原则，划分成两个排水区，即一个高排区和一个低排区。在高、低区之间的分界处，布置两条高排沟（又称截流沟），分别将高排区的涝水由B、C两处排水闸分散排出。低排区由低排沟在A处排水。沿堤线F—B—A—C—G画一纵剖面，由图3.5可见，当外河水面低于位置1时，高地的涝水即可由B、C闸自流排出，如果不实行高低分排，高地的涝水全部由较低的排水闸A外排，则只有当外河水面低于位置2时才能自流排水。从而可见，外河水面在1和2之间停留的时间，便是高低分排后高地所增加的自流排水时间。

(2) 半山半圩地区。半山半圩地区由于汛期外水位高于圩内农田，同时高处客水又流向下游，易成涝灾。排水分区时，在山圩分界处大致沿承泄区设计外水位高程的等高线，开挖截流沟或撇洪沟，使山、圩分排，高低分排，减少泵站的装机容量。

2. 保留滞蓄水面，排蓄结合

平原圩区在外河水位高于圩内地面高程时，排水系统及排水闸不能自流外排，此时需充分利用圩内原有的河塘洼地，滞蓄关闸期间的全部或部分涝水，以降低抽排流量，这是圩区行之有效的重要除涝措施。

但是随着农业生产的发展，许多地区的河湖水系已围垦成农田。因此，在这些地区应当对圩内外河道进行控制管理，要求各圩区按规划水面率严格控制，确保圩区水面率不降低，防止农业生产过程中出现大量填埋河塘、侵占河道、污染河道的现象，避免水面、湿地日渐萎缩，水环境不断恶化，滞蓄容量缩小。

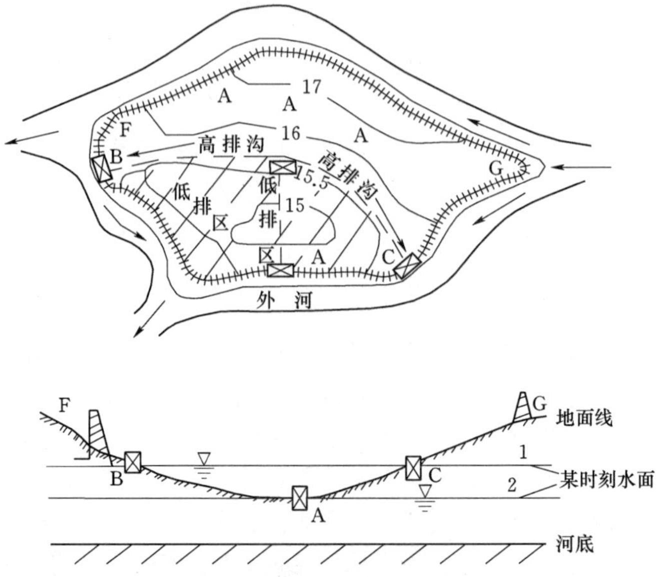

图 3.5 分片排涝示意图

3. 力争自排，辅以抽排

在汛期，圩区的外河水位一般高于地面，除部分高片或沿江圩区可利用落潮间隙争取自排外，圩区自流排涝机会较少，加上圩区内部的滞涝河湖有限，因此单靠自流外排与内湖滞涝，一般仍不能免除涝灾威胁，需要辅以抽排。但是，为了尽量减少抽排设备和抽排费用，在规划和管理时，采取一切措施尽量利用和创造自流排水的条件。

在设置排涝站的同时，要修建自流排水涵闸或保留原有排水涵闸；根据圩区具体情况，分别研究采用集中建闸、分片设站或合站分闸等有利于各地自排的布置方式；为了合理规划排涝站，在尽可能创造自排条件和减少抽排面积的同时，还要处理好外排与内排的关系，对外排站和内排站进行合理的布局；要利用圩内河湖汛期滞涝，汛后自排；抓住汛期外河水位短期回落的时机，进行自流抢排等；在地势特别低洼或距排水口较远的地区，则建立泵站排除涝水。

4. 全面规划，综合治理

圩区水面积一般较大，是发展养殖以及水生经济作物的良好场所。灌排系统与沿沟渠植树造林、道路布置相结合，使沟、渠、路、林成为一个完整系统，既发展多种经营，又便利生产和生活。

3.2.6 圩区降渍

目前，江苏农田降渍标准是控制农田地下水位在雨后 2～3d 内降至田面以下 0.80m。排渍流量指为使作物免受渍害而需要的农田降渍系统排水流量，按照设计标准，确定设计排渍流量；单位面积上的设计排渍流量称为设计排渍模数，又称为设计地下水排水模数。对于排渍模数，一般难以进行理论分析，而是根据实测资料分析确定。江苏圩区设计排渍模数可参照表 3.7 选择。

表 3.7　各种土质的设计排渍模数

土质	排渍模数/[$m^3/(s \cdot km^2)$]	土质	排渍模数/[$m^3/(s \cdot km^2)$]
轻沙壤土	0.03～0.04	重壤土、黏土	0.01～0.02
中壤土	0.02～0.03		

在地下水位高的低洼圩区与水网地区，暗管与鼠道排水方式是有效减低渍害的重要措施，也是平原低洼地区雨后能保证农机及时下田抢收抢种的主要措施，特别是塑料暗管排水技术是目前世界公认的低洼地区农田排水发展方向。

3.2.6.1　暗管排水

暗管排水是指在地下埋设管壁有多孔或缝隙的管道，排除土壤中多余的水分，降低地下水位，以利于农机下田作业，满足农作物生长期间降渍要求。暗管排水具有便于田间机械化作业和提高土地利用率等优点。

1. 暗管排水发展过程

江苏暗管排水始于1959年秋，根据江苏省水利厅下达的科研课题任务，昆山农田水利试验站在昆山县江浦圩进行麦田排水治渍试验，1961年起改在城北公社同心大队试验。该站在试验麦田中埋设内径为10cm的水泥管，埋深1.0～1.2m，管线比降2‰左右，管外用稻草覆盖作滤料，后又在同心大队一队的55亩麦田中铺设9条排水暗管进行试验，三麦亩产比上年增加55kg，农业生产从原居全大队第9位，跃升为第1位。1965年，昆山农田水利试验站与有关单位协作，开始研制专用农田排水瓦管。次年9月，昆山县大东砖瓦厂在普通制石专机上换装一个专制的出口，挤出排水管管坯，荫干后进窑焙烧，试制出第一批农田排水瓦管12000节，每节长为40cm，内径为8cm，壁厚为2cm，每节价格只有水泥管的四分之一，经同心大队使用，效果很好。从1966年起，农田暗管排水技术在苏州地区各县推广。

1973年，无锡县在吨粮田建设中，开始对田间灌溉、排水、降渍实施“三暗”（暗渠送灌溉水、暗沟排地面水、暗管降地下水）工程建设。灌溉渠系采用干、支两级到田，排水暗沟与灌溉暗渠平行，布置在田块两端，埋深为1.7～1.8m，均采用灰土构筑；降渍暗管为水泥瓦管或脊瓦，埋设于田块之下，15m宽的田块埋设2条，20m宽的田块埋设2～3条，埋深为1～1.2m，每块田内的暗管出口均连通合并一个暗管控制门，汇集地下水排入暗沟。经几年的努力，该县建成3万亩“三暗”工程农田，节省耕地1470亩，年增产粮食233万kg，效益十分显著。1974年昆山农田水利试验站在昆山县同心圩建设暗管排水实验样板；1976年在同心大队进一步试验研究暗管排水控制稻田渗漏，根据水稻生长情况，机动开关暗管控制门，调节土壤水、气、温。1974—1976年的3年中，在同心圩5000亩农田中埋设暗管266km，促进产量大幅度增长。

20世纪70年代后半期，常熟、南通、东台、沙洲等地在棉田上推广暗管排水技术。1975年常熟县农田水利试验站在浒浦公社五大队进行棉田暗管排水治渍试验，取得初步成效后，于1978—1982年又在珍门公社四大队85亩棉田上进一步扩大试验。据1975—1982年8年对比资料统计，暗管排水田比明沟排水田每亩多收皮棉3.5～20kg，平均年增产22%。

80年代，开展制管机具和铺管机具的研制工作。1980年，江苏省水科所、无锡园艺水利研究所和农机部农机化研究所、无锡农机厂等合作，研制1KP－100小型开沟铺管机，配套东风－12型手扶拖拉机，开沟深度为60cm、100cm，最大达120cm，适宜铺瓦管、波纹塑料管等各种管材，可边行进边开沟铺管，比人工埋管提高工效30～50倍。1981年无锡市园艺水利研究所和无锡县坊前轻工机械厂共同试制成功ZG－80型黏土制管机，可生产内径为80mm、壁厚15mm、长度为250mm的黏土管。1982年江都县水利局和江都县砖桥乡水利站试制成小口径悬棍法制管机，可生产出内径为69mm和75mm、长度为333mm的水泥土管。同年无锡市园艺水利研究所等单位又合作试制成1KP－150型开沟铺管机，配套丰收－35型拖拉机，开沟深度有100cm、135cm、150cm 3种。1983年苏州市科学技术委员会安排苏州塑料一厂引进制管设备，试制成以高密度聚乙烯为原料的双螺旋形波纹塑料管，内径为55mm，每米长管壁排水孔面积为4000mm^2，经实地测试排水效果较好，1985年7月该塑料管经鉴定后已批量生产，填补了省内空白。但进入90年代以后，由于多种原因，暗管排水技术在江苏未能实现大面积的应用推广。

2. 暗管排水技术

（1）暗管排水系统的组成。暗管排水系统一般由吸水管、集水管（沟）、检查井和出口控制建筑物等组成。

吸水管埋设于田间，是管壁上有孔眼或缝隙、外包滤料的管道，土壤中过多的水分通过管壁上的孔眼或缝隙进入管内。外包滤料的作用是防止泥沙进入吸水管内，并加大导水性与出水量。

集水管（沟）用于汇集吸水管中的水流，并输送至下一级排水沟道的暗管或明沟。在吸水管进入集水沟处需设有出口建筑物，防止水流冲刷集水沟，并在集水沟高水位时防止杂物或泥土进入暗管，造成出口堵塞。

检查井是用于冲沙、清淤、控制水流和管道检修的竖井，一般设在吸水管与集水管相交处，管路转角和比降突变处，穿越沟、渠、路的两侧或下游一侧；管道较长时，每隔200～300m也需设置一个检查井，用以观测暗管的水流情况。

出口控制建筑物用来调节和控制暗管水流。

（2）暗管排水系统的类型。暗管系统根据组成，可分为一级暗管排水系统和二级暗管排水系统两种。一级暗管排水系统仅在田间采用吸水管，集水则采用明沟，如图3.6所示。平原圩区现有沟渠水网较密，可采用此种形式，这种形式具有布置简单、施工容易、投资较少、便于检查和清理的优点，但出口众多，易于损坏。二级暗管排水系统除吸水管外，还有集水管，过多的土壤水先渗入吸水管，再汇入集水管，最后排入明沟，如图3.7所示，这种形式大大减少了明沟数量，节约了耕地，有利于机械化耕作，但布置复杂，增加了检查井数量，投资也较大，某段管道堵塞影响范围较大。二级暗管排水系统的吸水管与集水管的布置有正交型、“人”字形及不规则布置3种形式，如图3.8所示。正交布置适用于地势平坦，田块规则的平原湖区和土地平整良好的山丘冲垄地区，如图3.8（a）所示；“人”字形布置适用于地形开阔冲谷两侧坡度比较一致的山丘地区，通常将集水管（沟）沿洼地或山冲的轴线布置，如图3.8（b）所示；不规则布置适用于一些地形条件复杂的山丘地区，如图3.8（c）所示。

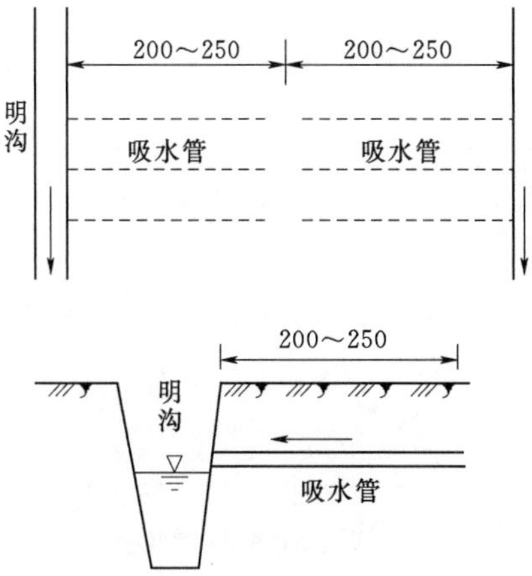

图 3.6　一级暗管排水系统

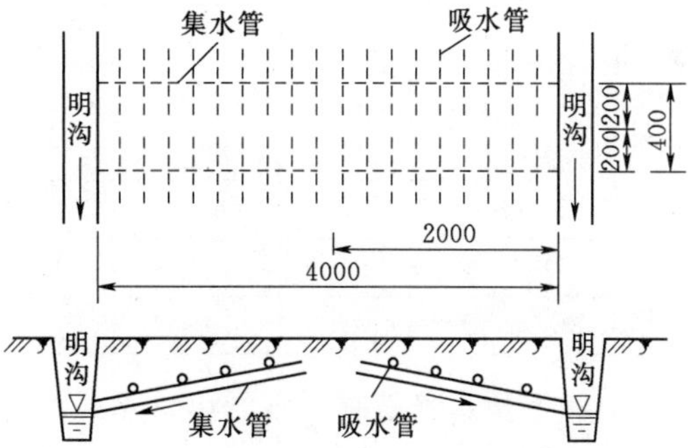

图 3.7　二级暗管排水系统

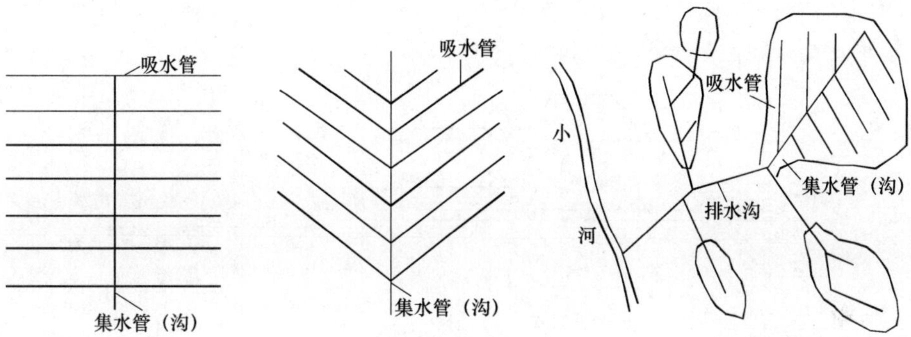

(a) 正交型　　(b)“人”字形　　(c) 不规则布置

图 3.8　暗管布置形式

(3) 暗管的埋深和间距。一般先按作物要求的地下水埋深确定暗管埋深，再推求暗管间距。如图 3.9 所示，暗管埋深由下式计算：

$$D=\Delta H+\Delta h+s \tag{3.10}$$

式中：ΔH 为作物要求的地下水埋深，m；Δh 为悬挂水头，一般取 0.2～0.3m；s 为暗管中水深，m，s 值很小，可忽略不计。

根据各地经验，水稻种植区，以晒田期地下水埋深控制要求为准，暗管埋深在 0.6～0.8m；小麦种植区暗管埋深为 1.0～1.2m；棉花种植区暗管埋深为 1.1～1.4m。对于水旱轮作区，暗管埋深以考虑机械作业、旱作物降渍要求为主来确定，水稻生长季则可通过控制排水措施来减少排水量，节约灌溉用水。

确定暗管间距有理论计算法、田间试验法和经验数据法 3 种。理论计算法需要较多的水文地质参数，因此使用时往往受到限制。田间试验法最能反映实际情况，但田间试验需要大量的投资，试验周期也较长。经验数据法采用

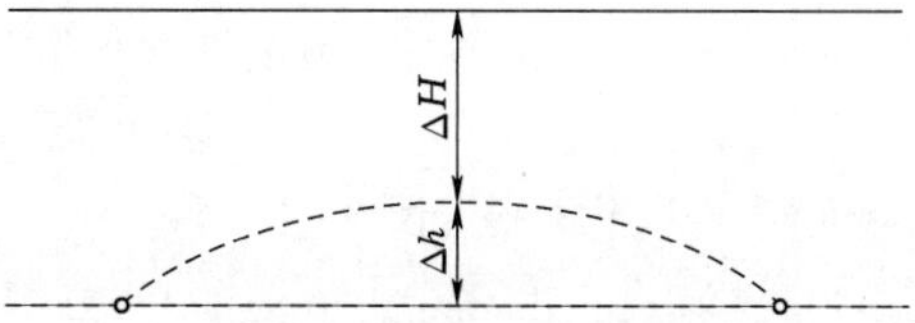

图 3.9　暗管埋深示意图

规范推荐的暗管间距，吸水管埋深和间距见表 3.8。集水管埋深需低于集水管与吸水管连接处的吸水管埋深 10～20cm，间距需根据灌溉排水系统平面布置的要求确定。

表 3.8　　吸水管埋深和间距　　单位：m

吸水管埋深	吸水管间距		
	黏土、重壤土	中壤土	轻壤土、沙壤土
0.8～1.3	10～20	20～30	30～50
1.3～1.5	20～30	30～50	50～70
1.5～1.8	30～50	50～70	70～100
1.8～2.3	50～70	70～100	100～150

（4）暗管出口建筑物。暗管出口建筑物的作用在于保证暗管中集聚的渗水能自由向集水沟排出，防止在集水沟临水波形成管涌和冲刷；阻止污泥杂物和啮齿动物等进入暗管内。暗管出口建筑物的形式有无控制开敞式、插板式、竖井式和溢流式。

1）开敞式。在渗水暗管出口处采用一段（2～3m）口径与暗管相近的塑料不透水硬管，连接暗管出口，向集水沟自由排水，如图 3.10（a）所示。

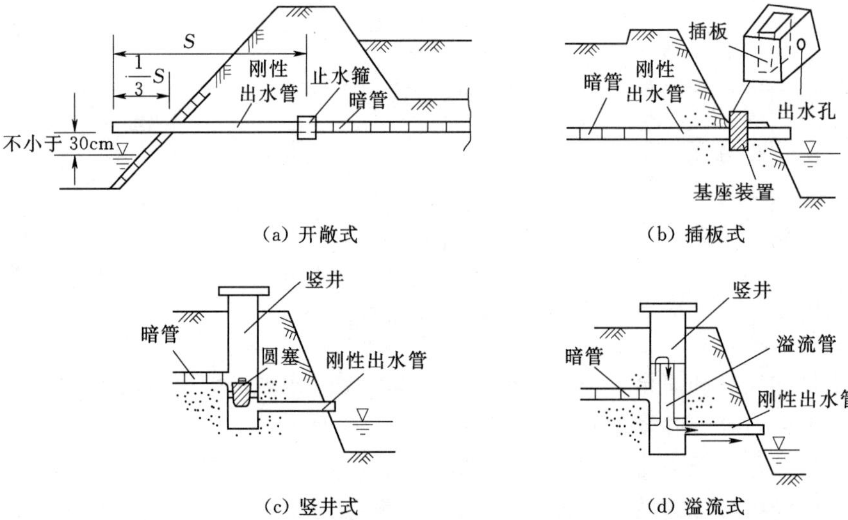

(a) 开敞式　(b) 插板式　(c) 竖井式　(d) 溢流式

图 3.10　暗管排水出口控制

2）插板式。将开敞式中的硬塑料管在伸出集水沟边处截断，安装预制混凝土插座装置，插座前后两壁预留圆孔与硬塑管相连接，插座槽中安放闸板，控制暗管出水，如图 3.10（b）所示。

3）竖井式。暗管与不透水硬塑料管通过埋设在集水沟岸边的竖井相连接，竖井上游连接口高于下游连接口，其间为有孔隔水板，以插入圆塞控制暗管出水，如图 3.10（c）所示，竖井采用预制混凝土管为好。

4）溢流式。溢流式为改进的竖井式出口建筑物，与上述竖井式的区别在于在隔水板孔上方连接一溢流竖管，溢流管口高度取决于设计控制地下水埋深，当地下水位高于溢流管时，暗管渗水自动溢流排水，如图 3.10（d）所示。

（5）暗管管材的选用。管材选择遵循因地制宜、就地取材、技术可行、经济实用的原则，选用经济、适用和耐久的管材。塑料管具有重量轻、耐磨蚀、易于搬运和铺设且联结简便等特点，20 世纪 70 年代起在国际上得到广泛应用；应用最多的是波纹管、PVC 管或 PE 管。其中，PE 管因韧性较好，近年来应用更为普遍。波纹管内径有 55～70mm 等，有弹性、可挠曲，每盘长约 100m，每米管的进水面积为 3000mm^2 左右。美国和加拿大多采用 10cm 以上的 PE 管，排水容量较大。

（6）暗管的外包滤料。外包滤料是保证排水效果的关键部分，指裹或充填在排水暗管周围的材料，它的作用是阻止土壤颗粒进入排水管，以避免沉淀和暗管阻塞，同时稳定暗管周围的土壤，改善暗管排水通道的渗水能力，以提高暗管的排水功能。国际上对暗管周围的填充料称呼不一，联合国粮农组织定义如下：

1）外包层指任何人工填充在暗管周围的材料。这种材料可以同时满足滤料和裹料的作用，也可以满足其中之一的要求。

2）滤层指充填于暗管周围的外包层，用于防止土壤中的细颗粒进入暗管。

3）裹层指包裹在暗管周围的外包层，其目的是改善水的入渗能力，增加透水性，一般比较粗糙。

用作外包滤料的材料，宜选用取材容易、施工方便、耐酸碱、不易腐烂、对作物无害且不污染环境的廉价透水材料，一般有有机材料、无机材料和合成材料等三大类。无机材料主要包括砂砾、炉渣、石屑、贝壳等；有机材料多采用农业生产的副产品，如稻草、稻壳、炉渣等；人工合成材料如尼龙布、聚丙烯、人造纤维等。砂砾材料是国内外应用最早并一直沿用至今的一种排水暗管裹滤料，它的耐久性和耐盐性都很好，只要级配得当，适用于各种土壤。但由于这种材料用量多，容积大，以及运输等原因，一般就近取材使用。稻壳是日本使用最为广泛的农家滤料，耐腐性能较好。化纤材料由于质量轻，运输方便，埋入土壤后耐用性较好，生产工厂化，材料供应充足，与波纹管配合使用，施工方便，成本低，已批量生产。随着全自动铺管机的广泛使用，土工布外包滤料的使用不断增加，可适应自动化施工过程，并降低成本。其中，热熔纺黏法无纺布是由 100%热黏聚丙烯连续纤维制成，用热量和压力将其黏合起来制作的一种无纺布，具有良好的抗拉强度和过滤功能，可适应于结构性较差的土壤排水情况。

（7）排水暗管的设计流量。排水暗管的设计流量按下式计算：

$$Q=CqA \tag{3.11}$$

式中：Q 为设计排水流量，m^3/d；C 为流量系数，通常只设一级或两级暗管时，可取 $C=1$；q 为设计排水模数，m^3/(s·km^2)；A 为暗管的排水控制面积，km^2。

（8）排水暗管比降与内径。

1）暗管比降。排水暗管的比降需满足管内最小流速不低于 0.3m/s 的要求。管内径 $d\leqslant$100mm 时，i 可取 1/600～1/300；当 $d>$100mm 时，i 可取 1/1500～1/1000。国际上则建议暗管坡降为 5/10000～7/10000。地形平坦地区吸水管首末端高差不宜大于 0.4m（防止首末排水不均匀）。

2）暗管管径。排水暗管内径可用下式计算。

吸水管内径

$$d_1=2\left(\frac{nQ}{\alpha\sqrt{3i}}\right)^{\frac{3}{8}} \tag{3.12}$$

集水管内径

$$d_2=2\left(\frac{nQ}{\alpha\sqrt{i}}\right)^{\frac{3}{8}} \tag{3.13}$$

式中：n 为管道内壁糙率，波纹塑料管取 0.016，光壁塑料管为 0.011，混凝土管为 0.013，瓦管为 0.014；Q 为流量，m^3/d；α 为与管内水的充盈度有关的系数；i 为管道水力比降，可采用管线的比降。

按《农田排水工程技术规范》（SL/T 4—2013），充盈度 a 按如下方法确定：当 $d<$ 50mm 时，取 $a=0.6$；当 $d=50\sim100$mm 时，取 $a=0.7$；当 $d>100$mm 时，$a=0.8$。

3）校核流速。排水暗管中水流流速 v 可按下式计算：

$$v=\frac{\beta}{n}\left(\frac{d}{2}\right)^{2/3}i^{1/2} \tag{3.14}$$

其中，β 为与充盈度有关的系数，可按下式估算：

$$\beta=0.069+0.936a-0.571a^2 \tag{3.15}$$

流速应大于不淤流速。

（9）施工机械。排水暗管施工机械主要有无沟铺管机和开沟铺管机两种。随着技术的发展，开沟铺管设备也在不断的改进和完善。目前，我国大面积使用的是宁夏、山东引进的荷兰斯廷伯根公司生产的 EG S3000 刀链式开沟铺管机，该机最大开挖深度为 2.0m，沟宽可调，一般为 0.3m，实测开沟铺管速度可达每小时 500～600m，可铺设直径在 125mm 以下的各种聚氯乙烯管或聚乙烯管，主要用于铺设田间吸水水管。由于该机配备了双坡面激光控制系统，可保证准确的暗管纵坡，不仅方便操作，也提高了施工效率和质量。

3.2.6.2 鼠道排水

鼠道排水与暗管排水一样，是防止农田渍害的主要工程措施，主要是在田面以下，用特殊设备开挖一种无衬砌的地下排水通道，如图 3.11 所示。由于其形状与鼠洞相似，故称为鼠道。鼠道是由用动力牵引钻孔器在田面以下一定深度土层中挤压或振击而成形的孔道和用犁刀切割而成的切槽所构成的地下排水通道，在降雨时地表积水和土壤中过多的水分便可以通过鼠道周围和刀缝两侧的孔隙和裂隙渗入鼠道而排出。鼠道的形状有圆形、椭圆形、悬胆形和马蹄形等，根据我国各地经验，悬胆形和椭圆形鼠道耐久性较好。

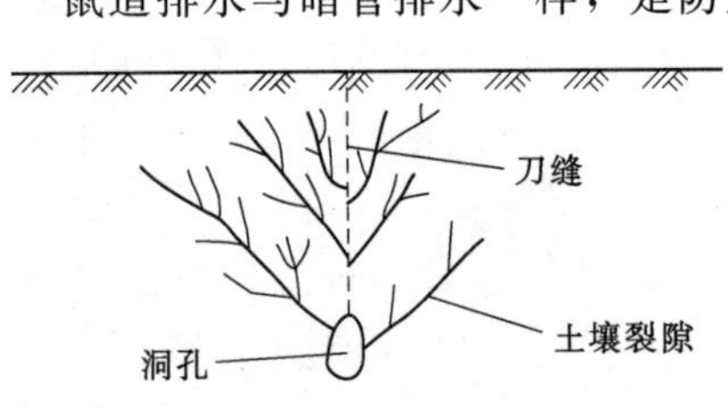

图 3.11 鼠道示意图

鼠道虽比暗管的排水效果差些，寿命短些，但鼠道是机械施工的无材管道，具有投资省、用工少、见效快、效益高的特点。根据江苏各地资料，鼠道田小麦可增产 10%～20%；鼠道排水也能促进其他旱作物增产，棉花、油菜、大豆可增产 10%～15%，冬瓜 70%～120%，西瓜 30%～40%；提高土地利用率 3%～5%；与暗管相比不需要管材和滤料；利用机械作业，一天可施工20～40亩；但使用寿命较短，一般为1～3年。

1. 鼠道排水发展过程

江苏鼠道排水降渍应用始于1962年，常熟县水利局在水利部北京水利科学研究院驻常熟工作组帮助下，研制出一种适合当地的打洞机，在常熟县农田水利试验站试用。1965年冬制成苏611电犁，固定在田块一端，以钢丝绳牵引鼠道犁，向田块另一端前进，犁刀在大田中剖土，犁头同时在田块下打洞，打出类似鼠洞的地下排水通道，排水治渍效果明显。但因当时电源紧张，难以大面积推广。以后试用人力绞盘作为牵引动力，但劳动强度大，工效低，亦未能推广。

1971年，常熟县农机化研究所以东风12型手扶拖拉机为动力，用钢丝索牵引鼠道犁，在田面下50～80cm处形成高为70～80mm、宽为50～60mm的椭圆形鼠道。常熟县边试验、边推广，增产效果明显，群众誉为"丰产洞"。打一次洞可使用3～5年，但在沙性土壤打洞易塌。此后，鼠道排水在壤土、黏土地区推广，省内有10多个县和国营农场应用鼠道排水技术。至1975年，全省推广鼠道排水面积达10.6万亩。据常熟县1966—1980年多点同期对比，鼠道排水治渍，可使麦子增产10%～20%，绿肥增产20%～75%，水稻增产5%～15%。

1984年9月，江苏省水利厅在常熟召开"鼠道治渍技术鉴定会"，充分肯定鼠道排水的作用，将鼠道排水治渍作为全省近期农田水利科学技术重点推广项目之一，并委托常熟县水利局举办鼠道技术操作训练班。会后，江苏省水利厅在全省选定17个县和国营农场为推广试点单位，并拨出专项经费、钢材，委托常熟县负责生产绳索牵引式鼠道犁44台，引进生产浙江桐乡县振动式鼠道犁20台，分配给各试点单位使用。同年水电部组织鼠道排水调查组，对江苏、浙江、安徽、湖北、四川5省进行调查，提出在全国南方黏土易渍地区推广鼠道排水的建议。1985年水电部委托江苏省水利厅编写《农田鼠道排水技术要点》和拍摄《农田鼠道排水技术》幻灯片，向全国发行，推广这项科技成果。1986年，水电部选定淮安县为全国鼠道排水试点，进一步总结鼠道排水治渍经验。1987年，高邮县水利局受省水利厅委托，改进研制成刀板自收式振动鼠道犁40多台，分配给省内有关试点县试用，取得满意的效果。至1987年年底，全省共有各种型号的鼠道犁机具近200台，开展鼠道排水的单位已扩大到25个县和3个国营农场，累计鼠道排水面积约50万亩。

鼠道排水技术的试点示范在进入20世纪90年代以后未能得到很好的延续，近年来全省各地较少推广。

2. 鼠道排水技术

（1）鼠道排水的适用条件。一般的鼠道只适用于黏土或黏壤土农田。1991年江苏昆山农田排灌研究所和昆山农机研究所开发成功鼠道护壁技术，经护壁的鼠道可适用沙土、沙壤土和壤土地区，但粉土地区慎用。

（2）鼠道排水的类型。鼠道在垂直剖面上有单层和双层两类。单层鼠道指布设在同一深度的鼠道排水系统，因其施工简便、管理方便、投资较少，我国各地多采用这种形式；双层鼠道指布设在深浅不同深度上，形成两个水平层次的地下排水系统，按剖面布置可分为同一剖面不同深度的双层鼠道和深浅相间的双层鼠道两种，如图3.12所示。鼠道排水系统一般由鼠道直接排水入明沟，或与暗管相通，然后再排入集水明沟。鼠道按平面布置

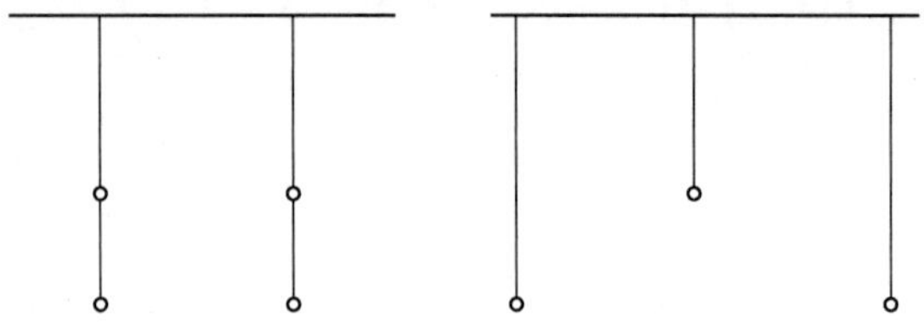

图 3.12 双层鼠道布置图

可分为一级鼠道排水系统（鼠道直接排入明沟）和二级鼠道排水系统（鼠道先排入集水管，再排入明沟），见图 3.13。

(3) 鼠道的出口控制。鼠道出口控制建筑物是鼠道排水系统不可缺少的工程设施，这对稻麦轮作区尤为重要。在鼠道排水区，麦作期和稻作烤田期，敞开排水，降低和控制一定的地下水埋深；在水稻灌水期控制鼠道排水，以防稻田水过多地渗漏。出口控制形式有如下几种：

1）单洞控制，即在每条鼠道出口处均安装控制闸门，见图 3.13 (a)。控制建筑物形式参照暗管出口控制建筑物选用。

2）联洞控制，将一块农田内数条纵向鼠道在出口处用横向暗管（沟）联结成一个出水口，见图 3.13 (b)。

3）集中控制，鼠道直接与排水明沟联通，以小沟为一控制单元，在其下游出水处建小型节制闸，见图 3.13 (c)，实现连片控制。

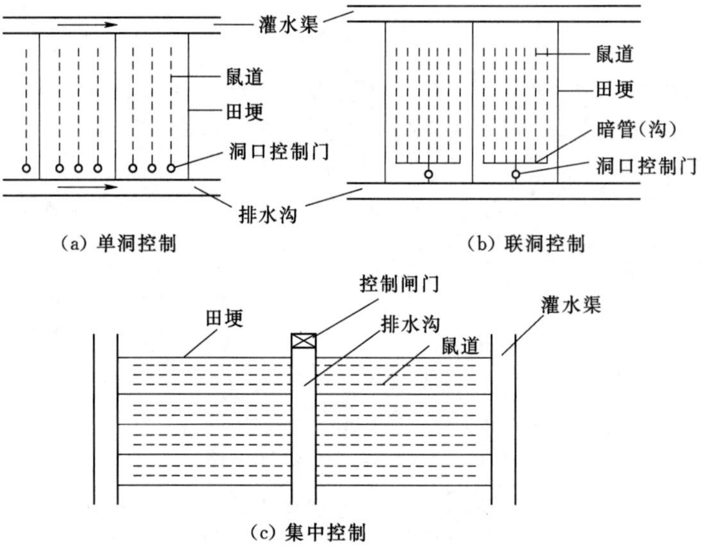

图 3.13 鼠道出口控制形式

(4) 鼠道的深度和间距。鼠道的深度主要由控制的地下水位埋深决定，也要考虑施工条件，但不能低于明沟的水位。一般先确定鼠道深度，再按表 3.9 确定鼠道间距。

表 3.9 鼠道深度和间距 单位：m

鼠道深度	鼠道间距		
	黏土	重壤土、中壤土	轻壤土、沙壤土
0.45～0.50	2～3	3～4	4～5
0.50～0.70	3～4	4～5	5～6
0.70～1.00	4～5	5～6	6～7

(5) 鼠道的施工。鼠道的施工，由拖拉机或牵引机带动的鼠道犁完成。鼠道犁是由钢质犁刀板和塑孔器（炮弹形犁头）组成。塑孔器的断面形状和直径决定了鼠洞的大小与形状。塑孔器尾端直径大小决定于配套的机械动力，以小型拖拉机为动力的塑孔器直径为50～80mm；以大、中型拖拉机为动力的塑孔器直径为100～120mm。

犁刀板的长度和安放位置决定了鼠道的深浅，洞深0.35～0.50m为浅层鼠道，洞深0.50～0.70m为中层鼠道，洞深0.70～1.00m为深层鼠道。按犁刀板与动力机械的连接形式和与附属设备的结合方式，常用鼠道的机型有绳索连接的牵引式鼠道犁、附设振动器的振动式鼠道犁［图3.14（a）］和刚性连接的悬挂式鼠道犁［图3.14（b）］。

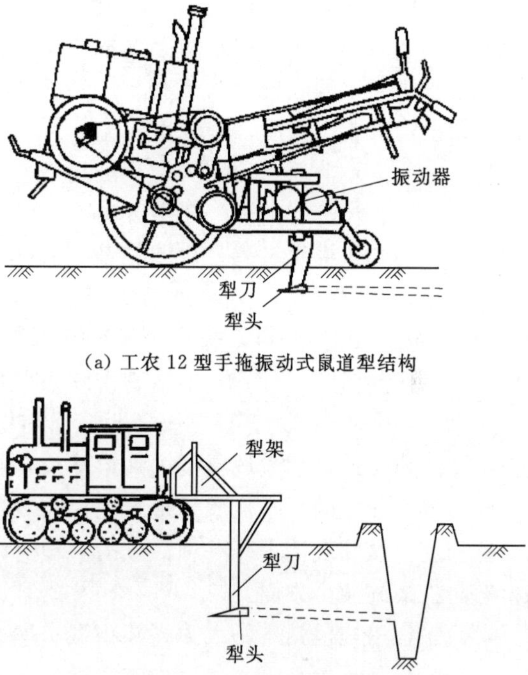

(a) 工农12型手拖振动式鼠道犁结构

(b) 东方红75型大拖悬挂式鼠道犁结构

图3.14　两种鼠道施工机械示意图

由于鼠道犁的深度在作业过程中不能调整，如地面不规则，在施工前需首先平整土地；在机具运行的线路上，如有低洼、土堆、田埂，需加以填挖修整。填平之处还需压实，使其与田面相平，从而保证鼠道平直。施工时土壤需保持适宜的含水率，土壤过湿，形成的鼠道将缺少必需的裂缝和断裂；土壤过干，鼠道附近将产生过多的土壤碎片，易导致鼠道坍塌。一般适宜施工的土壤含水量为田间最大持水量的70%～90%。

3.3　丘陵山区治理

3.3.1　概述

1. 基本情况

江苏丘陵山区面积为1.47万km^2，占全省总面积的14.3%，大部分为邻省山脉的延伸，主要有云台山脉、老山山脉、宁镇山脉、茅山山脉、宜溧山脉；分布在与山东交界的省境北部和与安徽、浙江相邻的省境西部、南部，并延伸至太湖沿湖丘陵地带。丘陵山区既是江苏主要的土地后备资源，也是平原区的重要生态屏障，是“长三角”现代经济、社会、生态协调发展的最佳地区之一。

根据地理位置的分布，全省丘陵山区分为淮北丘陵山区、宁镇扬丘陵山区和苏锡常丘陵山区。根据地形地貌的特征类型，江苏丘陵山区又可分为低山、丘陵和岗地。低山、丘陵面积约为5500km^2（大部分为丘陵），高度在600m以下，大部分在100～300m，地面切割破碎，山坡较陡，坡度多在10°～25°；岗地面积约为9170km^2，是江苏比较独特的一种地貌类型，地势呈波状起伏，山顶相对平坦，一般高程为10～100m，坡度多在3°～10°。这些地区山低谷浅，有水蓄不住，水源缺乏，旱是主要的威胁；而且岗冲交错，河道源短流急，雨水集中快，流量大，短时间易形成洪灾。

2. 丘陵山区治理历程

中华人民共和国成立初期，丘陵山区主要是修复巩固塘坝等小型蓄水工程。1953年，根据水利部全国第一次农田水利会议精神和省委的指示，全省逐步开展群众性的各种小型排水、蓄水、引水的农田水利工程。1958年贯彻“三主”治水方针，开始普遍兴建小水库，拦截山洪，蓄水灌溉，减少水土流失。20世纪60年代，进一步总结各地丘陵山区治水经验，采取沟坡兼治，治坡为主，坡地改梯田，绿化荒山。70年代，岗、塝、冲统一规划，洪、旱、渍综合治理，环山开沟，串联库塘，长藤结瓜，等高截流，整治冲洼，改造冲田；兴办引水提水工程，以引补蓄。80年代，为适应农业高产稳产要求，全面推行“蓄（蓄水）、引（引水）、提（提水）、调（调水），灌（灌溉）、排（排水）、降（降渍防渍）、控（控制水土流失），分（岗塝分开、塝冲分开）、改（坡地改梯田）、盖（植被覆盖）、管（经营管理）”的12字治理措施，丘陵山区的治理进入一个新阶段。

20世纪90年代开始，江苏丘陵山区全面推进以小流域为单元的综合治理。小流域总面积不超过50km²，小流域范围内地形复杂，有低山、丘陵和冲田，小河、小溪和小沟分布在两山或两丘之间，小流域地形坡度大，坡耕地多，是水土流失的源头，以小流域为单元进行丘陵山区综合治理是一项高效的治理措施。小流域综合治理的主要措施有工程措施和生态防护措施两个方面。

（1）工程措施包括：①大力兴建小型水库、塘坝、谷坊、蓄水池等水源工程，把降雨产生的径流，就地拦蓄下来，增加农田和林地灌溉水源，多余的水通过拦蓄沉淀变成清水下山；②改造坡耕地为水田，改旱作物为水稻；③开好截水沟和冲田“用”字沟，治理小河、小溪，消灭雨水漫流现象；④配好桥、涵、闸、站等水土保持配套建筑物，保持自上而下水流通畅。

（2）生态防护措施包括：种草、植树、绿化造林，达到小流域范围内看不到裸露表土的目标。江苏省水利厅在推进全省小流域综合治理工作中，采取治理试点方法，每年选择10～20个典型小流域做治理试点，摸索治理经验，典型示范、推进面上治理。同时在小流域治理工作中，实行治理与开发相结合，充分发挥治理措施的经济、生态和社会效益，有的把小流域治理工程打造成为乡村度假旅游景点，有的开发成为大片果园、茶园、药材园、草莓园、养鱼池等。

进入21世纪后，江苏丘陵山区治理与当地种植业调整、经济产业发展相结合，注重小流域综合治理，建设清洁小流域，为江苏丘陵山区的经济腾飞、生态改善做出了重要贡献。

3.3.2 治理措施

在丘陵山区治理中，以保护水土资源、改善生态环境、促进农业产业结构调整、推动山区经济发展、提高农民生活质量为目标，以小流域或片区为单元，以水源工程建设、水土流失防治为核心，注重山、水、田、林、路、渠、村统筹规划，综合治理，切实做到开发与保护、治理与利用、开源与节流、工程措施与非工程措施同步，科学拦蓄地表水，合理开发地下水，广辟水源渠道，以蓄为主，蓄引提调相结合，同时发展丘陵山区节水灌溉，达到“蓄水有塘坝，拦水有工程，引水有线路，提水有动力，涵养有植被，水土有保持”，最大限度地利用降雨径流，全面改善丘陵山区生活、生产和生态条件，达到区域经济、社会和生态环境三大效益的有机统一，展现丘陵山区山清水秀、生态优美的自然风貌。江苏丘陵山区治理的主要措施如下。

（1）蓄水工程为主，“蓄引提”相结合。雨水资源的有效利用是丘陵山区缓解缺水矛盾、提升生产条件、改善生态环境、促进经济发展的重要途径。因此，在丘陵山区水源工程建设中，按照“蓄引提”相结合的治理思路，以蓄水工程为重点，新建、扩建或改造库塘、大口井、揭盖井等蓄水工程。亩均库塘蓄水容积淮北地区需达到180～200m^3，苏中与苏南需达到160～180m^3。同时，为防止干旱年份或枯水季节雨水稀缺的影响，提高灌区灌溉保证率，注意补水工程的配套，维修改造和更新骨干翻水线及沿线补水泵站，完善丘陵山区“长藤结瓜”灌溉系统，以调引外来水补充山区特枯时期灌溉水源的不足；在地下资源较丰富的区域，如淮北丘陵山区，还可以农用机井配套，适度开采浅层地下水资源，以解决工业用水、人畜饮水和高亢田块灌溉用水，实现多水源联合调度，提高丘陵山区水源保障能力。

江苏丘陵山区不断探索蓄水工程形式多样化，因地制宜，既可提高雨水利用效率，又可以节省工程投资。例如，江苏新沂市丘陵山区水源工程建设，主要通过地表水与地下水联合调度来满足农业灌溉。根据当地地质勘探资料，地下含水层较浅，因此，当地推广揭盖井、大口井等蓄水工程，既能汇集地面径流，蓄水灌溉或回补地下水，同时，具有井的功能（揭盖井的底高程在地下水位线以下），可以抽取地下潜水。

（2）遵循以供定需，调整种植结构。通过丘陵山区不同水平年、不同来水频率下的水资源供需平衡分析，如果充分利用当地水资源和可翻引水量，仍然严重缺水，主要原因可能是当地农作物种植结构不合理，导致需大于供；或者是现有蓄水工程与补水工程配套率、完好率偏低，导致灌溉水利用系数较低。后者可以通过工程措施的配套与改造加以解决，而前者则需对当地的农作物种植结构或布局做出合理调整。

在新形势下，丘陵山区农业种植结构必须适应市场经济的需要，建设优质、高产、高效的农作物生产基地，实行丘陵山区规模化治理和开发，专业化、系列化生产，一体化经营，把资源优势发展为商品优势，促进脱贫致富。丘陵山区适度限制高耗水作物，以种植旱作物为主，大力提高经济作物面积，考虑多种粮、经、林、果、草，发展丘陵经济，全面提高农业经济效益。

（3）开源节流并举，推广节水灌溉。在充分利用降雨径流的同时，注意节水灌溉措施的实施与推广，提高灌溉水利用系数和当地水资源的利用率。根据丘陵山区的实际情况，大力推广各种工程节水措施和农业节水措施，如小型机电灌区可推广低压管灌，高附加值经济作物可采用喷微灌等高效节水灌溉技术；同时积极推广选育耐旱品种、田面覆盖等农业节水措施；突出水稻秧苗肥床旱育、水稻浅湿灌溉和控制灌溉技术的推广。

（4）坚持因地制宜，注重分类治理。针对江苏丘陵山区山岗区、塝坡田、冲洼地的农田自然特点，确定不同的农田水利工程措施。

1）山岗区。根据山岗大小、地势高低、土层覆盖等情况和气候条件，分别种植经济林和用材林，林草并举，涵养水源，环山开沟，等高截水，山田分开，防止冲刷，做到清水下山。在岭顶缓坡地区，选择有利地形，修库筑塘，建站提水补岗，一般干支两级自流到田。沿岗岭与塝坡间开截水沟，使岗水归槽不漫塝。双灌单排或双非排灌，渠路结合，平田整地，建设岗岭条田。

2）塝坡田。塝坡一般是沿等高线修筑的水平梯田，塝坡田灌溉一般分三级或两级到田。沿等高线在岗塝之间开干渠，单非灌溉，垂直等高线修筑支渠或斗渠，单非或双非送水。每块梯田有独立进、出水口，开好梯田坎下沟，降低地下水位。梯田之间高差大，灌排系统各级之间修筑跌水，防止冲刷。

3）冲洼地。以冲定向，以沟（或路）分区框，以方整促平整。冲宽在120m以内的，在左右塝冲间各开一条截水沟，使塝冲分开，截水沟一大一小，较小的一条结合引水灌溉，大的一条结合排洪；垂直冲田走向开排水沟多条，呈“月”字形布置。冲宽超过120m的，增开一条或几条冲心沟，呈“用”字形布置或“册”字形布置。上小下大的冲田，其布置采取上部是“月”字形布置，下部是“用”字形布置。冲顶建水库，库下连通塝冲截水沟或冲心沟，沟中节节筑滚水坝，蓄水灌溉，坝两侧设置交叉涵洞，做到上坝水灌下田，下坝拦蓄上坝洪水、回归水，坝旁建站，提坝水补岗塝田灌溉。

根据江苏丘陵山区的自然地理特点，注重丘陵山区水源工程、蓄引提“长藤结瓜”灌溉工程建设以及丘陵山区小流域治理，大大促进了江苏丘陵山区人民群众的生产、生活、生态条件的改善。

3.3.3 水源工程建设

江苏丘陵山区在优化种植类型与布局、大力发展节水灌溉的同时，加强丘陵山区水源工程建设，即以蓄水水源为中心，新建、扩建和改造塘坝、大口井等蓄水工程，实施重点塘坝综合整治，切实提高丘陵山区水源工程供水保障能力，缓解丘陵山区水资源供需矛盾。

3.3.3.1 蓄水工程

1. 塘坝工程建设

早在东汉以前，江苏丘陵山区已有塘堰工程的修建。据《后汉书》载：东汉元和三年（公元86年），下邳相张禹修复徐县（今泗洪县南）北界的蒲阳陂，开水门，通引灌溉，遂成熟田数百顷。次年，垦田千余顷，得谷百万余斛。章和元年（公元87年），马棱为广陵太守，“兴复破湖，溉田二万余顷”“增岁租十余万斛”。建安元年（196年）陈登为广陵太守，于城（古邳城）西浚上雷、下雷、小新、勾城、陈公五塘，周围农田得到灌溉，连年丰收，当地群众称为“爱敬陂”。三国时期吴赤乌二年（239年），筑句容赤山塘，杀减山水，引湖灌田。西晋永兴三年（306年），建丹阳练湖（又名练塘），筑堰拦七十二小溪，周百二十里，灌田数百顷。东晋大兴四年（321年）建丹徒曲阿新丰塘，灌四县农田八百顷。刘宋元嘉二十一年（444年）晋陵郡（今镇江、常州一带）大旱，“承陂之水，处处而是，并皆保熟”。唐代，大力修筑山丘塘堰。贞观十八年（644年）和贞元四年（788年），两次大修扬州陈公塘、勾城塘、上下雷塘。麟德时（664—665年）和大历十二年（777年），两次修复句容赤山湖，号称灌田万顷；永泰元年（765年），开浚丹阳练塘，复修斗门等。宋元时期，围垦渐盛，练湖、赤山湖等塘堰面积逐步缩小。明代，茅山丘陵和仪六丘陵塘坝多有修缮，金坛县先后兴建了东塘、黄泥坝，溧阳县浚百丈沟建九坝，宜兴县浚张家河建六坝，丹阳县六次维修练湖，扬州维修陈公塘、勾城塘、上下雷塘、小新塘。清代至民国时期，练湖、赤山湖、扬州五塘等较大塘堰相继湮废，分散的小塘续有发展。到 1949 年，全省丘陵山区共有塘坝 43.94 万个，灌溉面积为 221.3 万亩。

中华人民共和国成立初期，丘陵山区重点恢复巩固小型蓄水工程。1949 年 12 月，苏南行署第一次水利工作会议就倡导丘陵地区修塘筑坝。1952 年 10 月，苏南行署水利工作会议要求丘陵山区大力修建塘坝，做到连续 50 天无雨不发生旱灾。1955 年，开展农田水利试点，省水利厅在江宁县索墅乡总结群众改造塘坝的经验，因地制宜，扩塘筑坝，沿山开沟，节节拦蓄，使小塘变大塘，死塘变活塘，孤塘变连塘，扩大了集水面积，增加了蓄水库容，发展了农田灌溉。随着农业合作化的进展和索墅乡经验的推广，全省丘陵山区继续兴修塘坝。1957 年以后，由于水库及引水提水工程的兴建，随着水源条件的改善，一些地方对塘坝维修有所忽视，塘坝淤浅，灌溉面积锐减。1961 年，全省塘坝减少到 41.65 万个。从 1962 年开始，全省丘陵山区对塘坝进行续建、维修、配套，兴建工程不多，塘坝呈逐年下降趋势，1974 年减少到 36 万座，1979 年减少到 27.6 万座。进入 20 世纪 80 年代，扬州在丘陵山区对小塘进行改造，提倡按村组修建“当家塘”，每个塘面积在 10 亩左右，深为 4m，蓄水量为 2 万 m^3，可提高丘陵山区的灌溉抗旱能力。这一经验在丘陵山区推广后，塘坝数量略有回升。1987 年，江苏有塘坝 28.3 万座，蓄水库容为 9.01 亿 m^3。90 年代以后，塘坝数量又呈逐年下降趋势。

根据江苏省水利普查统计，江苏共有塘坝 175868 处，总蓄水容积约为 10.43 亿 m^3。其中：淮北丘陵山区拥有塘坝 5799 处，总蓄水容积为 1.10 亿 m^3；宁镇扬丘陵山区拥有塘坝 156235 处，总蓄水容积为 8.49 亿 m^3；苏锡常丘陵山区拥有塘坝 13834 处，总蓄水容积为 0.83 亿 m^3。各市塘坝工程统计见表 3.10。

表 3.10　　江苏塘坝工程统计表

行政区划	工程总数量/处	总容积/万 m^3	不同工程规模的塘坝数量/处			
			500m^3≤工程规模<1万 m^3	1万 m^3≤工程规模<5万 m^3	5万 m^3≤工程规模<10万 m^3	工程规模≥10万 m^3
合计	175868	104281.32	153456	19886	1696	830
南京市	96239	55953.61	84151	10536	933	619
无锡市	718	721.18	586	90	37	5
徐州市	245	1040.8	108	73	27	37
常州市	13110	7581.03	11386	1508	166	50
苏州市	6	14.82	2	3	1	
连云港	457	1862.55	110	218	98	31
淮安市	4410	6557.32	2489	1748	158	15
扬州市	20273	9295.67	17919	2325	24	5
镇江市	39723	19685.94	36404	3056	208	55
宿迁市	687	1568.4	301	329	44	13

注　摘自《江苏省第一次全国水利普查成果汇编》(2013 年)。

根据《江苏省重点塘坝建设规划》（2012 年），江苏重点塘坝共有 1201 座，总库容为 2.9 亿 m^3，其中库容在 100 万 m^3 以下的塘坝 1172 座，100 万～500 万 m^3 的塘坝 24 座，500 万 m^3 以上的塘坝 5 座，总汇水面积为 2055km^2，占江苏丘陵山区面积的 14%。重点塘坝主要分布在江苏西部、西南部及北部边缘地带，涉及南京、无锡、常州、镇江、扬州、淮安、宿迁、徐州、连云港等 9 个地级市、36 个县（市、区），位于长江、太湖、秦淮河、滁河、水阳江、淮河、沂沭泗等流域内，主要包括宜溧山地、茅山山脉、宁镇山脉、仪六丘陵、盱眙泗洪岗地、马陵山区、沂北山丘区。

2. 小型水库工程建设

江苏小型水库建设要追溯至中华人民共和国成立初期。1949 年 12 月，苏南行署第一次水利工作会议，强调蓄水工程，丘陵山区开始水库建设，截至 1951 年，苏南丘陵山区共兴建小水库 10 座。1952 年，句容在袁巷小马埂、溧阳具在上兴姚家坝、丹徒县在荣炳大坝等处兴建小水库。1953 年，镇江、徐州地区和南京市又相继建成小水库 21 座。此后，随着农业合作化的进展，全省丘陵山区开始大规模地兴建小水库。截至 1956 年，全省累计兴建小型水库 120 座，灌溉面积达 200 多万亩。1957 年 2 月，江苏省水利厅召开山区水利会议，并组织前往浙江省诸暨县参观学习水库建设经验，推动全省水库建设的开展。1957—1958 年，共有 423 座小型水库开工。当时处于“大跃进”时期，由于同时开工工程多，经费、物资、劳力全面紧张，有的被迫中途下马；有的因为占地过多，甚至提出“废库还田”的要求，产生了不少遗留问题。20 世纪 60 年代初，贯彻中央“调整、巩国、充实、提高”方针，根据不同情况，分别对待、妥善处理遗留问题，使水库工程正常发展。从 1964 年开始，丘陵山区再次普修水库，三年建小水库 172 座。到 60 年代末，全省共有小型水库 657 座，其中库容为 100 万～1000 万 m^3 的小（Ⅰ）型水库 157 座；库容为 10 万～100 万 m^3 的小（Ⅱ）型水库 500 座。70 年代初，在全国北方地区农业会议的推动下，丘陵山区以治水改土为中心，再次掀起大力修建小水库的高潮，到 1974 年，5 年内兴建小水库 270 座。进入 80 年代，丘陵山区在总结前几年的实践后，继续强调以蓄为主，引提补给，综合运用已建工程，通过“蓄、引、提、调”解决丘陵山区灌溉水源问题。到 1987 年，江苏共有小水库 1032 座，兴利库容 6.28 亿 m^3，有效灌溉面积为 182.32 万亩，其中小（Ⅰ）型水库 259 座，兴利库容 4.51 亿 m^3，有效灌溉面积为 120.13 万亩；小（Ⅱ）型水库 773 座，兴利库容 1.77 亿 m^3，有效灌溉面积为 62.19 万亩。

根据 2013 年江苏省水利普查统计，江苏丘陵山区共有大、中、小型水库 1079 座（大型 6 座，中型 47 座，小型 1026 座），总库容为 35.98 亿 m^3。其中：淮北丘陵山区拥有水库 478 座（大型 3 座，中型 20 座，小型 455 座），总库容为 20.82 亿 m^3；宁镇扬丘陵山区拥有水库 417 座（中型 18 座，小型 399 座），总库容为 8.52 亿 m^3；苏锡常丘陵山区拥有水库 184 座（大型 3 座，中型 9 座，小型 172 座），总库容为 6.63 亿 m^3。各市水库情况见表 3.11。

截至 2012 年底，江苏省已完成 790 座小型病险水库除险加固任务，标志着江苏已基本解决了大中小型水库的病险问题。除险加固工程完成后，江苏省小型水库工程安全度明显提高，管理条件大大改善，防洪、经济、社会效益显著，水库及周边生态环境显著改善，有力促进了社会主义新农村建设。

表 3.11　　江苏水库统计表

行政区划	水库数量/座	不同规模的水库数量/座					总库容/万 m^3
		大（Ⅰ）型	大（Ⅱ）型	中型	小（Ⅰ）型	小（Ⅱ）型	
合计	1079		6	47	279	747	359782.74
淮河流域	478		3	20	135	320	208216.79
长江流域	417			18	100	299	85221.53
太湖流域	184		3	9	44	128	66344.42
南京市	251			13	76	162	57424.58
无锡市	21		1	1	6	13	17392.3
徐州市	77			5	33	39	33074.91
常州市	92		2	5	20	65	37076.98
苏州市	1					1	10
连云港市	183		3	8	39	133	126588.68
淮安市	157			5	41	111	35747.64
盐城市	2			1	1		4056
扬州市	112			1	15	96	9099.63
镇江市	141			8	33	100	34659.02
宿迁市	42				15	27	4653

注　摘自《江苏省第一次全国水利普查成果汇编》(2013 年)。

3.3.3.2 引提水工程

江苏丘陵山区提水引水工程建设，起步较晚。1958 年，江苏省水利厅要求丘陵山区要修水库、打井、开塘，开环山沟，引水上山，做到沟塘相连，塘库相通，相互调剂，处处“满天星”“葡萄串”“长藤结瓜”，从高级到低级拦蓄雨水，保证丘陵山区灌溉。各地根据这一要求，在兴建库塘的同时，开挖环山沟，使库塘相连，充分发挥蓄水工程的作用。1958—1959 年连续偏旱，1959 年制定的《江苏省农田水利补充规划意见》，进一步强调“蓄、引并举，根（河湖引水）、藤（环山河）、瓜（水库、塘坝）并重”的治理原则，要求丘陵山区发展引水上岗工程，利用库塘调节，提高抗旱能力。1961 年，在句容陈家边、丹阳香门等处兴建一批泵站，从长江以及内河中提水上山。1964 年起，在普修水库的同时，开始兴建引水上岗、提水补库的多级提水工程。70 年代中，丘陵山区也相继建成一批规模较大的提水泵站工程，苏北建成了如东海县房山、芝麻、石梁河站，赣榆县古城站，新沂县团结站、胜利站等；苏南兴建了镇江谏壁站、高淳淳东北站。1978 年大旱以后，丘陵山区再度兴建引水提水工程。1978 年冬至 1983 年 5 月，镇江地区先后建成句容北山、丹徒长山、溧水湫湖、高淳淳东南、溧阳上兴和竹箦等泵站，南京市在六合北山区、江宁汤山和云台山、江浦老山地区兴建 7 条翻水线；扬州地区延伸龙河、槐泗河、王冲涧，兴建王冲、高营、高集等 7 座提水泵站；淮阴地区泗洪县开挖鲍管引河和溧西引河，兴建桥口、魏营、姬庄提水站，盱眙县进行清水坝提水泵站增容和灌区配套，兴建穆店机站，徐州地区续建骆青河、龙梁河等工程，兴建 13 座提水泵站。当年江苏共开挖引水河35条，兴建泵站56座，装机超过7万kW，增加提水流量196m^3/s，改善灌溉面积278万亩，使丘陵山区的抗旱能力有较大的提高。在此期间，丘陵山区曾一度出现“引、提、蓄、调，扎根江湖，引提为主”的倾向，片面强调引水提水，对“以蓄为主”有所忽视。20世纪90年代以来，历经多年实践与总结，逐步统一了认识，江苏丘陵山区以蓄为主，蓄引提调并举，发展蓄引提“长藤结瓜”灌溉供水系统，注重水资源的优化配置。

3.3.3.3 塘坝最优集蓄容积

为缓解丘陵山区供水短缺，充分利用当地降雨径流，尽量减少外引水量与弃水量，需要合理确定蓄水工程最优亩均集蓄容积。如果蓄水设施集蓄容积过大，会出现无雨可蓄，造成投资浪费；相反，如果蓄水设施集蓄容积过小，会出现无处可蓄，又造成水资源的白白流失。因此，塘坝最优集蓄容积的确定，是丘陵山区水源工程建设的前提。

根据江苏淮北丘陵山区的新沂马陵山区和泗洪西南岗，以及苏中宁镇扬丘陵山区的高邮五星冲和六合金牛山区的雨水集蓄利用实例，针对典型区单位灌溉农田的汇水面积、汇水条件，计算不同种植比典型区的农业灌溉用水和生态环境用水过程、用水量，以及统计分析典型区不同水平年（丰、平、枯、特枯年份）的来水过程与来水量，以典型区现状蓄水设施的集蓄容积为基数，分别按一定步长逐渐加大蓄水设施规模以充分拦蓄降雨径流，进行逐时段区域水量平衡分析，确定不同水旱种植比、不同来水频率情况下的适宜亩均库塘集蓄容积；再根据历年降雨资料，采用随机模拟模型生成某一来水频率下的多个降雨过程，重复上述计算过程，对适宜亩均库塘集蓄容积进行校核。从而确定丘陵山区不同分区最优亩均库塘蓄水容积，为丘陵山区蓄水工程建设提供依据。

淮北丘陵山区，采用典型代表年降雨过程推算的成果：在75%来水频率、水旱种植比为1∶9、2∶8、3∶7、4∶6情况下，最优亩均集蓄容积分别为187.2m^3/亩、198.8m^3/亩、202.2m^3/亩、215.3m^3/亩。当水旱种植比大于3∶7时，灌溉用水量随着水稻种植面积的增加而增加，仅依靠增加蓄水设施的容积，也无法拦蓄足够的水量能满足作物的灌溉需求。因此，淮北丘陵山区在满足当地粮食需求而保留一定的水稻种植面积外，需以种植旱作物为主，增加经济作物面积，大力发展节水灌溉。淮北丘陵山区水旱种植比为3∶7，蓄水工程亩均集蓄容积为180～200m^3/亩（复蓄次数1.5～2.0）时，可以达到灌溉设计保证率75%的要求。若淮北丘陵山区水旱种植比大于3∶7，需考虑建设补水工程补充水源。同样，苏中丘陵山区，通过不同水旱比下的水量平衡分析，在75%来水频率下，水旱比分别为3∶7和4∶6时，最优亩均集蓄容积分别为160m^3/亩和180m^3/亩；当水旱比大于4∶6时，即使扩大库塘容积，也面临无水可蓄。

因此，淮北丘陵山区，在水旱种植比为3∶7情况下，蓄水工程亩均集蓄容积为180～200m^3/亩（复蓄次数1.5～2.0）时，灌溉保证率达到75%；宁镇扬、苏锡常丘陵山区，在水旱种植比为3∶7情况下，蓄水工程亩均集蓄容积为160～180m^3/亩（复蓄次数2.0～2.5）时，同样，灌溉保证率达75%。

若灌溉设计保证率高于75%或水旱种植比大于3∶7，应在上述亩均集蓄容积标准的基础上，增设引提水工程，对塘坝进行补水，其设计灌水率为0.4～0.6m^3/(s·万亩)。

3.3.3.4 重点塘坝建设标准与措施

重点塘坝不仅是江苏丘陵山区重要的水源工程，更关系着下游人民群众生命财产安全，在江苏丘陵地区经济发展中发挥了重要作用。随着大、中、小型水库除险加固工作的全面推进与完成，加快重点塘坝工程加固改造，消除安全隐患，恢复其防洪与供水功能，是保障丘陵山区民生需求、建设社会主义新农村的必然要求。

1. 建设标准

（1）工程等级。根据《防洪标准》（GB 50201）和《水利水电工程等级划分及洪水标准》（SL 252）的要求，库容为100万～1000万 m^3 的塘坝，工程等别为Ⅳ等，主要建筑物级别为4级，次要、临时建筑物级别为5级；总库容为10万～100万 m^3 的塘坝，工程等别为Ⅴ等，主、次要和临时建筑物级别均为5级。

（2）防洪标准。按照《防洪标准》（GB 50201）和《水利水电工程等级划分及洪水标准》（SL 252），总库容为10万～100万 m^3 重点塘坝采用20年一遇设计、200年一遇校核标准；100万 m^3 以上的重点塘坝采用30年一遇设计、500年一遇校核标准。

（3）供水标准。

1）水量：农田灌溉供水保证率达到80%以上，农村饮水水源供水保证率达到95%以上，工业用水水源保证率达到90%以上。

2）水质：农田灌溉用水水质需符合《农田灌溉水质标准》（GB 5084）的规定要求，农村饮水水源水质符合《地表水环境质量标准》（GB 3838），一般工业用水水源水质达到Ⅳ类水以上。

（4）管理标准。建后运行管理标准做到“三清”，即确权划界要分清，用水范围要分清，管理责任要分清。建立健全完善的工程管理体制，在重点塘坝权属、安全管理责任主体、管理机构、管理人员、管理经费等方面要具体明确。

2. 主要措施

根据《江苏省重点塘坝建设规划》（2012年），近期将对江苏丘陵山区以及淮北高亢地区总库容为10万 m^3 以上的1200座重点塘坝进行除险加固，使加固后总库容为10万～100万 m^3 的重点塘坝设计防洪标准达到20年一遇，100万 m^3 以上的重点塘坝设计防洪标准达到30年一遇。同时配置一定的管理、通信、观测设施，通过加强管理，确保安全运行。主要措施如下。

（1）提高塘坝防洪能力措施。塘坝防洪能力不足是指溢洪道不能安全下泄设计或校核工况下的洪水，导致塘坝坝顶高程不能满足防洪安全的要求。提高塘坝防洪能力主要是在确定合适防洪标准的前提下，提高溢洪道的泄洪能力，或加高坝顶高程，或同时采用以上两种工程措施。

提高溢洪道的泄洪能力，是提高防洪能力首先考虑的工程措施，一般做法有两种：①拓宽原有的溢洪道，或增设新的泄洪设施，改造溢流堰型式；②受条件限制，泄洪能力还不能满足要求时，可考虑适当加高坝顶高程，或增设防浪墙。

（2）坝体加固措施。大部分重点塘坝经过几十年运行，坝体会出现异常变形，甚至存在整体稳定不安全的隐患，需要进行加固，其主要内容是提高坝体抗滑稳定性或修整坝坡。根据江苏的经验，控制坝体抗滑稳定性主要控制坝顶宽度和大坝边坡坡比，控制回填土体的压实质量。

从结构安全及应急交通等方面考虑，综合整治后的坝顶宽度不小于3.0m，上、下游坝坡坡比（多级坝坡指平均坡比）不小于表 3.12 的要求。

表 3.12　塘坝土石坝、堆石坝坝坡要求

边坡类型	坝高/m	上游坝坡	下游坝坡
土质边坡	≥15	1∶2.25	1∶2.00
	5～15	1∶2.00	1∶1.75
	≤5	1∶1.75	1∶1.50
堆石、砌石质边坡	≥15	1∶1.80	1∶1.75
	5～15	1∶1.60	1∶1.50
	≤5	1∶1.40	1∶1.30

修整坝坡是坝体加固的重要内容之一，坝坡坡面保护，可根据坝体结构形式及当地实际情况选择经济而合理的护坡形式，通常采用干砌石护坡、混凝土护坡和草皮护坡等形式。

坝体加固填筑需进行压实，压实后的填筑料需密实均匀，黏性土料压实度宜不小于93%，砂料的填筑干密度宜不小于 1.6～1.7g/cm^3，堆石料的压实标准可按孔隙率控制，孔隙率控制在 25%～30%。具体填筑标准可参照以往工程经验，按保证坝坡稳定、防止出现裂缝的要求，由设计部门确定。

（3）坝体防渗措施。坝体防渗处理一般采用“上截下排”，即在坝体上游部位采取防渗措施，堵截渗漏途径；在坝体下游部位采取导渗排水措施，将坝体内的渗水导出，以增强坝坡稳定；在防渗体和坝壳之间，设置反滤层，以保护防渗体土颗粒不被渗透水带走。

（4）溢洪道加固措施。针对江苏重点塘坝溢洪道实际情况，溢洪道加固需注意以下几点：

1）确定合适的防洪标准，通过对溢洪道泄流能力的复核，确定溢洪道溢流堰型式、断面尺寸以及堰顶高程。

2）溢洪道泄流导墙需有足够的高度，结构要坚固、稳定，一般采用混凝土或浆砌块石。

3）对于进口段和溢流堰，在平面布置上，要使水流通畅，溢流堰通常采用混凝土浇筑。

4）溢洪道下游出水要通畅，泄洪时不能冲刷坝脚，不危及大坝结构安全，消能设施根据工程实际情况设置。

（5）坝内涵管改造措施。针对不同坝型、坝高、涵管材料与埋设情况，采用合适的涵管处理措施。一般采用以下几种方法：

1）灌浆封堵：当涵管长度较短、断面面积不大，没有沿涵洞外壁渗漏现象，如果采用开挖坝体清除涵管工程量较大或影响坝坡稳定时，宜采用灌浆封堵，用混凝土或水泥砂浆充填全管段，适量加入膨胀剂，提高封堵效果。

2）套井封堵：当大坝较高，或没有沿涵洞外壁渗漏现象时，可采用套井封堵。当大坝较低，也可以采用竖井开挖的方法。

3）重新设置涵管：对新设置涵管一般采用在基岩中明挖设置埋入式的钢筋混凝土涵

管或钢管，涵管的位置要选在坝头附近的基岩中，不能选在坝体内，相邻涵管接头之间需封堵好，涵管铺设完成后用混凝土覆盖、捣实。

（6）塘坝管理措施。在塘坝建设过程中，要进一步健全管理机构，落实责任主体和专职管护人员，配备必要的水情观测、通信预警等管理设施，制订和完善施工期度汛方案和安全管理应急预案，以利今后的管理运行和安全监控。

总之，重点塘坝除险加固要根据每个塘坝自身特点，因地制宜采取相应的措施，工程的勘测、设计、施工等单位需在保证工程质量的前提下，认真研究、充分论证，重视和积极采用新技术、新材料、新工艺，努力提高塘坝建设工程的科技含量，确保工程经济上合理，技术上可行，改造后能充分发挥功能效益。

3.3.3.5 水源工程分区治理模式应用实践

以泗洪县西南岗水源工程建设加以说明。

1. 基本情况

西南岗是泗洪县西南部岗丘地的总称，位于泗洪县西南部，与淮安市的盱眙、安徽省的明光、五河、泗县接壤，包括上塘、魏营、天岗湖、峰山、双沟、车门、瑶沟、四河 8 个乡镇，总面积为 672km^2，岗丘地面积为 369.7km^2，圩区为 162.38km^2，湖泊水面为 112.14km^2，内河水面为 27.78km^2。西南岗总人口为 28.39 万人，其中农业人口为 24.04 万人，耕地为 66.54 万亩。

西南岗地形复杂、地面起伏大，支离破碎、岗冲交错。该地区四周有河湖围绕，即北有新老濉河、新汴河，南有淮河、怀洪新河，西有天岗湖，东有洪泽湖，引水上岗水源比较可靠，但因地势高亢，中心地区远离河湖，引水上岗线路长，高差大，工程运行成本高。该地区多年平均降雨量为 893mm，多年平均蒸发量为 1833mm，降水年季变化大，年内分布不均。保证率为 50%（平水年）的年降雨量为 908mm，当地水资源可利用总量为 24007.1 万 m^3；保证率为 75%（一般干旱年）的年降雨量为 752mm，当地水资源总量为 19778.1 万 m^3；保证率为 90%（特殊干旱年）的年降雨量为 564.6mm，当地水资源总量为 8965.6 万 m^3。现状水库、塘坝总兴利容量为 2361 万 m^3，引水上岗补水量为 2680 万 m^3。西南岗地区属郯庐断裂带内承压水区，地下水储存较为丰富，规划年开采量为 1814 万 m^3，现状年开采量为 793 万 m^3，还有较大开采潜力。受工程条件和用水成本等因素的限制，既存在水资源的浪费现象，也存在高亢地区经济性缺水现象，总体上当地水资源利用水平较低。

2. 分区治理模式

针对西南岗地形条件和水资源特点，将西南岗地区划分为 3 个水资源配置区域，即Ⅰ区（提水区）、Ⅱ区（蓄引提结合区）和Ⅲ区（井塘结合区）。

（1）Ⅰ区，提水灌溉。该区属于洪泽湖周边圩区，即地处西南岗较边缘地带，紧邻洪泽湖，以圩区为主，主要涉及车门乡、四河乡、瑶沟乡、魏营乡和上塘镇等乡镇，总面积为 302.5km^2，耕地为 29.54 万亩，地面高程为 12.5～20m。该区主要种植水稻小麦，以天岗湖、新濉河、濉河、新汴河、溧河洼、怀洪新河、潼潼河、淮河等河湖为水源，水源有保障，有条件提水灌溉，灌溉提水成本低。

该区治理对策：在灌溉水源方面，实行提水灌溉，需加强灌溉提水泵站及其配套工程建设，引水工程补水模数为 1.5～2.0m^3/(s・万亩)。同时，在防洪除涝方面，通过防洪圩堤、洪水走廊沟堤及截流沟堤建设，在确保防洪安全的前提下，加大圩区排涝能力配套与改造。

（2）Ⅱ区，以蓄为主，引提为辅。该区地处西南岗腹部，涉及范围广，包括除四河乡以外的 7 个乡镇，总面积为 241.5km^2，耕地为 23.57 万亩，地面高程较高，一般为 20～35m。该区距离洪泽湖有一定的距离，人口居住最多，人们生活、生产用水非常困难。另外，地形破碎，治理难度大。

该区治理对策为：以蓄为主，引提为辅。即在塘库充分拦蓄当地降雨径流的基础上，完善丘陵山区蓄引提“长藤结瓜”系统，亩均蓄水为 180～200m^3/亩；缺水量可通过二级提水泵站从引水渠道提水补充，补水模数为 0.4m^3/（s・万亩），以解决灌溉水源问题。同时，进一步调整农业结构和作物布局。根据地方具体情况，适当降低水稻等高耗水作物的种植比例，相应提高旱作、果林和需水少的经济作物的种植比例。

（3）Ⅲ区，以蓄为主，机井为辅，种植结构调整。该区地面高程在 35m 以上，总面积为 128.2km^2，耕地为 13.43 万亩，主要涉及上塘镇、魏营乡、峰山乡和天岗湖乡，人口相对较少。该区地处西南岗最中心地带，地势高亢，远离河湖，人们生活、生产用水非常困难，除了少量经济作物灌溉外，其余作物靠天收。该区现状塘库分布相对较多，西南岗的主要蓄水水库，先锋、红旗、黄岗、小郭等小型水库均在该区。该区土质为黑黏土和黄黏壤土为主，土质较好，储水条件比较好。

该区治理对策：以塘库蓄水为主，机井提水为辅。即加大塘库拦蓄降雨径流能力，亩均蓄水量 180～200m^3/亩，提高塘库复蓄次数和雨水利用率，为农业灌溉提供基础保证；在雨水拦蓄条件差和水量不足的地方，采用机井提水，补水模数为 1.5～2.0m^3/(亩・d)，以补充农业灌溉水源的不足。同时，进一步调整农业结构和作物布局（粮经比不大于 2∶8）。即以种植林树果树为主，有条件地区种植少量的经济作物和旱作物，部分地区可考虑退耕还林，以提高供水水源保证率。

3.3.4 蓄引提“长藤结瓜”灌溉工程建设

根据丘陵山区地形特征及水系布局，灌溉工程主要包括水源工程、渠首工程、灌溉渠道工程、补水工程和渠系建筑物工程，重点完善蓄引提相结合的“长藤结瓜”式灌溉工程体系。

3.3.4.1 灌溉工程

1. 水源工程

江苏丘陵山区水源工程以库、塘、坝等蓄水工程拦蓄当地地表径流为主，以补水工程引提外来水、局部地区以机井工程抽取地下水为辅。

（1）蓄水工程。根据江苏省丘陵山区不同地貌类型，在低山丘陵区多修建大、中、小型水库，在丘陵岗地区多修建小水库和众多的塘坝，在冲沟、涧河多分级修建滚水坝，层层拦蓄降雨径流。

全省大型水库较少（6 座），多为中、小型水库（1073 座），其中又以小型水库最多（1026 座）。一般大、中型水库为多年调节型水库，小型水库多为年调节水库。

全省塘坝共有 175868 处（其中重点塘坝 1201 座），总蓄水容积 10.43 亿 m^3。塘坝集蓄容积多在 0.5 万～3 万 m^3，具有灌溉及时、管理方便、蓄水浅、水温高等特点。按塘分布位置的高低，将位于岗顶、来水少的塘称为岗塘；将位于山坡、来水较好的塘称为塝塘；将位于冲田、来水量大的塘称为冲塘。在塘坝整治中，江苏注重塘坝三改，即小塘改大塘（蓄水 2 万 m^3以上）、浅塘改深塘（蓄水深 3～5m）、死塘改活塘（和翻水线相连，补水进塘）。在淮北丘陵山区，根据当地群众多年雨水利用经验总结，采用大口井、揭盖井等微型蓄水设施拦蓄降雨径流，同时可以适度取用浅层地下水源。

此外，江苏还利用冲洼河沟的天然坡降，分段筑坝，节节拦蓄，形成梯级蓄水坝，以灌溉冲沟两旁不同高程的农田，具有上坝灌下田、下坝蓄上水的特点。冲坝的结构形式多采用砌石滚水坝，有的在坝顶设自动启闭闸门，这样既可蓄水，又不影响泄洪。

目前，江苏大中小型水库已全面完成除险加固任务，丘陵山区水源工程建设以塘坝、大口井等蓄水工程新建、扩建与改造为主。对现有塘坝、大口井等蓄水工程进行维修改造，恢复原设计标准，提高丘陵山区拦蓄本地水的能力；新建、扩建塘坝、大口井等蓄水工程规模参照前述丘陵山区亩均集蓄容积标准；三级提水地区限制高耗水作物。

（2）机井工程。

1）小型井灌区机井工程。小型井灌区采用的机井工程，其设计可参照小型机电灌区典型设计，提水泵站由设计灌水率和灌溉面积确定。井灌区结合作物种植类型，推广低压管灌、喷微灌等高效节水灌溉形式。

2）抗旱机井工程。正常年份靠河道，或者小型水库、塘坝、大口井等水源灌溉的地区，当遭遇 10～20 年一遇旱情时，干旱年份水源得不到保证，且附近没有外水可调时，可适度新建抗旱机井工程。

新建机井工程，作物需水关键期为 15～20d，关键期作物需水定额按 40m^3/亩计，即抗旱设计灌水模数为 2.0～2.7m^3/(亩·d)，以此标准进行机井设置。

抗旱机井工程严格服从省水利厅关于地下水用水总量控制要求，抗旱水源以浅层地下水为主，不得在限采区新增抗旱深井工程，严禁在禁采区新建深井工程。

2. 渠首工程

（1）自流灌区。丘陵山区，高塘、高库灌低田，一般为自流灌区。从水库、塘坝等蓄水工程直接引水的渠首工程为放水涵洞或渠首进水闸；从河流无坝引水灌溉时的引水建筑物一般为渠首进水闸，其作用是调节引入干渠的流量；从河流有坝引水时的引水建筑物是由拦河坝、冲沙闸、进水闸等组成的灌溉引水枢纽，其作用是壅高水位，冲刷进水闸前的淤沙，调节干渠的进水流量，满足灌溉对水位、流量的要求。

（2）提水灌区。丘陵山区，低塘、低库灌高田，渠首取水工程即为提水泵站，提水泵站设计流量参照灌区规划设计部分。

3. 灌溉渠道

丘陵山区的水利特点是排水比较通畅、干旱问题比较突出。在丘陵山区虽然可以修建水库、塘坝蓄水灌溉，但蓄水能力有限，灌溉水源紧缺是丘陵山区的关键问题。

（1）渠道布置原则。干渠尽量布置在灌区的较高地带，以便自流控制较大的灌溉面积。其他各级渠道亦要布置在各自控制范围内的较高地带。对面积很小的局部高地宜采用提水灌溉的方式，不必据此抬高渠道高程。

丘陵山区渠线布置因地制宜，使工程量和工程费用较小。在丘陵山区，岗、冲、溪、谷等地形障碍较多，地质条件比较复杂，若渠道沿等高线绕岗穿谷，可减少建筑物的数量或减小建筑物的规模，但渠线较长，土方量较大，占地较多；如果渠道直穿岗、谷，则渠线短直，工程量和占地较少，但建筑物投资较大。究竟采用哪种方案，要通过经济比较才能确定。

灌溉渠系布置要和排水系统统筹考虑。通常先以天然河沟作为骨干排水沟道，布置排水系统，在此基础上，布置灌溉渠系。尽量避免沟、渠交叉，以减少交叉建筑物。另外，丘陵山区受山洪威胁大，需设置防洪泄洪设施。

丘陵山区渠道布置要综合考虑，和土地利用规划（如耕作区、道路、林带、居民点等规划）相配合，以提高土地利用率，方便生产和生活；局部地区有较大落差时，可发电或进行农副业加工。

（2）干支渠布置。丘陵山区地形比较复杂，岗冲交错，起伏剧烈，坡度较陡，河床切割较深，比降较大，耕地分散，位置较高。一般需要从河流上游引水灌溉，输水距离较长。所以，这类灌区干、支渠道的特点是渠道高程较高，比降平缓，渠线较长而且弯曲较多，深挖、高填渠段较多，沿渠交叉建筑物较多。渠道常和沿途的塘坝、水库相连，形成“长藤结瓜”式灌溉系统，以增强水资源的调配能力，提高灌溉工程利用率。

丘陵山区的干渠一般沿灌区上部边缘布置，大体上和等高线平行，支渠沿两溪间的分水岭布置，如图3.15所示。在丘陵地区，如灌区内有主要岗岭横贯中部，干渠可布置在岗脊上，大体和等高线垂直，干渠比降视地面坡度而定，支渠自干渠两侧分出，控制岗岭两侧的坡地。

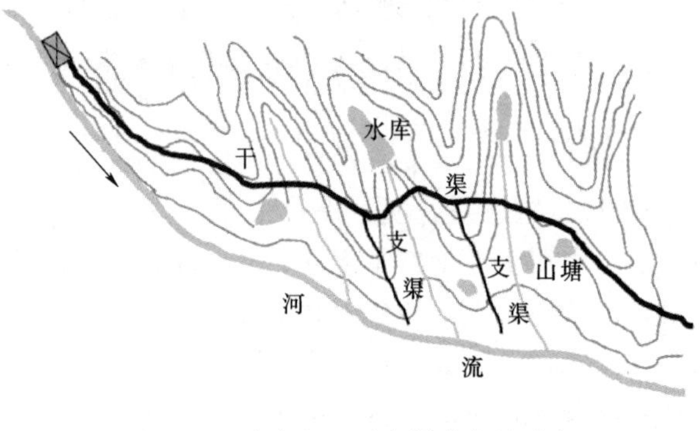

图3.15　丘陵山区干支渠道布置示意

（3）斗农渠布置。斗农渠布置紧密结合丘陵山区岗、冲、塝等地形特征，以适应农业生产管理和机械耕作要求，便于配水，有利于提高灌溉工作效率以及减少土地平整工程量。

岗田地势高，易旱，一般沿岗脊布置斗渠，在斗渠两侧开农渠，排灌结合；冲田地势低洼，地下水位高，易涝易渍，以排为主，结合灌溉；塝田地面倾斜，坡度较大，按等高线修成梯田。一般斗渠平行等高线布置，农渠垂直等高线布置。

斗渠的长度和控制面积随地形变化很大。山区、丘陵地区的斗渠长度较短，控制面积较小；斗渠的间距主要根据机耕要求确定，和农渠的长度相适应，斗渠间距一般为400～800m。

农渠是末级固定渠道，控制范围为一个耕作单元。丘陵地区农渠的长度和控制面积较小。农渠间距一般为100～200m，在有控制地下水位要求的地区，农渠间距根据农沟间距确定。

灌溉渠道和排水沟道要配合。灌溉系统和排水系统布置要互相参照、互相配合、通盘考虑。斗渠、农渠和斗沟、农沟的关系更为密切，在地形平坦或有微地形起伏的地区，宜采用灌排相间布置，在地面向一侧倾斜的坡地（单一坡向），宜采用灌排相邻布置。

4. 补水工程

补水工程是为解决干旱年份蓄水工程蓄水的不足而修建的翻水线工程，从附近水源调水，进行补库、补塘，提高供水保证率，保证丘陵山区生活、生产和生态用水。在丘陵山区典型的“长藤结瓜”灌溉系统中，补水工程属于“藤”的范畴，使蓄引提调联合调度成为可能。

正常年份靠水库、塘坝、大口井等水源灌溉的丘陵山区，当遭遇10～20年一遇枯水年（干旱年）时，本地蓄水量不能满足供水要求，但有外水可调，可依托补水工程从附近水源有保障的区域骨干河道、多年调节大中型水库进行引调水，此时，需进一步梳理丘陵山区骨干补水线路，完善补水工程总体格局及蓄引提“长藤结瓜”灌溉系统，同时对补水工程（首部枢纽、骨干翻水线及其沿线补水泵站等）的供水能力、过流断面进行校核，实现系统联合运行、多水源联合调度，忙时灌溉、闲时补库，有效提高丘陵山区灌溉水源供水保证率。补水工程规划基本步骤如下。

（1）现状水情调查分析。通过对丘陵山区现状水情、水量调度等基本情况的调查与分析，充分论证新建与改造补水工程的必要性。

在分析规划区域生活、生产、生态对水资源的需求和当地水源工程可供水量的基础上，进行水资源供需平衡分析。丘陵山区灌溉水源一般以当地库、塘、坝蓄水为主，在正常年份，一般蓄水能够满足灌区农业灌溉需求，但在枯水年份，往往无水可蓄，或灌区范围内无多年调节的大中型水库和地下水利用，此时要通过补水工程实现外水的调用，缓解丘陵高亢地区水资源短缺情势。如果已经建有补水工程，需分析现有补水线运行情况，包括建设时间、翻水线长短、翻水泵站完好率、运行费用、供用水矛盾、收益范围等方面因素，为补水工程改造与配套提供参考。

（2）优选补水工程方案。根据补水工程建设性质，补水工程分为改造与新建两种方案。在充分论证补水工程新建与改造方案可行性的基础上，优选补水工程方案。

1）补水工程改造方案。分析现有补水工程设计规模、完好率与配套率，通过对原有翻水线改造与扩建、补水泵站配套与改造等措施，恢复或提高原有补水工程设计标准。

2）补水工程新建方案。在补水水源与补水线路比较、选择的基础上，从补水水源供水保证程度，补水线路长短，运行成本大小，沿线提水泵站位置、级数、规模与配套动力大小等多个方面，分析补水水源可靠性、补水线路技术可行性与经济合理性。

（3）补水线路总体布局。确定补水线路总体布局，构建与完善蓄引提调相结合的“长藤结瓜”灌溉系统。补水线路布置方法参见本章后面典型案例的相应内容。

（4）补水工程设计与校核。补水工程设计与校核，主要包括补水线骨干渠道线路、纵横断面及其沿线补水泵站规模的确定与校核。

1）补水线设计流量推算。首先通过水量平衡调蓄计算，获得不同设计保证率下各水库逐时段的缺水过程，再结合当地补水允许历时，确定补水线设计流量。

2）补水线断面设计与校核。补水翻水线渠道纵横断面设计，以补水泵站实际流量为依据，采用明渠均匀流公式进行计算与校核。

3.3.4.2 蓄引提“长藤结瓜”灌溉系统水量调配

1. “长藤结瓜”灌溉系统

(1) 丘陵山区蓄引提“长藤结瓜”式灌溉系统。如图 3.16 所示，丘陵山区蓄引提“长藤结瓜”灌溉系统由三部分组成：①渠首引水或蓄水工程（似“瓜根”）；②骨干翻水线、输水配水渠道（似“藤”）；③沿线分散布置的水库、塘堰（似“瓜”）。该系统具有良好的调蓄能力，有效调节水资源的时空分布，不仅具有灌溉功能，还有供水、发电、航运等其他功能，通过统一规划、调配和管理，综合考虑配水过程中各种功能，有利于提高水资源的利用效率，实现水资源综合效益最大化。

1) “藤”与“瓜”结构形式。根据“藤”“瓜”的水面高程，“瓜”分为“高瓜”“低瓜”和“平瓜”等形式，如图 3.17 所示。

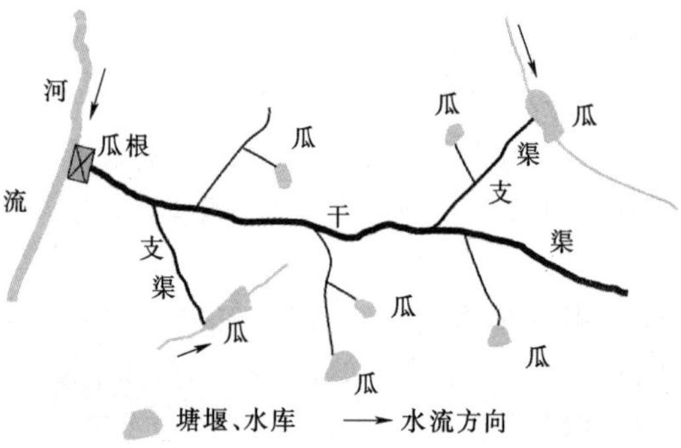

图 3.16 “长藤结瓜”灌溉系统示意图

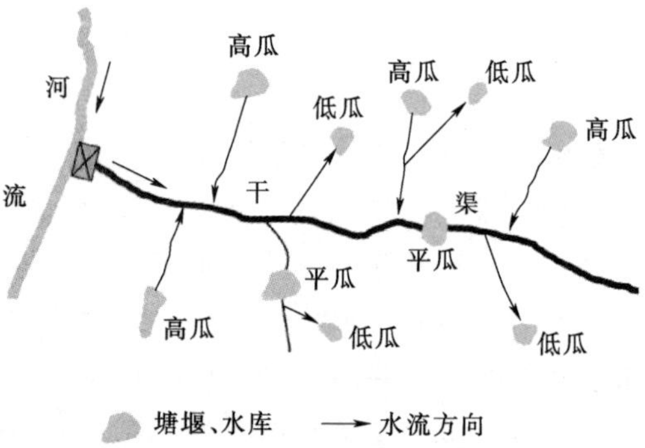

图 3.17 “长藤结瓜”灌溉系统水利联系示意图

“高瓜”：渠道的水面高程低于库塘的放水涵管水面高程，这种“瓜”不能接纳藤的输水，只能拦蓄本身的当地径流。“高瓜”一般有其本身的固定灌区，当水源丰富时，除担负自身灌区供水任务外，还能向全灌区输送余水。

“低瓜”：渠道的水面高程高于库塘的蓄水位。这种“瓜”的水源，一是拦蓄自身集流区的当地径流，二是承纳渠道来水。“低瓜”灌区既有其自己的独立性，又从属于全灌区整体中的一部分。因此，它既能调蓄当地径流，又将为骨干工程担负着分散调蓄和供水“中转站”的作用。

“平瓜”：又名“串瓜”或“死瓜”，即渠道与库塘蓄水位一致的平面交叉的库塘。

为了将“瓜”与“藤”有机地组合成能统一调度的系统，还必须另开一段引水渠，使库塘与渠道相互连结。连结形式一般有以下 4 种，如图 3.18 所示。

a. 渠库并连：属“低瓜”。渠道从水库坝顶穿过，并可在干渠一端新开渠道与水库相连，补水入库。

b. 渠连库：属“低瓜”。渠道绕水库上游通过时，新开渠道与水库相连补水。

c. 库连渠：属“高瓜”。干渠从水库下游通过时，从水库出水口处新开渠道与干渠相连。

d. 高进低出：属“低瓜”。干渠进入水库后，灌溉水经水库放水涵洞流出，进入下游位置较低的干渠。

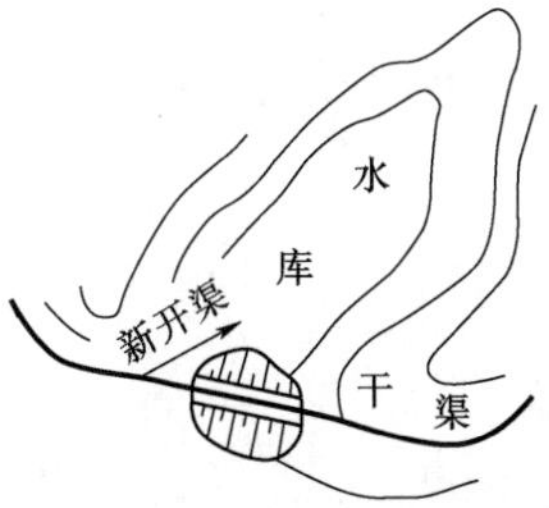

(a) 渠库并连——“低瓜”

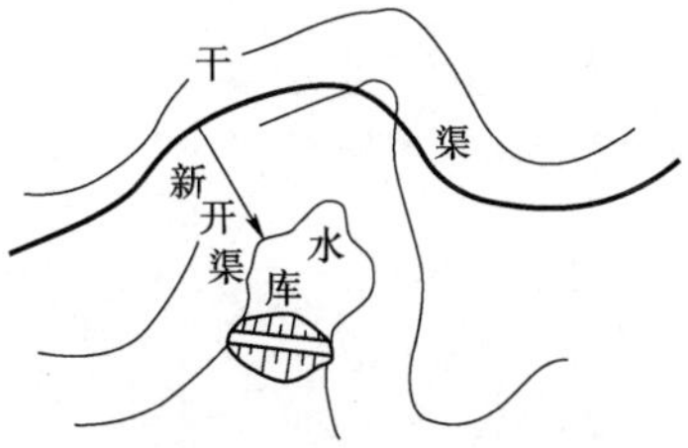

(b) 渠连库——“低瓜”

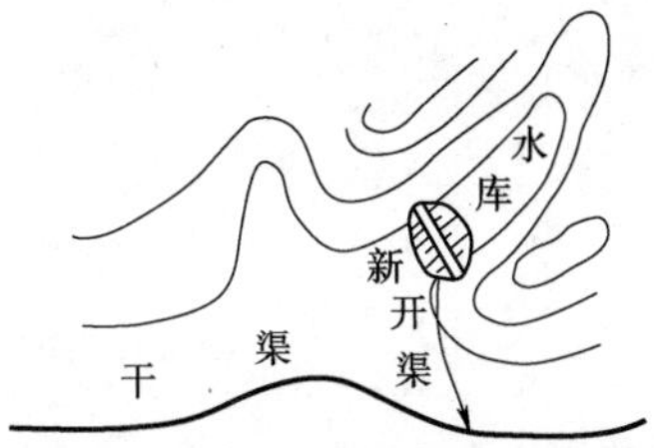

(c) 库连渠——“高瓜”

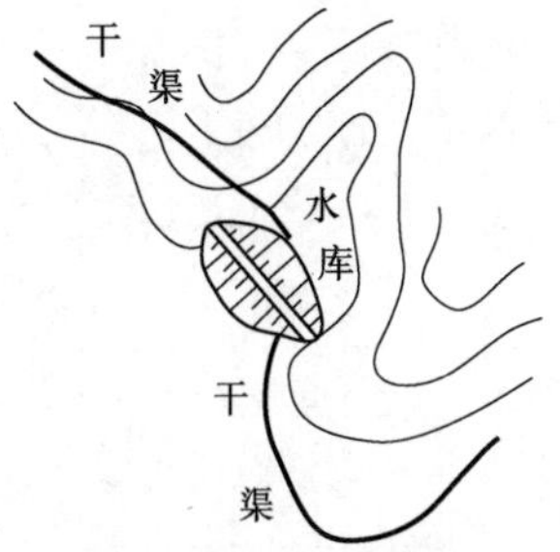

(d) 高进低出——“低瓜”

图 3.18 灌溉干渠与库塘连结形式

2）“长藤结瓜”灌溉系统类型。从担负灌区主要供水任务的骨干工程来划分，“长藤结瓜”灌溉系统一般有以下 4 种类型：

a. 以引为主、以蓄补引的“长藤结瓜”灌溉系统，又名河连渠式的灌溉工程系统，一般在河流的中下游较多，如图 3.19 所示。适用范围：渠首汇水范围大、水源丰富、河床稳定；灌区高程较低、耕地成片集中；灌区内部有一定的蓄水工程配合。实践表明，这种形式结构简单，枢纽仅需设置渠首工程，淹没损失少，造价较低。但这种形式渠首不能调节水量，仅能引取天然河道中的部分径流，且要求引水渠道断面较大，灌区供水的可靠性基本上随渠首河川径流稳定性而变化。

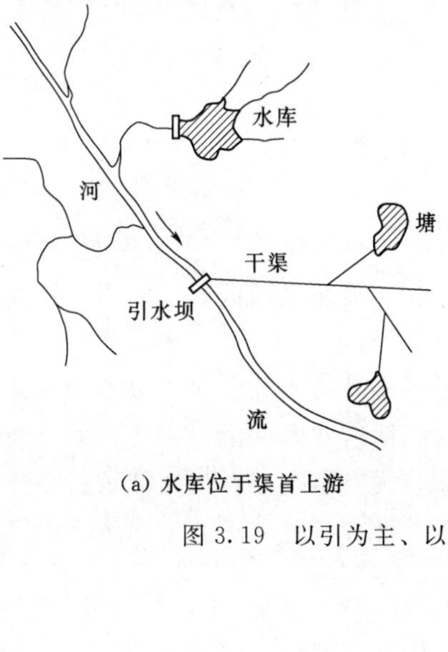

(a) 水库位于渠首上游

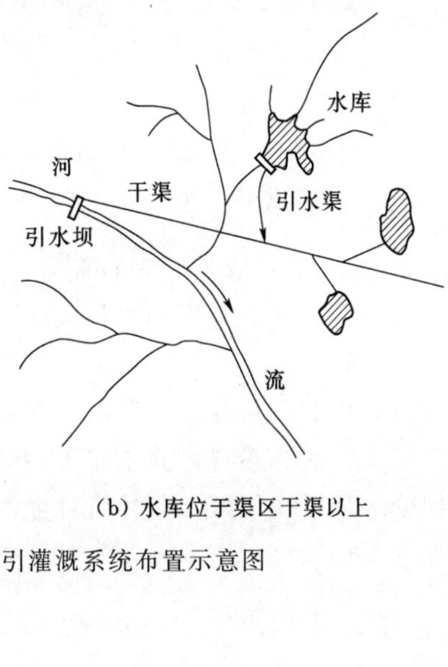

(b) 水库位于渠区干渠以上

图 3.19 以引为主、以蓄补引灌溉系统布置示意图

b. 以蓄为主、以引补蓄或以提补蓄的“长藤结瓜”灌溉系统，这种形式在江苏广为采用，如图 3.20 和图 3.21 所示。在河流的中上游山区修建水库，调节河川径流，提高水的利用率和灌区供水保证率。

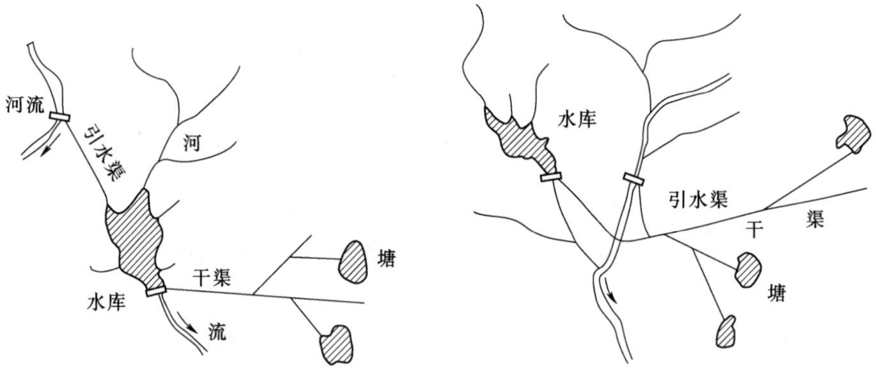

(a) 引水入库　　(b) 引水入渠

图 3.20　以蓄为主、以引补蓄灌溉系统布置示意图

c. 以提为主、以蓄补提的“长藤结瓜”灌溉系统，这种形式常见于河道的中下游，如图 3.22 所示。适用范围：灌区位置较高，河道水面高程较低，因地形地质条件或因库区淹没损失大，不宜筑坝壅高水位。实践表明，这种形式工程建设时间短，效益发挥快，但提水费用高，群众负担重。

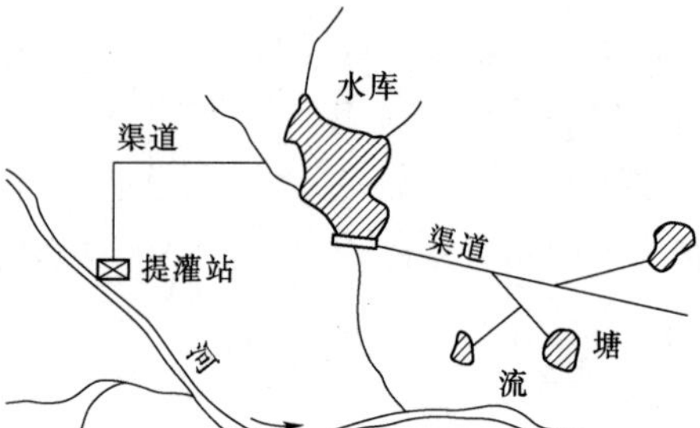

图 3.21　以蓄为主、以提补蓄灌溉系统布置示意图

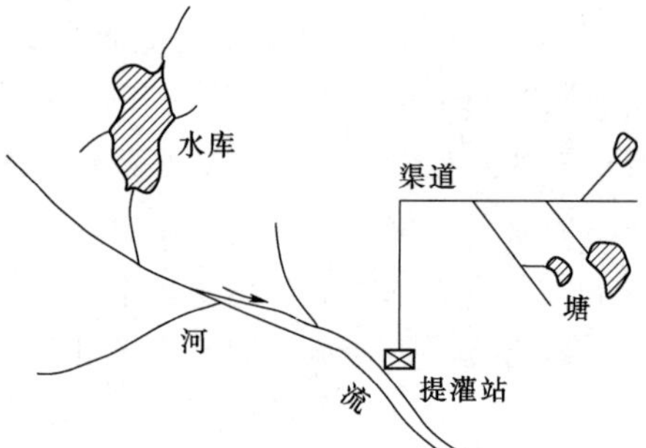

图 3.22　以提为主、以蓄补提灌溉系统布置示意图

d. 以蓄为主、提蓄结合的多首制联合供水的“长藤结瓜”灌溉系统，如图 3.23 所示，这种形式可实现更大范围的水量调配，对于相邻流域或灌区互济有无、提高水资源有效利用率十分显著。

(2) 以蓄为主的“长藤结瓜”灌溉系统水量平衡基本步骤。对于以蓄为主、蓄引提结合的“长藤结瓜”灌溉系统，其水量平衡计算包括两次水量调配过程，具体分为以下 8 个步骤：①划分水量平衡片区，分片统计灌溉面积、现有蓄水工程设施数量；②分片计算各类蓄水工程拦蓄径流可利用水量及其过程；③分片计算各部分综合用水量（生产、生活与生态用水量）及其过程；④拟定水量调配原则与方案；⑤自下而上分片水量平衡计算，求得各片区的余、缺水量及其过程；⑥汇总各片区的水量平衡结果，其缺水总量即需补水工程供水量（第一次水量调配完成——“分片包干”）；⑦补水工程的河川径流特性分析与径流可利用量计算；⑧补水工程联合调度的水量调配平衡计算，确定补水工程的规模及分散调节的工程措施（第二次水量调配完成——“联合运行”）。

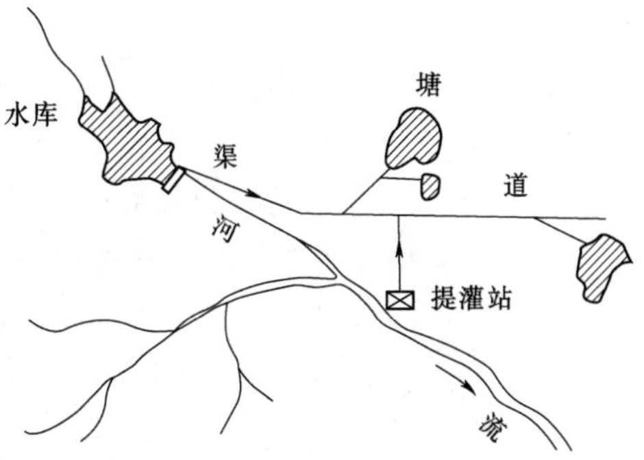

图 3.23　以蓄为主、提蓄结合灌溉系统布置示意图

2. “长藤结瓜”系统水量调配方法

水量调配总体原则为“分片包干、联合运行”，即分片计算，总体平衡；自下而上，逐级推算；先用活水，后用蓄水；巧用低瓜，腾空充蓄；忙时灌溉，闲时补库；库塘结合，削减高峰；骨干工程，综合利用。

水量调配基本方法为在干旱年份，进行大、中、小型水库的联合运行，即以大、中型水库为中心，通过输水渠道，连接部分小型水库，对系统水资源进行统一调配。在某个具体时段，当小型水库缺水时，首先通过大、中型水库，调节各水库之间水量，满足灌溉需求；当大、中型水库也不能满足灌溉水量需求时，可以通过补水翻水线提取系统外河道水源进行水量补充。

（1）小型水库分片包干。在小型水库调蓄计算中，用水量主要考虑农业灌溉用水和生态环境用水量，可供水量考虑本地径流量和回归水量（主要是灌溉回归水）。通过逐时段水量平衡计算，得到小型水库各时段蓄水量和缺水量过程，缺水时由大、中型水库、河网补水。

（2）大、中型水库联合运行。在大、中型水库调蓄计算中，用水量主要考虑各个用水部门的用水量（主要包括农业灌溉用水、生活用水、工业用水、生态环境用水）和与该大、中型水库联合调度的小型水库的缺水量，可供水量有本地径流量和灌溉回归水量。通过逐时段水量平衡计算，获得大、中型水库各时段的蓄水量和缺水量过程，缺水时由河网补水。

通过逐时段来用水平衡计算，确定补水量。对于河网补水区，进一步优化塘坝布局，提高地表水资源利用率；在仍然存在水资源缺口的情况下，利用现有补水翻水线，引骨干河网水补库，扩大水资源供应能力。

对于补水困难区，以大、中型水库调蓄当地地表水资源为主，联合周围小型水库，充分利用当地径流，在大、中、小型水库联合调度的基础上，进一步开挖塘坝，扩大当地地表水资源利用率，适度开发浅层地下水资源；仍然存在缺口的情况下，通过推广节水农业、种植业结构调整，达到设计水平年基本满足工农业用水要求的目标。

3.3.4.3 蓄引提“长藤结瓜”灌溉供水系统与水资源调配实践

以六合区蓄引提“长藤结瓜”灌溉供水系统与水资源调配为例加以说明。

六合区水利局针对丘陵山区地形条件和水资源特点，总结提出丘陵山区“长藤结瓜”灌溉系统水量调配方法，即以蓄为主、蓄引提结合的“分片包干、联合运行”水资源配置模式。

1. 工程概况

六合区滁河以北总面积为1149.7km^2，地形以丘陵山区为主，该区生活、生产、生态用水主要由区内水库、塘坝和滁河骨干河网等供水，是六合区水源紧缺地区。

20世纪60—70年代，该区基本形成金牛山、肖庄、西凌河、耿跳、徐庄、山沟李等6个中小型灌区，通过开挖引排骨干河道，兴建机电泵站，修建水库、塘坝，建设翻水线引江水补库等一系列措施，在各灌区内基本实现了“南水北调”“江水上山”的格局。2003年红山窑枢纽改造后，为便于管理，将原有的6个中小型灌区合并组建红山窑灌区。

至此，六合丘陵山区以蓄为主、蓄引提“长藤结瓜”式灌溉体系基本形成，即以红山窑枢纽作为水源的起点，滁河作为引水总干渠，以滁河以北的两条支流（皂河和八百河）派生出深入北部丘陵山区的4条“藤”（4条干渠：西干渠、中干渠、东干渠和南干渠），以串联沿线分散布置的“瓜”（各中、小型水库），构成丘陵山区“长藤结瓜”灌溉系统。

（1）灌溉水源。六合丘陵山区，拥有中型水库5座（大泉水库、大河桥水库、山湖水库、河王坝水库、金牛山水库）；小型水库51座，其中小（Ⅰ）型水库26座，小（Ⅱ）型水库25座，总库容为25307万m^3，兴利库容为13611万m^3；2万m^3以上蓄水塘坝26000余座；固定机电泵站700余座，近8万kW；干支斗渠1580km，小沟级以上建筑物22680座。

在正常年份，灌区各中小型水库、塘坝等自成体系的灌溉系统可以保证灌溉供水需求；在干旱年份，需加强中、小型水库联合运行，缺水时由滁河、八百河、皂河、新禹河等骨干河网补水。

（2）渠首工程。红山窑枢纽为六合丘陵山区“长藤结瓜”灌溉系统的渠首工程，位于六合区南部瓜埠镇境内，距入江口12.8 km，由泵站、节制闸、船闸等建筑物组成，具有防洪、排涝、灌溉、航运、交通等综合利用效益，是滁河流域重要的枢纽控制工程。红山窑水利枢纽于2005年12月完成拆除重建，工程防洪标准为100年一遇，校核标准可达200年一遇。枢纽泵站以灌溉为主，兼顾排涝、航运等功能，全站共设5台机组，设计流量为50m^3/s，总装机容量为3150kW。

（3）补水翻水线。六合滁河以北为典型的丘陵山区，灌溉水源以当地库、塘、坝蓄水为主，在正常年份，蓄水能够满足灌区农业灌溉需求，但在枯水年份，由于蓄水不足，灌溉供水需通过红山窑枢纽提水，通过翻水线将滁河、八百河、皂河和新禹河之水提至各水库，保证缺水年份灌溉供水。六合丘陵山区拥有补水翻水线路7条，分别为金牛山翻水线、肖庄翻水线、西凌河翻水线、耿跳翻水线、徐庄翻水线、山沟李翻水线、三友翻水线。由于补水线路长，运行成本大，加之丘陵山区地势高亢，往往需要多级提水，灌区改造前，问题多、配套差、完好率低，六合丘陵山区灌溉补水水源长期得不到保证，水资源供需矛盾日益突出。

（4）灌溉分区。根据六合丘陵山区规划范围、水系布局及地形特征，确定以红山窑枢纽作为水源的起点，滁河作为引水总干渠，以滁河以北的支流派生出深入北部丘陵山区的4条“藤”（西干渠、中干渠、东干渠和南干渠），串联沿线分散布置的“瓜”（即各中、小型水库），形成丘陵山区“长藤结瓜”灌溉供水系统，如图3.24所示。

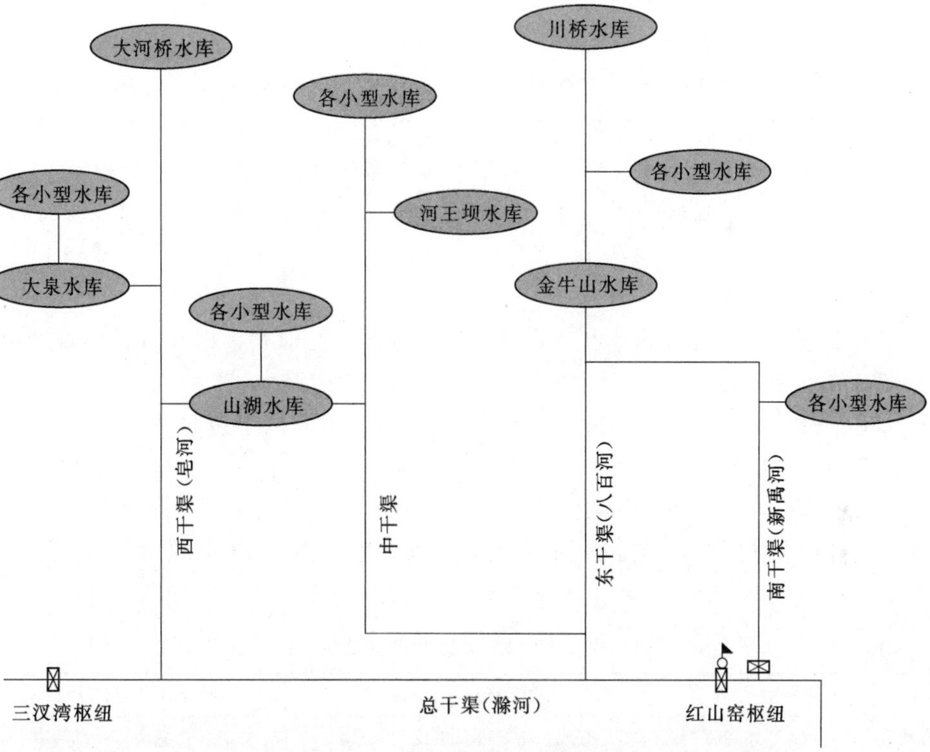

图 3.24　六合区“长藤结瓜”灌溉系统概化图

总干渠起点为红山窑枢纽，终点为皂河之上的赵圩闸，总长度为 43.15km。“长藤结瓜”灌溉系统的 4 条干渠将丘陵山区分为 4 个灌溉供水分区（Ⅰ区、Ⅱ区、Ⅲ区和Ⅳ区）。各分区自成体系，以蓄水灌溉为主，枯水年份通过红山窑枢纽引提补灌为辅，同时加强各片区内水库的联合调度。

灌溉供水Ⅰ区位于灌区西北角，主要位于竹镇，包括皂河至大河桥水库沿线区域，面积为 262.56km²；水源以当地库塘蓄水为主，包括大河桥水库、大泉水库 2 座中型水库、红山水库、红阳水库、三星水库、四五水库、孟家坝等 9 座小（Ⅰ）型水库和中胡、林营等 10 座小（Ⅱ）型水库，以及诸多分散布置的塘坝等蓄水设施；在枯水年份，需通过耿跳、徐庄、同心站、牯牛山等翻水线引皂河水进行补水；沿皂河圩区通过引水涵洞引皂河水供水。

灌溉供水Ⅱ区主要包括山沟李引水线至山湖水库、河王坝水库、杨营水库沿线左右区域，灌溉供水Ⅰ区以东，滁河以北，八百河—金牛山水库—尖山翻水线控制区域以西，涉及马集、马鞍、程桥三镇，面积为 396.35km²；水源仍以当地库塘蓄水为主，其中中型水库 2 座，小（Ⅰ）型水库 7 座，小（Ⅱ）型水库 12 座；枯水年份通过山沟李、肖庄、西凌河、八一河等翻水线引水补水；沿滁河圩区通过放水涵洞引滁河水供水。

灌溉供水Ⅲ区指八百河—金牛山水库—尖山翻水线—川桥水库沿线区域，包括八百桥、冶山两镇，灌溉供水Ⅱ区控制范围以东，西阳河、峨嵋河以北，西邻仪征市，面积为 298.28km²；区内水源以金牛山水库为主，同时以川桥水库、毛营水库、唐公水库、赵桥、孔洼等水库为辅；枯水年份通过金牛山翻水线引八百河水作为补水；沿八百河圩区通过放水涵洞引八百河水供水。

灌溉供水Ⅳ区指滁河以北，八百河以东，西阳河、峨嵋河以南，东至仪征的区域，辖新篁、雄州、横梁、瓜埠、东沟等五镇，区域面积为296.96km^2；水源以新禹河为界，东部丘陵山区以三友水库、东方红水库、南塘水库等蓄水设施蓄水为主；枯水季节通过新建的新禹河泵站提水至新禹河，向各级水库补水；西部圩区以滁河、八百河、新禹河和新篁河等作为水源。

2. 水量调配方案——“分片包干、联合运行”

在正常年份，灌区内中小型水库采用“分片包干”的形式，即在各自的规划范围内，自成灌溉供水系统，负责各自范围内的生活、生产、生态用水。

在干旱年份，可进行中、小型水库的“联合运行”，即以中型水库为中心，通过输水渠道，连接部分小型水库，对规划区水资源进行统一调配。在某个时段，当小型水库缺水时，通过中型水库，调节各水库之间水量，满足灌溉需求；当中型水库也不能满足灌溉水量需求时，可以通过翻水线提取滁河、八百河、皂河等河道水源进行水量补充，见表3.13。

表3.13　中、小型水库联合运行情况

序号	中型水库	联合运行的小型水库	联合运行缺水时补水水源
1	大泉水库	五四、乌龙港、红山、三星	皂河（←滁河）
2	河王坝水库	泥桥、杨营、王庄	中干渠（←滁河）
3	山湖水库	唐娄、傅湾	中干渠、皂河（←滁河）
4	金牛山水库	赵桥、南阳、唐公、毛营	八百河（←滁河）

由于自然条件等限制，没有与中型水库联合运行的小水库，干旱年份缺水时，由骨干河网直接补水。

这里选择六合东干渠控制的灌溉供水Ⅲ区为例说明。

东干渠起于滁河支流八百河，途经八百河—金牛山水库—尖山翻水线—赵桥水库—包庄渠—川桥干渠，终点为川桥水库。该干渠全长为38.10km，灌溉面积为14.36万亩，主要包括八百桥镇、冶山两镇。东干渠沿线串联2座中型水库，即金牛山水库和川桥水库（部分位于安徽境内），5座小（Ⅰ）型水库，即毛营水库、赵桥水库、唐公水库、黄山水库和南阳水库，形成该区域主干“长藤结瓜”系统。丰水年份灌溉时以这2座中型水库和5座小（Ⅰ）型水库为主要灌溉水源，通过它们辐射的水库干、支渠串联分区内分散布置的小型库塘，形成次级“长藤结瓜”系统，如图3.25所示。

东干渠补水线路及其沿线配套建筑物布置：该区域在干旱年份补水时，由红山窑枢纽补水至八百河，通过八百河上的金牛山老站、金牛山新站补水至金牛山水库，形成以金牛山水库为基础，水库扎根长江、以蓄为主、引提为辅、蓄引提相结合、藤瓜相连的补水网络。补充至金牛山水库的水量通过尖山补水线补充至毛营水库、唐公水库等沿线库塘，进而向北可补水至川桥水库片区。

（1）补水线路。该区域在干旱年份补水时，可由红山窑枢纽补水至八百河，通过八百

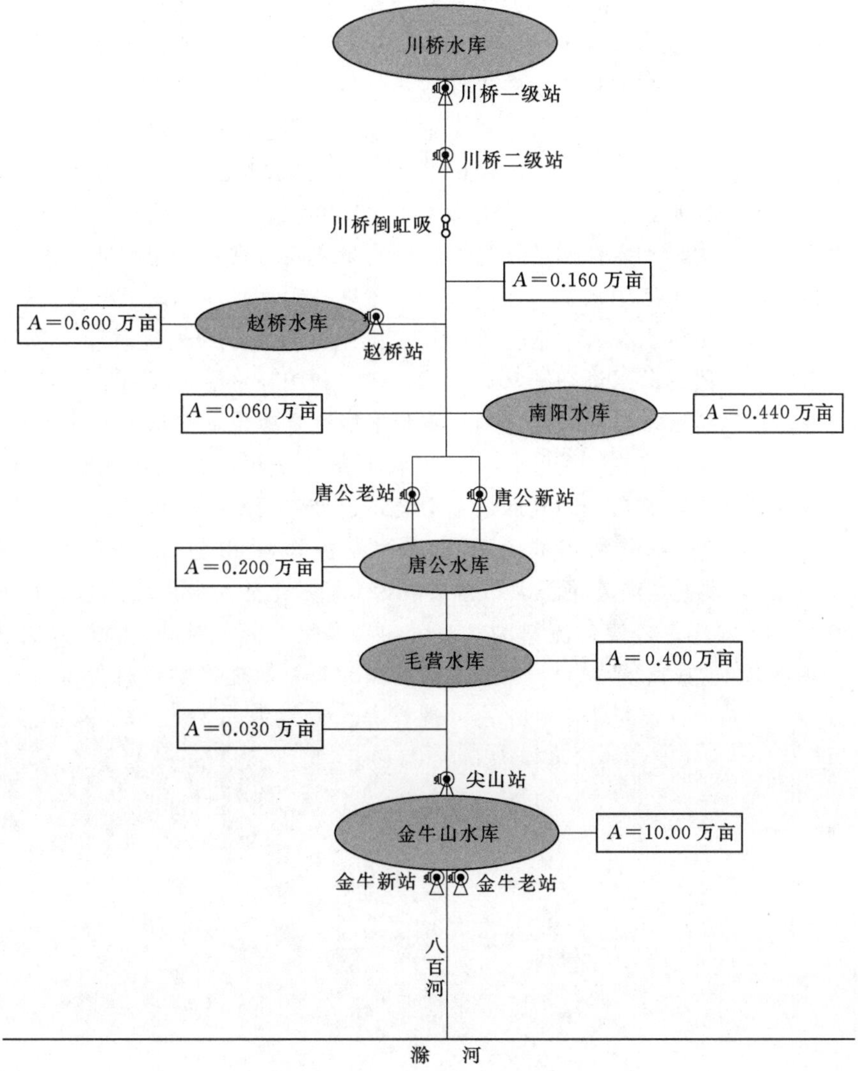

图 3.25 东干渠片区补水线路示意图

河上的金牛老站、金牛新站补水至金牛山水库，形成以金牛山水库为基础，水库扎根长江、以蓄为主、引提为辅、蓄引提相结合、藤瓜相连的翻水网络。补充至金牛山水库的水量，再通过尖山补水线补充至毛营水库、唐公水库等沿线库塘，进而向北可补水至川桥干渠，如图 3.25 所示。

(2) 水量调度方案。正常年份，毛营水库、赵桥水库、唐公水库和南阳水库等小型水库采用“分片包干”对所辖范围内规划区进行灌溉供水。

在干旱年份，进行中、小型水库与补水工程的“联合运行”，即以金牛山水库为中心，通过输水渠道，连接赵桥、南阳、唐公、毛营等小型水库，对区域水资源进行统一调配；当小型水库缺水时，通过金牛山水库，调节各水库之间水量；当金牛山水库缺水时，通过补水翻水线提取八百河的水源进行水量补充。

(3) 补水流量确定。补水翻水线设计流量推算，以中等干旱年型（$P=75\%$）时各水库缺水量为基础，通过水量平衡调蓄计算获得75%保证率下各水库逐时段的缺水过程，结合当地补水允许历时，确定补水线路设计流量。

在小型水库调蓄计算中，用水量主要考虑农业灌溉用水和生态环境用水量，可供水量考虑本地径流量和回归水量（主要是灌溉回归水）。通过逐时段水量平衡计算，得到小型水库各时段蓄水量和缺水量过程，缺水由金牛山水库补水。

在金牛山水库（中型水库）调蓄计算中，用水量主要考虑各个用水部门的用水量（主要包括农业灌溉用水、生活用水、工业用水、生态环境用水）和与该中型水库联合调度的小型水库的缺水量，可供水量有本地径流量和灌溉回归水量。通过逐时段水量平衡计算，得到金牛山水库各时段的蓄水量和缺水量过程，缺水利用补水翻水线由八百河补水。

根据《南京市六合区水资源综合规划》水量平衡计算成果，在东干渠片区中、小型水库联合运行时，金牛山水库在6月上、中、下旬时缺水量最大，累计缺水为194万m^3，同时根据当地管理习惯，需在5～6d通过金牛老站、金牛新站将缺水量补库完毕，设泵站机组每天工作22h；金牛山翻水线直挂渠道控制灌溉面积为0.25万亩，灌水率为1.4m^3/(s·万亩)，设直挂渠道灌溉水利用系数为0.7；此外，金牛山水库同时承担向仪征、安徽境内补水的任务，设计流量为2.5m^3/s，因此，金牛老站、新站总设计流量为7.08m^3/s。现状金牛老站、新站总设计流量为7.0m^3/s，故能满足设计保证率补水要求。同理，推算得尖山站设计流量为3.1m^3/s（现有提水流量为3.5m^3/s）；推算得唐公新站设计流量为2.34m^3/s（现有提水流量为3.0m^3/s）。

4 江苏大中型灌区建设与改造

灌区是指具有可靠的水源和引、输、配水渠道系统以及相应排水系统的灌溉区域，是人类经济活动的产物，随社会经济发展而发展。根据我国水利行业规范，设计灌溉面积在30万亩以上为大型灌区，1万～30万亩为中型灌区。

4.1 大中型灌区基本情况

4.1.1 大中型灌区建设历程

江苏省自20世纪50年代开始，采用“蓄、引、提、调”并举的方法，开渠挖河，修塘建库，充分拦蓄本地径流，大力发展水利灌溉事业，兴建了大批万亩以上大中型灌区，主要分布在沿京杭运河、苏北灌溉总渠、新沂河、淮沭新河地区及沿江、沿通榆河地区。沿运、沿总渠、沿淮沭新河地区的灌区，以自流灌溉较多，引用江水、淮水为灌溉水源，辅以机电动力补水；沿江、沿通榆河及苏南地区的灌区多数为机电提水灌区。经过几十年的配套建设，已初步形成了具有一定规模的灌排工程系统，成为江苏粮食生产的主要基地。江苏大中型灌区建设历经以下几个主要阶段。

20世纪50年代，江苏通过沟河疏浚整治，有效改善了农田灌溉排水条件，尤其是洪泽湖、骆马湖等综合利用水库的建成和苏北灌溉总渠的开挖，建成了一大批大中型自流灌区。

60年代，江苏继续开展大规模的河网化工程，进一步提高了农田灌排标准。同时江都站的建成和京杭运河沿线多级翻水枢纽的兴建，扩大了沿运灌区灌溉面积，形成了以江都站为龙头、以京杭运河为输水线的江水北调工程体系，实行跨流域水源调度，进一步改善了江苏大中型灌区灌溉水源条件。

70—90年代，江苏以治水改土为中心，以建设旱涝保收、稳产高产农田为目标，先后推广应用盐碱土改良、中低产田改造、高标准农田建设、中小型泵站技术改造、鼠道排水和装配式建筑物等技术，还制定了《江苏省农田水利八条标准》。特别是90年代以后，开凿引江运河，实行跨流域调度，进一步改善了江苏灌区的灌溉水源条件，兴建了大批万亩以上灌区，设计灌溉面积为3000余万亩，粮食产量约占全省的40%；建成了较为完善的灌区灌排体系，成为提供城乡人民生活用水、工副业生产用水以及环境用水的重要基础设施，推动了区域经济发展。

至2000年，江苏已建成大型灌区29个，总耕地面积为1395.1万亩。由于江苏大型灌区大多建于20世纪50—60年代，灌区建筑物配套不全、工程老化、运行效率降低、灌溉水利用系数低等矛盾凸显。同年，国家启动了大型灌区续建配套与节水改造工作，江苏编制了《江苏省大型灌区续建配套与节水改造规划》，29个大型灌区全部列入国家计划。1998—2005年，皂河、来龙、沂北、沭南、洪金、淮涟、渠南（楚州）、涟西、高邮、五岸、渠南（阜宁）、堤东、三层、如海、城黄、淳东、白屈港17个大型灌区率先被列入国家大型灌区续建配套节水改造计划。2006—2011年，其余列入计划的小塔山、石梁河、沭新渠、涟东、清水坝、柴塘、运南、船行、众程、周桥、竹络坝、沿运12个大型灌区，陆续启动续建配套与节水改造工作。

2003年，江苏按照水利部的统一部署，编制《江苏省农业综合开发水利骨干工程（5万～30万亩重点中型灌区骨干工程）规划》，全面启动了中型灌区续建配套工作。2001—2010年，江苏省先后有17个中型灌区被列入续建配套与节水改造计划，包括宝应、苗城、东灌区、晓店、双南干渠、涟中、孤山、不牢河、焦港、塘田、横溪河、三垛、陈涛、九洋、川南、金牛山、红星，工程实施后，新增灌溉面积为45.7万亩，改善灌溉面积为185.6万亩。2011—2015年，先后又有35个重点中型灌区被列入规划，包括：蛇家坝、临湖、运西、叮当河、灌北、淮涟、龙河、重梅、嶂山、渠北、川南、双南、宝射河、月塘、红旗河、野田河、沿湖、向阳河、高港、溱潼、圩里、大沙河、运南、岔河、庆安、棋新、冠婴、高阿、侯阁、通扬、红星、北山、金牛山、江宁河、太滆，设计灌溉面积为544.42万亩，有效灌溉面积为446.69万亩。

近10年来，江苏结合大中型灌区续建配套与节水改造工程的有序实施，大力开展节水生态型灌区、现代灌区建设。将节水与灌区生态保护理念贯彻于灌区改造全过程，将信息化、自动化等现代技术应用于灌区改造各环节，江苏大中型灌区续建配套与节水改造进入了新阶段。

经过几十年的建设，江苏大中型灌区已成为推动江苏经济社会发展，确保粮食安全和主要农产品有效供给，促进农业增产、农民增收、农村繁荣、经济社会全面协调可持续发展的重要保证。

4.1.2 大中型灌区发展现状

1. 大中型灌区现状

截至目前，江苏已建成万亩以上大中型灌区311个。主要包括：大型灌区29个，设计灌溉面积1244.1万亩，规划灌溉面积1107.9万亩，其中有效灌溉面积1042.2万亩，实际灌溉面积1007.9万亩，节水灌溉工程面积368.3万亩，除涝面积831.8万亩；水源工程年供水量566 494万m^3，灌溉设计保证率75%以上，农田灌溉水利用系数0.551。灌区渠首工程70处，骨干渠道2349条8247.7km（其中防渗长度2274.3km），骨干渠系建筑物12185座（其中过水流量5m^3/s以上2967座），骨干排水沟6739条12748.0km。

中型灌区282个，其中5万～30万亩重点中型灌区99个，总土地面积3145.24万亩，耕地面积1754.70万亩，设计灌溉面积1618.76万亩，有效灌溉面积1297.10万亩；1万～5万亩一般中型灌区183个，设计灌溉面积408.43万亩，有效灌溉面积298.6万亩。灌区节水灌溉工程面积478.4万亩，除涝面积1013.5万亩，渠首工程1675处，骨干渠道 5245 条 20523.9km（其中防渗长度 3925.3km），骨干渠系建筑物 23198 座（其中过水流量 $2m^3/s$ 以上 6718 座），骨干排水沟 19795 条 34618.4km。

目前，江苏大中型灌区已基本建成了灌、排、挡、降工程体系，为促进江苏农业不断增产、农村生态环境改善提供了良好的条件。

2. 大中型灌区分布

(1) 大型灌区。目前，江苏 29 个大型灌区主要分布在长江、京杭运河、苏北灌溉总渠及淮沭河两岸，灌区基本情况见表 4.1。

表 4.1　　江苏省大型灌区分布统计表

序号	灌区名称	所在地级行政区名称	所在县级行政区名称	设计灌溉面积/万亩	灌溉面积		实灌面积/万亩
					总面积/万亩	有效灌溉面积/万亩	
1	淳东灌区	南京市	高淳区	31.0	29.2	28.5	28.5
2	白屈港灌区	无锡市	江阴市	35.1	35.1	33.8	33.8
3	如海灌区	南通市	如皋市	31.0	27.3	27.3	27.3
4	沭南灌区	连云港市	东海县，新浦区	48.0	48.0	44.6	44.6
5	沭新渠灌区	连云港市	东海县，新浦区	47.8	47.8	41.6	41.6
6	小塔山灌区	连云港市	赣榆县	30.3	27.9	27.6	27.0
7	石梁河灌区	连云港市	赣榆县	40.6	34.3	33.5	32.5
8	竹络坝灌区	淮安市	淮阴区	32.0	26.5	26.5	26.5
9	渠南灌区	淮安市	楚州区	66.5	53.1	50.4	50.4
10	涟东灌区	淮安市	涟水县	40.0	32.4	30.9	30.9
11	涟西灌区	淮安市	涟水县	37.0	28.1	26.8	26.2
12	淮涟灌区	淮安市	涟水县，淮阴区	76.4	58.7	57.7	57.7
13	周桥灌区	淮安市	洪泽县	32.0	28.2	27.8	27.8
14	洪金灌区	淮安市	洪泽县，金湖县	36.0	33.9	33.9	33.9
15	清水坝灌区	淮安市	盱眙县	39.8	31.7	29.5	29.5
16	堤东灌区	盐城市	东台市	52.0	52.0	51.9	44.9
17	五岸灌区	盐城市	射阳县	33.3	33.3	33.3	33.3
18	渠南灌区	盐城市	阜宁县	77.5	75.9	69.8	59.4
19	三层灌区	盐城市	滨海县	39.7	27.2	26.9	21.9
20	沿运灌区	扬州市	江都市	30.3	30.3	30.3	30.3
21	高邮灌区	扬州市	高邮市	63.2	58.9	58.0	49.1
22	城黄灌区	泰州市	泰兴市	32.0	30.6	30.0	30.0
23	来龙灌区	宿迁市	宿豫区	52.5	49.4	41.6	41.6
24	皂河灌区	宿迁市	宿豫区	34.4	31.2	23.0	23.0
25	沂北灌区	宿迁市，徐州市	沭阳县，新沂市	45.5	35.5	34.6	34.6
26	柴塘灌区	宿迁市	沭阳县	42.4	38.5	37.6	37.6
27	运南灌区	宿迁市	泗阳县，宿城区	51.7	42.2	33.8	33.8
28	众程灌区	宿迁市	泗阳县	34.1	30.5	24.0	24.0
29	船行灌区	宿迁市	宿城区	32.0	30.2	27.0	26.2
合计				1244.1	1107.9	1042.2	1007.9

按流域水系分，白屈港、如海、城黄、淳东4个灌区属长江流域，其余25个灌区属淮河流域。

按灌溉水源分，白屈港、如海、城黄3个灌区属独立引江灌区；堤东、五岸2个灌区属东引灌区；石梁河、小塔山、沭南、淳东4个灌区属水库灌区；其余20个灌区属江水北调灌区。

按所在市域分，灌区分布在淮安、宿迁、连云港、盐城、扬州、南通、泰州、南京、无锡9个市。

（2）中型灌区。目前，江苏共有中型灌区282个，其中5万～30万亩重点中型灌区99个，各灌区基本情况见表4.2；1万～5万亩一般中型灌区183个，基本情况见表4.3。

按流域水系分，主要分布于淮河流域的江水北调水系、江水东引水系以及长江流域的通南沿江水系、秦淮河水系、太湖水系。

按所在市域分，重点中型灌区分布于淮安、连云港、宿迁、盐城、扬州、泰州、徐州、南通、常州、无锡、镇江、南京12个地级市；一般中型灌区分布于淮安、连云港、宿迁、徐州、扬州、常州、南京7个地级市。

表4.2　　江苏省5万～30万亩重点中型灌区面积统计表　　单位：万亩

行政分区	灌区名称	总土地面积	耕地面积	灌溉面积	
				设计	有效
南京市（9个）	金牛山、山湖、新禹河、湫湖、方便、三岔、侯家坝、横溪河、江宁河	270.23	116.89	112.5	90.8
无锡市（2个）	宝寿河、殷村港	32.25	20.24	15.25	15.15
徐州市（14个）	凌城、苗城、邳城、冠婴、侯阁、邹庄、庆安、大沙河、高阿、棋新、运南、王山站、不牢河、岔河	371.60	239.89	240.65	183.16
常州市（1个）	太滆	31.0	12.4	10.8	10.26
南通市（4个）	焦港、红星、九洋、通扬	145.71	86.22	79.8	70.4
连云港（10个）	涟中、古城翻水站、安峰山水库、叮当河、官沟河、灌北、淮涟、沂南、柴沂、柴塘	260.21	142.81	133.42	104.18
淮安市（11个）	淮南圩、蛇家坝、临湖、运西、涟中、桥口、河桥、顺河洞、姬庄、渠北、东灌区	421.60	197.27	202.23	164.73
盐城市（12个）	江界河、滨海南干、陈涛、张弓、黄响河、大寨渠、六套干渠、淮北干渠、渠北、川南、双南干渠、响水南干渠	496.19	264.93	241.46	155.4
扬州市（17个）	泾河、庆丰、永丰、塘田、汉留、三垛、向阳河、司徒、临城、宝应、宝射河、月塘、红旗河、团结河、三阳河、野田河、沿湖	501.47	303.78	263.09	237.54
镇江市（3个）	长山、北山、赤山湖	129.4	54.63	49.9	36.05
泰州市（5个）	黄桥、孤山、高港、溱潼、圩里	202.23	130.70	105.86	92.23
宿迁市（11个）	柴沂、淮西、古泊、新北、沙河、龙河、新华、重梅、蔡圩、嶂山、晓店	283.35	184.94	163.8	137.2
合计（99个重点中型灌区）		3145.24	1754.7	1618.76	1297.1

表 4.3　江苏省1万～5万亩一般中型灌区面积统计表　单位：万亩

行政分区	灌区名称	灌溉面积	
		设计	有效
南京市（27个）	山沟李、栗张、新集、猴铺、塔山、朱圩、新河、耿跳、西凌河、河王坝、山湖、大泉、大河桥、留中、新禹河、川桥、管潭、姚李、七乡河、上坝河、下坝、老丘口、林塘、毛公铺、赭山头水库、明觉环山河、无想寺水库	53.05	44.37
徐州市（85个）	高庄、沙庄、肖庄、温寨、王庄、董庄、邱庄、齐庙、向阳、苏庄、杨庙、娥墓堌、邵楼、王大庄、张集、袁庄、王梨园、谷园、崔楼、张阁、秦河、青年、朱岭、燕庄、灌英站、胡寨北湖、赵楼、郭庄、何庄、刘饭铺、高坊集、郑集支河南、郑集支河北、神洼、平楼、松林、王月铺、郑集镇南、郑集镇北、马坡、大新、冯楼、垞城、红旗、十八屯、周棚、马林、汉王、姜楼湖、奎河、银山、刘庄、马兰、水口、杨洼、夏洪、吴湾、郭集、崔贺庄、倪园、洪山沟、白塔泉、吕梁、房亭河、禅河、吴桥大沟、团埠、朱庄、河湾、安乐、留武湖、朝阳渠、梅庄、龙庄、向阳渠、宋店、珍珠泉、柳庄、荣楼、袁圩、合沟、二八河、影山、子姚河、东风	162.2	107.61
常州市（11个）	茅东、湟里河、大溪、沙河、前宋、塘马、芙蓉、潘家、浦河、新孟河、安宁河	37.53	20.84
连云港（17个）	八条路水库、阚岭翻水站、红领巾水库、王集水库、西双湖水库、横沟水库、贺庄水库、昌梨水库、房山水库、羽山水库、大石埠水库、陈栈水库、芦窝水库、东海县万亩井、涟西、孙庄、刘顶	45.48	31.39
淮安市（5个）	三墩电灌站、官滩电灌站、官塘区、黎城、三闸	17.15	13.21
扬州市（32个）	清真、唐营、常集、北茶、东墩坎、曹黄、渔海、川东、汤庄、周临、向阳河、朱桥、月塘、红旗、白羊、通新集、东风、高云、刘集红光、稽山电管站、凤岭、秦桥、红星、铜山红光、张云、金牛、盘古、烟台山、杨庙、方翻、沿湖、沿江	81.82	71.28
宿迁市（6个）	上塘向阳、魏营红旗、四河雪枫、孙园大寨、金镇、曹庙	11.2	9.9
合计（183个一般中型灌区）		408.43	298.6

3. 大中型灌区特点

（1）江苏大中型灌区大多为平原自流、半自流灌区。其特点是一个大中型灌区往往只因10～20cm的水头差，影响近万亩甚至数万亩的农田自流灌溉。为了改善上游自流条件，干渠多设闸抬高水位；设闸后由于过闸损失，下游水头进一步下降，故下游再设节制闸，由此构成了多节制闸自流灌溉体系，对灌溉配水提出了更高要求。

（2）江苏大中型灌区大部分位于苏中、苏北经济欠发达地区。农业产值在国民经济总产值中占比较大，农村人口的主要收入仍来依靠农业，农业生产在地区经济和社会发展中占有十分重要的地位。

根据第一次全国水利普查数据，江苏大中型灌区农田有效灌溉面积为2637.9万亩，占当年江苏农田有效灌溉面积的47.86%；粮食产量为1796万t，约占当年江苏粮食产量的52.5%。大中型灌区已成为江苏农业生产和农村经济发展的重要基础设施，在保障江苏粮食安全方面具有举足轻重的地位。

（3）灌区节水改造过程中，注重人水和谐，着力打造节水型生态灌区。江苏年平均降雨量为800～1100mm，年平均蒸发量为600～800mm，但时空分布不均，从地域分布看，南部多于北部，南部多年平均降雨量为1100mm，向北逐渐减少至800mm左右。由于受季风气候的影响，年降雨量的季节变化较大，全年雨量的60%～70%集中在汛期（6—9月），与水稻生长期基本同步。

针对这一特点，江苏在开展大中型灌区续建配套与节水改造过程中，引入国外“亲近自然河流”“自然生态工法”以及节水型生态灌区理念，在灌区续建配套与节水改造中，注重渠道衬砌方案选择、混凝土衬砌渠道的生态修复以及生态排水沟道的构建与应用；在白屈港、如海、城黄、渠南、周桥、洪金、高邮、沿运等大型灌区，均试点开展了节水型生态灌区建设，取得了良好效果。

江苏在灌区节水灌溉技术推广、生物多样性保护、人居环境改善、生态旅游业发展等方面，“建管并重、软硬同举”，开创了江苏现代灌区建设的新局面。

4.2 灌区改造方法与实践

灌区续建配套与节水改造规划设计的主要方法与步骤如下。对灌溉系统，首先确定灌溉设计标准，选择设计代表年，根据设计代表年的水文气象资料、设计水平年的作物布局，计算作物需水量，确定灌溉制度、设计灌水率；然后，在灌区灌溉渠系与配套建筑物布局的基础上，推算各级渠道设计流量，校核或设计渠道断面与确定配套建筑物主要设计参数。对排水系统，在确定排涝、降渍设计标准的基础上，选择设计代表年，根据设计代表年的设计时段降雨过程，计算排水区排涝设计流量，确定降渍设计要求；在灌区排水沟道系统与配套建筑物布局的基础上，推算各级沟道设计流量，校核或设计沟道断面与确定配套建筑物主要设计参数。江苏在大中型灌区续建配套与节水改造工程建设中，结合江苏特点，在灌区轮灌工作制度、生态灌区与灌区信息化自动化、灌区管理服务体系建设等方面进行了有益探索，取得了一系列进展。

4.2.1 灌溉用水量计算

1. 灌溉设计标准

灌溉工程设计标准根据当地的社会、经济、工程和自然条件确定。大中型灌区一般采用灌溉设计保证率作为灌溉设计标准。灌溉设计保证率是指灌区用水量在多年期间能够得到充分满足的概率，一般以正常供水的年数或供水不破坏的年数占总年数的百分数表示。

灌溉设计保证率可根据水文气象、水土资源、作物组成、灌区规模、灌水方法及经济效益等因素确定，江苏苏南与苏中圩区、平原地区灌溉设计保证率一般取90%以上，淮北地区、沿海地区和丘陵地区灌溉设计保证率取80%以上。

2. 作物需水量

作物需水量是植株蒸腾量和棵间蒸发量之和，也称为“腾发量”。

影响作物需水量的因素很多，主要包括气象条件、作物种类、土壤性质、灌排措施和农业技术措施等。生产实践中确定作物需水量的可靠方法是通过田间试验，当实测资料不足时，可用计算方法。常用的计算方法分两类：一类是直接计算出作物需水量；另一类是通过计算参照作物需水量来计算实际作物需水量。

(1) 以经验公式直接计算作物需水量。这类方法是根据作物蒸发蒸腾量和主要气象要素以及作物产量等实测成果，用回归分析法确定作物需水量。在江苏采用较多的是以水面蒸发为参数的需水系数法（简称 α 值法）。通过试验建立外界环境的蒸发能力（常用水面蒸发强度或蒸发量表示）与作物需水量关系的经验公式。江苏水稻种植地区可采用该方法，一般误差在10%～20%之间。

(2) 以参照作物需水量计算实际作物需水量。参照作物需水量 ET_0 是一种假想的参考作物冠层的蒸发蒸腾速率，参考作物被假设为高 12cm，固定的表面阻力为 70s/m，反射率为 0.23，非常类似于表面开阔、高度一致、生长旺盛、完全遮盖地面而不缺水的绿色草地，目前国内外常采用的参考作物为紫花苜蓿。计算参照作物需水量的方法很多，使用较多的是彭曼-蒙特斯公式。先计算参照作物需水量 ET_0，再根据作物系数 K_c 对 ET_0 进行修正，得到实际作物需水量 ET。作物系数主要依据当地灌溉试验站资料确定。一般情况下，主要作物的 K_c 值为小麦 0.8～0.9、水稻 1.05～1.2、棉花 0.8～0.9、玉米 0.8～0.95、蔬菜 1.2。该计算方法属于半经验半理论方法，精度也比较高，误差范围在10%以内。

3. 作物灌溉制度

农作物的灌溉制度是在一定的气候、土壤、水资源等自然条件和一定的农业技术措施下，为获得高产稳产所制定的一整套田间灌水制度。它包括作物播种前（或水稻栽秧前）及全生育期内的灌水次数、每次灌水日期和灌水定额以及灌溉定额。灌水定额是指一次灌水单位灌溉面积上的灌水量或灌水深度，各次灌水定额之和为灌溉定额。

江苏大多采用灌溉试验资料及水量平衡分析等方法制定作物灌溉制度。按水量平衡原理分析制定作物灌溉制度是目前生产实践中应用最为普遍的方法。

(1) 水稻灌溉制度。江苏水稻灌溉形式主要有传统灌溉（深水灌溉）、浅水勤灌、浅湿灌溉、湿润灌溉、控制灌溉等。综合考虑农田情况、工程条件、农民种植习惯、农田生物多样性保护、水田对气候环境影响以及江苏雨季与水稻种植期重叠等因素，目前江苏大多采用浅水勤灌、浅湿灌溉的灌溉形式。

水稻灌溉制度包括泡田定额与生育期各次灌水时间、灌水定额。

泡田定额为水稻泡田期的灌溉用水量。通常泡田定额按土壤、地势、地下水埋深和耕犁深度相似田块上的实测资料确定，泡田应保证插秧时农田水深为 30～50mm，泡田定额参考如下值：黏土和黏壤土为 50～80m^3/亩；中壤土和沙壤土为 80～120m^3/亩（地下水埋深大于 2m 时）或 70～100m^3/亩（地下水埋深小于 2m 时）；轻沙壤土为 100～160m^3/亩（地下水埋深大于 2m 时）或 80～130m^3/亩（地下水埋深小于 2m 时）。

在生育期任何一个时段内，农田水分的变化取决于该时段内的来水与耗水之间的消长，它们之间的关系可以用水量平衡方程（4.1）表示：

$$h_1+P+W_i-ET-W_d=h_2 \tag{4.1}$$

式中：h_1、h_2 分别为时段初、末田面水层深度，mm；P 为降雨量，mm；W_i 为灌水量，mm；ET 为水稻耗水量，即水稻需水量与田间渗漏量之和，mm；W_d 为排水量，mm。

水稻生育期可分为 6 个阶段，包括：返青、分蘖、拔节、孕穗、抽穗、乳熟和黄熟。

根据各个生育期的水层上下限、最大蓄水深度以及当地的灌水经验，以土壤含水量下限判断是否需要灌水，以适宜水层上限控制每次灌水量，最大蓄水深度用于控制何时排水。在浅湿灌溉条件下，江苏水稻各个生育期的适宜水层以及最大蓄水深度可参考表 4.4。

表 4.4　在浅湿灌溉条件下江苏水稻不同生育期田间水层和耕作层控制指标

生育期	返青	分蘖		拔节	孕穗	抽穗	乳熟	黄熟
		前中期	末期					
适宜水层上限/mm	30～40	20～30	烤田	20～30	30～40	20～30	20～30	干干湿湿
土壤含水量下限/%	100	80～90	70	70～80	100	90～100	80	75
最大蓄水深度/mm	80	100	—	140	140	140	80	0
土壤耕作层/mm	100	150	150	200	200	250	250	250

注　土壤含水量下限为占耕作层土壤饱和含水量的百分比。

（2）旱作物灌溉制度。在对旱作物进行灌溉时，计划调节控制土壤水分状况的土层深度叫土壤计划湿润层深度。用水量平衡分析方法制定旱作物灌溉制度时，要求计划湿润层内的土壤含水率维持在作物适宜含水量的上限 θ_{max} 和下限 θ_{min} 之间。旱作物的灌溉制度按播前和生育期分别确定。

旱作物的灌溉制度，同样可根据作物计划湿润层内的储水量变化，采用水量平衡法推求。

冬小麦、棉花、玉米各生育期较为典型的计划湿润层深度见表 4.5。

表 4.5　冬小麦、棉花、玉米各生育期较为典型的计划湿润层深度

作物	项目					
冬小麦	生育期	幼苗	分蘖	拔节	抽穗	灌浆
	计划湿润层深度/m	0.3～0.4	0.4～0.5	0.5～0.6	0.6～0.8	0.8～1.0
棉花	生育期	幼苗	现蕾	开花结铃	吐絮	
	计划湿润层深度/m	0.3～0.4	0.4～0.6	0.6～0.8	0.6～0.8	
玉米	生育期	幼苗	拔节	孕穗	抽穗	灌浆
	计划湿润层深度/m	0.3～0.4	0.4～0.5	0.5～0.6	0.6～0.8	0.8

为了满足作物正常生长的要求，任一时段内土壤计划湿润层的土壤含水率（或储水量）需保持在一定的适宜范围内，即要求大于作物最小允许含水率 θ_{min}（或最小允许储水量 W_{min}）且小于作物最大允许含水率 θ_{max}（或最大储水量 W_{max}）。土壤含水率的上限要既不产生深层渗漏，又要满足作物土壤空气含量的要求，故一般取田间持水量。土壤含水率的下限以作物生长不受抑制为准，大于凋萎系数，一般以占田间持水量的百分数计，取田间持水量的 60%～70%。计划湿润层的平均土壤含水量（或储水量）降低到或接近于最小允许值（θ_{min}或 W_{min}）时，即需进行灌溉，以补充土壤水分，维持作物的正常生长。表 4.6 给出了冬小麦、棉花和玉米各生育阶段的土壤适宜含水率。

江苏水资源相对丰沛，一般年景，旱作物除播前灌溉外，生育期一般不灌溉。

表 4.6　冬小麦、棉花、玉米各生育期要求的土壤适宜含水率

冬小麦	生育期	出苗	分蘖	越冬	返青拔节	拔节后
	土壤适宜含水率	稍大于 70%	稍大于 70%	70%左右	60%～70%	70%～80%
棉花	生育期	播种	幼苗	现蕾	开花结铃	吐絮
	土壤适宜含水率	>70%	55%～70%	60%～70%	70%～80%	55%～70%
玉米	生育期	播种	幼苗	拔节孕穗	抽穗开花	灌浆成熟
	土壤适宜含水率	60%～80%	55%～60%	60%～70%	70%～75%	70%左右

注　土壤适宜含水率以占田间持水量的百分比计。

4. 设计灌水率

灌水率，又称为灌水模数，是指灌区单位面积（以万亩计）上所需灌溉的净流量。设计灌水率是渠道断面、配套建筑物设计的依据，一般按下式计算：

$$q=\frac{\alpha m}{0.36Tt} \tag{4.2}$$

式中：q 为某种作物某次灌水的灌水率，$m^3/(s\cdot 万亩)$；α 为某种作物种植面积占灌区面积的百分数；m 为某次灌水定额，$m^3/亩$；T 为某次灌水延续的天数，d；t 为一天灌水延续时间，自流灌区每天灌水延续时间一般以 24h 计，提水灌区每天灌水延续时间一般以 18～22h 计，近年来，也有不少现代农业园区考虑上下班作息时间，采用 8～10h。

灌区作物主要为小麦、水稻、油菜、大豆等，根据作物种植模式和作物需水规律，用水高峰通常是出现在小麦收割后的水稻泡田期。由于江苏目前种植结构相对单一，且一般年景大多数旱作物无需灌溉，因此，对于稻麦轮作灌区，设计灌水率常以水稻泡田定额来确定。

目前，江苏苏中、苏北的大中型灌区设计灌水率一般为 1.0～1.5$m^3/(s\cdot 万亩)$，苏南地区一般为 1.5～2.5$m^3/(s\cdot 万亩)$；对小型灌区，控制灌溉面积几十亩到上千亩的稻麦轮作区，通常要在短期内集中泡田，因此其设计灌水率一般大于上述数据。

4.2.2　灌排渠系布置

1. 灌溉系统布置

灌溉系统是指从水源取水、通过渠道及其附属建筑物向农田供水、经田间工程向农田灌溉的工程系统，包括渠首工程、灌溉渠系、渠系建筑物和田间工程。

根据灌区的地形条件、控制面积及渠道设计流量的大小，大中型灌区的灌溉渠道通常分为干渠、支渠、斗渠、农渠四级固定渠道，地形复杂的大型灌区，还可增设总干渠、分干渠、分支渠等多级渠道；农渠以下的毛渠、输水沟、灌水畦等属田间工程，如图 4.1 所示。

2. 排水系统布置

排水系统一般包括田间沟系、输水沟系、排水枢纽工程、容泄区等部分，可概括为如图 4.2 所示的模式。

排水沟系和灌溉渠系相似，一般可分为干、支、斗、农四级固定沟道（支沟、斗沟、农沟通常又分别被称为大沟、中沟与小沟），如图 4.1 所示。但当排水面积较大或地形较复杂时，固定排水沟可多于四级，反之可少于四级。干、支、斗级沟道组成骨干输水沟

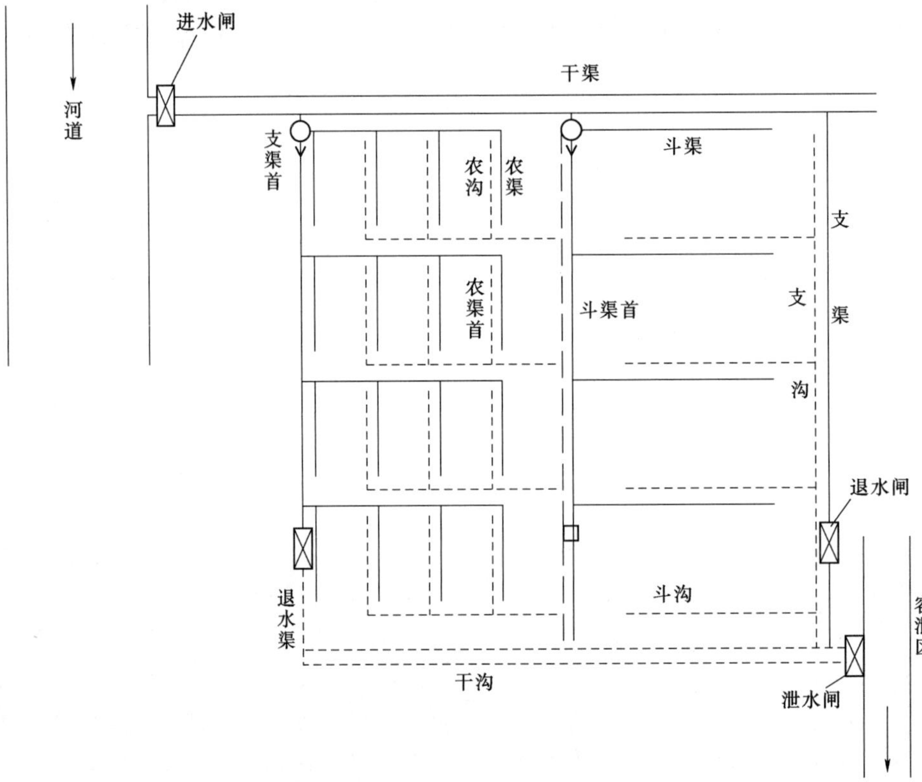

图 4.1　灌区灌排渠系布置示意图

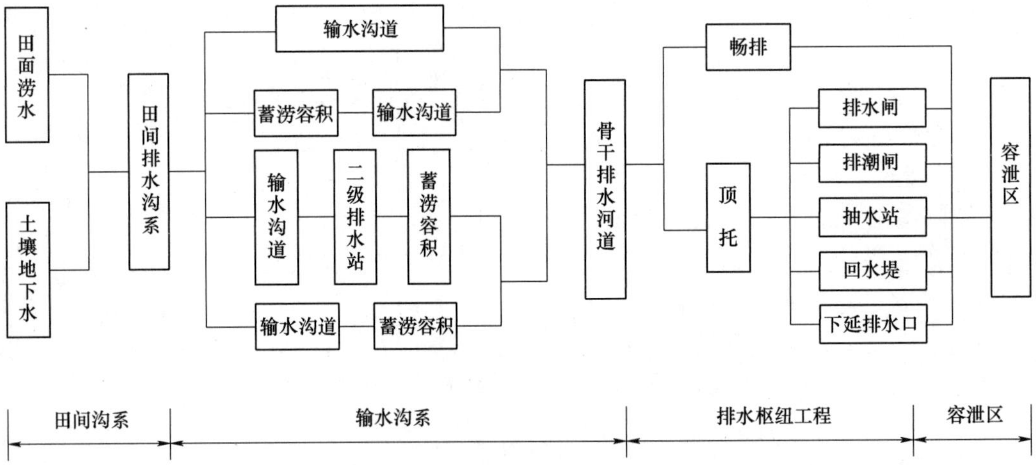

图 4.2　排水系统模式图

网，农沟及农沟以下的田间沟道组成田间排水网，农田中由降雨所产生的多余地面水和地下水通过田间排水网汇集，然后经输水网和排水枢纽排至容泄区。

灌区排水系统通常可分为一般排水系统和河网化排水系统两类，其规划布置常与灌溉渠系统一规划、结合布置、相互协调。一般排水系统多采用灌排分开布置，干、支沟尽可能利用天然河道，斗、农沟与同级灌溉渠道同时布置，采用灌排相邻或灌排相间布置；河网化排水系统一般在当地河网总体布局基础上，以大沟定向，布置中沟、小沟，结合渠道、道路，交织成网，配套完善。

灌区闸站桥涵配套建筑物与灌排沟渠、机耕道路、绿化林带协调布置，共同服务于灌区农业生产。

3. 灌排工程规划

灌区改造时，根据灌区具体情况，完善灌区灌排渠系与配套建筑物工程布局，其成果主要在规划图上表述，主要技术参数也可用表格表示。如洪金灌区灌溉渠系布置成果见表4.7，排水系统布置成果见表4.8，配套建筑物布置成果见表4.9。

表4.7　　洪金灌区灌溉渠系布置成果表

渠道名称	所属位置	桩号	长度/km	控制面积/万亩	农田高程/m
洪金北干渠	洪金灌区管理所	0+800	25.25	17.29	6.8～11.5
山阳河南支	洪金北干渠	25+200	1.8	0.24	7.9～8.2
刘圩斗渠	山阳河南支	2+100	0.45	0.14	7.9～8.2

表4.8　　洪金灌区排水系统布置成果表

沟道名称	所属位置	长度/km	排水面积/万亩
老三河	洪金北干渠东堤—宝应湖	38.0	22.39
陈大涧	老三河—中北干渠	17.9	1.77
陈邬支渠斗一沟	陈大涧	8.07	0.39

表4.9　　洪金灌区灌区配套建筑物布置成果表

建筑物名称	所属渠道或沟道	桩号	工程性质	备注
塘潮闸	洪金南干渠	10+500	改建	干渠节制闸
八里闸	洪金南干渠	3+200	拆除	干渠分水闸
陈新港地涵	洪金北干渠	32+550	续建	交叉建筑物
刘张支渠首	洪金北干渠	25+250	新建	支渠分水闸
淮北地涵	洪金排涝河		扩建	排涝地涵
腰滩河挡洪闸	腰滩河		拆建	防洪闸
朝阳河排涝站	朝阳河		新建	排涝泵站

4.2.3 灌溉渠道

4.2.3.1 渠道设计流量

渠道设计流量$Q_{设}$是指在灌溉设计标准下，为满足灌溉用水要求，需要渠道输送的最大流量，或正常条件下渠道需要通过的最大流量，因此设计流量也叫正常流量，它是确定渠道断面和渠系建筑物尺寸的主要依据。

1. 渠道输水损失与灌溉水利用系数

渠道的输水损失包括渠道水面蒸发损失、渠床渗漏损失、闸门漏水和渠道退水等。水面蒸发数量很小，一般不足渗漏损失的5%，在渠道设计流量计算中可忽略不计；闸门漏水和渠道退水取决于工程质量和用水管理水平，可通过加强灌区管理予以限制，在计算渠道设计流量时一般也可不考虑；渠床渗漏损失是渠道输水损失的主要部分，约占总损失量的80%以上，所以通常以渗漏损失作为渠道的总输水损失。在灌区规划设计中，常用经验公式或经验系数估算输水损失量。

灌溉水利用系数$\eta_{水}$指实际灌入农田的有效水量和渠首引入水量的比值，其数值等于渠系水利用系数$\eta_{渠系}$与田间水利用系数$\eta_{田}$的乘积，即$\eta_{水}=\eta_{渠系}\eta_{田}$。该系数是反映灌区灌溉工程工作状况、灌水技术水平和管理水平的综合指标。

渠系水利用系数$\eta_{渠系}$是指灌溉渠系的净流量与毛流量的比值，其数值等于各级固定渠道（干、支、斗、农）的渠道水利用系数的乘积，即$\eta_{渠系}=\eta_{干}\ \eta_{支}\ \eta_{斗}\ \eta_{农}$。

渠道水利用系数$\eta_{渠道}$是指渠道的净流量$Q_{净}$与毛流量$Q_{毛}$的比值，即$\eta_{渠道}=Q_{净}/Q_{毛}$。对任一渠道而言，从水源或上级渠道引入的流量是它的毛流量，分配给下级各条渠道流量的总和是它的净流量。渠道水利用系数是衡量渠道输水损失和管理水平的指标。

田间水利用系数$\eta_{田}$是指实际灌入田间的有效水量和末级固定渠道放出水量的比值。在田间工程完善、灌水技术良好的条件下，旱作农田的田间水利用系数可达0.9以上，水稻田的田间水利用系数可达0.95以上。

2. 渠道工作制度

渠道的工作制度指渠道的输水工作方式，有续灌和轮灌两种。续灌即在一次灌水延续时间内自始至终连续输水的工作方式；轮灌即同一级渠道在一次灌水延续时间内轮流输水的工作方式。

续灌渠道在一次灌水期间连续输水，所以渠道流量小，相应的渠道断面和建筑物尺寸也小，可减少工程量，节省占地和投资，但灌水时间长，输水损失较大。实行轮灌时，同时工作的渠道少，灌水集中，流量大，可缩短输水时间，输水损失相应减少，有利于机动调配水量，提高灌水效率。但是由于轮灌加大了渠道的设计流量，使渠道断面大，也就增大了渠道开挖的土方量和建筑物的工程量。

干支渠续灌、斗农渠轮灌是我国大中型灌区最常用的灌溉工作方式。但江苏大中型灌区大多为平原自流与半自流灌区，在长期的工作实践中，常采用干渠分段轮灌和干渠分条轮灌等形式。

3. 渠道设计流量

渠道工作制度不同，设计流量的推算方法也不同。轮灌渠道流量取决于上级渠道配水量；续灌渠道流量取决于控制面积。

各级渠道设计流量根据所选择的工作制度，可以分成以下几种情况进行推算。

（1）干支续灌、斗农轮灌。支渠是末级续灌渠道，因此，首先计算支渠的田间净流量，支渠的田间净流量取决于控制面积与设计灌水率。然后，根据斗农渠轮灌方案，不同轮灌组，按支渠控制面积分配各轮灌组的灌水时间；同一轮灌组内，按农渠控制面积分配支渠的田间净流量至各农渠，计算末级固定渠道农渠的田间净流量。获得农渠田间净流量后，由下而上，根据流量损失计算公式，逐级推算各级渠道设计流量。

以图4.3为例，支渠为末级续灌渠道，选择三支作为典型支渠，进行流量推算。三支渠同时工作的斗渠有 n 条，一条斗渠上同时工作的农渠有 k 条，且各农渠控制面积相等。

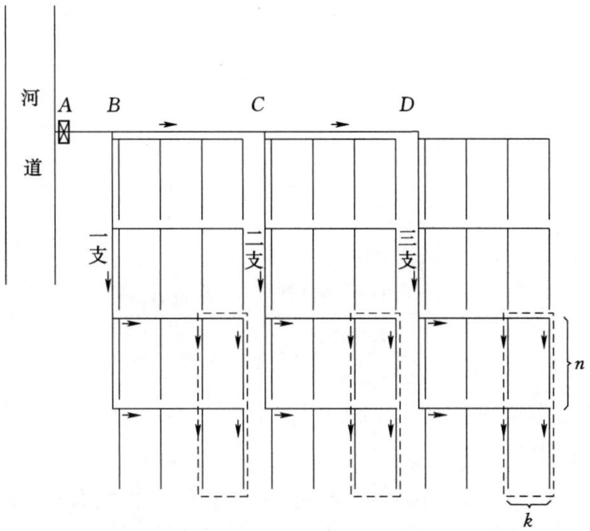

图 4.3　渠道干支续灌、斗农轮灌示意图

1）典型支渠田间净流量。首先分配末级续灌渠道（支渠）的田间净流量。在支渠范围内，不考虑损失水量的田间净流量为

$$Q_{支田净}=qA_{3支} \tag{4.3}$$

式中：$Q_{支田净}$为典型支渠的田间净流量，m^3/s；$A_{3支}$为典型支渠三支控制的灌溉面积，万亩；q 为设计灌水率，$m^3/(s\cdot万亩)$。

2）农渠田间净流量。若农渠面积相等，则由支渠分配到每条农渠的田间净流量为

$$Q_{农田净}=\frac{Q_{支田净}}{nk} \tag{4.4}$$

式中：$Q_{农田净}$为农渠的田间净流量，m^3/s。

在斗、农渠控制面积不等的情况下，农渠的田间净流量按农渠所控制的面积比例进行分配。

3）农渠净流量。由农渠的田间净流量计入田间损失水量，求得农渠的净流量为

$$Q_{农净}=\frac{Q_{农田净}}{\eta_{田}} \tag{4.5}$$

式中：$Q_{农净}$为农渠的净流量，m^3/s；$\eta_{田}$ 为田间水利用系数。

4）各级渠道的设计流量。根据农渠的净流量自下而上逐级计入渠道输水损失，得到各级渠道的设计流量。输水损失可用经验公式或经验系数估算。

根据渠道净流量、渠床土质和渠道长度，可用经验公式估算输水损失：

$$Q_{毛}=Q_{净}(1+\sigma L) \tag{4.6}$$

式中：$Q_{毛}$为渠道毛流量，m^3/s；$Q_{净}$ 为渠道净流量，m^3/s；σ 为每千米渠道输水损失系数占渠道净流量的百分数；L 为轮灌渠道的平均工作长度，可以按分水口至轮灌组中点的距离计算，km，计算农渠毛流量时，农渠工作长度取农渠实际长度的一半估算。

渠道毛流量亦可以净流量和渠道水利用系数进行估算：

$$Q_{毛}=\frac{Q_{净}}{\eta_{渠道}} \tag{4.7}$$

按上述方法推算典型支渠及斗、农渠的设计流量，计算典型支渠三支范围内的灌溉水利用系数 $\eta_{3,支水}$：

$$\eta_{3,支水}=\frac{qA_{3支}}{Q_{3支}} \tag{4.8}$$

式中：$Q_{3支}$为典型支渠三支的毛流量，m^3/s。

以此作为扩大指标，用下式计算其余支渠的设计流量：

$$Q_{i支}=\frac{qA_{i支}}{\eta_{3,支水}} \quad (i=1,2,3,\cdots) \tag{4.9}$$

同样，以典型支渠范围内各级渠道水利用系数作为扩大指标，可计算出其他支渠控制范围内的斗、农渠设计流量。

5）干渠各段设计流量。干渠为续灌渠道，一般采用经验公式法估算输水损失水量。如图 4.3 所示，干渠设计流量应自下而上逐段推算，计算公式如下：

$$Q_{CD,毛}=Q_{3支}(1+\sigma_{CD}L_{CD}) \tag{4.10}$$

$$Q_{BC,毛}=(Q_{CD,毛}+Q_{2支})(1+\sigma_{BC}L_{BC}) \tag{4.11}$$

$$Q_{AB,毛}=(Q_{BC,毛}+Q_{1支})(1+\sigma_{AB}L_{AB}) \tag{4.12}$$

式中：$Q_{1支}$、$Q_{2支}$、$Q_{3支}$分别为一支、二支、三支的毛流量，m^3/s；$Q_{AB,毛}$、$Q_{BC,毛}$、$Q_{CD,毛}$分别为 AB、BC、CD 段的干渠毛流量，m^3/s；L_{AB}、L_{BC}、L_{CD}分别为 AB、BC、CD 段的干渠长度，km。

以上所述是土质渠道的流量推算，若为衬砌渠道，在计算渠道损失流量时需乘以渗水量折减系数，混凝土衬砌渠道的折减系数一般为 0.15～0.05。

（2）干渠分段轮灌。江苏沿运灌区，由于自流水头不足，常采用干渠分段轮灌，即通过干渠上的节制闸控制灌溉面积，实现干渠分段轮灌。如图 4.4 所示，干渠通过节制闸 E、F 分成三段轮灌，干渠分段轮灌时，干渠以下的各级渠道续灌。

干渠分段轮灌时，干渠流量即为渠首引水流量；支渠及以下渠道的田间净流量，按对应灌溉面积分配。

整个灌区的农田田间净流量为

$$Q_{总田净}=qA_{总} \tag{4.13}$$

式中：$Q_{总田净}$为灌区田间净流量，m^3/s；$A_{总}$ 为灌区总灌溉面积，万亩。

若末段干渠 FD 轮灌，则分配给末级第 i 农渠的田间净流量为

$$Q_{农田净,i}=\frac{Q_{总田净}}{A_{FD}}A_{农,i} \tag{4.14}$$

式中：$Q_{农田净,i}$为第 i 条农渠的田间净流量，m^3/s；A_{FD}为 FD 段干渠控制的农田灌溉面积，万亩；$A_{农,i}$为第 i 条农渠控制面积，万亩。

计算确定农渠的田间净流量 $Q_{农田净,i}$，可参照上述“干支续灌、斗农轮灌”的方法逐级向上推算各级渠道的设计流量及渠首引水流量。

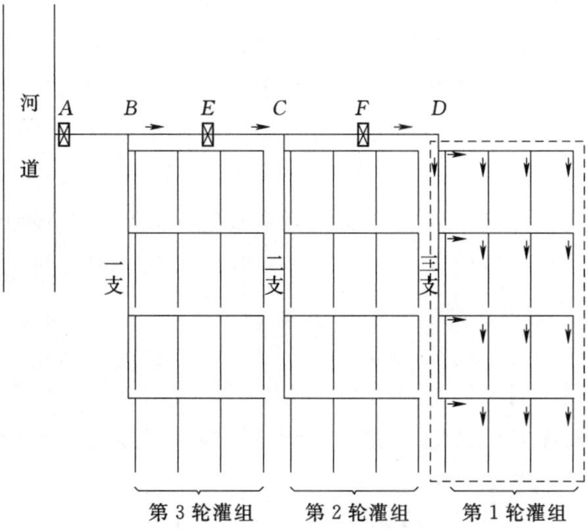

图 4.4　干渠分段轮灌示意图

(3) 干渠分条轮灌。干渠分条轮灌也是江苏沿运、沿总渠灌区常用的灌溉方式，即通过干渠渠首闸控制，实现干渠分条轮灌。如图 4.5 所示通过 B、C 两座渠首闸，控制南、北干渠分 2 组轮灌，每条干渠的轮灌设计流量均为灌区引水流量，干渠以下各级渠道的设计流量按面积比例进行分配，计算方法与干渠分段轮灌基本相同。

4. 渠道最小流量和加大流量

(1) 渠道最小流量。渠道最小流量 Q_{min} 是指在灌溉设计标准条件下，渠道在工作过程中输送的最小流量。最小流量是校核渠道不淤流速、渠道断面水位衔接和确定是否需要修建节制闸的关键参数。

为避免最小流量与设计流量相差较大而导致上级渠道不能对下级渠道正常供水，采用最小流量不低于设计流量的 40%、最小水深不低于设计水深的 70%为宜。实际灌水中如某次灌水定额过小，可实行集中供水，缩短供水时间。

(2) 渠道加大流量。渠道加大流量 Q_j 是考虑在灌溉工程运行过程中可能出现一些难以准确估计的附加流量，即设计流量乘以加大系数。加大流量是渠道运行过程中可能出现的最大流量，它是确定渠道堤顶高程及校核渠道不冲流速、渠道断面水位衔接和确定修建分水闸位置的依据。渠道设计流量为 1.0～30m^3/s 时，加大系数为 1.1～1.35。

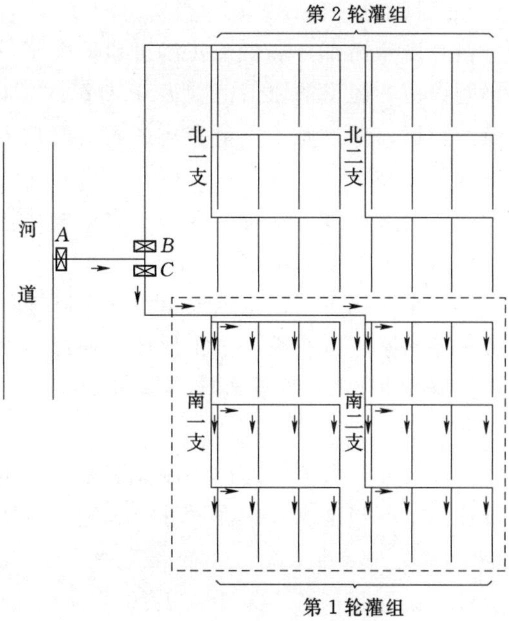

图 4.5　干渠分条轮灌示意图

值得注意的是，渠道最小流量与加大流量仅适用于续灌渠道，轮灌渠道一般不考虑最小、加大流量；提水灌区若渠首泵站无备用机组，一般也不考虑加大流量，若渠首泵站有备用机组时，干渠的加大流量按备用机组的抽水能力而定；多机组的小型机电灌区，可以根据不同台数的机组运行方案，以加大流量与最小流量来设计、校核渠道。

4.2.3.2 渠道断面设计

灌溉渠道的设计流量、最小流量和加大流量确定后，可据此设计渠道的纵横断面。渠道断面设计需满足流量及水位要求，以及边坡稳定、工程量少、渗漏损失小、施工方便、可以综合利用等要求。

1. 渠道横断面

渠道横断面设计采用明渠均匀流公式，干支渠的过水断面一般采用实用经济断面，斗农渠宜采用水力最优断面。横断面形式，土渠一般为梯形断面，混凝土衬砌渠道常采用梯形断面（图 4.6）或 U 形断面（图 4.7）。

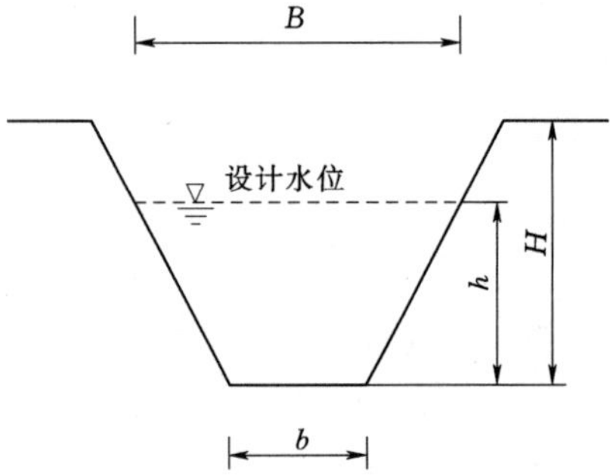

图 4.6 渠道梯形断面图

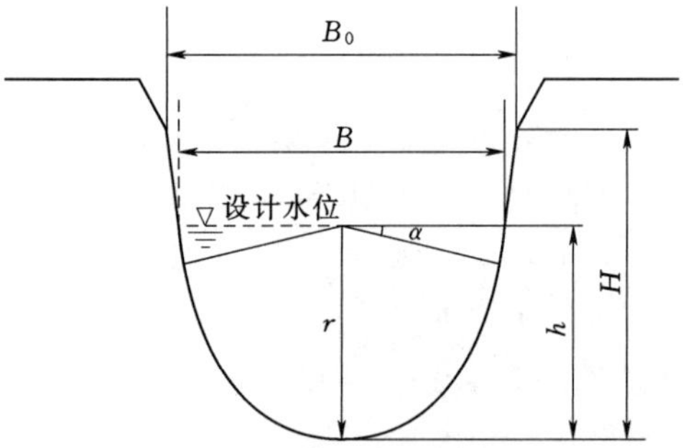

图 4.7 渠道 U 形断面图

主要技术参数确定如下。

（1）渠床糙率。混凝土防渗渠道的糙率可根据防渗渠道表面粗糙度确定；一般金属模板预制渠槽，糙率的取值范围为 0.012～0.016，常取 0.014。土渠的糙率除了考虑渠床的土质外，还得考虑施工质量和建成后的管理养护情况，当流量小于 $25m^3/s$ 时，糙率的取值通常为 0.0225。

（2）边坡坡度。黏壤土区，斗农渠梯形土渠边坡坡度通常取 1∶1～1∶1.5，混凝土梯形渠道边坡坡度通常取 1∶0.5～1∶1。

（3）渠底比降。需根据渠道沿线实际地面坡度、下级渠道分水点的水位要求、设计流量大小等因素，进行综合分析比较，通过水力计算，并校核是否满足不冲、不淤流速的要求予以确定。江苏平原地区斗渠渠底比降一般取 1/5000～1/2000，农渠渠底比降取 1/3000～1/1000。

（4）不冲、不淤流速。预制安装施工的混凝土防渗渠道设计流速要小于 2.5m/s，不淤流速可根据当地水源中泥沙性质确定。对于清水渠道，为抑制杂草生长，渠道流速也不宜小于 0.3～0.4m/s。

（5）渠道超高。土渠干支渠超高为 $h_j/4+0.2$（h_j 为加大水深，m），斗、农渠一般取 0.2～0.3m；混凝土衬砌干支渠超高一般为 0.3～0.6m，渠道设计流量小于 $2m^3/s$ 的小型渠道超高一般采用0.1～0.2m。

2. 渠道纵断面

渠道纵断面设计的任务是根据灌溉水位要求确定渠道的空间位置，先确定不同桩号处的设计水位高程，再根据设计水位确定渠底高程、堤顶高程、最小水位等。

（1）灌溉渠道分水口水位。为了满足自流灌溉要求，各级渠道在分水口处都应具有足够的水位高程。各分水口的控制水位，根据控制点灌溉土地的地面高程加上灌水深度、下级渠系沿程水头损失以及渠水通过各种涵闸建筑物的局部水头损失，自下而上逐级推算而得。水位推算公式如下：

$$H_{分}=A_0+h+\sum Li+\sum \phi \tag{4.15}$$

式中：$H_{分}$为渠道分水口处要求的控制水位，m；A_0为渠道控制范围内控制点的地面高程，m，控制点是指较难灌到水的地面，在地形均匀变化的地区，如沿渠地面坡度大于渠道比降，渠道进水口附近的地面最难控制；反之，渠尾地面最难控制；h为控制点地面与附近末级固定渠道设计水位之间的高差，一般取0.1～0.2 m；L为各级渠道长度，m；i为各级渠道的比降；ϕ为水流通过渠系建筑物的局部水头损失，m，一般干支渠进水闸取0.1～0.2m，斗农门取0.05～0.1m，节制闸、桥梁取0.05～0.1m，渡槽取0.1～0.2m。

（2）渠道纵断面图绘制方法与步骤。渠道纵断面图包括沿渠道地面高程线、渠道设计水位线、渠道最小水位线、渠底高程线、堤顶高程线、分水口位置、渠道建筑物位置等，如图4.8所示。

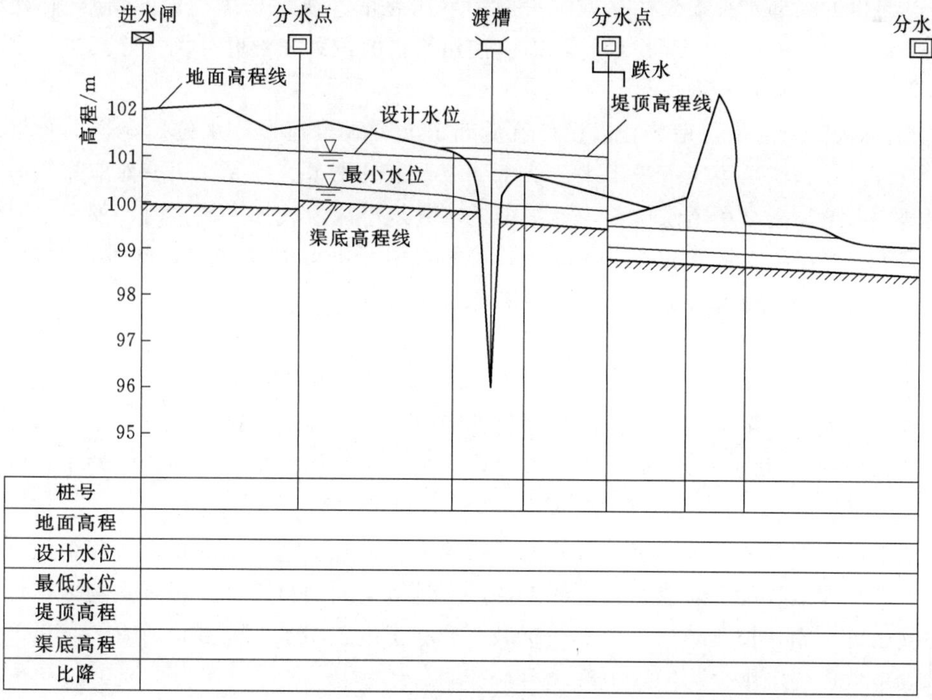

图4.8 渠道纵断面图

渠道纵断面图的绘制方法与步骤为：①以纵坐标表示高程，比例尺常用1/100或1/200，横坐标表示桩号，比例尺常用1/2000～1/10000，建立直角坐标系，根据渠道中心线的水准测量成果（桩号和地面高程）按比例点绘出地面高程线；②标绘分水口和建筑物的位置；③绘制设计水位线，参照水源或上一级渠道的设计水位、沿渠地面坡度、各分水口的控制水位和渠系建筑物的水头损失，确定渠道的设计比降，绘出渠道的设计水位线；④绘制渠底高程线，在渠道设计水位线以下，以渠道设计水深为间距画平行线；⑤绘制渠道最小水位线，从渠底线向上，以渠道最小水深为间距画平行线；⑥绘制堤顶高程线，从渠底线向上，以加大水深和安全超高之和为间距画平行线。

（3）水位衔接校核与分水闸、节制闸布置。

1）断面发生变化时渠段水位的衔接。灌溉渠道沿途分水后流量逐段减小，过水断面随之减小，为了使水位衔接，可采取改变底宽或改变水深的办法解决，衔接位置一般选在配水枢纽或输水建筑物处，并修建足够的渐变段，保证水流平顺。如果上、下段设计流量相差较小，可调整渠道横断面的宽深比，在相邻两渠段间保持同一水深；在水源水位较高的条件下，下游渠段按设计水位和设计水深确定渠底高程，并向上游延伸，画出上游渠段新的渠底线，再根据上游渠段的设计水深和新的渠底线，画出上游渠段新的设计水位线；在水源水位较低、灌区地势平缓的条件下，既不能降低下游的设计水位高程，也不能抬高上游的设计水位高程时，可采用抬高下游渠底高程的办法维持要求的设计水位。

2）建筑物前后的水位衔接。渠道上的交叉建筑物（渡槽、隧洞、倒虹吸等）一般都存在阻水现象，会产生水头损失，在渠道纵断面设计时，予以充分考虑。如建筑物较短，可将进、出口的局部水头损失和沿程水头损失累加起来（通常采用经验数值），在建筑物的中心位置集中扣除；如建筑物较长，则应按建筑物的位置和长度分别扣除其进、出口的局部水头损失和沿程水头损失。

3）上下级渠道的水位衔接。以设计流量确定上下级渠道设计水位后，当上级渠道通过最小流量时，相应上级渠道最小水位低于下级渠道最小水位，无法引取对应流量时，应设节制闸，以抬高上级渠道水位；当上级渠道输送最小流量或加大流量时，如果上级渠道的水位高于下级渠道对应水位0.5m以上，可能会引起下级渠道冲刷，此时，设分水闸，以满足上下级渠道水位衔接的要求。

4.2.3.3 生态渠道探索

1. 渠道生态修复思路

输水渠道不应以单纯减少输水损失为目标而全部实行硬化，还应发挥其生态、补给地下水等综合功能，因地制宜地建设生态型渠道，为水生植物的生长，动物的繁殖、栖息留出空间。

有些渠道应留有地下水通道，有效地补给地下水，恢复地下水环境。有些渠道（特别是在南方丰水地区）没有防渗和安全性需要，若进行全断面衬砌，会影响生物多样性。山丘区的灌区可采用“长藤结瓜”式工程布局，有利于生态用水的配置，所有的“瓜”不仅是蓄水设施，也是水生生物的乐园。

2. 高邮生态渠道建设探索

江苏高邮灌区在渠道改造中，采取填方缩渠与局部衬砌的措施，保持断面稳定与生态保护；在实施过程中，注重水生态的修复与水环境的保护以及水景观的打造。在结构设计中，对于生态的考虑，主要采取以下几点措施：

（1）护岸不护底。高邮灌区渠道多数为沙性土壤或沼泽性纤维有机土，渠道深、渠堤高，侧向渗漏大、断面稳定性差。因此，灌区节水改造中，采用如图 4.9 和图 4.10 所示的渠道断面衬砌方案。

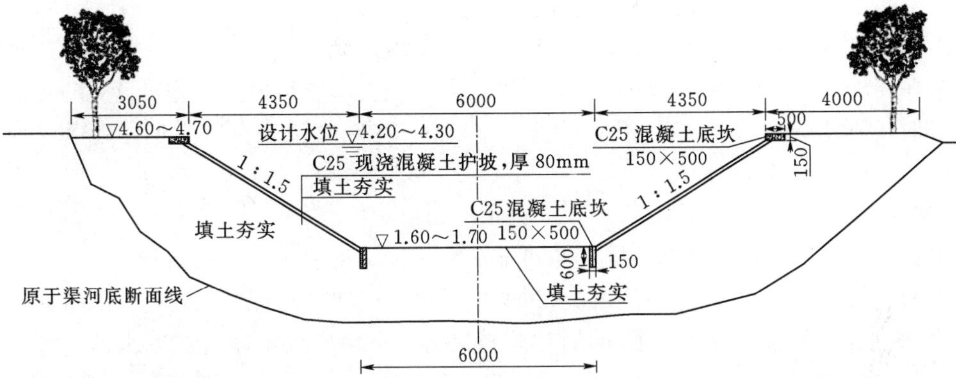

图 4.9　高邮灌区南关干渠衬砌图

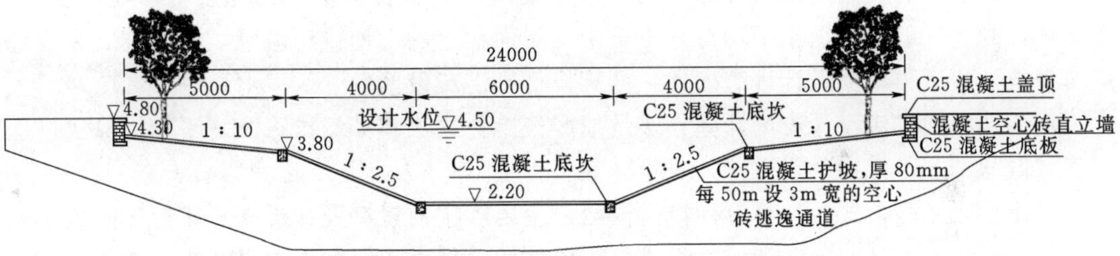

图 4.10　高邮灌区头闸干渠城区段护坡断面

在渠道衬砌中，为了既保持生态平衡，不破坏动物微生物栖息活动、生存繁衍，又达到防渗断漏、断面稳定、高效节水的多重效果。在深泓行水区，采取护岸不护底的措施（即渠道主流区的坡岸采用混凝土或砖石等材料进行衬砌护坡，渠道底部采用黏土进行夯实与碾压），维持水生动物、植物、微生物正常生存环境，保持水体良好的自净能力。在护岸前，多数渠道先对两岸及渠底进行清障清杂与填土碾压，然后铲坡护砌与封底压实。

（2）分段设通道。渠道岸边护砌后，由于缓坡变为陡坡，糙率降低，除了渠道人工养护不方便外，更使一些两栖动物（如青蛙等），在非灌溉期间，出入困难。为便于动物上岸或下渠，在渠道结构设计中，采取分段设立生态型动物逃逸通道的措施，保护生态，一般每 50～100m 设一道，通道宽度为 3～5m。逃逸通道采用空心透水砖材料，砌成阶梯式结构，孔眼垂直向上，眼中填土种草，砖下黏土夯实，阶侧用混凝土固化。

（3）缓坡作缓冲。缓坡作缓冲主要用于干渠改造。干渠断面大，全坡护砌，不仅造价大，而且不美观，再加上一些动物、微生物喜水程度不一，因此考虑设置湿地空间。在渠道结构设计中，渠道两岸设立缓坡，形成复式断面，不做护砌，留下空间种植植被，将此区间作为动物、微生物休闲活动的缓冲地带。通常种植的草丛为麦冬草，该草耐淹、耐冻，季季皆翠绿，年年又新生。灌区用水频繁的水稻作物，在6—10月用水量多且气温较高的时段，为保护动物微生物，通常在缓坡缓冲带上，间植耐水树种，常采用金丝垂柳，既耐水遮阴，又妩媚多姿。缓冲带空间宽度采用黄金分割率确定视觉效果，一般两侧之和占渠道口宽的40%左右，缓坡坡度为1∶10，以土壤不被水流冲刷为宜。

（4）岸墙留孔洞。为使渠道高水位时灌溉不漫渠，交通保安全，水土不流失，在干支渠改造中，两岸在结构设计上，设计直立扶垛式挡水墙，墙高1m左右，采用空心透水砖材料。为保证动物、微生物在土堤与水流间出入自由，在岸墙设置上，分段设立动物出入孔洞。一般每隔1～2m设一排，孔径为10～15cm，特殊区位如村庄附近，则适当加密处理。

4.2.4 排水沟道

排水标准是确定排水流量以及排水沟和排水闸等排水工程规模的重要依据。2011年，江苏省水利厅颁布实施的《江苏省农村水利现代化建设标准（试行）》规定，除涝标准为10～20年一遇设计暴雨，农田雨后1d排出，镇区骨干河道水位不超过控制水位。降渍设计标准为："控制农田地下水位在雨后2～3d降至田面以下0.8m，盐碱土地区1.2m。"

4.2.4.1 设计排涝流量

推求设计排涝流量的常用方法有两种：一是用流量资料推求；二是用暴雨资料推求。实际计算时，一般首先求出平均每平方千米排水面积上的设计排涝流量，通常称之为设计排涝模数；然后再根据设计排涝模数，计算设计排涝流量。

江苏常用的排涝设计流量计算方法是地区经验公式法和平均排除法。平均排除法仅适用于圩区与10km²以内的平原区，见第3章。

采用地区经验公式法计算设计排涝模数，主要影响因素有设计暴雨、排涝区的大小和形状、地面坡度、地面覆盖和作物组成、土壤性质、排水沟网配套情况及排水沟比降等。

$$q=KR^mF^n \tag{4.16}$$

式中：q 为设计排涝模数，$m^3/(s \cdot km^2)$；F 为排水河（沟）设计断面所控制的排涝面积，km^2；R 为设计径流深，即某一时段内的径流总量平铺在全流域面积上所得的水层深度，mm；K 为综合系数（反映河网配套程度、河底比降、降雨历时及流域形状等因素对排水的影响）；m 为峰量指数（反映洪峰与洪量的关系），排水能力好则 m 大，其值接近于1.0；n 为递减指数（反映排涝模数与排涝面积的关系）。

排涝模数 q 随排涝面积 F 增加而递减。K、m、n 可根据具体情况，经实地测验确定。江苏苏北平原区排涝模数公式参数值可参考表4.10。

表4.10　江苏苏北平原区排涝模数公式参数值表

适用范围/km²	K	m	n	暴雨历时/d
10～100	0.0256	1.0	−0.18	3
100～600	0.0335	1.0	−0.24	3
600～6000	0.049	1.0	−0.30	3

4.2.4.2 排水沟道断面

1. 排水沟设计水位

排水沟设计，一方面要使沟道能通过排涝设计流量，使涝水顺利排入外河；另一方面还要满足控制地下水位、通航、养殖等要求。排水沟的设计水位分为排渍水位和排涝水位两种，确定设计水位是设计排水沟的重要内容和依据。

（1）排渍水位（日常水位）。排渍水位也称日常水位，是排水沟经常需要维持的水位，在平原地区主要由控制地下水位的要求（防渍或防止土壤盐碱化）所决定。为了控制农田地下水位，排水农沟（末级固定排水沟）的排渍水位应当低于农田要求的地下水埋藏深度，斗、支、干沟的排渍水位需要考虑各级沟道的水面比降和局部水头损失等因素逐级推算而得，过闸水头损失一般取0.05～0.1m，上下级沟道在排地下水时排渍水位衔接落差一般取0.1～0.2m。

（2）排涝水位（最高水位）。排涝水位也称为最高水位，是排水沟宣泄排涝设计流量（或满足滞涝）时的水位。由于各地承泄区水位条件不同，确定排涝水位的方法也不同，但基本上分为下述两种情况。

1）承泄区水位较低，汛期干沟出口处排涝设计水位始终高于承泄区水位时，干沟排涝水位可按排涝设计流量确定，其余支、斗沟的排涝水位亦可由干沟排涝水位按比降逐级推得；若干沟出口处排涝水位比承泄区水位稍低，势必产生壅水现象，此时，干沟（甚至包括支沟）的最高水位按壅水水位线设计，其两岸常需筑堤束水，形成半填半挖断面。

2）承泄区水位很高、长期顶托无法自流外排的情况。此时沟道最高水位要分两种情况考虑：一种是无内排泵站时，最高水位一般不超出地面，以离地面0.2～0.3m为宜，最高可与地面齐平，以达到排涝和防止漫溢的目的，最高水位以下的沟道断面能承泄除涝设计流量和满足蓄涝要求；另一种是有内排泵站时，沟道最高水位可以超出地面一定高度。

2. 排水沟断面设计

排水沟断面设计的主要任务是确定排水沟纵横断面尺寸和水位衔接条件，校核排水沟排涝能力和不冲不淤条件。对单纯排除涝水的排水沟，按排涝设计流量设计；对具有控制地下水位要求的排水沟，按降渍要求确定沟深和间距，按排涝流量进行断面校核；对有通航、养殖、蓄涝和灌溉等要求的排水沟，则应采用各种要求都满足的断面。

（1）排水沟横断面设计。

1）根据排涝设计流量确定沟道的过水断面。排水沟一般是按恒定非均匀流公式设计断面，但在承泄区水位顶托发生壅水现象的情况下，往往需要按恒定非均匀流公式推算沟道水面线，从而确定沟道的断面以及两岸堤顶高程等。设计时需结合排水沟道的特点，对底坡、糙率、边坡系数等断面要素进行分析拟定。

a. 排水沟比降i。i主要决定于排水沟沿线的实际地形和土质情况，沟道比降一般要求与沟道沿线所经的地面坡降相近，以免开挖太深，同时还要满足沟道不冲不淤要求，平原地区排水沟底坡一般取值范围是：干沟，1/30000～1/10000；支沟，1/10000～1/5000；斗沟，1/5000～1/2000；农沟，1/2000～1/800。

b. 沟道的边坡系数m。m主要与沟道土质和沟深有关，土质越松，沟道采用的边坡系数应越大。由于地下水的渗透压力、坡面径流冲刷和沟内滞涝蓄水时波浪冲蚀等原因，沟坡容易坍塌，所以排水沟边坡一般比灌溉渠道边坡要缓。一般情况下不同水深（1.5～5.0m）的土质排水沟最小边坡系数 m 取值如下：黏土、重壤土，1.0～2.0；中壤土，1.5～3.0；沙土，2.5～5.0。

c. 排水沟的糙率 n。排水沟糙率根据沟槽材质、地质条件、施工质量、管护情况等确定。对于新挖沟道，其糙率与灌溉渠道相同，为 0.02～0.025；而对于容易长草的沟道，一般采用较大的数值，取 0.025～0.03。

2）排水沟道断面校核。在采用除涝设计流量确定了排水沟水深 h（相应的排渍水深为 h_0）及底宽 b 后，如果干、支沟有通航、养殖要求，需按照这些要求对沟道排渍水深及底宽进行校核。通航水深与底宽根据沟道农船要求确定，养殖水深一般取 1.0～1.5m。

在平原圩区遭遇设计暴雨时，所产生的涝水除一部分由泵站抢排外，大部分涝水需要暂蓄在田间与排水沟道中，以便雨后由泵站逐渐排出。此时，排水沟道断面还需满足这部分涝水滞蓄要求；另外，当利用排水沟引水灌溉时，水位往往形成倒坡或平坡，这就须要按非均匀流公式推算排水沟引水灌溉时的水面曲线，以此校核排水沟在输水距离和流速等方面能否符合灌溉引水的要求，如不符合，需调整排水沟的水力要素。

（2）排水沟纵断面设计。排水沟纵断面设计与横断面设计相互联系、互为条件。排水沟纵断面设计包括确定沿沟道地面高程线、日常水位线、最高水位线、沟底高程线等。

排水沟纵断面图绘制与灌溉渠道相似，其纵断面图的绘制步骤如下：

1）绘制地面高程线。根据骨干排水沟中心线的水准测量成果（桩号和地面高程）按比例点绘出地面高程线。

2）根据排水沟对控制地下水位的要求以及选定的沟道比降等，逐段绘出日常水位线。

3）在日常水位线以下，以按宣泄日常流量或通航、养殖等要求确定的排水沟各段水深为间距，画平行线，即为沟底高程线。

4）由沟底向上，以排涝设计流量或蓄涝要求的水深为间距，画平行线，即为排水沟的最高水位线。

4.2.5 自流灌区灌溉优化配水

江苏省沿运河、沿总渠有不少自流与半自流大中型灌区，一个灌区 10cm 的水位差往往可造成上万亩甚至数万亩农田无法自流灌溉。灌区续建配套改造前，运河沿线大型自流灌区灌溉时“上游尽淌、中游尽抢、下游听赏”的现象时有发生。为进一步扩大此类灌区的自流灌溉面积，江苏沿运灌区从 20 世纪 80 年代开始就探索干渠优化配水方案，扩大灌区自流灌溉面积，降低灌区运行成本。

4.2.5.1 自流灌区优化配水方法

江苏自流灌区常用的轮灌工作制度有干渠续灌、干渠续灌分级控制（干渠续灌，通过控制干渠上的节制闸开启高度，壅高闸前干渠水位、增加闸前的灌溉自流面积）、干渠分段轮灌及干渠分条轮灌等，通过建立灌区骨干渠道不同灌溉工作制度时的恒定非均匀灌溉模拟模型，模拟推算各支渠（或直斗）放水口的水位和自流灌溉面积，从而寻找使自流灌溉面积最大的渠道工作制度。

1. 渠道流量推算

采用 4.2.3.1 一节的方法，推算干渠续灌、干渠续灌分级控制、干渠分段轮灌、干渠分条轮灌的干、支渠道流量。

2. 干渠水位推算

按恒定非均匀流方法推算相邻二分水口之间的渠段水位。具体方法与步骤如下：

(1) 支渠（或直挂斗渠）首水位推算。假设典型支渠（或直挂斗渠）末、田间放水口门典型水位高程（也就是对应不同典型口门水位高程，有对应不同的支渠或直挂斗渠控制范围内自流灌溉面积），采用恒定非均匀流模型，推算各支渠（或直挂斗渠）的渠首水位。

(2) 干渠渠首水位推算。以支渠（或直挂斗渠）渠首水位为初始条件，采用渠道恒定非均匀流公式、配套建筑物的闸孔出流或堰流公式，由下而上逐段推算干渠水位，直至推算出干渠渠首水位，同时也得到沿线各支渠首（或直挂斗渠首）处的干渠分水口水位。

(3) 干渠渠首水位校核。如果推算求得的干渠渠首水位高于水源水位，则降低相关支渠（或直挂斗渠）控制范围内的田面典型点高程，即放弃部分局部高地或边远地带的自流灌溉，按上述方法重新推求干渠水位，直到满足为止。

(4) 根据灌溉流量、水源水位和推算出的干渠渠首水位，确定干渠渠首的闸门开启高度，以此确定对应各支渠首（或直挂斗渠首）处的干渠分水口水位；由干渠分水口水位推算对应支渠首（或直挂斗渠首）控制范围内的自流灌溉面积。

4.2.5.2 洪金灌区优化配水实践

江苏淮安市洪金灌区位于洪泽湖边，是大型平原自流灌区，包括洪泽、金湖两区（县）12 个乡（镇），灌区总面积为 73.74 万亩，现有耕地面积为 42 万亩，设计灌溉面积为 35.78 万亩。洪金灌区在长期的生产实践中，往往由于 10～20cm 的水头差，近万亩到数万亩农田不能自流灌溉。以往为了增加自流灌溉面积，不得不在干渠上设置节制闸以抬高水位。设闸后，上游自流条件得到改善，但闸下游由于过闸损失，自流条件更加恶化；下游再设闸以抬高水位，导致恶性循环。历史上洪金灌区 80km 的南北干渠上曾建闸达 27 座之多，为了彻底改变这种状况，灌区开展了优化配水方法研究。

洪金灌区干渠及其节制闸布置的概化图如图 4.11 所示。根据当地长期的生产实践经验，考虑四种渠道灌溉工作制度，分别为干渠续灌、干渠分条轮灌、干渠分段轮灌和干渠续灌分级控制，建立灌溉配水模拟模型，寻求使灌区自流灌溉面积最大的渠道灌溉轮灌工作制度。

干渠续灌即南、北干渠，以及下一级渠道上所有节制闸、渠首闸全开。

干渠分段轮灌即将南北干渠分三段轮灌，第一段是北干渠从北干分水闸到孙庄闸，南干渠从南干分水闸到塘潮闸；第二段是北干渠从孙庄闸到山阳闸，南干渠从塘潮闸到中北干渠进水闸和黄庄闸；第三段是北干渠山阳闸以后，南干渠中北干渠进水闸和黄庄闸以后。

干渠分条轮灌即南、北两条干渠分两次轮流灌溉。

干渠续灌分级控制即根据洪金灌区的长期运行情况选择 7 座干渠节制闸来分级控制抬高水位，该 7 座节制闸分别为南干渠分水闸、北干渠分水闸、孙庄闸、山阳闸、塘潮闸、中北干渠进水闸、黄庄闸。当已知洪泽湖水位，各支渠或直挂斗渠配水定额一定时，该 7

座节制闸的不同开启高度将影响灌区自流灌溉面积，需寻求该7座闸使自流灌溉面积最大的开闸方案，即确定闸门的开启高度与时间。

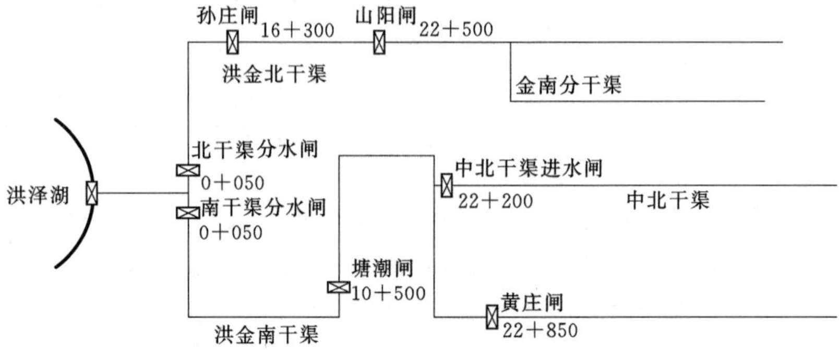

图4.11 洪金灌区干渠及其节制闸布置的概化图

洪泽湖灌溉水位为11.4～14.0m，以0.2m为间距离散，对各种代表年的四种灌水方式进行模拟。以枯水年、洪泽湖水位（11.6m）为例，几种条件下的轮灌模拟结果见表4.11。可见，对于不同的干渠轮灌工作制度，水文年相同、水源水位相同、灌溉时间相同时，灌溉自流面积最大可相差25％以上，理论上最优的干渠轮灌工作制度依次为干渠分段轮灌、干渠分条轮灌、干渠续灌分级控制和干渠续灌，模拟计算的结果和灌区长期运行情况基本相符。灌区采用干渠分段轮灌时自流灌溉面积最大，但干渠分段轮灌的缺点是管理要求高、水利矛盾大；又因干渠分条轮灌与分段轮灌自流灌溉面积之间相差不大，具有管理方便、水利矛盾小的优点。因此，根据模拟分析结果，洪金灌区在续建配套与节水改造时，增建了南北干渠渠首闸，采用南北干渠分条轮灌方式。

表4.11　不同轮灌工作制度时的自流灌溉面积

干渠工作制度		渠首开闸时间/d	渠首开启高度/m	渠首流量/(m^3/s)	自流灌溉面积/万亩
续灌		5	1.49	46.3	21.03
续灌分级		4	2.63	57.9	22.35
分条轮灌	北干渠	5	1.67	30.84	9.14
	南干渠	4	1.40	30.84	13.28
	合计	9			22.42
分段轮灌	段一	4	1.62	33.07	6.15
	段二	1	1.04	33.07	3.39
	段三	3.5	0.94	33.07	13.02
	合计	8.5			22.56

4.3 灌区信息化建设

灌区信息化是充分利用现代信息技术，开发和利用灌区信息资源，提高信息采集和加工的准确性以及传输的时效性，做出及时、准确的反馈和预测，使灌区合理灌溉、科学用水、提高灌溉效益，为灌区管理部门提供科学的决策依据，全面提升灌区经营管理的效率和效能。

目前，江苏大型灌区信息化建设，主要围绕灌区“面上工程信息化，骨干工程自动化，灌溉调度科学化”的思路，不断推进。

4.3.1 总体框架

1. 总体结构

大型灌区各类设施点多面广，地理范围大，需要管理的信息包括灌区基本信息、工程管理信息、气象信息、作物灌溉信息和工程空间信息等。如此众多的信息如何实现有效、合理和科学管理，须在建设初期进行总体框架的设计，总体框架结构如图 4.12 所示。

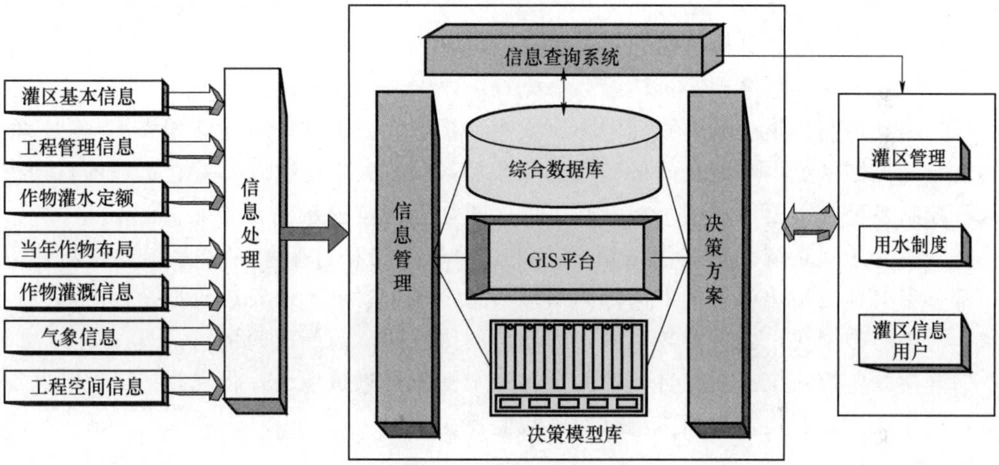

图 4.12 灌区信息系统总体框架结构图

2. 信息管理层次

从灌区信息管理层次来说，通常分为三层：最下层为感知层，主要是灌区泵站、涵闸、渠系建筑物等各类需要进行自动控制的设施，还有需要进行监测其状态或参数的现场装置，利用现场传感器进行采集、转换各类信息，然后通过网络层向上层进行传输；中间层为联结下层与上层的网络层，主要通过各类网络，将下层装置采集的各类信息向应用层进行传输；最上面一层是应用层，主要完成信息的展示、用户操作及决策方案的产生和处理等。

3. 系统完成主要功能

根据灌区管理信息化的要求，实现的主要功能有如下几点。

(1) 信息管理功能。整个系统对灌区的自然状况、水利工程、实时水情等数据进行管理，对多种数据查询、统计、分析、计算。其主要内容包括模糊查询、多条件组合查询、数据分析以及数据统计功能。系统实现对地貌状况、气象资料、降雨资料等自然信息，经济状况和作物耕作情况等社会状况，灌区管理人员的相关信息，水利行业法律法规等的查询，以及对水利工程图片和视频的浏览等功能。

(2) 地理信息系统功能。实现对沟渠、桥涵、闸站等工程在电子地图上的查询功能。

通过点击电子地图上的查询对象，可查询相关对象的具体定位、属性等内容。

（3）优化配水调度功能。如江苏洪金灌区开发的优化配水调度模块，可根据灌区的不同气象条件、作物种植布局、水源情况等建立优化配水模型。模型能在不同作物需水量、灌水定额和灌溉制度、灌溉用水过程下，推算出灌区最优的渠道灌溉工作制度，干渠节制闸的开启时间、开启方式，支渠或直挂斗渠首的开启时间、开启方式等配水方案，从而尽可能提高灌区的自流灌溉面积与效益。

4.3.2 硬件系统

作为信息化的基础，硬件系统建设可分为网络系统、闸站控制系统、信息采集系统和视频监控系统建设等部分。

（1）网络系统。大中型灌区灌溉面积大，工程分布范围广，完全新建一个灌区网络系统，往往投资较大，江苏大多按照“节约投资、公网优先、有条件自建补充”的原则进行。根据每个灌区灌溉具体情况，首先考虑能否采用公网通讯，因为公网投资省、可靠性高，对公网还无法到达之处，再建设部分光纤网或微波通信设施。

（2）闸站控制系统。灌区管理中心、大中型泵站、防洪闸等可建立现场控制和远程控制相结合的控制系统，小型泵站可建立远程监控系统，大中型水闸可建立本地的自动控制和远程控制系统，重要节点的小型水闸也可以建立远程监控系统。

（3）信息采集系统。根据灌区情况，建立雨量采集站；采集主要水源地、河流、干渠、部分支渠和典型斗渠、大中沟等的水位信息；在主要出水口安装流量计，对灌溉用水计量；对于典型田块，也可安装监测田间墒情的传感器，监测田间墒情。

（4）视频监控系统。所有自动控制泵站和水闸装视频摄像头，将视频传输至灌区调度中心，实现灌区主要建筑物和监测点的视频监控。

4.3.3 灌区数据库

灌区数据库建设包括两方面，数据库结构和数据库内容的建设。

数据库结构是指通过对灌区数据的分析，进行合理分类，按照数据库设计的有关理论和方法设计出结构合理、技术易于实现、满足应用要求的逻辑数据库和物理数据库结构。数据库内容则是根据灌区的实际情况，使用数据库管理系统提供的录入工具将灌区的信息输入到数据库，使数据库成为一个具有丰富内容的数据仓库，满足灌区日常管理和决策支持的需要。

灌区数据库主要内容包括水情雨情、水利工程基础、工程运行控制、水资源配置和调度、科学配水、田间墒情、行政事务管理等灌区管理的各类数据。整个数据库内容，要能全面反映灌区管理方方面面的信息，面上项目要实现全面信息化。

如洪金灌区信息系统建立了以下几种数据库：

（1）工程基本情况数据库（河道、泵站、涵闸、桥梁、渠道等），内容包括基本参数、图像信息、视频信息等；行政区划数据库（乡、村、灌区、圩区等基本信息）；农业生产情况数据库（当地气象、水文、植被、种植布局、土壤类型等）；生产情况数据库（用水情况、排污情况等）。

（2）空间数据库，主要包括河网水系、各种建筑物的空间位置信息、行政区划、人口分布等。

(3) 实时数据库，主要包括各河道、节制闸主要监测点的水位、流量、水质情况等；建筑物运行的实时信息。

(4) 多媒体数据库，主要包括各类建筑物设计图纸，建设过程中、建成后的照片、视频等资料。

(5) 办公数据库，主要包括管理机构和人员情况、法律法规和办公事务等。

其具体结构如图 4.13 所示。

4.3.4 软件系统

软件系统是信息化建设的主要内容之一，灌区信息系统涉及的软件较多，主要分两类，系统软件与应用软件。

系统软件是支撑整个灌区信息化的基础，主要包括操作系统软件（网络操作系统、操作端终操作系统、移动终端操作系统等）、数据库软件、地理信息系统软件等。

灌区应用软件一般包括水量调度管理软件、泵站和水闸计算机控制实时监控软件、灌区运行管理实时信息移动终端查询软件、灌区地理信息管理软件、综合办公政务管理软件（含对外门户网站）等 5 大类。

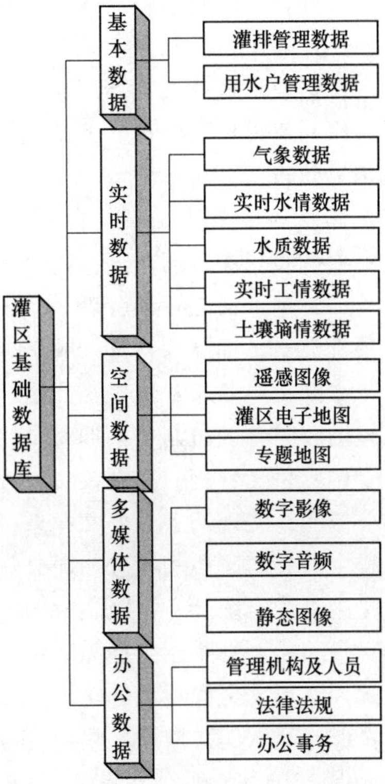

图 4.13 洪金灌区数据库组成结构

4.3.4.1 用水决策调度管理软件

大中型灌区，灌区范围大，如何实时地根据来水和用水情况进行协调、优化调度，是灌区实现水资源高效利用的重要课题。如洪金灌区用水决策调度管理软件，主要实现以下功能：

(1) 预测分析。根据水源水情资料，分析近期来水量，确定灌区可引水量。

(2) 供水计划编制。根据灌区可引水量，结合各干渠多年平均引水情况，编制灌区日、周、月供水计划。

(3) 配水计划编制。根据干渠供水计划，结合各用水户提出的需水申请、灌区降水预测和作物种植结构布局，制定干渠各渠段（支渠或直挂斗口）的配水计划。

(4) 灌区引、耗水量计算。根据灌区可引水量、各口门需耗水量和沟道排水量，进行平衡分析，计算灌区年、月、日的耗水量。

(5) 灌溉进度统计。自动将各灌溉区域的灌溉进度统计数据进行汇总处理，制作报表，供分析决策。

(6) 水情报表的制作。提取灌区当前的实时流量、干渠各断面的实际流量和灌区的累计引（用）水量，制作水情报表，供分析决策。

4.3.4.2 综合办公政务管理系统软件

综合办公政务管理系统包括灌区办公自动化和对外门户网站两部分，主要目的是提高办公效率，节约办公经费，实现资源信息化、决策科学化。同时，通过互联网向公众提供灌区建设、管理、服务的信息，接受公众监督，吸纳公众意见，促进灌区管理工作的民主化、科学化。一般包括以下内容：

（1）邮件服务。系统无缝集成内网电子邮件系统，与门户系统保持单点登录、统一用户管理，方便用户操作，同时也为员工之间的工作交流和协作提供便利。

（2）网上审签公文。提供领导在网上直接审签、阅批公文的功能。根据预先设置好的工作流程，系统自动将需要领导审签的文件转送给相应领导，以方便领导工作。

（3）通讯录管理。系统提供通讯录功能，以方便沟通、联络工作。通讯录进行分类管理，包括通用通讯录、专用通讯录、个人通讯录等。

（4）值班信息管理。系统提供值班管理功能，包括查看值班日程、值班情况、值班日志等。

（5）会议管理。会议管理主要包括会议方案的制订，会议通知的起草、审核、发布和网上报告等功能，同时还包括会议室、会议设备以及日程冲突的提示等辅助功能。

（6）重要文献资料管理。系统提供对文献资料的收录、查询功能，为辅助办公写作提供基础数据，提高综合性公文材料起草的效率与质量。包括文献资料采编，文献资料审核，文献资料发布，用户在严格的权限限制下对文献资料进行阅读、修改、检索，并具备完整的权限管理机制和数据安全管理机制。

（7）公文管理。实现收文、发文、签报等“拟稿—签批—审核—签发”全程电子化的办公流程；实现网上对公文办理过程的跟踪、督查、催办、监控等，及时了解公文在办理过程中所处的阶段和状态，同时需要对公文办理过程保留处理痕迹；实现网上对公文办理情况的查询、统计、排版、打印等功能；对需要归档的公文进行预归档处理、与档案系统对接等功能，真正达到提高工作效率、减少重复工作、加强灌区管理人员之间的协作性的目的，实现公文管理无纸化。

（8）灌区门户网站。采用互联网服务形式进行信息的发布，实现水利宣传和政务公开，促进灌区良性运行。

4.3.4.3 灌区运行管理实时信息移动终端查询系统软件

为了方便快捷地获取灌区实时灌溉信息以及其他水文信息，要求开发灌区水情、灌溉实时信息移动查询系统。实现手持式PDA、平板电脑或者手机对移动水情、闸门运行状态、闸位信息等的查询。一般可包括以下功能：

（1）移动终端或者手机通过3G、4G或GPRS等无线方式与调度控制中心服务器联网通信。

（2）查询显示主要放水闸运行情况，包括闸门开度、过闸流量以及监控点的实时水位。

（3）查询显示各监测点的历史水位与流量，以报表或者趋势图等多种形式展示。

（4）根据需要，显示其他参数与工程运行情况。

4.3.4.4 灌区计算机控制实时监控系统软件

系统按“无人值班、少人值守”的目标进行设计与开发，采用分层分布式系统结构，包括灌区调度控制中心和现地测控单元两层，实现“遥信、遥测、遥控、遥调”功能。灌区调度控制中心一般具有以下功能：

（1）数据采集和处理。

1）数据采集。接收各现地测控单元发送的操作和事件数据，存入实时数据库，用于画面更新、控制调节、趋势分析、记录打印、操作指导及事故记录和分析。数据采集可以周期性进行；也可以随时由操作员或应用程序发送指令，采集任何一个现地监控单元的过程输入信息。

2）数据处理。进行数据编码，校验传输误差及数据传输差错控制，生成各种数据库，供显示、对话、打印、检索等使用。对重要监测数据如渠道流量、上下游水位以及闸门开启高度等进行曲线显示，并能根据需要进行统计分析。

（2）监视和控制。

1）监视。对泵站、水闸主要运行参数、监测量、统计量、故障、状态等以数字、文字、图形、表格、曲线等形式进行动态显示；对操作过程进行监视，监视操作过程中的主要参数及状态变化。对于越限、故障、事故，报警并自动推出相关画面，显示有关参数、状态变化，并通过颜色变化、信号和闪烁等形式表现。

2）控制。能通过 CRT、键盘、鼠标等，对被控对象进行控制和调节。操作员用鼠标点击所需控制的设备图形，即可弹出控制模拟图和操作单，供实施操作。控制的主要内容有泵站、水闸控制方式选择等。

（3）记录和打印。

1）定时打印记录。分别按时、日、月不同时间段要求，打印运行记录报表。

2）操作记录。将所有操作自动按其操作顺序记录下来，包括操作对象、操作指令、操作开始时间、执行过程、执行结果及操作完成的时间、操作员的姓名等。

3）报警记录。将各种报警事件按时间顺序记录，包括发生的时间、内容和项目，恢复时间，生成报警事件汇总表。

4）打印记录。根据运行人员的要求，打印运行人员所需的资料和数据。

（4）系统诊断。系统设备硬件故障诊断包括对主计算机外围设备、通信接口和通道等设备进行在线和离线诊断。

4.3.4.5 洪金灌区地理信息系统

江苏洪金灌区地理信息管理系统以整个灌区为底图，灌区所有水系、建筑物等分层集中显示在一张灌区地图上，并且与网上电子地图等相衔接，软件实现的主要功能如下：

（1）建立了灌区水利工程系统空间数据库。该数据库包括中沟以上灌排沟渠、桥涵闸站等配套建筑物的工程属性数据。灌区地形图比例尺为 1∶50000，工程包括灌区、圩区、水利站，干、支、斗渠，大、中沟，桥、涵、闸、泵站、跌水等中沟以上建筑物和行政区域等。

（2）实现了电子地图的各类显示、查询、专题图等功能，包括模糊查询、多条件查询、信息查询、数据统计、数据分析、各类报表生成及打印等。

1）工程信息查询，包括工程数据查询和 GIS 查询两部分。工程数据查询提供各类水利工程基于数据库条件的查询服务，可对河渠（河渠设计断面、控制面积、设计水位及实时水文数据等）、建筑物（上下游水位、设计流量、规格等）等基本情况进行查询；GIS

查询实现各类水利工程的空间查询服务。

2）工程群查询。在电子地图上选择一个区域（如一个乡或镇域），即可以查询到属于该区域内的所有工程，并以不同的颜色显示出来。

3）反向查询。在信息框中输入水利工程名称，单击查找按钮可以在电子地图上找到该工程的位置，同时系统能自动搜索所属下级渠（沟）等。

4）分类统计。提供各类水利工程基于数据库条件的查询，能对满足条件的工程进行一些参数的统计，并生成报表和图形显示。

5）专题地图。根据要求生成各种专题地图，如灌区采用不同轮灌制度时，主要控制建筑物的运行情况（开闸高度、水位、流量、自流灌溉面积等）。

5 江苏高效节水灌溉

高效节水灌溉主要包括低压管道灌溉、喷灌和微灌等。推广高效节水灌溉工程技术，可以精准施肥、控制农田面源污染，同时还具有节水、节地、节能、农田生物多样性保护、自动化程度高等优点。

5.1 基本情况

5.1.1 发展历程

江苏低压管道灌溉与喷灌工程技术示范、应用始于20世纪50年代中期，滴灌技术的引进与应用始于20世纪70年代中期，较大规模的推广应用在20世纪80年代。目前，高效节水灌溉技术的推广应用已成为江苏“十三五”农村水利的主要工作。

（1）低压管道灌溉。自20世纪50年代，江苏开始探索混凝土低压管道输水灌溉技术。“七五”期间，低压管道灌溉被列入国家重点科技攻关项目，管道管材及配套装置的研制取得了一些成果，江苏低压管道输水灌溉技术应用得到不断推进。无锡从20世纪60年代开始开发应用地下灰土渠灌溉，并在生产实践中持续改进，逐步走上发展混凝土低压管道灌溉的道路，至2015年，无锡江阴市90%以上农田发展了灌溉二级提水到田、管渠结合灌溉模式，上级混凝土低压管道输水、下级混凝土渠道衬砌。尤其是近年来，由于塑料管道价格持续降低，塑料管道灌溉技术具有高效节水、节省土地、灌溉效率与自动化程度高、施工方便、农田生物多样性保护好等优点，使得管道灌溉技术在经济较发达、人口密集的江苏得到了高度重视与快速发展。

至2015年，江苏已发展低压管道灌溉面积171.3万亩，为缓解江苏地区农业用水矛盾，实现农业可持续发展起到了十分重要的作用。

（2）喷灌。江苏喷灌建设始于1956年，南京市水利局在市郊进行蔬菜喷灌试点。南通市蔬菜研究所在1958年亦进行了喷灌试验。由于喷灌机具临时铺设，拆装麻烦，投资较大，资金不落实，未能投入生产应用。1966年，启东县在小麦、棉花田进行喷灌试点，“文化大革命”期间试验中断。70年代中期，为改进蔬菜灌溉技术，无锡、南京等市在郊区蔬菜地发展喷灌。1978年全国科技大会后，江苏喷灌建设有了较快发展。1982年，全省有喷灌机具3万台套，其中移动式喷灌面积为203.5万亩。喷灌的作物有蔬菜、茶叶、柑橘、小麦、棉花、薄荷、红麻、桑树、花生、玉米等。80年代，农村全面实行联产承包制后，农业生产体制发生根本变化，带来一些新的问题，原有喷灌管理体制不适应新形势的发展要求，曾一度出现拆散和变卖喷灌机具现象。1984年，省水利厅组织调查研究，总结经验教训，提出管理体制改进措施，使喷灌机具损坏和喷灌面积下降的状况基本得到遏制。

进入21世纪，江苏喷灌发展较为迅速，在茶园、果园、特种经济作物种植区、旱地育秧基地等的灌溉中应用日益广泛；干旱丘陵地区，轻小型灌溉机组也逐渐增多。总体上，喷灌主要应用于经济作物种植区，如果园、茶园等。至2015年，江苏发展喷灌面积达71.2万亩。

（3）微灌。微灌主要包括滴灌、微喷灌、小孔出流等。滴灌是微喷的主要形式之一，江苏在20世纪70年代中期开始引进滴灌技术试点示范，1976年徐州水利试验站在睢宁县双沟乡进行多种灌溉方法对比试验，其中有小麦田滴灌试验；之后省水利厅支持省农科院建成果树滴灌100亩。80年代，丰县大沙河果园建成果树滴灌30多亩，南京植物研究所进行油橄榄滴灌10多亩，还有连云港市墟沟发展果树滴灌、南通军垦江心沙农场进行大田作物滴灌试验。以上这些试验性质的滴灌，总面积200多亩。各地试验表明，滴灌节水增产效果好，但投资大，滴头易丢失、堵塞，毛管易损坏，以及存在田鼠噬咬等问题，加之管理措施未跟上，已建滴灌设施大多废弃。江苏微灌技术发展较为缓慢。20世纪80年代，主要应用于茶树、果树的灌溉，由于当时灌水器主要采用折射式微喷头，在较长时间内质量不过关，应用受到限制，直至20世纪90年代引进国外先进技术与设备后，才改变了这一现状。

近年来，随着江苏农业结构调整，高价值经济作物、设施园艺与花卉业的发展，微喷灌技术发展迅猛，如一直以缺水著称的连云港赣榆区西北丘陵山区，实施微灌技术后，吸引了众多企业投资兴建现代农业园区，建成不久的河西猕猴桃示范园，亩产猕猴桃1500kg以上，年总产值1.2亿元，实现利税5000多万元；淮安市新渡国家级节水增效灌溉示范园商品蔬菜种植区，发展微灌面积450亩，亩均纯收入达5000元以上。至2015年，江苏已发展微灌工程面积62.1万亩。

5.1.2 发展现状

近年来，江苏依托大中型灌区续建配套与节水改造、规模化节水、小型农田水利重点县、农业综合开发、国土整治等项目，结合农业产业结构调整，因地制宜地建设高效节水灌溉工程。在水稻种植区的小型机电灌区，发展低压管道输水灌溉工程；在蔬菜、瓜果等高附加值经济作物种植区，推广喷微灌工程。到2015年年底，全省耕地面积为6799.2万亩，有效灌溉面积为6039.0万亩，节水灌溉工程面积为3402.6万亩，高效节水灌溉面积为304.6万亩，其中低压管灌面积为171.3万亩，喷灌面积为62.1万亩，微灌面积为71.2万亩。全省节水灌溉及高效节水灌溉面积的区域分布情况见表5.1。

水利部、国家发展和改革委员会、财政部、农业部、国土资源部关于印发《“十三五”新增1亿亩高效节水灌溉面积实施方案》的通知（水农〔2017〕8号），明确要求“十三五”期间，江苏发展高效节水灌溉面积200万亩，其中新增低压管灌面积145万亩，喷灌30万亩，微灌25万亩。江苏已将具体建设任务分解到相关部门，落实到各市、县（区）。

表 5.1　　全省节水灌溉及高效节水灌溉面积区域分布情况　　单位：万亩

市域	耕地面积	有效灌溉面积	节水灌溉面积	高效节水灌溉面积
南京	354.5	315.9	195.2	31.5
无锡	167.2	149.6	106.6	37.1
徐州	890.7	765.6	453.4	51.0
常州	223.1	199.3	141.9	17.4
苏州	269.4	252.6	191.9	14.0
南通	646.6	573.1	342.1	20.9
连云港	552.9	499.6	280.6	16.5
淮安	724.3	616.5	343.6	15.0
盐城	1109.8	1001.8	475.0	58.6
扬州	421.1	375.7	156.9	9.2
镇江	217.6	199.9	131.6	13.7
泰州	439.7	411.0	198.3	10.9
宿迁	644.4	565.5	304.0	8.4
省监狱局	30.9	26.7	7.9	0.1
省农垦	107.0	86.2	73.6	0.3
总计	6799.2	6039.0	3402.6	304.6

注　摘自江苏省水利厅《2015 年度农田水利建设情况验收汇总表》。

目前，江苏 30 万亩以上的大型灌区续建配套已基本完成，5 万～30 万亩的中型灌区节水改造正在进行，到 2015 年年底，全省尚有 2636.4 万亩的有效灌溉面积尚需进行节水改造。现阶段，江苏高效节水灌溉的重点是小型机电灌区，若全省尚未节水改造的小型机电灌区全部发展高效节水灌溉，则江苏高效节水灌溉面积将占有效灌溉面积的 35%以上。

5.2　发展模式与措施

5.2.1　发展模式

综合考虑地形，水源条件，区域经济社会发展水平，农田水利发展现状和特点以及农艺、农机技术需求，种植结构与农业生产、经营方式，选择不同的高效节水灌溉工程模式。

（1）稻麦轮作小型机电灌区，积极推广低压管道输水灌溉工程。对全省面广量大，以稻麦轮作为主的小型机电灌区，特别是平原沙土区、废黄河高亢区，积极发展低压管道输水灌溉模式，配套用水计量，实现节地、节水、高效、保护农田生态环境、减少水土流失等多种效益。

（2）蔬菜、瓜果、茶树等经济作物种植区，大力发展喷微灌等高效节水灌溉工程。对蔬菜、瓜果、茶树等高附加值经济作物种植区，结合各类农业项目建设，引导各类农业经营主体根据不同种植品种、模式，完善配套喷微灌等高效节水灌溉设施，发展水肥一体化精准灌溉，配套用水计量和推广智能控制技术，以科技示范与工程实施后的经济效益为导向，引导相关企业、部门投入高效节水灌溉工程建设。

（3）按不同农业经营方式，确定高效节水灌溉工程模式。对于已经土地流转，规模化种植、农场化经营的灌区，按照设计时设定的轮灌工作制度有序进行灌溉，有条件的地区可开展灌溉自动化和信息化建设，实现计算机控制的无人值守自动灌溉。对于尚未规模化经营、灌溉多样化、难于实行集中轮灌的灌区，推广“恒压变频自动灌溉系统”（又称“田间自来水”）。

（4）按灌溉单元小型化需求，集中连片推进高效节水灌溉工程。高效节水灌溉单元宜结合农村土地流转需求，一般以300～500亩为宜。开发规模统筹兼顾自然条件、基本农田分布和农产品基地建设需要，因地制宜合理确定，实行统一规划、统一设计、连片开发、整体推进。

（5）高效节水灌溉与高标准农田建设相结合。高效节水灌溉工程建设兼顾水源工程、排水沟、塘堰改造及田间综合配套，注重田块平整、田间道路、防护林网等建设，完善农田防护与生态环境保护体系。

5.2.2 主要措施

灌溉管道化具有省地、节水、高效、农田生物多样性保护等多种优点，特别是便于精准施肥、控制面源污染，是国际公认的农田灌溉发展方向。但由于过去各地自发的示范建设过程中，设计不合理、管理粗放现象时有发生；不少工程从渠灌改成管道灌溉后，灌溉电费成倍增加；部分工程灌溉时扬程、流量极不稳定，导致灌溉系统无法正常工作；加上管道灌溉与渠道衬砌相比，改变了农民用水习惯，有些地区大面积推广时农民欢迎程度低。

针对这些情况，江苏省水利厅农水处组织调研论证，提出以下措施：

（1）由于管道灌溉的电费与机电泵站工作扬程成正比，根据水头损失计算公式，塑料管道的输配水沿程水头损失与管径的4.77次方成反比，因此，可通过改进设计，优化管径，低压管道灌溉与明渠灌溉相比，可以使低压管道灌溉的电费增长不多。

（2）管道灌溉正常工作取决于灌溉轮灌工作制度。对分散式经营、灌溉多样化，难于实行灌溉轮灌制度的灌区，推广“恒压变频自动灌溉系统”（又称“田间自来水”）；对于已经土地流转，规模化种植、农场化经营的小型机电灌区，严格按照设计时设定的轮灌工作制度，可避免管道灌溉过程中扬程、流量不稳定现象。

5.3 低压管道灌溉技术与实践

低压管道灌溉工程是以管道代替明渠输水灌溉的一种工程形式，通过一定的压力，将灌溉水由水源输送到田间，再由管道分水口分水或外接软管输水进入田间沟、畦或格田。由于管道系统压力一般不超过0.3MPa，故称为低压管道灌溉。

5.3.1 低压管道灌溉技术要点

低压管道灌溉系统由水源与取水工程、输配水管网和田间灌水系统三部分组成，设计内容主要包括管网布置、灌溉制度、设计流量确定、管材选择、管径确定、管网水力计算、水泵与动力选择等。

1. 管网布置

管网将水源与各出水口（或给水栓）管道连接起来，一般管网工程投资占总投资的70%以上，管网布置的合理与否，对工程投资、运行状况和管理维护都有很大影响。因此，需对管网规划布置方案进行反复比较，最终确定合理方案，以减小工程投资并保证系统可靠运行。图5.1、图5.2是两种的常见的管网布置形式。

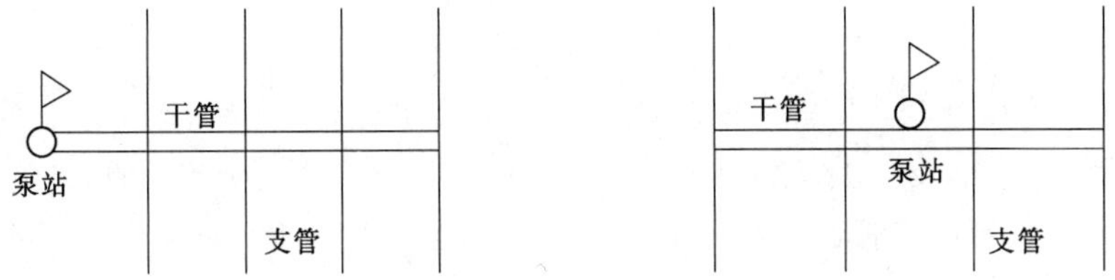

图5.1 “丰”字形布置

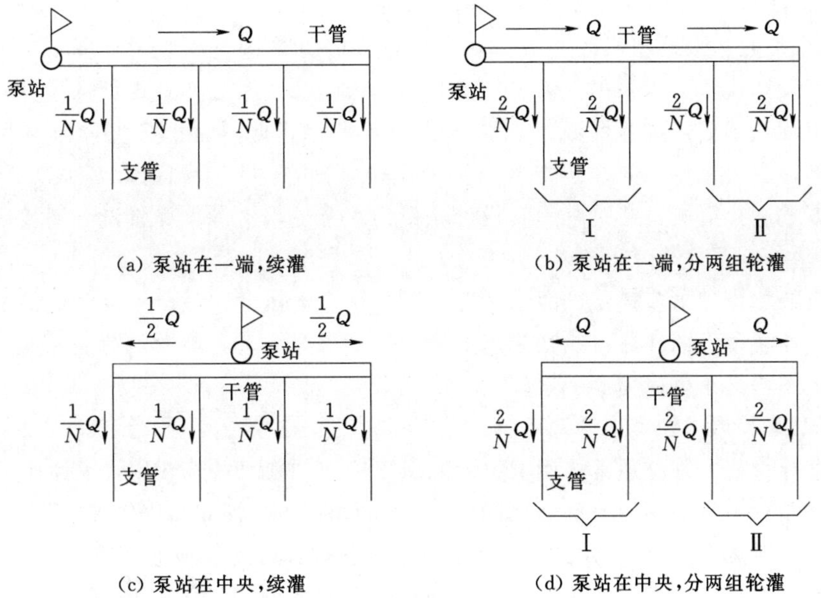

图5.2 E字形布置

2. 灌溉制度

稻麦轮作区灌溉制度，由于江苏作物品种相对单一，可以水稻泡田定额确定设计灌水率，推求系统设计流量，参见4.2.1节。

旱作物的灌溉制度可采用以下方法计算设计净灌水定额、灌水周期与系统设计流量。

（1）设计净灌水定额。采用用水高峰期最大灌水定额作为设计灌水定额。

$$m=1000H\gamma(\beta_{max}-\beta_{min}) \tag{5.1}$$

式中：m 为设计净灌水定额，mm；H 为计划湿润层深，m；γ 为土壤干容重，kN/m^3；β_{max}、β_{min}分别为土壤适宜含水率上、下限（重量百分比）。

（2）灌水周期 T。

$$T=\frac{m}{e} \tag{5.2}$$

式中：T 灌水周期，d；e 为作物设计需水强度，取设计代表年需水高峰期平均值，mm/d。

3. 设计流量确定

（1）系统设计流量。

$$Q_0=\frac{0.667mA}{Tt\eta} \tag{5.3}$$

式中：Q_0 为系统设计流量，m^3/h；m 为设计净灌水定额，mm；A 为设计灌溉面积，亩；η 为灌溉水利用系数，管道灌溉可取 0.85～0.90；t 为每天的灌水时数，h。

（2）灌溉工作制度与管道设计流量。出水口流量一般为 20～30m^3/h。考虑轮灌工作制度，确定同时工作的放水口门数。

若土地流转，农场化经营，当泵站在田块一端，采用续灌方式进行灌溉，如图 5.2（a）所示时，干管设计流量为水泵提水流量，支管设计流量按支管条数分配确定，图中 N 为支管条数；泵站在田块一端，以分组轮灌的方式进行灌溉，如图 5.2（b）所示，此时，干管设计流量为水泵提水流量，支管设计流量按同时工作的支管数量分配；泵站在中央，采用续灌的方式进行灌溉，如图 5.2（c）所示，此时，干管设计流量为水泵提水流量的一半，支管流量，同样按支管条数分配；泵站在中央，如图 5.2（d）所示，同样采用轮灌方式进行灌溉，此时，干管设计流量为水泵提水流量，支管设计流量按同时工作支管数分配。

若分散经营、种植多样化、灌水无序，则需结合恒压变频，以干支管道最不利的工作组合确定设计流量，如江苏常熟在推广恒压变频管道灌溉时，最大负荷是保证三分之一放水口同时工作，最小负荷为 2 个口门。

4. 管网设计

（1）选择管材。管材通常选用 PVC 管、UPVC 管或 PE 管，PE 管柔性比 PVC 管好，施工也更方便、不易损坏，但价格比同样工作压力的 PVC 管或 UPVC 管高 30%左右。因此，苏南不少地区将 PVC 管用作地埋管，将 PE 管用作竖管等地上管道。

（2）确定管径。按设计流量和经济流速确定管径，UPVC 管、PE 管经济流速取 1～1.5m/s，然后需进行多方案比较，在管道投资与降低管道水头损失，也就是降低运行成本间综合比较，确定优化管径。

5. 选择水泵与动力

（1）确定系统扬程。为满足灌溉要求，管道首部应有足够的工作扬程，通常从最不利轮灌组的放水口门，向上逐级推求干支管道工作压力，计算系统扬程。

（2）选择水泵和动力机。根据系统流量和系统扬程选择水泵，然后根据水泵的配套功率选择动力机。

5.3.2 低压管道灌溉技术实践

5.3.2.1 小型机电灌区恒压变频自动灌溉

轮灌工作制度对管道灌溉系统正常工作影响大，对于江苏大多机电灌区，特别是苏南地区人均耕地不足1亩，一个300～500亩的机电灌区可能涉及上百农户，分散式经营的特点是种植品种多、灌溉无序，难于实行灌溉轮灌制度。针对这一特点，江苏正在推广一种适用于灌溉无序情况下的“田间自来水”灌溉系统，即在传统小型机电灌区塑料管道灌溉系统的基础上，泵机组中增加变频器、稳压罐等设施，如图5.3所示。泵房里的稳压罐与管道一直保持有压状态，农民用水时，由稳压罐内的压力变化差值启动电机；靠变频器调节机泵转速，从而保证不同用水户随机用水时的水量与水压。如江苏常熟董浜，从2003年200多亩的政府示范工程开始，已自发推广这类“恒压变频自动灌溉系统”8万多亩。

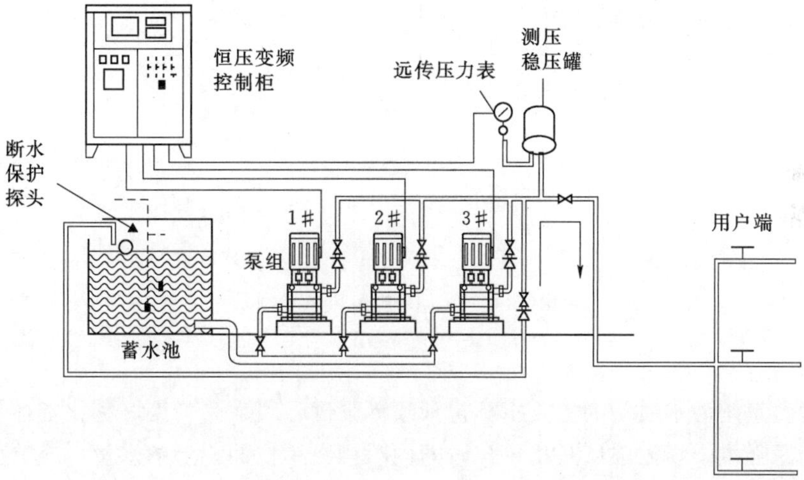

图5.3　江苏常熟董浜小型机电灌区恒压变频灌溉系统

5.3.2.2　小型机电灌区计算机控制自动灌溉

对于规模化种植、农场化经营的小型机电灌区，用水有序，可以按照设定的轮灌工作制度进行灌溉。为此，江苏无锡、苏州等地近几年来正在试点推广按支管轮灌，由管道电磁阀、计算机控制的自动灌溉工程模式。该模式可用一台计算机控制多个小型机电灌区，按轮灌组进行自动灌溉工作。无锡市锡山区太湖水稻示范园，在计算机控制提水泵站、干支管轮灌电磁阀的基础上，增加了土壤墒情自动采集、气象信息传输等功能，开发了灌溉决策支持系统，可开启无人值守、自动灌溉的智慧灌溉系统模式。

5.4　喷微灌技术与实践

5.4.1　喷灌技术要点

喷灌是利用机械加压或利用高处自然水头，使水通过管道经过喷头射到空中，并分散成水滴洒落到田面上，如同降雨一样湿润土壤的灌水方法。

喷灌具有输水损失小、灌水均匀、增产、节地、省工、对地形和土质适应性强等优点，因此，喷灌可以适用于各种地形和土壤条件；同时，喷灌也具有灌水质量受风的影响较大、在炎热干燥天气情况下蒸发损失较大等缺点。

喷灌系统一般包括水源、加压设备（水泵和动力）、管道系统、喷头和控制设备等，如图 5.4 所示。

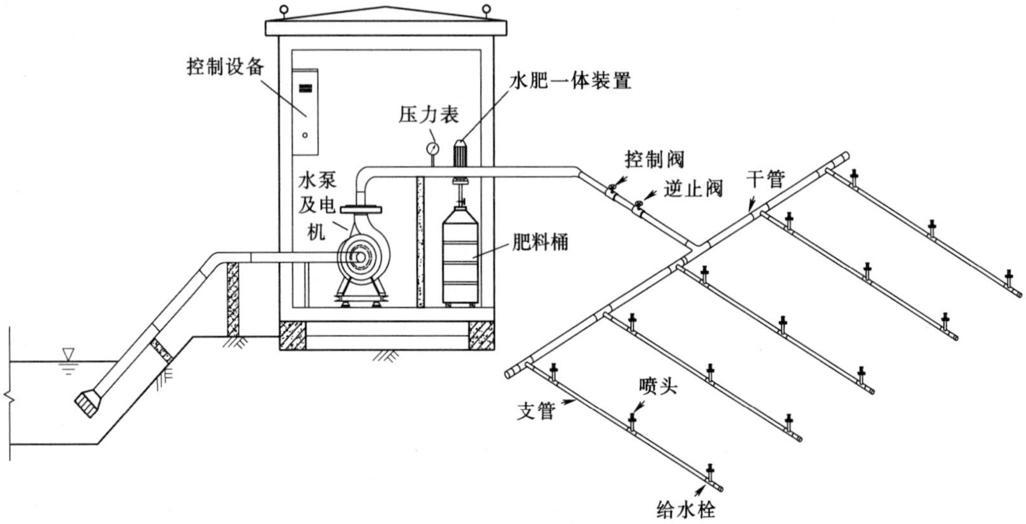

图 5.4　喷灌系统组成示意图

1. 主要技术指标

衡量喷灌系统灌水质量的主要指标包括喷灌强度、喷灌均匀度、雾化指标等。

（1）喷灌强度。喷灌强度是指单位时间内喷洒在单位面积上的水量，或单位时间内喷洒在田面上的水深，一般用 mm/h 表示。

对于固定式喷灌系统，喷灌设计强度不得大于土壤的允许喷灌强度，目的是使喷洒到土壤表面上的水能够及时入渗土壤中，不形成地面径流。

不同类别土壤的允许喷灌强度为：沙土 20mm/h，沙壤土 15mm/h，壤土 12mm/h，壤黏土 10mm/h，黏土 8mm/h。若有良好覆盖时，数值可提高 20%。当地面坡度大于 5%时，允许喷灌强度应进行折减。其降低幅度为地面坡度为 5%～8%时，折减 20%；地面坡度为 9%～12%时，折减 40%；地面坡度为 13%～20%时，折减 60%；地面坡度大于 20%时，折减 75%。行喷式喷灌系统的设计喷灌强度可略大于土壤的允许喷灌强度，可允许短时间出现小水洼，但以不出现地面径流为准。

（2）喷灌均匀度。喷灌均匀度指喷灌面积上水量分布的均匀程度，用喷灌均匀系数表示。固定式喷灌系统均匀度一般不低于 0.75，行喷式不低于 0.85。

（3）雾化指标。在喷头选择之后，需进行雾化指标校核。雾化指标是评价喷灌质量的主要指标之一，通常用喷头工作压力水头与喷头主喷嘴直径的比值作为喷灌雾化指标，其值大，表示雾化程度高，水滴直径小，打击强度小，但是水分漂移和蒸发损失大；其值小，表示雾化程度低，水滴直径大，漂移和蒸发损失小，但打击强度大。

各类作物适宜的雾化指标为蔬菜及花卉 4000～5000，粮食作物、经济作物及果树 3000～4000，饲草料作物、草坪 2000～3000。若雾化指标不在作物适宜的雾化指标范围内，则应调整工作压力或喷嘴直径，或改选其他喷头，直至雾化指标满足要求为止。

2. 设计方法

喷灌系统设计，包括规划设计资料收集、喷灌系统选型、管道系统总体布置、喷头选型与组合间距的确定、灌溉制度与工作制度的拟定、管材与管径选择、水泵和动力选择等内容。

(1) 规划设计资料收集。规划设计资料包括地形资料、气象资料、土壤资料、水文资料、作物种植结构及需水特点、动力和机械设备资料等。

(2) 喷灌系统选型。喷灌系统选型根据喷灌的水源、地形、作物种类、经济条件、设备供应、管理体制等情况，综合考虑各种形式喷灌系统的优缺点，并进行技术经济比较。例如在喷灌次数频繁、经济价值高的蔬菜、果园等作物种植区，可采用固定式喷灌系统；大田作物区喷洒次数少，可采用半固定式、移动式或小型机组式喷灌系统；在地形坡度较陡、地形及地块复杂的丘陵山区，喷灌设备移动困难，可考虑采用固定式喷灌系统；在有自然水头的地方，尽量选用自压式喷灌系统，以降低设备投资和运行费用。

(3) 管道系统总体布置。根据喷灌区地形、水源位置、耕作方向及主要风向和风速等条件拟订几套管道系统布置方案，经技术经济比较后选定。

(4) 喷头选型与组合间距的确定。

1) 喷头的选型及雾化指标校核。喷头的选择包括喷头型号、喷嘴直径和工作压力的选择。选择喷头主要根据作物种类、土壤性质和当地设备供应情况而定。一般大田作物宜选择中压喷头，部分蔬菜及其他幼嫩作物宜选择低压喷头。对黏性土壤选用喷灌强度较小的喷头，沙性土壤选用喷灌强度较大的喷头。同时考虑喷洒方式对喷头的要求。在喷头初选之后，进行喷头雾化指标校核。

2) 喷头组合形式与组合间距的确定。喷头组合的基本要求是保证喷灌均匀度能达到规定要求。管道式喷灌系统喷头组合形式主要有矩形和正方形。喷头组合间距按表5.2确定。计算组合间距值后，还需调整，使其适应管道的长度规格要求。

表5.2　　喷头组合间距

设计风速/(m/s)	组合间距	
	垂直风向	平行风向
0.3～1.6	(1.1～1.0)R	1.3R
1.6～3.4	(1.0～0.8)R	(1.3～1.1)R
3.1～5.4	(0.8～0.6)R	(1.1～1.0)R

注　R为喷头射程，在每一档风速中可按内插法取值。

3) 校核喷灌强度。对于固定式喷灌系统，喷灌设计强度不得大于土壤的允许喷灌强度。若喷灌强度大于土壤允许喷灌强度，需调整喷头性能参数或改选喷头，重新确定喷头组合间距，直到满足喷灌强度要求为止。

(5) 灌溉制度。喷灌灌溉制度主要包括设计灌水定额、灌水周期和灌溉定额，参见5.3.1节。

(6) 工作制度。

1) 喷头在一个喷点上的喷洒时间。喷洒时间与设计灌水定额、喷头的流量和喷头的组合间距有关，可按式（5.4）计算。

$$t=\frac{mab}{1000q\eta_{P}} \tag{5.4}$$

式中：t 为喷头在一个工作位置上的喷洒时间，h；a 为支管上的喷头间距，m；b 为支管间距，m；q 为喷头设计流量，m^3/h；η_P 为田间喷洒水利用系数。

2）1d 轮灌组数为

$$n_d=\frac{t_d}{t} \tag{5.5}$$

式中：n_d 为 1d 内的轮灌组数；t_d 为设计日灌溉时间，h。

3）同时工作的喷头数为

$$n_P=\frac{N_P}{n_d T} \tag{5.6}$$

式中：n_P 为同时工作的喷头数；N_P 为喷灌区喷头总数。

4）同时工作的支管数为

$$n_z=\frac{n_P}{n_{zP}} \tag{5.7}$$

式中：n_z 为同时工作的支管数；n_{zP}为每条支管上的喷头数。

如果计算出来的 n_z 不是整数，则适当调整同时工作的喷头数或适当调整支管的长度。

5）确定轮灌分组及支管轮灌方案。为节省管道投资，多采用有序轮灌的工作制度。

（7）管材与管径选择。管道系统设计主要包括各级管道的管材选择与管径的确定。竖管一般采用 PE 管，根据喷头流量大小及竖管高度等因素确定管径，一般选用 DN25 或 DN32。

1）干管管径。干管管径通常根据经济流速确定，但部分喷灌工程，系统年工作小时数少，而投资又比较大，这时在喷灌所需压力能得到满足的情况下，选用较小的管径，但为了保证管道的安全，塑料管流速控制在 1.8m/s 以下。

2）支管管径的确定。为控制支管上各喷头出水量的不均匀程度，一般根据同一支管上任意两个喷头的工作压力差不大于喷头设计工作压力的 20%的要求来确定管径。

3）管道水头损失计算。水头损失计算是喷灌系统管道水力计算的主要内容，管道水头损失包括沿程水头损失以及弯头、三通、变径接头、闸阀等处的局部水头损失。在喷灌系统中，沿支管安装有许多喷头，使支管的流量自上而下逐渐减小。因此，计算沿程水头损失应分段计算。但为简化计算，常以进口最大流量计算沿程水头损失，然后乘以多口系数进行修正。管道局部水头损失可按沿程损失的 10%～15%估算。

（8）水泵和动力选择。选择水泵和动力，首先确定喷灌系统的设计流量和扬程。喷灌系统设计流量应为全部同时工作的喷头流量之和；选择最不利轮灌组及其最不利喷头，并以该最不利喷头为典型喷头，自典型喷头推算系统的设计扬程。确定了喷灌系统的设计流量和扬程，即可选择水泵，再根据水泵的配套功率选配动力设备。

5.4.2 微灌技术要点

微灌是一种利用专门设备，将有压水流变成细小的水流或水滴，湿润作物根部土壤的灌水方法。微灌一般只灌作物根部土壤，属于局部灌溉；另外，微灌流量小，能较精确地控制灌水量。微灌系统通常由水源、首部枢纽、输配水管道和灌水器等四部分组成，如图5.5所示。

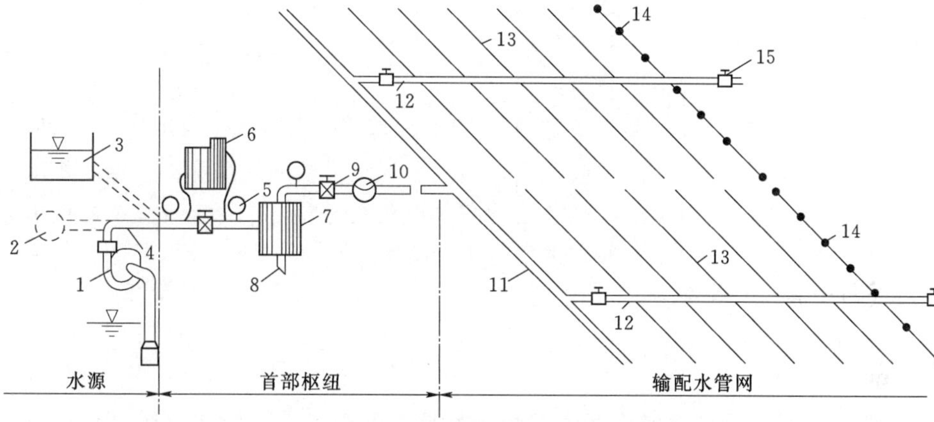

图5.5　微灌系统示意图

1—水泵；2—供水管；3—蓄水池；4—逆止阀；5—压力表；6—施肥罐；7—过滤器；8—排污管；9—阀门；10—水表；11—干管；12—支管；13—毛管；14—灌水器；15—冲洗阀门

1. 微灌技术主要特点

微灌的优点如下：

(1) 高效省水。微灌系统输水损失少，灌水时只湿润作物根部附近的部分土壤，灌水量小，灌水均匀度可达80%～90%，水的利用率高。

(2) 节能。微灌比喷灌的工作压力低、耗能少。

(3) 增产。微灌能适时适量地向作物根系附近灌水、供肥，不会造成土壤的板结，为作物提供了良好的生长环境，有利于实现高产和稳产，提高产品质量。实践证明，微灌较地面灌水方式可增产30%左右。

(4) 适应性强。微灌对地形适应性强，适合各类土壤，也可以进行间隙灌溉，这样可使作物的根系经常保持合适的水分，又不会产生深层渗漏。

微灌的缺点是易堵塞，造价较高。

2. 微灌类型

微灌主要有滴灌、微喷灌、小管出流等类型。

(1) 滴灌。滴灌是一种精准的灌溉方式，通过小塑料管将灌溉水直接送到每棵作物根部附近，水由滴头慢慢滴出，可以长时间保证作物根区的水分处于最适宜状态，既节水又增产。滴灌的最大缺点就是滴头出流孔口小，流速低，易堵塞。因此，滴灌时需对灌溉水源进行过滤处理。由于其对水质要求严格，水源处理较复杂，相对单位造价较高，主要应用在温室大棚蔬菜以及瓜果等高价值经济作物。

(2) 微喷灌。微喷灌是介于喷灌和滴灌之间的一种灌水方法。与喷灌相比，微喷工作压力较低（一般工作水头为10～20m），节水节能；与滴灌相比，具有出水孔口直径较大（一般孔径为0.8～2.0mm）、抗堵塞性能好的优点。除此之外，微喷的湿润面积比滴灌的大，增大毛管间距，减少微喷头和毛管的用量，降低了工程投资；而且微喷既可增加土壤水分，也可提高空气湿度，调节了田间小气候。该技术主要适用于温室花卉、食用菌、蔬菜、育苗等；大田作物特别适用于果园等根系较深、灌水量稍大和对景观性有一定需求的作物。但在温室（大棚）内使用微喷灌，会大大提高室内的空气湿度。对于湿度敏感性强的作物，如黄瓜等，需采用滴灌形式。

（3）小管出流。小管出流灌溉以安装在毛管上、直径约为4mm的小管作为灌水器，将来自输配水管网的有压水以细流（或射流）形式灌到作物根部的渗水沟，再以积水入渗的形式渗到作物根区土壤。由于出流孔径较滴灌出流孔大得多，小管出流基本避免了堵塞问题。小管出流技术简单，操作方便，主要适用于蔬菜、果树、花卉栽培，也可以配合地膜覆盖，以保护地表环境湿度。

3. 系统组成与主要技术指标

（1）系统组成。

1）首部枢纽。首部枢纽是整个微灌系统操作控制的中心，一般首部枢纽与水源工程相结合。如果水源较远，则首部枢纽可布置在灌区旁边，有条件时尽可能布置在灌区中心，以减少输水干管的长度。

2）干、支管。干、支管的布置取决于地形、水源、作物分布和毛管的布置。其布置应满足管理方便、工程费用少的要求。在山区，干管多沿山脊布置，或沿等高线布置，支管则垂直等高线布置，向两边的毛管配水。在平地，干、支管应尽量双向控制，两侧布置下级管道，以节省管材。具体实施时，结合水力设计优化管网布置，尽量缩短各级管道的长度。

3）毛管和灌水器。毛管和灌水器的布置方式取决于作物种类和所选灌水器的类型。灌水器是微灌设备中最关键的部件，是连接管网直接向作物供水的设备，其作用是削减压力，将水流均匀地施入作物根部的土壤。灌水器的选择直接影响到毛管布置、系统流量及压力。需根据经济性和不同作物对灌溉的要求选择适宜的灌水器及其布置形式。

a. 滴头、滴箭和滴灌带。根据作物类型、株间距、经济性等，选择滴头、滴箭或滴灌带（管）。滴头应用较为广泛，主要通过流道或孔口将毛管中的压力水流变成水滴状或细流状，其流量一般不大于12L/h；滴箭一般由$\phi 2$ LDPE管和滴箭头及专用接头连接后插入毛管而成；滴灌带（管）将滴头与毛管连成一个整体，兼具配水和滴水功能。

大棚滴灌时，毛管一般沿长度方向布置，根据大棚宽度与种植作物种类分别确定毛管间距和滴头间距。从支管进入大棚前设有球阀，后接分水管，向毛管分水，如图5.6（a）所示。大株距经济作物（如葡萄、提子、茄子、西红柿、大椒等），可采用滴箭灌溉，如图5.6（b）所示。果树的滴灌可采用滴头绕树的形式，毛管绕树的直径为树冠直径的2/3，这个位置有利于果树根系对水分和养分的吸收，如图5.6（c）所示。温室大棚一般东西向，其内支毛管及灌水器布置形式与标准大棚略有不同，如图5.6（d）所示。

b. 微喷头。微喷头本身也是喷头的一种，具有体积小、压力低、射程短、雾化好等特点，且结构简单，多数使用塑料一次压注成形。选用微喷头时，可根据作物的种类、植株间距、土壤质地、入渗能力与作物需水量的大小而定。

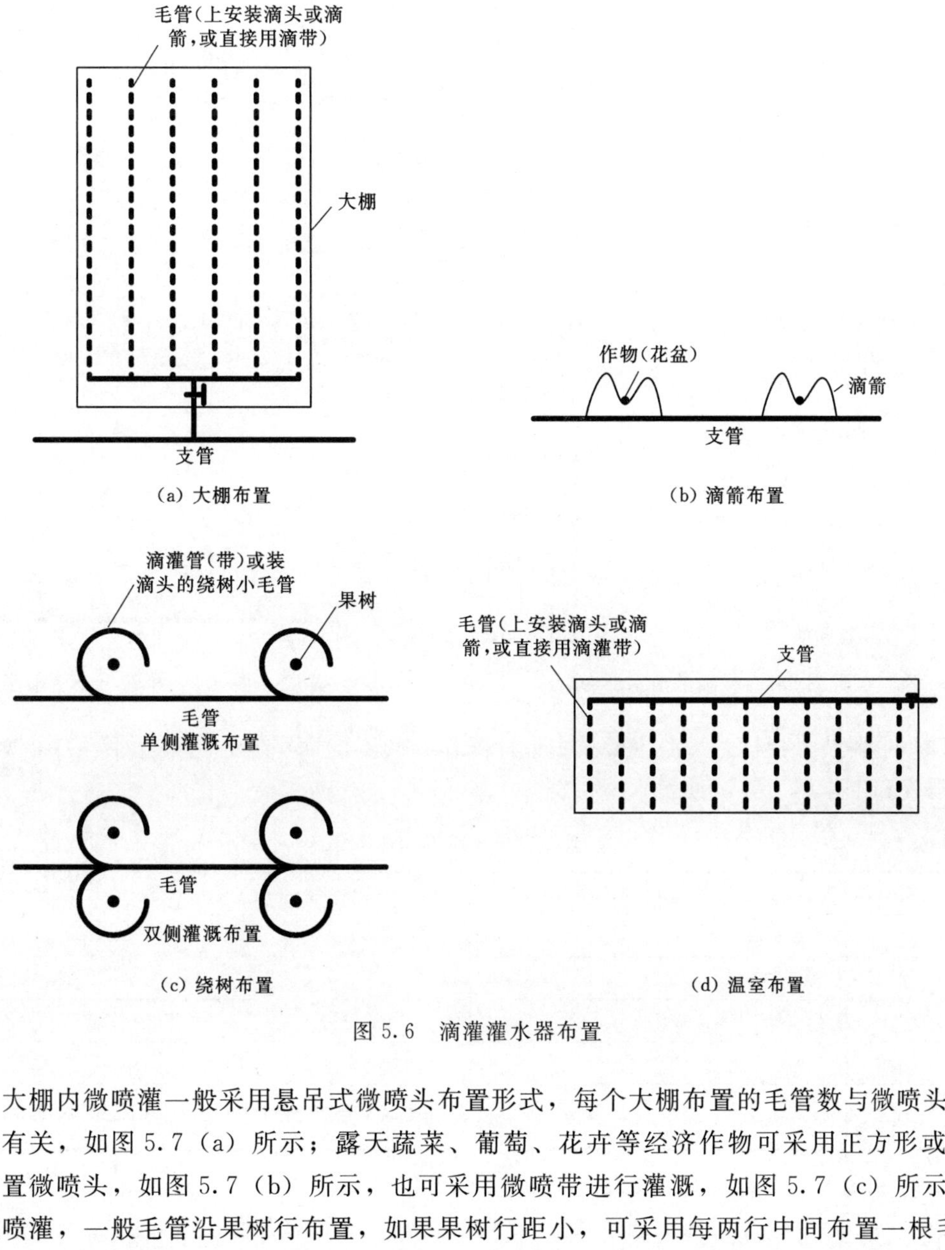

图 5.6　滴灌灌水器布置

大棚内微喷灌一般采用悬吊式微喷头布置形式，每个大棚布置的毛管数与微喷头喷洒范围有关，如图 5.7（a）所示；露天蔬菜、葡萄、花卉等经济作物可采用正方形或三角形布置微喷头，如图 5.7（b）所示，也可采用微喷带进行灌溉，如图 5.7（c）所示；果树微喷灌，一般毛管沿果树行布置，如果果树行距小，可采用每两行中间布置一根毛管，每棵树下 1 个微喷头或每棵树下 2 个微喷头或两棵树之间 1 个微喷头，做扇形或全圆喷洒，一般不希望打湿树干和树叶，如图 5.7（d）所示。

c. 小管出流灌水器。小管出流灌水器一般由 $\phi 4$ 塑料小管和接头连接插入毛管壁而成，由于出流孔径较滴灌出流孔大得多，基本避免了堵塞问题，工作压力较低，只有 4～10m 水柱，以细流状局部湿润作物根部附近的土壤，流量可达 80～250L/h。

小管出流流量较大，所以一般适用于宽行距、大株距作物，如葡萄、提子、茄子、西红柿、大椒、果树等的灌溉。由于小管出流流量较大，每株作物只需一根小管，其布置形式如图 5.8 所示。

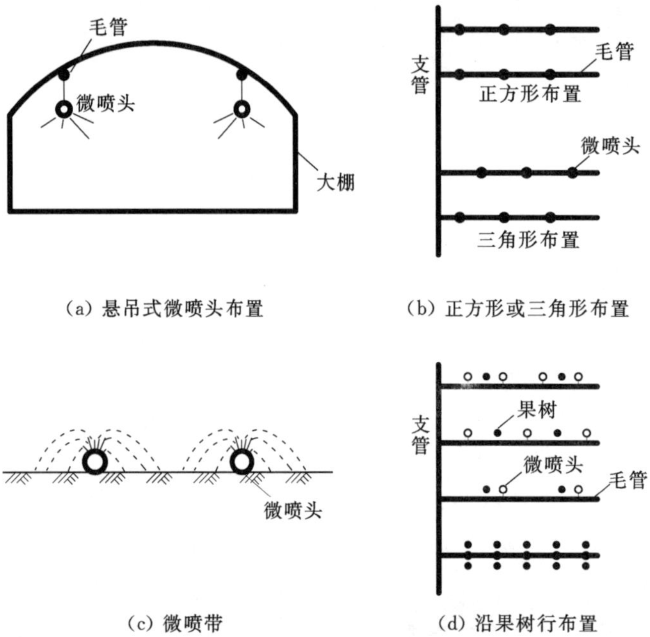

(a) 悬吊式微喷头布置　(b) 正方形或三角形布置

(c) 微喷带　(d) 沿果树行布置

图 5.7　微喷灌灌水器布置

图 5.8　小管出流灌水器

（2）主要技术指标。微灌主要技术指标随作物的不同而不同，主要包括土壤湿润比、需水强度和工作压力等，见表 5.3 和表 5.4。

表 5.3　微灌设计土壤湿润比

作　　物	滴　　灌	微　喷　灌
果树	25%～40%	40%～60%
葡萄、瓜果	30%～50%	40%～70%
蔬菜	60%～90%	70%～100%
粮、棉、油等	60%～90%	100%

表 5.4　设 计 需 水 强 度

作　　物	滴灌/(mm/d)	微喷灌/(mm/d)
果树	3～5	4～6
葡萄、瓜果	3～6	4～7
蔬菜（保护地）	2～3	—
蔬菜	4～7	5～8
粮、棉、油等	4～6	5～8

4. 设计方法

微灌设计主要内容包括灌溉制度、轮灌工作制度、管道设计、水泵与动力选配、首部枢纽设计等。微灌系统的灌溉制度、轮灌工作制度、水泵与动力选配等方法可参考喷灌系统设计。

（1）管道设计。

1）干管。干管宜根据经济速流确定经济管径。一般情况下，干管常用管径有 63mm、75mm、90mm、110mm 等（UPVC 管或 PE 管）。

2）支管和毛管设计。支管是指连接干管，并向毛管配水的管道。毛管是指安装有灌水器的灌水管道，毛管从支管取水，再通过灌水器将灌溉水均匀地分配到作物的根部。

3）支管和毛管一般都采用微灌专用的 PE 管。常用支管管径有 40mm、50mm 和 63mm 等。常用的毛管管径有 10mm、12mm、16mm、20mm 和 25mm 等。滴灌毛管偏小，一般用 10～16mm，微喷毛管偏大，一般用 16～25mm，小管出流更大 16～32mm。

（2）首部枢纽设计。首部枢纽设计就是正确选择和合理配置有关设备和设施。首部枢纽对微灌系统运行的可靠性和经济性起着重要作用。

1）过滤器。选择过滤器主要考虑水质和经济两个因素。筛网过滤器是使用最普遍的过滤器，但含有机污染物较多的水源使用砂砾过滤器能得到更好的过滤效果，含沙量大的水源可采用离心式过滤器，但必须与筛网过滤器配合使用。

2）施肥器。应根据各施肥设备的特点及灌溉面积的大小选择，小型灌溉系统可选用文丘里施肥器。

3）水表。水表的选择要考虑水头损失值在可接受的范围内，并配置于肥料注入口的上游，防止肥料对水表的腐蚀。

4）压力表。压力表是系统观测设备，设置在干管首部及施肥罐、过滤器二侧，以观测系统供水压力，以及有关设备的运行状况。

5）阀门。在管道系统中要设置节制阀、放水阀、进排气阀等。

5.4.3 经济作物种植区微灌多模式灌溉技术实践

1. 多模式灌溉系统技术特点

对于水资源紧缺，作物种植类型、用水模式、需求改变频繁的地区，江苏推广多模式管道输水灌溉系统，即通过采用变频恒压控制系统调节出水口的压力。变频恒压供水系统以管网水压（或用户用水流量）为设定参数，通过微机控制变频器的输出频率，从而自动调节水泵电机的转速，实现管网水压的调节，使供水系统自动恒稳于设定的压力值。该方案除了具有管道输水效率高、节水省地等优点外，最大特点在于灌水方法的灵活可变，可根据不同年份、不同经济作物的用水需求、用户用水习惯等因素灵活选择田间灌水方式，如滴灌、微喷灌、小管出流等。

2. 睢宁微灌多模式灌溉工程实践

（1）项目区概况。睢宁禾盛源现代农业科技园位于睢宁县双沟镇，北至徐淮高速，南至陈王中沟，西临黄河故道，东靠陈张路，耕地面积为 290 亩。项目区地形较为平坦，土质粉沙，含盐碱量高，保水肥能力差。项目区已实现土地流转，从故黄河中泓提水灌溉，水量能够满足灌溉要求。项目区种植土豆、生姜、黄金李、大棚蔬菜等，采用滴灌、小管出流等多模式管道输水灌溉系统，管道工作压力为 50～150kPa，安装水肥一体化装置。工程灌溉设计保证率为 90%，设计灌水均匀度为 90%，灌溉水利用系数不低于 0.85。

（2）微灌多模式灌溉系统。双沟镇禾盛源现代农业科技园灌溉工程是省重点研发计划示范项目，由扬州大学负责规划实施。该园区面积为 290 亩，采用多模式灌溉系统，可满足不同年份、种植不同经济作物时的灌溉要求。项目区总体布置图见图 5.9。

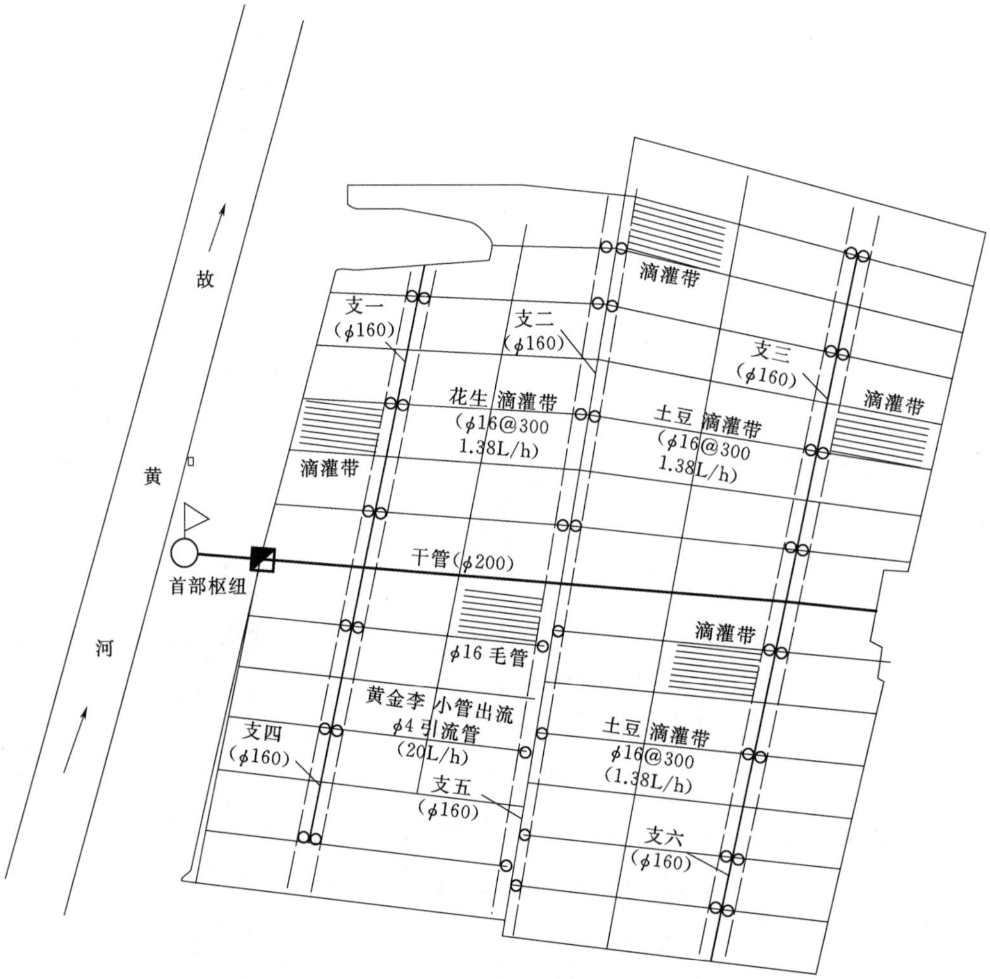

图 5.9　项目区总体布置图

灌水器选择：为同时满足滴灌、小管出流的灌溉压力要求，对市场现有灌水器进行了调查分析，不同作物、不同灌水器主要技术参数见表 5.5。可见，不同作物、不同灌水器的给水栓的工作压力范围不同，取其交集可以得到多模式灌溉的给水栓工作压力范围为 18.36～30.60m，见表 5.6。

根据园区内种植作物品种需水要求、种植方式及灌水器水力特性，滴灌拟选用 ϕ16×0.6×300－1.38L/h 内镶贴片式滴灌管，公称外径为 16mm，壁厚为 0.6mm，滴头间距为 0.3m，滴头流量为 1.38L/h，设计工作压力为 0.1MPa，最大工作压力为 0.2MPa。小管出流工程的灌水器选用流量为 20L/h 的稳流器和 ϕ4 引流管，小管出流种植模式为一根毛管灌溉一行作物，一棵树一个灌水器，设计工作压力为 0.1MPa，最大工作压力为 0.2MPa。

表 5.5　不同作物、不同灌水器主要技术参数

<table>
<tr><th>种植作物</th><th colspan="2">灌 水 器 类 型</th><th>工作压力/m</th><th>流量/(L/h)</th><th>滴孔间距/m</th></tr>
<tr><td rowspan="8">蔬菜等经济作物</td><td rowspan="4">滴灌带</td><td rowspan="2">内镶贴片式</td><td>10</td><td>0.8</td><td>0.3</td></tr>
<tr><td>40</td><td>3</td><td>0.3</td></tr>
<tr><td rowspan="2">边缝式</td><td>10</td><td>1</td><td>0.3</td></tr>
<tr><td>50</td><td>3</td><td>0.3</td></tr>
<tr><td rowspan="2">微喷头</td><td rowspan="2">倒挂/地插</td><td>15</td><td>22.8</td><td>2</td></tr>
<tr><td>30</td><td>33.9</td><td>3</td></tr>
<tr><td colspan="2" rowspan="2">小管出流</td><td>5</td><td>10</td><td>2</td></tr>
<tr><td>35</td><td>30</td><td>2</td></tr>
<tr><td rowspan="16">果树</td><td rowspan="4">滴灌带</td><td rowspan="2">内镶贴片式</td><td>10</td><td>3</td><td>0.5</td></tr>
<tr><td>40</td><td>3</td><td>0.5</td></tr>
<tr><td rowspan="2">边缝式</td><td>10</td><td>3</td><td>0.5</td></tr>
<tr><td>40</td><td>3</td><td>0.5</td></tr>
<tr><td rowspan="10">微喷头</td><td rowspan="2">地插</td><td>15</td><td>22.8</td><td>1.5</td></tr>
<tr><td>30</td><td>216</td><td>3</td></tr>
<tr><td rowspan="2">螺口折射</td><td>15</td><td>76</td><td>1</td></tr>
<tr><td>30</td><td>110</td><td>1.2</td></tr>
<tr><td rowspan="2">全圆折射</td><td>15</td><td>34.7</td><td>1.5</td></tr>
<tr><td>30</td><td>52.2</td><td>1.5</td></tr>
<tr><td rowspan="2">四出口雾化（黑）</td><td>25</td><td>31.9</td><td>1</td></tr>
<tr><td>40</td><td>40.3</td><td>1</td></tr>
<tr><td rowspan="2">四出口雾化（灰）</td><td>25</td><td>24.4</td><td>1</td></tr>
<tr><td>40</td><td>30.6</td><td>1</td></tr>
<tr><td rowspan="2">小管出流</td><td rowspan="2">小管出流</td><td>5</td><td>10</td><td>3</td></tr>
<tr><td>35</td><td>30</td><td>3</td></tr>
</table>

注　表中灌水器型号及其参数，摘自大禹节水集团股份有限公司的《节水产品产品大全》。

表 5.6　微灌多模式灌溉给水栓的工作压力范围　单位：m

<table>
<tr><th>种植作物</th><th>滴灌</th><th>微喷</th><th>小管出流</th><th>多模式灌溉的给水栓的工作范围</th></tr>
<tr><td>蔬菜等经济作物</td><td>11.08～52.74</td><td>15.60～30.60</td><td>10.75～37.76</td><td rowspan="2">18.36～30.60</td></tr>
<tr><td>果树</td><td>18.36～41.58</td><td>16.69～43.64</td><td>8.08～36.61</td></tr>
</table>

1）灌溉制度。园区灌水定额为 22.2mm；设计灌水周期为 5d；设计一次灌水延续时间取 3.6h，

2）工作制度。为了使不同地块能根据土壤墒情、作物需水状况方便随时灌溉，同时尽量减少工程投资、提高设备利用率，该工程确定的随机灌溉工作范围是：上限是开启 10 个控制阀，同时灌溉；下限是，每次最少开启出水口的 2 个阀门。

3）管径选择。地下主干管选用 DN200 PVC 管，工作压力为 0.63MPa，壁厚 4.9mm；地下分干管选用 DN160 PVC 管，工作压力为 0.63MPa，壁厚 4.0mm；地面支管为 DN63PE 管，工作压力为 0.25MPa，壁厚 2.5mm，管内径为 58mm。

4）水泵选型。灌溉系统计算最大压力为 29.64m，水泵型号确定为 250QJ140－30/2，流量为 140m^3/h，扬程为 30m，叶轮级数为 5，功率为 18.5kW，水泵额定转速为 2950r/min。

5）附属设施。水源首部过滤器选用砂石＋网式全自动过滤器 150m^3/h，型号为 SWZ－150，大棚内过滤器选用 2″网式过滤器；施肥器选用压差式施肥器，棚内施肥设备选用文丘里施肥器；此外还包括闸阀、压力表、水表、逆止阀和进排气阀等。

6）恒压变频。水泵恒压变频器是通过调节水泵转速，使系统在灌溉过程中同时开启数量不等的放水口门工作时，能保证灌溉稳定、平稳。当水泵调速幅度超过一定范围时，水泵各特性参数会偏离相似定律中的各种关系，水泵自身机械损耗也会加大，水泵效率大大降低；变速调节转速接近水泵临界转速时，可能会引起共振而损坏机组。一般情况下，水泵增速宜不超过额定转速 5%；降速不超过额定转速的 30%，园区 250QJ140－30/2 水泵的额定转速为 2950r/min，即水泵可行调速范围为 2065r/min$\leqslant n$(转速)$\leqslant$3097.5 r/min，在此范围内，利用变频调速技术改变水泵电动机转速来调节出水流量，保持水泵在高效区扬程基本不变，既满足了灌水均匀度的要求，也满足了随机灌溉下供水流量的要求，保证系统稳定运行。

园区水泵变频调速，要求最大 10 个放水阀同时灌溉（流量为 141m^3/h，工作扬程为 40m）或最小在 2 个放水阀同时灌溉（流量为 34.6m^3/h，工作扬程为 40m）的情况下，根据水泵性能曲线，该二工况对应转速变化范围为 2620r/min$\leqslant n$(转速)$\leqslant$2800r/min。可见，园区在 10 个放水阀至 2 个放水阀同时工作时，实现多模式恒压变频灌溉，系统能够安全、稳定运行。

6 江苏水土保持

水土保持是指对自然因素和人为活动造成的水土流失所采取的预防和治理措施。江苏水土保持工作的重点是丘陵山区小流域治理和平原沙土区水土保持。

6.1 概述

6.1.1 基本情况

根据《江苏省水土保持公报》(2013 年),江苏水土流失面积为 5437.96km^2,其中丘陵山区为 3176.96km^2,平原沙土区为 2261.0km^2。土壤侵蚀面积为 3176.96km^2,按其侵蚀强度分,轻度有 2067.72km^2,中度有 595.11km^2,强烈有 366.82km^2,极强烈有 132.96km^2,剧烈有 14.35km^2,见表 6.1。

表 6.1 全省土壤侵蚀面积统计表 单位:km^2

行政区划	侵蚀面积	其中				
		轻度	中度	强烈	极强烈	剧烈
合计	3176.96	2067.72	595.11	366.82	132.96	14.35
南京市	612	411.68	104.18	75.08	20.28	0.78
无锡市	169.26	161.81	7.45	0	0	0
徐州市	534.52	290.05	149.52	69.94	23.57	1.44
常州市	251.24	160.19	32.3	41.39	16	1.36
苏州市	38.09	31.72	6.37	0	0	0
南通市	0	0	0	0	0	0
连云港	544.83	367.89	78.13	74.47	21.27	3.07
淮安市	316.34	204.36	57.35	37.26	13.4	3.97
盐城市	0	0	0	0	0	0
扬州市	124.94	86.94	24.69	10.02	2.51	0.78
镇江市	265.58	145.45	43.85	43.66	30.26	2.36
泰州市	0	0	0	0	0	0
宿迁市	320.16	207.63	91.27	15	5.67	0.59

水土资源是人类赖以生存和发展的基本物质条件，是经济社会发展的基础资源。防治水土流失，是实现水土资源可持续利用、推进生态文明建设的根本保证。综合江苏水土流失防治情况，治理难度小、工程见效快的水土流失区已得到基本控制，但仍有较大面积的丘陵岗坡地、平原沙土区未得到有效治理，后续水土流失防治工作任务重、难度大；经济社会发展对水土保持工作提出更高要求，除传统的综合治理外，生态清洁型小流域建设、面源污染控制、河湖水环境治理等新任务不断涌现，江苏水土流失防治与综合治理进入了新阶段。

6.1.2 治理历程与成效

江苏水土保持工作一直以规划为引领、以制度建设为抓手，历经了起步、发展和稳定提升3个阶段，在水土流失综合治理、生态清洁型小流域建设与水土流失预防监督体系建设等方面取得了显著成效。

6.1.2.1 治理历程

1956年，江苏省成立了水土保持委员会；1965年，在赣榆等县建立了首批水土保持实验站，开展水土保持科研工作；1984年，省编委批准成立了省水土保持办公室，负责全省的水土流失防治工作；1986年，开展了全省丘陵山区水土流失状况全面调查；1989年，首次编制的《江苏省水土流失现状和分区治理规划》获批并实施。

1994年，江苏省人大通过了《江苏省实施〈中华人民共和国水土保持法〉办法》；1996年，省政府制定并颁布了《江苏省水土保持设施补偿费、水土流失防治费征收和使用管理办法》；1999年，省政府颁布了《关于划分水土流失重点防治区和平原沙土区的通知》，江苏水土保持工作从此进入了制度化、法制化时代。“九五”期间，根据《江苏省水土保持小流域综合治理和水资源工程规划》，全省完成了150条小流域和一批水源工程的治理任务。

为进一步有效地预防和治理水土流失，保护水土资源，改善生态环境，2013年，江苏人大颁布实施了《江苏省水土保持条例》，进一步明确水土保持工作的目标责任制和考核奖惩制；划定水土流失重点预防区和重点治理区；加强水土保持预防措施；明确不同类型区水土流失治理对策措施；建立水土保持生态效益补偿制度等。2014年，根据省水土保持条例要求，经省政府批准，省水利厅公布了《省级水土流失重点预防区和重点治理区》，其中，江苏水土流失重点预防区涉及13个市、636个镇级行政单元，镇域面积54248.98km^2，重点预防面积3581.94km^2；水土流失重点治理区涉及南京、无锡、徐州、常州、连云港、扬州、淮安、镇江、宿迁等9个市、109个镇级行政单元，镇域面积11566.64km^2，重点治理面积2802km^2。

水土流失治理，监督执法是关键、信息监测是基础。1997年，根据省水利厅《加强水土保持监督执法的通知》，江苏建设完善水土保持监督执法队伍，在有水土流失的10个市、21个县增配了41名水土保持监察员，同时，各乡镇也相应配备了水保监察员，自上而下健全了水土保持监督执法队伍，为开展水土保持监督执法工作奠定了基础。2009年，全省启动水土保持监督管理能力建设，确定了4个国家级、13个省级水土保持监督管理能力建设重点县，出台了《江苏省水土保持监督管理能力建设实施方案》，水土保持监督执法逐步走向制度化。2010年，省水利厅根据水利部《全国水土保持监测网络与信息系统建设二期工程初步设计报告》要求，为省水土保持环境监测总站和两个监测分站配置了水土保持数据采集、传输、处理、存储设备；在省水文部门17处水文站（泥沙站）、241处雨量站的基础上，在水土保持典型地区增设了11处水土流失监测站，初步建成了水土保持监测网络，江苏水土流失信息化监测工作全面展开。

2010年《江苏省水土保持规划》获批，2011年首期《江苏省水土保持公报》对外公布，2012年江苏省水土保持生态环境监测总站正式成立。“十三五”期间，江苏水土流失预防保护、监测、监督管理和综合治理等工作，按照既定规划，正在为丘陵山区小流域治理、平原沙土区水土保持、生态文明建设做出越来越大的贡献。

6.1.2.2 治理成效

(1) 水土流失面积明显减少，土壤侵蚀强度显著降低。江苏水土保持工作，历经了以丘陵山区水土流失治理为主，到丘陵山区与平原沙土区水土流失治理并重、自然水土流失防治与人为水土流失防治并重、水土保持监测与监管并重的历史性转变。截至2013年年底，江苏水土流失治理面积达6491.32km^2，小型蓄水保土工程点状有195312个，线状有36632.1km。其中水土流失治理面积中梯田2361.57km^2，水土保持林2794.06km^2，经济林1047.08km^2，种草1.12km^2，封禁治理287.51km^2。全省水土流失面积明显减少，由20世纪80年代的14817km^2下降到5505km^2，如图6.1所示。其中，丘陵山区水土流失面积由9162km^2降为3177km^2，水土流失治理率达到65.3%；平原沙土区水土流失面积由5655km^2下降到2328km^2，水土流失治理率达到58.8%。

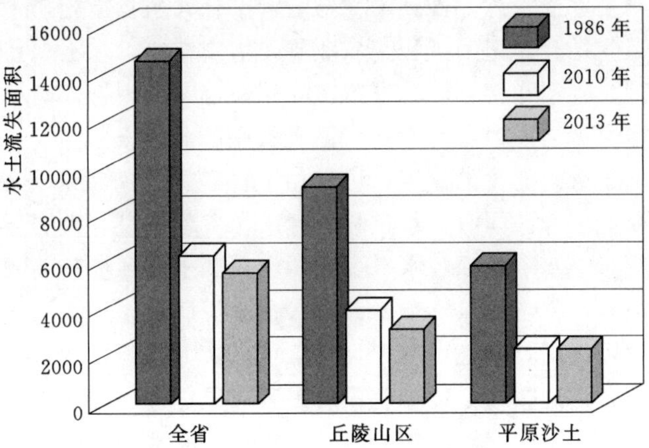

图6.1 江苏省典型年份水土流失面积（单位：km^2）

(2) 生态生产状况有效改善，农民生活水平稳步提高。江苏以小流域为单元的水土流失综合治理，由生态经济型逐步过渡到生态清洁型，由水土流失治理逐步过渡到生态环境治理。截至2013年年底，南京、无锡、徐州、苏州、镇江等市15个所辖县（市、区）开展生态清洁型小流域建设，已建成生态清洁小流域49条、总面积达700多km^2，有效地改善了农村生产生活条件和区域生态环境，同时水土保持与特色产业发展紧密结合，促进了农村产业结构调整，提高了农业综合生产能力，农民收入显著增加、生活水平稳步提高。

（3）监督监管体系基本形成，"三同时"（同时设计、同时施工、同时投产使用）制度逐步落实。江苏成立了水土保持监督管理机构，建立健全了各项水土保持监督管理制度，扎实推进监督管理规范化建设，不断完善法律法规体系和监督执法体系，水土保持工作逐步走上法制化的轨道。全省各级主管部门不断加强水土保持预防监督力度，加强执法检查，提高监督执法水平，遏制新增水土流失事件发生。规范生产建设项目水土保持方案审批工作，认真落实水土保持"三同时"制度。2011—2014 年，全省共审批各类生产建设项目水土保持方案 746 个。

6.1.3 治理措施

在 60 多年的生产实践中，江苏提出的小流域综合治理与平原沙土区水土流失防治的主要措施如下：

（1）遵循因地制宜，彰显地方特色。全面分析水土流失的类型，明确小流域生态经济系统的整体性、相似性与差异性，因地制宜地确定水土流失防治、小流域治理目标，以及保护与改善（含恢复、重建）的综合措施。同时注重体现地方特色，积极探索创新，大力开展试点示范与辐射推广，形成具有江苏特色的水土流失治理模式。

（2）强化统筹规划，突出综合治理。在小流域综合治理中，统筹流域与区域、城镇与农村、自然修复与人工干预之间的关系，实行"山、水、田、林、路"全面规划，"洪、涝、旱、渍、荒"统筹考虑，水资源保护、水土流失防治、面源污染控制、农村垃圾及污水处理综合治理。在水土流失治理中，合理安排农业、林业等生产用地，合理配置水土保持措施，达到优化利用水土资源。做到治坡与治沟结合，植物措施与工程措施结合，造林种草与封沙育林育草相结合，田间工程与农业耕作措施结合，水土保持骨干工程与一般工程结合，治理、管理、利用相结合，各项措施互相配合，发挥群体防护作用，有效控制水土流失，提高土地生产力，发展特色产业，促进农业产业升级。

对于治理任务大、劳动力少的流域，可以由上游至下游分期、分段治理，坚持不懈，治一片，成一片，受益一片。同时，将丘陵山区水源工程建设、人居环境改善作为综合治理的核心，重点解决影响水资源保障水平提升、山丘区生态环境整治的主要问题。

（3）优化治理模式，突出重点环节。针对水土流失严重、生态环境恶化的地区，以小流域为单元，采取"因地制宜，合理规划，以工程措施为基础，以生物措施为途径，以耕作措施为辅佐"的综合治理模式，逐步使丘陵山区形成建库、开塘、挖沟相连、蓄截为主的灌溉体系，以修建水平梯田、淤泥坝、鱼鳞坑等为主的水利工程配套体系以及等高条垦和经济林相结合的生物工程体系。三大体系着力于水土资源优化配置，生态与经济并重，既可实现繁茂植被，蓄水保土，又可实现乔、灌、草立体种植的生态保护，使昔日荒山秃岭，变成庄稼茁壮、瓜果飘香、绿树成荫、清水潺潺的幸福山庄。

平原沙土区水土流失治理积极推广高效节水灌溉、塑料暗管排水技术以及排水河道自然生态工法，同时加强小型农田水利设施配套与农田林网建设，减少面上水土流失，切实改善平原沙土区人民生活、生产、生态条件。

（4）加强组织管理，建设绿色江苏。以科学发展为主题，以生态文明建设为主线，以水土资源可持续利用、生态环境有效保护和改善民生为目标，江苏加强水土流失治理与生态清洁型小流域建设；加强水土保持规划编制与监督实施；建设水土保持监测网络及信息系统，开展水土保持监测及水土流失公告；加强水土保持方案的审批、监督实施及验收工作；逐步构建科学完善的水土流失综合防治体系。为防治水土流失，改善生态环境，建设和谐江苏、美丽江苏、绿色江苏做贡献。

6.2 丘陵山区水土保持

6.2.1 小流域综合治理模式

江苏丘陵山区小流域综合治理坚持预防为主、保护优先、因地制宜、综合治理的原则，坚持开发利用水土资源与改善生态环境相结合，注重提高生态效益、社会效益和经济效益。

1. 小流域综合治理模式

以小流域或片区为单元，以坡耕地治理、水土保持林营造为抓手，采取工程措施与植物措施、坡面治理与沟道治理、田间工程与保护性耕作相结合，建立水土流失综合防护体系。同时，充分利用工程设施，拦蓄地面径流，逢塘筑坝、逢洼建库、沟沟相通、库塘相连、自上而下、层层设防、节节拦蓄、长藤结瓜，形成排、蓄、调、引、灌、控等多重功能的工程体系。

在25°以上陡坡地优先考虑种植生态公益林。公益林需科学选择树种，合理确定规模；种植林木采取等高条垦、鱼鳞坑等方式和有利于水土保持的拦水、蓄水、保水、排水等措施。禁止在25°以上陡坡地开垦种植农作物；禁止开垦的陡坡地范围由当地县级人民政府划定后公告，并设立标志。

在25°以下、5°以上荒坡地开垦种植农作物和经济林，采取修建梯田、水平阶，采用等高条垦种植方式，以及建设坡面拦水、排水等工程。

2. 小流域综合治理顺序

先坡面后沟道，先上游后下游，先毛支沟后主干沟，先封后造，先急后缓，先工程后生物。蓄水保土与生产利用相结合，变害为利，形成一个可持续发展的生态系统。

6.2.2 水土保持措施

6.2.2.1 工程措施

水土保持工程措施是小流域治理与开发的基础，为林草措施及农业生产创造有利条件，是防止水土流失，保护、改良和合理利用水土资源，建立良好生态环境的重要治理措施。多年的实践与探索表明，在江苏小流域治理中根据水土流失规律，在不同地形部位有针对性地布设适宜的水土保持工程，效果明显。

目前，小流域治理中主要采用的水土保持工程措施有：坡面防护工程、沟道治理工程、山洪排导工程和小型蓄水工程。

坡面防护工程包括梯田、拦水沟埂、水平沟、鱼鳞坑、水平阶、截流沟等，它们主要是通过改变微地形来防止坡面水土流失，就地拦蓄雨水，为农作物或植被生长增加土壤水分，同时可将未完全拦蓄的地表径流引入小型蓄水工程，进一步加以利用。小流域生态治理的重点是坡面梯化，在与基本农田接壤的上部、坡度小于15°的缓坡上修建水平梯田，使之与基本农田连接成片，要求沿等高线排列，田面平整，宽度为10～

15m；外垒石堰高1.0～3.0m，地堰高出田面15cm；梯田内侧设有排水沟，使水排入蓄水池及沟道内。

沟道治理工程包括沟头防护工程、谷坊、淤地坝等，主要用于防止沟头前进、沟床下切和沟岸扩张，减缓沟床比降，调节山洪流量，减少山洪或泥石流的固体物质含量，使其安全排泄。根据小流域汛期降雨集中、汛后干旱缺水的特点，依据“宜拦则拦、宜蓄则蓄、拦蓄结合、发展灌溉”的原则，分别设置沟头防护和梯级谷坊群，通过削、垫、筑、淤等方式，从上游到下游逐级抬高侵蚀基点。为制止沟头前进，在沟头修建围埂林带式沟头防护工程；为防止沟床继续下切和沟岸扩张，拦截坡面未能拦蓄的径流和泥沙，毛沟主要采取干砌石谷坊进行拦沙，支、干沟主要采取建拦水坝拦蓄、疏导地表径流。

山洪排导工程包括撇洪沟、导流堤等，主要用于减少山洪或泥石流形成的损失，适宜建在山坡陡、长，冲沟较少，滚坡水经常为害的地方。

小型蓄水工程包括小水库、蓄水塘坝、揭盖井、水窑等，主要用于地表径流和地下潜流的拦蓄。结合当地气候、地形等自然条件，拦蓄地表径流主要依靠小型蓄水设施实现。随着水资源供需矛盾日益突出，小型蓄水设施的应用越来越广。与河流、湖泊、水库等水体相比，小型蓄水设施储存的水量极为有限，如果用于灌溉，可采用高效节水灌溉（包括低压管灌、喷灌、滴灌、微喷灌等）技术，在作物需水关键期（果树的开花坐果期、果实膨大期、作物播种保苗期、拔节期、抽穗期等）实行微量、低定额灌溉。

水土保持常用的具体工程措施分述如下。

1. 水平梯田

梯田工程是在丘陵山坡地上沿等高线方向修筑的条状阶台式或波浪式断面的田地，属于坡面防护工程，是改造坡耕地、控制水土流失、建设高产稳产农田的重要措施。梯田工程按断面形式分为水平梯田、坡式梯田、隔坡梯田、反坡梯田和波浪式断面。

江苏丘陵山区以水平梯田最为常见，田面基本水平或向内侧微倾，不仅减缓径流、增加地表入渗和提高土壤含水率，还能减少土壤和肥力的流失，水土保持效果好。水平梯田多种植农作物、经济作物、果林等。

水平梯田设计主要是确定水平梯田断面，即不同坡度下梯田的最优断面，以适应机耕和灌溉的要求，保证安全与稳定，挖填土方平衡。最优断面设计的关键是确定适当的田面宽度、埂坎外侧坡度和田坎高度等要素，如图6.2所示。

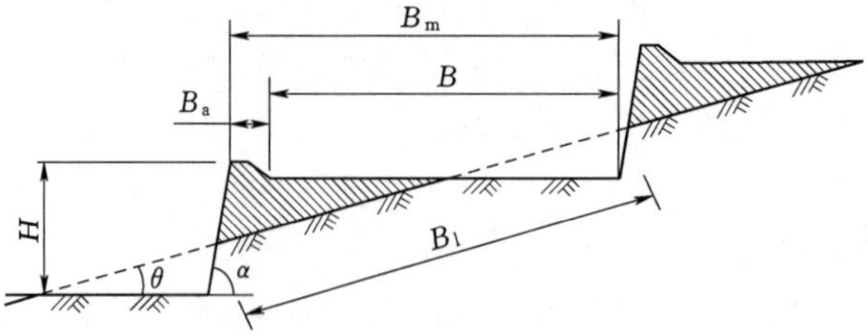

图6.2　梯田断面参数示意图

图6.2中，B_m为田面毛宽（m），B_a为田坎占地（m），B为田面净宽（m），H为田坎高度（m），B_1为田面斜宽（m）。可以根据土质和地面坡度选定田坎高度H和田坎

坡度θ(°)（表6.2），然后计算田面宽度B；也可根据地面坡度、机耕和灌溉需要先确定田面宽，然后确定田坎高度等。

表6.2　　　　田坎高度和田坎坡度取值参考

地面坡度/(°)	田坎高度/m	田坎坡度	
		土壤质地	(°)
5	1.0	黏性土	70
		砂性土	65
	1.5	黏性土	65
		砂性土	60
10	1.0	黏性土	70
		砂性土	65
	1.5	黏性土	65
		砂性土	60
15	1.0	黏性土	70
		砂性土	65
	1.5	黏性土	65
		砂性土	60
20	1.5	黏性土	65
		砂性土	60
	2.0	黏性土	60
		砂性土	55
25	1.5	黏性土	65
		砂性土	60
	2.0	黏性土	60
		砂性土	55

(1) 水平梯田断面设计。水平梯田断面一般地面坡度越陡，田面宽度越小，相应田坎高度越大；坡度越缓则相反。即一般田面宽在缓坡上宽些，陡坡上窄些；田坎高以1.5～3.0m为宜，缓坡上低些，陡坡上高些，最高不超过4m。

1) 田面宽度设计，既要有原则性，又要有灵活性。原则性就是要在适应机耕和灌溉的同时，最大限度地省工；灵活性就是在保证这一原则的前提下，根据具体条件，确定适当的宽度，不能根据某一具体宽度，一成不变。根据不同地形和坡度条件，在不同地区，需分别采用不同的田面宽度。

最优田面宽度，是保证适应机耕和灌溉的条件下田面宽度为最小。在5°以下的缓坡农耕地区，实现梯田化以后，可以采用较大型拖拉机及其配套农具耕作，拖拉机带牵引农具时，掉头转弯最小直径为12m，因此，梯田田面设计宽度应是12的整数倍。实践证明，田面宽60m左右是农机耕作或农业灌溉的适宜宽度；在5°～20°的坡地农耕区，一般采用小型农机具进行耕作，这种农具在10～15m宽的田面上可以自由地掉头转弯，这一宽度无论是畦灌还是喷灌都可以满足。

2）埂坎外侧坡度设计，基本要求是在一定的土质和坎高条件下，保证埂坎的安全稳定，并尽可能少占地、少用工。

在一定的土质和坎高条件下，埂坎外坡缓稳定性好，但占地大。反之，埂坎外坡陡，则占地少，稳定性较差。合理的外坡需进行埂坎稳定分析。

3）田坎高度可根据田面宽度、埂坎坡度和地面坡度确定。

（2）梯田附属工程。梯田附属工程主要包括梯田区的灌溉排水设施、生产路、坡面蓄水拦沙工程等。

2. 等高条垦

等高条垦适宜于5°～25°的山坡地，距离3～5m沿等高线开挖等高条垦水平沟，再用山土及部分风化岩填平，栽植果树，果林间套种矮秆经济作物，增加坡面拦蓄功能，使水土流失得到有效控制。对于等高条垦山坡地还需配套完善的坡面排水工程，以防汛期坡面径流冲刷。

江苏盱眙林山小流域综合治理中，水平沟宽0.6m，深0.6m，开沟表层壤土翻向上游侧，植树前将土再回填至沟中；底层土夹石向下游侧垒埂，截水拦土，埂顶宽0.3m，高0.2m，边坡坡度为1∶1，树苗植于沟中。根据设计的造林行距和坡面暴雨径流情况，确定上下两沟的具体间距。每条条垦沟头与纵排水沟相通。

3. 拦水坝

小型拦水坝断面设计要求安全经济，既要土石方数量少，施工方便，又要保证安全，坝顶不能被洪水漫溢，坝的迎水坡和背水坡都要有足够稳定的坡度，不致造成滑坡；保证坝基坝身不发生渗漏和管涌现象；流经坝体的渗水在到达背水坡的出水面时，压力和速度要小至不足以对坝身或坝基的土粒造成冲蚀；迎水坡要能抗御风浪冲刷，背水坡能避免雨水的侵蚀。拦水坝示意图见图6.3。

（1）坝顶宽度。当不作为主要交通道路，拦水坝迎水坡坡面又有防止风浪的护坡时，可参考表6.3，蓄水量大或较为重要的水库，需参照规范等级标准适当放宽。

表6.3　坝高与坝顶宽度

坝高/m	5以下	6～7	8～9	10～13	14～17	18～25
坝顶宽/m	1.5	2.0	2.5	3.0	3.5	4.0

注　若有应急交通要求，坝顶宽度宜不小于3.0m。

（2）坝顶高度。坝顶须高出库内最高校核洪水位以及可能发生的最大波浪爬高，并加上必要的安全超高。

（3）坝坡。根据筑坝填料性质、坝基情况、坝型及坝高，通过稳定计算确定。

（4）坝体与山坡的接合。坝体两端与山坡如果结合不好，拦蓄上游来水后，往往会沿两边山坡漏水，影响坝体安全。因此，在施工时除将坝体与两边山坡接合部分的表土树根彻底清除外，还要在坝体中段的山坡上开挖接合槽两三条，一般槽底宽1～2m，槽的深度在坝顶、坝底处最小分别为0.7m和1.5m，槽的边坡坡度一般为1∶1。槽内填土和坝体填土同时水平上升、逐层夯实。为防止蓄水从接合部位渗进坝体，需在坝体背水坡和山坡接合的地方，设置反滤导渗沟，使渗水通过反滤层安全排出坝外。坝体的内外坡和山坡交接处，还要设置一条截水沟，以便将山坡径流截引至坝下，以免冲刷坝坡。

(5) 排水设备。小型拦水坝工程常设有排水设备，其作用是将坝体和坝基的渗水安全地导出坝外，降低浸润线，防止渗水在下游坡面逸出，保证下游坡的稳定。

(6) 护坡。拦水坝迎水坡一般采用干砌石护坡，以防止库内风浪冲刷及水位变动影响。块石护坡用厚20～40cm的块石或大卵石干砌铺护，底部铺以15～20cm厚的砂砾石垫层。护砌范围在水位经常变动部位，一般从死水位以下1.5m起砌筑至坝顶。背水坡通常铺设草皮，防止雨水径流集中造成对坝面土料的冲刷。草皮护坡草皮厚10～15cm，用竹钉固定。注意草皮块与块间的接缝，尽量不留缝隙，以防雨水沿缝隙冲蚀坝坡。

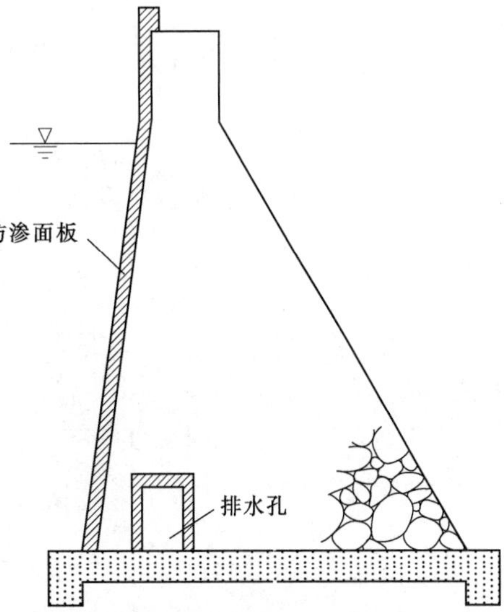

图6.3 拦水坝示意图（纵断面）

4. 谷坊

在易受侵蚀的沟谷内，为了固定沟床而修筑的横向挡拦建筑物，又名防冲坝、沙土坝、闸山沟等，是侵蚀沟谷蓄水拦沙、改变谷底坡度、防止水土流失的有效工程措施。在规划修建谷坊时，常以谷坊群布置的形式，节节修筑，分段拦沙，用以改变谷底坡度，达到稳定沟谷的目的。谷坊的分类，一般有干砌石谷坊、浆砌石谷坊、土谷坊等。

(1) 谷坊位置。通常选择在狭窄谷口、沟床基岩外露、上游有宽阔平坦的贮砂空间、支流汇合点的下游等地点。谷坊不要设置在天然跌水附近的上下游。

(2) 谷坊高度。一般需依据所采用的建筑材料确定，但主要以能承受水压力和土压力而不被破坏为原则。一般干砌石谷坊为2m以下，浆砌石谷坊为2m以上，土谷坊为5～10m。

(3) 谷坊稳定坡度，即淤满后淤积泥沙的表面坡度。对于稳定坡度的估算，一是根据坝后淤积土的土质决定淤积物表面的稳定坡度，一般沙土为0.005、黏壤土为0.008、黏土为0.01、粗沙为0.02；二是根据瓦兰亭公式计算稳定坡度I_0：

$$I_0=\frac{0.093d}{h} \tag{6.1}$$

式中：d为砂砾的平均砾径，mm；h为平均水深，m。

(4) 谷坊水平间距，根据谷坊高度、沟底天然坡度以及谷坊坝后淤土表面稳定坡度计算。$L=H/(I-I_0)$，其中，L为两谷坊的间距（m）；I为谷底坡度；I_0为稳定坡度；H为谷坊高度（m）。当资料缺少时，也可用下式估算：$L=(1.5-2.0)b$。其中，b为沟宽（m）。

(5) 谷坊储砂量，采用下式计算：

$$V=\frac{1}{2}B_1b\,\frac{h^2}{\tan E-\tan\alpha} \tag{6.2}$$

式中：V 为储砂量，m^3；h 为谷坊溢流口顶缘距地面的高度，m；B_1 为堆积地的平均宽度，m；E 为旧沟床的倾斜角；α 为堆积倾斜角；b 为储留泥沙和旧沟床的相交点至谷坊的水平距离，m。

（6）谷坊防洪。谷坊一般还需满足 20 年一遇最大 24h 暴雨洪水安全要求。常见谷坊示意图见图 6.4。谷坊一般都设排洪口，以安全宣泄多余洪水，排洪口宽度 b(m) 计算如下：

$$b=\frac{Q}{Ch^{\frac{3}{2}}} \tag{6.3}$$

式中：Q 为某频率暴雨的洪水流量，m^3/s；C 为宽顶堰系数；h 为堰顶过水深，m。

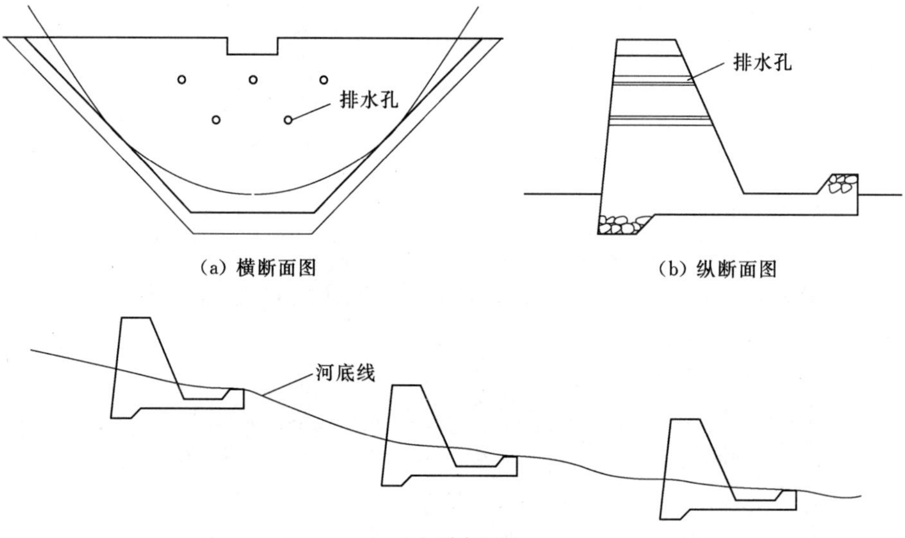

(a) 横断面图

(b) 纵断面图

(c) 群布置图

图 6.4 谷坊示意图

另外，浆砌石谷坊要能蓄住水和不被冲毁，须严格清基护底和按要求砌筑。干砌石谷坊上游要加滤水层，拦住泥沙，长树长草；干砌石谷坊拱顶砌石要经过严格计算，坝顶砌石最小尺寸需能抗御最大流速冲击，倘若不能满足要求时，改为浆砌石坝，防止洪水冲垮。

5. 截流撇洪沟

截流撇洪沟又称为环山截水沟、围山河，适宜建于山坡陡长、冲沟较少、滚坡水经常为害的地方。撇洪沟的线路一般选择在农田、村庄和重要设施上游的山腰转折处，以便及时将山洪引导入沟塘。撇洪沟可以一个坡面开沟一条，也可以一坡数条，一般根据坡长水势、高水高排、低水低排、分散水势、不发生冲刷确定条数。撇洪沟一般是环山开沟或修墙，沟底比降一般保持在 1/800～1/300，排洪设计标准按 20 年一遇 24h 最大暴雨计算洪水流量，重要地方提高标准。

根据《江苏省暴雨洪水图集》或《江苏省水文手册》，查出当地年最大 24h 暴雨均值 $\overline{x}_{24}$ 及相应的离散系数 C_v、偏差系数 C_s，再结合给定的设计频率 P 查得相应的模比系数 K_P，即可计算 24h 设计暴雨量 $x_{24,P}$。

6. 鱼鳞坑

为减少水土流失，在山坡上挖掘有一定蓄水容量、呈“品”字形排列的半圆形或月牙形土坑，形如“鱼鳞”，故称鱼鳞坑，如图 6.5 所示，坑内蓄水、植树造林。鱼鳞坑适宜于 25°～30°的山坡风化石或间有裸岩露头、土层瘠薄的陡坡上。

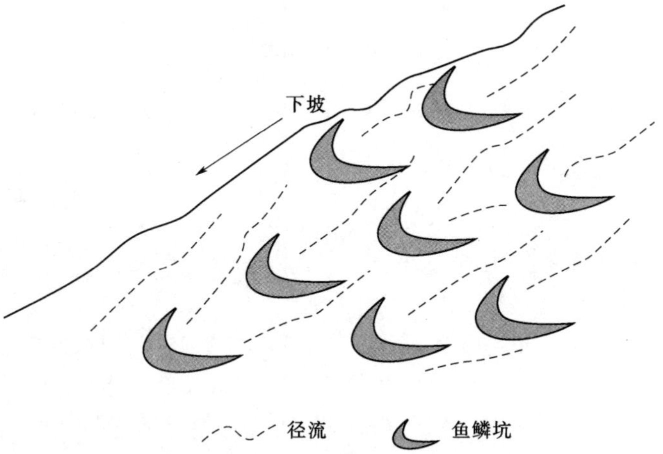

图 6.5　鱼鳞坑示意图

鱼鳞坑设计时，堰墙基地要位于坚硬土或冻土层以下，就地取材确定石堰或草坡埂，填砌外粗里细的过滤层，保留熟土在坑内，便于拦蓄水土，生长植物。堰墙中间要高于两端，便于坑内蓄满水后，从两端顺山坡外溢，不发生冲刷。

每亩鳞坑蓄水量为

$$W=\frac{1}{2}n\left(\frac{\pi}{2}R^2+2Rh\right)h \tag{6.4}$$

式中：W 为亩坑蓄水量，m^3；n 为亩坑个数；R 为鱼鳞坑半径，m；h 为蓄水深，m。

以江苏盱眙林山小流域综合治理为例，每坑平面呈半圆形，长径为 0.8～1.5m，短径为 0.5～0.8m，坑深 0.3～0.5m，坑内取土在下沿做成弧状土埂，高 0.2～0.3m，形状为两端低中间高。各坑在坡面上基本沿等高线布设、上下两行坑口呈“品”字形交错排列。根据设计造林树种类型及株行距，确定坑的行距和穴距，树苗栽植在坑内距下沿位置 0.2～0.3m 处。坑两端开挖宽深各 0.3m、倒“八”字形截水沟。每个鱼鳞坑土方量约为 $0.13m^3$。

7. 泄水式沟头防护

当沟头来水面积大且来水量多时，沟埂已不能有效地拦蓄径流，或受侵蚀的沟头临近村镇，威胁交通，而又无条件或不允许采取蓄水式沟头防护时，需把径流导至集中地点，通过泄水建筑物排泄入沟。一般泄水式沟头防护工程有悬臂跌水和台阶式跌水两种类型。

江苏丘陵山区主要采用台阶式跌水，按型式不同可分为单级式和多级式。

单级台阶式跌水，多用于跌差不大（$<2.5m$），而地形降落比较集中的地方。

多级台阶式跌水，多用于跌差较大，而地形降落距离较长的地方，如图 6.6 所示。在这种情况下如采用单级台阶式跌水，因落差过大，下游流速大，需做很坚固的消力池，建筑物造价较高。

为保证工程的安全性与经济性，台阶式跌水沟头防护工程的断面，泄水槽水深 h

(m)、泄水槽底宽 b(m)，可按下式计算：

$$h=0.501\sqrt[3]{\frac{Q^2}{b^2}} \tag{6.5}$$

$$b=0.335Q\sqrt{\frac{1}{h^3}} \tag{6.6}$$

式中：Q 为设计洪水流量，m^3/s。

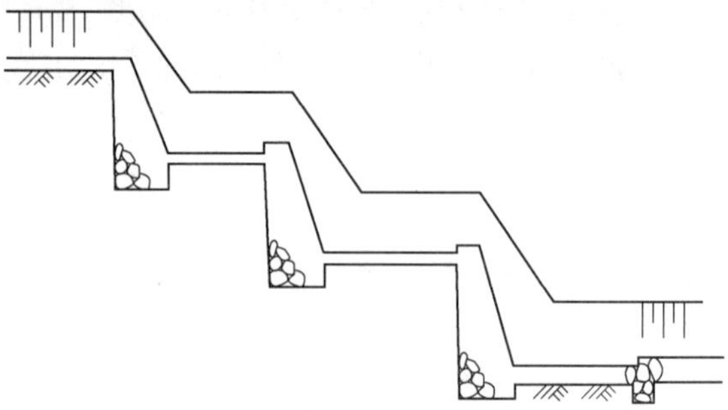

图 6.6　多级台阶式跌水沟头防护

6.2.2.2　生物措施

生物措施可以使小流域的治理与开发融为一体。小流域建设乔、灌、草相结合的生态经济型防护林体系，是实现流域可持续治理与开发的根本措施。在小流域中建立生态经济型防护林体系，一是可发挥林木特有的生态屏障功能；二是可为社会提供更多的林产品，提高经济效益。根据区域自然历史条件和防灾、生态、经济建设的需要，将多用途的各个林种结合在一起，并布设在各自适宜的地域，形成一个多林种、多树种、高效益的防护整体。具体生物措施如下：

(1) 封山育林。坡度超过 25°的陡坡，封山育林育草。按照“封育结合，以育为主”的方针，适时采取轮封和人工更新等措施，使其尽快成林成草，发挥防护效益和经济效益。只封不育，难收实效。

(2) 营造经济林。坡度为 15°～25°、土层较厚、有灌溉水源、交通方便的阳坡，栽植玫瑰、苹果树、桃树、梨树、核桃树、柿子树等经济树种。实施高标准种植、集约化管理。苗木一般以春栽为主。果园一般每年施一次基肥和三次追肥。以集流蓄水为水源，应用滴灌、渗灌适时灌溉。自选种、苗木培育到生长全过程高度重视病虫害防治。

(3) 营造水保林。坡度为 15°～25°、土层较薄、灌溉条件较差的山坡，营造水保林。遵循适地适树原则，造林乔木选择侧柏和刺槐。阳坡以栽植侧柏为主；阴坡以栽植刺槐为主。灌木可选择酸枣、荆条、柠条和紫穗槐等。为减少对土地的干扰，通过鱼鳞坑或穴状整地改善苗木立地条件。刺槐林在春季边整地、边造林；侧柏林是在春季整地、雨季造林；紫穗槐的栽种是冬春整地、春季植苗，雨季直播。乔、灌、草结合，适度密植，增加植被覆盖率。

1) 造林设计原则。在小流域现场调查的基础上，总结当地多年来水土保持造林实践，以立地条件类型的差异性结合现有栽培水平，运用先进的造林技术进行设计。

设计原则如下：适地适树，因地制宜，以获得稳定持续的林分环境、改善立地质量为目标；选择适宜的乡土树种，或经多年栽培，适应性较强，提高造林成活率；尽量营建复层林相，充分利用营养空间，建立稳定的生态系统；充分发挥各种立地条件的土地生产率，以获得最大的水土保持经济、社会和生态效益。

2) 造林设计技术措施。确定造林树种的基本原则是“适地适树”，以适生的乡土树种为主，并引进和推广外地优良树种。针对不同立地类型条件，选择生物特性与其地形、土壤、水分相适应的乔灌木树种。

造林密度的大小，直接影响幼林的郁闭及林木的生长与分化。造林密度的确定是以造林目的、树种特性、立地条件等为依据。参照水土保持综合治理技术规范标准与当地成林经验株行距，确定主要适生造林树种的初植密度。

3）整地时间与方式。整地时间一般春、夏、秋、冬四季均可，以前一年雨季前较好。江苏习惯多为在冬、春整地。

水土保持林，一般都需采取整地工程，以保水保土、促进树木正常生产，不同立地条件、不同树种，要分别采用不同形式的整地工程。整地工程防御标准一般按 20 年一遇最大 6h 暴雨量设计。整地方式因地制宜，如鱼鳞坑、等高条垦、穴状整地等。

4）造林季节、方法与苗木规格。造林季节分春季、秋季、雨季；造林方法分为植苗、直播和分殖造林，但以植苗造林为主；种苗规格指苗龄、苗高、地径及根系长度，要根据苗木标准确定。

造林方法如下：①植苗造林，造林时苗木要采取随起随运，泥浆蘸根，包扎湿草，及时栽植等措施，为了保护苗根湿润，宜采用就地苗木，随起随栽；②营造混交林，主要有块状、带状混交等，一般种间关系密切的树种采用行间或株间混交，种间竞争激烈的树种，设计为块状、带状或行带混交。

5）幼林抚育，包括松土除草、扩穴培土、除蘖、抹芽、修枝、平茬和病虫防治以及每年抚育时期、次数等。

6）种苗、造林劳力需要量估算。种苗包括造林所需苗木数量，劳力包括整地、育苗、造林、抚育、补植等工作量。

7）植树造林典型设计。盱眙林山小流域国槐、刺槐水保防护林设计。

立地条件类型：缓坡地或陡坡地。

造林布置：如图 6.7 所示。

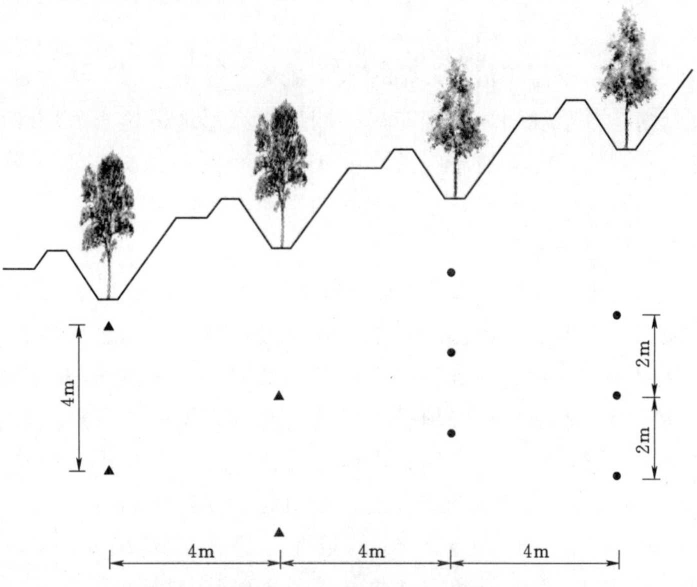

图 6.7　造林布置示意图

整地方式：提前一季鱼鳞坑或穴状整地。

造林方法及季节：次年春季造林，国槐、刺槐均可截干，截干高度小于 30cm，国槐株行距均为 4.0m，刺槐行距为 4.0m，株距为 2.0m。

幼林抚育：除正常的除草、松土、施肥外，栽后 3 年内略加修剪管理，刺槐每年夏季疏其徒长枝条；国槐第 3 年主杆离地 1.5m 第一次截干、疏理旁枝，以促进林木的郁闭速度。

每亩种苗用量及土方量，见表 6.4。

表 6.4　　苗均种苗用量及土方量

树种类别	树种名称	树种图例	混交方式	每亩用苗量/株	苗 木 规 格	每亩土方量/m^3	
						鱼鳞坑	穴状整地
落叶乔木	国槐	▲	带状	42	2 年生、地径大于 1.5cm，苗高大于 1.5m	5.5	9.3
落叶乔木	刺槐	●	带状	84	2 年生、地径大于 1.0cm，苗高大于 1.0m	10.9	18.5

6.2.2.3 农业措施

在水土流失的农田中，采用改变小地形，增加植被覆盖度、地面覆盖和土壤抗蚀力等方法，达到保水、保土、保肥、改良土壤、提高产量等目的的措施称为水土保持农业措施。以改变小地形为主的水土保持耕作措施有沟垄耕作、等高耕作等。以增加农地覆盖为目的的措施有留茬，用秸秆、地膜铺盖田面等，可防止土壤水分蒸发，增加降水入渗。增加土壤抗蚀力的措施有免耕、少耕、改良土壤理化性质等。随着水土流失治理与自然资源综合开发利用的结合，在一些小流域治理中已建成以生态农业原理为基础，以高效、优质、可持续发展为目的的农林复合型、林牧复合型或农林牧复合型的复合生态经济系统。

6.2.2.4 苏州市吴中区旺山水土流失综合治理实践

苏州市吴中区旺山水土流失治理以治理水土流失、改善生态环境为目标，坚持山水林田路综合治理的原则，科学规划、合理布局、因地制宜适地适树。采用坡面治理与沟道治理、生物措施与工程措施、灌溉造林与蓄水保墒、水平梯田条田与乔灌草相结合的方法，坚持治理与靓化、监测与示范同步，根据不同的立地类型区采用了不同的治理措施，形成了完整的水土流失综合防护体系。

（1）山体中上部治理。坡度在 25°以上、高度在 30m 等高线以上的山体建设水土保持生态防护林带。该部分山体土层较薄，果茶生长不好，盲目种植极易造成水土流失。主要以封育为主，安装护栏，禁止上山进行生产和砍伐等活动，避免对山地扰动、保护水土。该区主要生长有马尾松、火炬松、湿地松、黑松、水杉、柳树、香樟、枫香、麻烁、三角枫、朴树、青风栎、冬青、女贞、杜鹃、山樱子等树，并对疏林进行补密，形成了较完整的防护林体系和山脊景观带，对中下部果园、茶田起到保护作用。

（2）中下部坡面治理。坡度为 5°～25°的坡面，等高线为 15～30m，兴修水平梯田、条田，种植经济价值高的花卉、茶果林、竹林等特种经济作物。

（3）山坡脚治理。在坡度小于 5°、高程为 15m 以下地区，该区域地段比较平缓，故采用集中连片平整土地，兴建苗圃进行苗木繁育，建设高标准茶园，修建大棚温室，繁殖花卉、蔬菜。

（4）沟道河塘治理。为防止河床下切、沟岸扩张和沟头延伸，减少沟蚀和坡面的蚕食，旺山小流域在沟道治理方面，依据试验对比成果，在坡脚上布置了一道浆砌块石环山截流沟，截流沟与纵向沟交叉处设沟头防护；上部主要为原生态草沟，下游布设蓄水池、塘坝工程，蓄水拦沙。在治理沟道的同时，结合建设涝池、湿地、滚水坝等，开发观光旅游景点，开发养鱼垂钓餐饮服务业。

经过建设，现在的旺山，山顶风景秀丽、怡人，山坡绿树、竹林成荫，沟道碧水荡漾，山脚苗圃片片、花团锦簇，基本形成沟道层层拦蓄、沟头处处设防、道道截流的景观型水土保持综合防护体系。

6.2.3 生态清洁小流域建设

生态清洁小流域，是在传统小流域综合治理的基础上，将水资源保护、水土流失防治、面源污染控制、农村垃圾及污水处理等结合到一起的新型小流域综合治理模式。其建设目标，是沟道侵蚀与坡面侵蚀强度在轻度以下、水体清洁且非富营养化、行洪安全、生态系统良性循环的小流域。

生态清洁小流域建设与传统小流域综合治理的主要区别见表6.5。

表6.5 生态清洁小流域建设与传统小流域综合治理的主要区别

类别	传统小流域综合治理	生态清洁小流域建设
目标取向	以保水保土、维护和提高土地生产力、增加土地产出为主要目标。强调对资源的开发利用。 以服务农业生产为主	以水源保护为主要目标。强调对资源的合理利用与保护。 以服务新农村建设和区域经济社会可持续发展为主
防治重点	以坡面和沟道为防治重点	以坡面、沟道和村庄为防治重点，并且突出村庄及周边的环境综合整治
规划布局与工程设计理念	以安全、耐久、经济发展为优先考虑，较少考虑与环境的协调	以融合周边地形及自然景观、减少对生态环境的冲击为设计理念，构筑多样性的生物栖息空间。一方面考虑结构的安全性，另一方面兼顾当地自然生态系统的维护，充分考虑并利用自然的自我设计与恢复的能力
主要措施	坚持山、水、林、田、路统一规划，拦、蓄、灌、排、节综合治理。强调人改造和征服自然能动性	突出农村生活污水处理、垃圾处置和面源污染控制措施，更加注重工程的生态化。强调尊重自然、人水和谐，遵循自然规律和经济规律
工程施工材料	多强调材料坚固、施工便利，多以砌石、钢筋、水泥为主	尊重自然规律、就地取材，包括各种物种的本地化

6.2.3.1 建设内容

生态清洁小流域建设总体思路，是从水土资源保护利用源头入手，对资源和环境进行综合、系统的整治，转变不合理、不可持续的发展方式，保护资源和环境，实现绿色可持续发展，为生态农业和人居环境营造提供良好的水土生态环境。主要建设内容包括水土流失综合治理、生态自然修复、河道综合整治、人居环境综合整治、生态农业建设和面源污染综合防治等。

（1）水土流失综合治理。在小流域内开展水土流失农田治理和灌排设施配套建设，实施坡耕地改造、沟道治理、塘坝疏浚等工程，营造水土保持林草。通过以上措施可基本控制农地、荒坡地、河沟塘坡面等水土流失，可使洪水归槽排泄，并有库、塘兼蓄，减轻水土流失危害的作用。

（2）生态自然修复。在山区、丘陵区对林区通过封山育林和疏林补密进行生态修复。在小流域内开展坡耕地改造、荒坡地治理、农业结构调整，增加经济林和生态林面积，提高林草覆盖率。

（3）河道综合整治。治理内容为土方疏浚、堤顶和堤坡整修、堤顶堤坡植物措施防护、坡面排水和沟口防护工程、重点段生态防护景观工程等，通过河道综合整治和长效管理营造生态健康水环境。

（4）人居环境综合整治。对村庄环境进行综合整治，推进社会主义新农村建设，建设农民幸福生活的美好家园。通过整治村庄沟塘，防治村庄水土流失，营造良好的村庄水生态环境。

（5）生态农业建设。选择适合当地发展的特色农业，开展诸如茶园、有机水稻、苗木、果园生产基地等农业建设项目，同时配套完善的灌排渠系工程。

（6）面源污染综合防治。对居民比较集中和有条件的地区，建立集中式污水处理工程，达标排放，实现生活垃圾集中管运；大力发展生态农业，推广绿色、无公害技术，减少化肥使用量，使用低残留农药防治病虫害，推广施用有机肥料、生物农药，控制和减少农业面源污染；采用生物防治措施，在库、塘、河堤岸营造植物缓冲带、生物塘，通过植物的吸附、土壤的吸附、过滤和微生物的降解等物理、化学、生物作用，达到污染物降解效果。

6.2.3.2 建设模式

生态清洁小流域建设基本模式，是以小流域为治理单元，以山、水、田、林、路综合治理为基础，突出水土流失的坡耕地和沟道治理、河库塘水环境治理、村庄生态环境综合整治，实现小流域内“山青、水洁、村美、田沃”的目标。针对不同类型的生态清洁小流域建设，采取的具体模式如下。

（1）水源保护型生态清洁小流域。在河流源头、重要水源地保护区，注重生态环境保护，以涵养水源、防治面源污染、保护水质为目标，建设水源保护型生态清洁小流域。主要措施以生物措施为主，以工程措施为辅。

（2）生态休闲型生态清洁小流域。在具有山水、民俗旅游资源优势的区域，以资源环境承载力为基础，以保护原生态和水环境为重点，打造山水景观，挖掘民俗文化，提升山水环境品质，建设生态休闲型生态清洁小流域。主要措施包括植被保育与景观林营造、水土环境治理与提升工程、人居环境改善等。

（3）防洪减灾型生态清洁小流域。在山洪、滑坡、泥石流等灾害严重的地区，建设防灾减灾型生态清洁小流域。以确保生命财产安全为重点，合理布设控制性工程措施和植物措施，以工程措施为主、以植物措施为辅，达到改善人居环境。

（4）绿色产业型生态清洁小流域。在农业生产条件较好的地区，以“村容整治，生产发展”为切入点，通过水土流失治理和水环境保护，推动农业集约化生产和农村人居环境改善，调整农业生产结构，引进龙头企业或大户承包，发展特色林果、有机作物种植等，创建品牌效应、培育绿色产业。

6.2.3.3 南京市江宁区石塘生态清洁型小流域建设实践

1. 基本情况

(1) 地理概况。南京市石塘小流域位于江宁区横溪街道西南部，总面积为 $8.4km^2$，其中山林面积为 $5.75km^2$，水面面积为 $0.23km^2$，水田面积为 $0.71km^2$，旱地面积为 $0.17km^2$，村庄及道路用地面积为 $1.54km^2$；包括 1 个社区，3 个自然村，总人口为 1196 人。该小流域属宁镇扬低山丘陵区，北起大山、莺子山、云台山，南至天台山、斗笠山，西起苏皖交界，东至野山山口，地势四周高，中间低，高差较大，最大高程为 282.28m，最低高程为 34.28m，最高点与最低点间高差约为 248m。

(2) 水系概况。石塘小流域内水系主要分为九龙河和梅溪两条水系。九龙河发源于九龙潭自西向东，梅溪发源于云台山脉，自北向南，两条水系交汇于老坝水库，经丹阳河入水阳江。

(3) 水土流失概况。石塘小流域总面积为 $8.4km^2$，水土流失面积为 $1.5km^2$，其中轻度流失面积为 $1.13km^2$，中度流失面积为 $0.23km^2$，强烈流失面积为 $0.07km^2$，极强烈流失面积为 $0.05km^2$，剧烈流失面积为 $0.02km^2$。

2. 主要存在问题

(1) 由于流域内山多田少，存在顺坡种植及乱垦乱植现象，是区域内水土流失的主要原因。

(2) 水资源虽较为丰富，但水体零星，分布、面积不均，特别是水系连通与畅通性欠缺，致使洪水容易漫溢，造成水土流失，水质不良。

(3) 植被覆盖率较高，但林相结构较为单一，群落稳定性较差，既不利于水土保持，也欠缺景观性。

3. 主要建设内容

(1) 坡地治理工程。石塘小流域水土流失面积为 $1.5km^2$，大部分为轻度流失，主要分布在岗坡田、冲田，少部分中等强度流失分布在岗坡田。在治理措施上对较高较陡，灌溉水源困难的 450 亩岗坡田，通过等高调垦，优化产业结构，调整种植经济林（茶叶、苗木基地等），发展特色农业；对种植粮食作物的 570 亩零乱冲田，整修梯田，完善灌排设施，保土、蓄水，建设高产稳产农田。

(2) 生态修复工程。对石塘小流域内林地开展封山育林，疏林补密，加快植被恢复，形成密集的水保林体系，以涵养水源。小流域内宜林宜草面积为 8625 亩，其中乔木林面积为 5255 亩，灌木林面积为 2655 亩，疏林面积为 442 亩，草地面积为 161 亩，林草保存面积占宜林宜草地面积的 98.7%。

(3) 沟道综合整治工程。对流域内 7 条重点骨干沟系进行综合整治。以沟道整治为线，以河塘整治为点，通过拓浚、疏通、理顺、生态护岸、绿化、建筑物配套等措施，完成清淤土方 4.65 万 m^3，生态护岸 $60000m^2$，种植水生植物 $43640m^2$，滚水坝 25 座。区域内水系形成流水串珠，贯通、流动，既保持了水土，又提高了灌排能力，净化了水质，同时塑造了碧水青山的乡村环境。

(4) 生态农业建设工程。小流域新农村建设定位为都市生态休闲旅游示范村。利用流域内水质清澈、气候适宜、环境优良的特点，保留种植850亩无公害优质水稻，并禁止使用剧毒农药；结合生态农业和旅游开发打造乡村和田园风光互相交融的乡村农业景观，建设优质果园、生态茶园、大棚蔬菜、苗木基地3500亩。

（5）面源污染治理工程。为减轻农业生产、居民集中区污水对水体的污染，在河沟整治、河塘治理和居民点建设过程中，在河道、沟塘、居民点周边设置植物缓冲带，种植、抚育具有吸收有机污染物能力的鸢尾1040m²，菖蒲2600m²，莲花睡莲40000m²；在居民集中点建设生物污水处理站，采用生态治污措施，消解总磷、总氮、氨氮等污染物，使污水处理率和处理达标率均达到100%，小流域出口水质达Ⅲ类水标准。

（6）人居环境综合整治工程。近几年，对小流域内3个自然村全部实施了村庄环境综合整治工程。对集中居民点进行特色改造；饮用水全部采用集中式供水，供水管网与城市供水管网连接；雨污分流，粪便经无害化化粪池处理后，由污水管道排进集中式污水处理站处理；在居民点和人流密集点，垃圾收集集中处理。2011年，江苏省美丽乡村启动仪式在此召开，石塘小流域被评为江宁区乡村旅游“五朵金花”之“最美乡村”、省级康居示范村、省级四星级旅游景点、省级生态清洁型小流域建设示范点，2013年获得全国最美乡村典范奖。

4. 管护制度建设

石塘生态清洁型小流域建成后，建设的设施交由横溪街道旅游开发有限公司负责运行维护。制定封山禁牧、封育保护政策，小流域运行管理制度写入乡规民约；旅游开发公司组建专业管护队伍，对小流域的日常环境进行维护。

6.3 平原沙土区水土保持

6.3.1 水土流失现状与成因

1. 基本现状

江苏现有水土流失面积5437.96km²，其中平原沙土区水土流失面积为2261.00km²，见表6.6，占全省水土流失面积的41.6%，主要分布于废黄河高亢平原沙土区、沿海平原沙土区和通扬运河以南高沙土区。

表6.6　江苏平原区水土流失面积

市名	平原沙土区水土流失面积/km²	市名	平原沙土区水土流失面积/km²
徐州	277.0	扬州	32.0
南通	254.0	泰州	141.0
淮安	162.0	宿迁	208.0
盐城	1187.0	总计	2261.0

注　摘自《江苏省水土保持规划（2015—2030）》，江苏省水利厅，2015年8月。

（1）废黄河高亢平原沙土区。1194年，黄河在河南阳武决口，改道南流，夺淮入海。1855年，黄河又在河南铜瓦厢决口，才改由山东大清河入海。由于黄河挟有大量泥沙，在夺淮入海的660多年时间里，河床逐渐淤高，形成一条地上悬河。同时，两岸大堤也随之不断加高，即现在的废黄河老堤。

江苏境内的废黄河故道是一条蜿蜒曲折、高出两侧地面3～5m的沙垄，自丰县二坝至滨海县大淤尖入海，全长496km，宽度为0.5～11.5km，总面积为1508km²，故道地面覆盖着5～10m厚的黄泛沉积物，主要是细砂和粗粉砂，随着潮化和耕作熟化过程，土壤质地自河床向两侧基本是飞沙土、沙土、两合土、淤土依次分布，极易造成水土流失，致使河、沟淤积严重。

(2) 沿海平原沙土区。沿海平原沙土区主要分布在通输公路以东，南自长江口，北至海州湾的绣针河口，海岸线全长953.9km，总面积为2.18万km²，隶属南通、盐城、连云港三市的14个县（市、区）。境内以平原为主，地势平坦，河网密布，大、中、小一套沟较完善，在常水位以上的河沟坡和青坎圩堤约有700km²。

沿海平原沙土区土壤质地砂性重，沙粒粒径较大，结构差，据各地土壤机械组成分析，土壤颗粒粒径大于0.01mm的粗粉粒含量平均达80.7%，而粒径小于0.001mm的胶体黏粒含量平均仅为6.8%；表层平均土壤容重为1.40g/cm³；总孔隙率为48%，非毛管孔隙率仅2.3%，土壤持水性和塑性较差，遇水易流失。

(3) 通扬运河以南高沙土区。高沙土地区位于通扬运河以南、以西，长江、靖泰运河、江平路以北地区，主要包括泰州、南通、扬州三市的泰兴、姜堰、如皋、海安、江都5个县（市、区）的部分乡（镇、场），土地总面积为3190.2km²。

区内地势高亢、土质沙且贫瘠，跑水、跑土、跑肥，人们称“刮风飞上天，下雨淌进河”。耕作层大都为沙壤土或粉沙土，结构差，孔隙率小，有机质含量少，易旱、易涝、易渍，不利于作物生长。犁底层以下，透水性逐步增高，易漏水跑肥。再下层多为粉沙或极细沙，致使河坡、沟坡很不稳定，水土流失严重。

据测定，沙土区土壤砂粒占30%～40%，粉粒高达40%～55%，黏粒仅为10%～5%，总孔隙率小于50%，非毛管孔隙率仅5%，渗透系数在1×10^{-6}cm/s左右，通称“高沙土”“夜潮土”。土壤颗粒细小，结构松散，当水分大于20%时，已接近粉沙土流限，遇水极易流失。

2. 成因分析

江苏平原沙土区水土流失现象，是自然因素和人为因素共同作用的结果。

(1) 自然因素。影响江苏平原沙土区水土流失状况的自然因素有气候、地形、地质、土壤、植被等。降雨量大而集中、暴雨强度大、历时短，地表径流大，为土壤侵蚀提供了原动力；在废黄河故道沿线、沿江及沿海地区存在较广的沙土、粉沙壤土，土壤结构疏散，抗蚀能力弱，在雨水冲刷下易流失，造成河沟淤积；现有植被多为人工纯林，林分结构单一，显著降低了植被的水土保持防护功能。

(2) 人为因素。近年来随着江苏平原沙土区人口迅速增长和大规模的生产建设活动，新的人为水土流失不断扩展。城镇建设、交通、水利、能源、农业开发等生产建设项目，在实施过程中忽视水土保持现象时有发生，加剧了水土流失。

6.3.2 水土流失治理

1. 水土流失治理历程

江苏水土流失严重的平原沙土区，包括丰县、铜山、睢宁、宿豫、泗阳、清河、淮阴、涟水、阜宁、滨海、响水等县（市、区）境内的废黄河故道高亢平原沙土区；响水、滨海、射阳、大丰、东台、海安、如东等县（市）境内的沿海平原沙土区；江都、泰兴、如皋等县（市、区）老通扬运河以南的高沙土区。

20世纪60年代中期开始，全省平原沙土区采取治水与改土相结合，工程措施和植物措施相结合，防治水土流失。

淮北沙土地区在加强各级排水沟系配套，积极建造各级沟头防护工程的同时，对沟坡采取以植物防护为主的措施。在河、沟的堤顶、青坎和背水坡脚植树，水面线上下栽芦柴，坡面上栽三条（杞柳、蜡条、紫穗槐）和植草，做到柴、柳、草“三层楼”，用以保护坡面，控制水土流失，延长工程寿命，发挥工程应有效益。淮北沙土地区在沟河坡防护、水土保持方面的经验，概括起来就是“黏包坡、倒比降、截水沟、簸箕口、栽草皮、植树木”十八字措施，做到沙土不露头，青坎水倒流，坡水归槽走，排水不越级，堤顶水向后，沟头防护好，水土不流失，改变“一年挖，二年淤，三年平”状况。

通南高沙土地区，原地形高差较大，水土流失严重，经过反复治理，不断总结，也摸索出了“平整龟背（田）、多级排水、低水渠道、沟头控制、灌草封坡、改良土壤”的治理思路，农田基本控制了水土流失，实现了灌溉渠系化、农田林网化、坡面植被化。根据本地特点，平整龟背田，打田埂，包田头，防止滚坡水，减少田面剥蚀；建立健全排水系统，逐级排水，减少跌差，适当集中排水口，控制出口水流，防止沟头冲塌；沟渠堤坡植树种草，固土护坡，减缓水流冲蚀；通航河道在水面上下栽植芦苇等水生植物，实行“封港育草”，促使防护体系的形成；有黏土资源的地方采取黏土包坡、黏土掺沙等改土措施，改善土壤结构，减少水土流失。

通南高沙土地区的泰兴县许庄公社、如皋县搬经公社，淮北沙土地区的响水县黄圩公社、灌南县百禄公社、新沂县炮车公社等，采取植树、种草等植物防护措施，多年来保持河、沟、渠、路、堤坡的完好，只需每隔几年结合积肥搞一次清淤浚深，从根本上改变了过去年复一年的重复劳动现象。海安县有11个公社在高沙土地区的27.5万亩耕地，20世纪60年代开挖的骨干河网，因治沙改土未跟上，80%的农田表土均有不同程度的流失，以致农田土质越来越差，沟渠堤岸以及农田年年有坍塌。以后通过全面规划，水土保持与农田水利紧密结合，采取黄土包沙，植树种草，削平龟背田，减少水土流失，经过10多年的治理，11个公社农业生产逐年提高，1978年粮食亩产575kg，皮棉亩产50kg，为高沙土地区水土流失综合治理积累了经验。

80年代以来，平原沙土地区按照建设旱涝保收、高产稳产农田的要求，在完善工程措施的同时，着力搞好植物措施，防治水土流失，做到沟河开到哪里，树草种到哪里，努力实现农田林网化，沟、河、堤坡面植被化。有关县、乡在进行农田林网和河沟坡面植被建设时，注意长短结合，乔、灌、草结合，经济林用材林结合，生态效益、经济效益十分显著。丰县在复新河、太行堤河、苗城河等主要河堤营造用材防护林木200多万棵，栽杞柳、紫穗槐100多万穴，并和工程措施相结合，效果显著，10多年时间河底只淤积4cm，过去未搞植物措施时，二年就淤积1m多。滨海县推广树、柳（杞柳）、草（包括芦柴）三层楼植物防护措施，既可保土护坡，又有明显的经济效益。泰兴县从1980年秋冬起，对河坡采取以植树栽草为主体的水土保持措施，根据坡面不同高度和植物的不同特点，因地制宜，合理安排，分层栽插，用芦柴护坡脚，用芦竹、杞柳护坡面，薪棵封顶，沟河口或青坎栽树。经过连续3年的实施，中沟以上河坡栽草率达87%，基本实现了沟河坡植被化，发挥了“一保、三减、五增”的作用，即保护了河床，防止河坡冲刷倒塌；减少国家投资，减轻乡镇经济负担，减轻农民劳务负担；增加副业生产原料，增加肥料，增加饲料，增加收入。

针对平原沙土区地形高低起伏易造成面上水土流失问题，江苏注重平田整地，建立健全灌排体系，排灌分开，使水土流失的状况得到了改善。同时，通过开挖大沟、中沟、小沟和田间的隔、腰、墒沟，除涝降渍，调节土壤里的水、肥、气、热，保持土壤适宜含水量，有利于农作物生长；而且各级沟道可以逐级削减水头，减少水力作用对河沟坡的冲刷。

21世纪初，针对平原沙土区土壤贫瘠、水土易流失、土壤母质砂粒较粗而黏粒较少的特点，通过不断探索与实践，采取综合改良措施，改变水土流失区的土壤理化特性。例如，如皋摸索出一套行之有效的改土措施：一是从通江干河中捞取红泥，掺沙改土；二是重施绿肥和秸草还田；三是施杂灰、河泥、草塘泥，增加土壤有机质；四是当年平整的田块，秋熟安排水稻茬口，土壤经过一熟沤制，加速绿肥腐烂。根据如皋市大面积推广应用的玉米秸秆还田技术实施效果表明，玉米秸秆还田对补偿土壤养分及改善土壤物理性状具有较好的效果。

2. 平原沙土区治理措施

水土保持措施主要包括工程措施、林草措施、农业耕作措施三大类。工程措施包括土地平整、小型农田水利设施建设、河道边坡防护、道路边坡防护等工程；林草措施包括营造水土保持林、经果林，发展复合农林业，对河道两侧岸坡及湖泊周边建设植物保护带；农业耕作措施包括平田整地、水旱轮作、间作套种和土壤改良等。

（1）苏中沿江平原沙土区。加强农田林网建设，按照林随路走、林随水走，合理配置高大乔木、小乔木、灌木树种，加强现有林带的补植补造，提高农田林网的覆盖范围和完整性；推广生态河道建设，采取种草护坡固土，河沟坡面进行护岸植被群建设。

（2）盐通沿海沙土区。建设沿海防护林，提高滩涂开发利用价值；选择适宜的水土保持林草和土壤改良措施；大力开展农田林网和河沟坡植被建设，实现水土保持措施与富民措施相结合。

（3）加强小型农田水利设施建设。结合高标准农田建设，推进平原沙土区治理，集中投入，连片治理，全面提高小型农田水利工程设施配套水平。大力实施农田小型灌排泵站及小型水源工程建设，重视和加强渠系以及沟系配套建设物更新和改造，提高田间工程配套率和完好率，减少面上水土流失。

（4）推广“二暗一明”工程。即农田高效节水灌溉工程、降渍暗管排水工程和排涝明沟工程，提高平原沙土区农田水、土资源利用率，有效减少田间水土流失，且节省耕地，与传统明渠明沟灌排系统相比，平原沙土区可节省耕地10%以上。

（5）河道综合治理。以“河畅水清、功能健全、岸绿景美、人水和谐”为目标，通过河道疏浚、岸坡整治、水系沟通、水生态修复、强化管理等措施实施河道综合治理；完善河道疏浚和轮浚机制，因地制宜开展岸坡整治，加大对河道常水位以上的岸坡以及两侧青坎的整治和绿化建设，建设草皮、灌木、乔木立体防护体系，城镇岸段或者重要景观节点段可配备亲水、挺水、沉水植物营造生态景观效果。

3. 南通高沙土区水土流失治理实践

针对通南高沙土区土壤沙性大，土颗粒间凝聚力小，沟、河、站、涵淤积严重等特点，南通市水利局与南京林业大学联合研发了小型泵站进水池防淤、生态固土护坡、沟河排水防冲等工程技术，防止了水土流失和岸坡坍塌，形成了独具特色的平原沙土区水土流失综合防治技术体系；同时，建立了乔、灌、草立体配置，网、带、片有机结合，持续高效的生态防护林技术体系。

（1）小型泵站进水池防淤技术。针对高沙土区河道沿线的泵站进水池极易淤积的问题，研制了小型泵站进水池防淤堰，经过多年的改进、完善和推广，防淤效果显著。

防淤堰是进水池与多泥沙河道衔接的弧形建筑物，既引水又拦沙。全堰呈弧形，整体抗倾、抗滑性能强。堰中部位于河道正常水位线处，堰两端与河坡相接，弧的半径根据河道标准和进水池大小确定。一般装机两台的泵站所建防淤堰的半径可取100～150m，堰身长30m左右。堰身采用框架薄板结构，框架薄板由钢筋混凝土预制而成。堰中设置引水闸，同样位于河道正常水位线处，以使水流紧贴闸前，保持顺直流态，避免闸前回流，防止淤积。堰顶高程应高出正常水位20～40cm，以保证漫过堰顶的水为低含沙量的上层水，堰底高程由中心向两侧随河坡地形逐渐增高。

（2）多边形立体生态固土护坡技术。多边形立体生态固土护坡技术主要包括固土护坡与植树栽草两个环节。

1）固土护坡。首先是整平沙土堤坡面，然后采用机械在背水坡取黄土，覆盖于沙土坯上，覆盖厚度不少于20cm。其目的是固定沙土不受雨水冲刷而流失坍塌，同时为下一步植树栽草提供必要条件。

2）植树栽草。采用一种似丝瓜瓤状的多边形立体植被护坡网垫（用加入炭黑的尼龙丝加工制成，丝与丝的交叉点熔合粘接，相互缠绕，质地蓬松，孔隙率在90%以上，质地疏松、柔韧），覆盖于黄土表面，在其孔隙中可填加土料和草种，使植物的根系可以舒适、整齐、均衡地生长，长成后的草皮使网垫、草皮、泥土表层牢固地结合在一起。由于植物根系可伸入地表下30～50cm，形成了一层坚固的绿色复合保护层。植被的覆盖具有较强的抗冲刷能力，能有效消除雨滴的冲击能量，对雨水沿地表流动造成更多的障碍，降低径流速度，避免雨淋沟的形成，从而达到“以网固草、以草固土、网草结合、保持水土”的效果。

（3）沟河排水防冲工程技术。沙土区河道在逐级排水过程中，由于上下级河道的河底高程落差较大，常发生冲刷坍塌现象。为此，南通市水利局设计了中段跌井式排水涵洞，较好地解决了这个问题。其设计思路是在排水涵洞的中段设置一处跌井，将洞身分为上洞和下洞，使涵洞进出口间的高差在跌井部位调节。这样，过洞水流经过两级消能，出口水流能量减弱，有效地避免了水流对河坡的冲刷，保持了洞身稳定性。

（4）中小河道堤岸植物护坡模式。南通市水利局根据中小型农村河道特点，通过分类试验对比，提出了不同的植被护坡、护堤模式，并在生产实践中取得了良好的效果。

1）中型河堤植被护坡模式。

堤顶及堤坡：栽用材型防护林，乔木高大，有防风固堤作用。

青坎：以经济型或用材型防护林为主。

河坡：保土护坡经济灌木带。

水面附近：培植防浪护岸水生植物带，如芦苇带，在河岸侵蚀较弱处，也可用茭白带或水苋菜等。

2）小型河堤及沟埂植被护坡模式。

堤埂顶：栽几行防护用材树，形成防风固堤林带。

堤坡：沿等高线或网格状栽植经济植物或牧草，具有保土护坡功能。

青坎：栽植经济灌木或牧草。

沟、河坡：沿等高线或网格状栽植经济灌木，经济植物或牧草起保土护坡作用。

水面附近：栽植芦苇、茭白、水苋菜等水生植物。

南京林业大学与南通市水利局开发并推广的上述一整套水土保持综合治理技术，在通南高沙土水土保持实践中取得了重大的经济效益、生态效益，其主要成果获得了2003年国家科学技术进步二等奖。

7 江苏农村河道治理

7.1 基本情况

7.1.1 河流水系概况

江苏河流水系分属长江、淮河两大流域下游。以仪六丘陵经江都、328 国道至如泰运河一线为江淮分界线，以南属长江流域，有滁河、秦淮河、青弋水阳江及太湖水系，其中太湖水系上游有浙江东西笤溪等来水进入太湖，下游平原河网部分排水经浙江、上海入长江；以北属淮河流域，其中又以废黄河为界，分为淮河水系和沂沭泗水系。淮河由河南经安徽入洪泽湖，分别由淮河入江水道在三江营入长江，由苏北灌溉总渠及淮河入海水道在扁担港入黄海。沂、沭河发源于山东沂蒙山区，平行南下，沂河经骆马湖由新沂河入黄海；沭河一路向东由新沭河经石梁河水库调蓄后入海，一路循旧道向南入新沂河；泗水从南四湖经韩庄运河、中运河入骆马湖，再由新沂河入海。京杭运河自北向南纵贯全省，沟通微山湖、骆马湖、洪泽湖、高邮湖、邵伯湖，穿过长江，再到太湖。

江苏境内河网密布、水系发达。根据跨行政区情况划分，全省有县级以上河道 2500 多条，其中省级骨干河道 727 条；有镇级以上主要河道 1 万多条，村庄河塘 20 多万条（面）。

根据流域面积划分，全省共有流域面积为 50km^2 及以上河流 1495（跨省 117）条，省内总长度为 4.10 万 km，其中：流域面积为 100km^2 及以上河流 714 条，长度为 2.67 万 km；流域面积为 1000km^2 及以上河流 15 条，长度为 0.66 万 km；流域面积为 10000km^2 以上河流 4 条，长度为 0.26 万 km。流域面积为 50km^2 以下至乡镇级主要河流 10208 条，长度为 4.83 万 km，详见表 7.1。

表 7.1　江苏省河流统计表

行政区划	河流总数量/条	流域面积不小于 50km^2 的河流数量/条					小于 50km^2 至乡镇级河流数/条
		小计	>10000km^2	1000～10000km^2	100～1000km^2	50～100km^2	
合计	11703	1495	4	11	699	781	10208
跨省	182	117	4	10	68	35	65
跨市	347	176		1	137	38	171

续表

行政区划	河流总数量/条	流域面积不小于 $50km^2$ 的河流数量/条					小于 $50km^2$ 至乡镇级河流数/条
		小计	>$10000km^2$	$1000\sim10000km^2$	$100\sim1000km^2$	$50\sim100km^2$	
南京市	560	30			17	13	530
无锡市	404	86			23	63	318
徐州市	1304	65			32	33	1239
常州市	379	28			16	12	351
苏州市	751	108			70	38	643
南通市	1082	136			37	99	946
连云港市	765	61			30	31	704
淮安市	805	88			33	55	717
盐城市	2018	271			114	157	1747
扬州市	1056	159			33	126	897
镇江市	317	48			19	29	269
泰州市	1032	87			40	47	945
宿迁市	701	35			30	5	666

注 来源于《江苏省基本水情手册》(2013 年)。

7.1.2 农村河道分级及特点

7.1.2.1 河道分级

农村河道一般分为县（区）级河道、乡级河道和村级河塘。县（区）级河道指跨乡镇的骨干引排河道，不包括跨县区域性河道；乡级河道指一乡（镇）范围内的跨村引排河道；村庄河塘主要指一村范围内，与农民群众生产、生活息息相关的家河家塘。县（区）级河道和乡级河道统称为县乡河道，县乡河道划分标准见表 7.2。

表 7.2 **江苏省县乡河道划分标准**

所在地区	县级河道				乡级河道			
	流域范围（行政区域）	灌排控制面积/km^2	长度/km	平均底宽/m	流域范围（行政区域）	灌排控制面积/km^2	长度/km	平均底宽/m
丘陵区	县内跨乡	50～500	>12	>5	乡内跨村	5～50	3～12	2～5
平原区	县内跨乡	40～300	>10	>6	乡内跨村	5～40	3～10	3～6
圩区	县内跨乡	30～200	>8	>5	乡内跨村	5～30	2～8	3～5

7.1.2.2 河道特点

农村河道处于农村区域，它与城市河道相比，具有自身的特点，主要体现在服务功能多样、河道结构自然多样、污染源复杂多样等方面。

（1）服务功能多样。作为承担农村灌溉排涝任务的基础性工程，农村河道具有较多服务功能，它是农田排涝、引水灌溉及船舶运输的主要通道，同时农村河道又是生态与环境的重要载体，它具有丰富的水资源和生物资源。有的农村河道还是重要的城乡饮用水水源地，与城乡经济社会发展和人民群众的生产生活密切相关。另外，农村河道还为农村居民提供了休闲娱乐、美学和文化价值。

（2）河道结构自然多样。农村河道按地貌形态有丘陵区河道与平原及圩区河道两大类。丘陵区河道较为陡峭，纵坡降较大，蜿蜒性较强，水流较急，河岸冲刷较严重；平原及圩区河道边坡较平缓，纵坡降较小，水面较宽，水流较缓，易淤积；另外，通航河道受船行波的影响，河岸较易崩塌，也会使河道结构发生变化。一般，农村河道人为干预较少，河道自然性保持良好，河道生态建设方面优势相对明显，但农村河道在建成后的管理方面还有滞后，农村居民维护意识不足。

（3）污染源复杂多样。随着社会经济的发展，农村河道的污染越来越严重。农村河道的污染来源主要有来自乡镇企业的工业废水污染、农村养殖污染（水产养殖和畜禽养殖）、农村面源污染、农村居民的生活垃圾和废弃物污染等，其中，农村面源污染是农村河道特有的污染。过量使用化肥，大量的氮和磷营养元素随着农田排水或雨水进入河道，污染水质，导致水体富营养化；农田使用的农药随雨水或灌溉水向水体迁移，农药雾滴或尘微粒随风飘移沉降进入水体以及施药工具器械的清洗都造成农村河道污染；农村集约化养殖，畜禽粪尿未加妥善处理，直接排放到农村河道形成污染。

7.2 农村河道治理目标与措施

7.2.1 河道治理目标

农村河道治理以建设生态河道为目标，以保障河道防洪安全、供水安全、生态安全为重点，在以往河道清淤整治和中小河流重点县综合整治工程取得初步成效的基础上，继续开展农村河道清淤整治，解决河道淤积、功能衰减、水环境恶化等突出问题，着力构建“河畅、水清、岸绿、景美”的“水美乡村”。

生态河道是指具有完整生态系统和较强社会服务功能的河道，包括自然生态河道和人工生态河道。自然生态河道指不受人类活动影响，其发展和演化的过程完全是自然的河道。人工生态河道，是指通过人工建设或修复，河道的结构类似自然河道，同时能为人类提供诸如供水、排水、航运、娱乐与旅游等诸多社会服务功能的河道。生态河道具有如下特征：

（1）形态结构稳定。生态河道往往具有引水、除涝、防洪等功能。为了保证这些功能的正常发挥，河道的形态结构须相对稳定。河道的形态结构包括平面形态、横断面形态和纵断面形态。在平面形态上，避免发生摆动；在横断面形态上，保证河滩地和堤岸的稳定；在纵断面形态上，不发生严重的冲刷或淤积，或保持冲淤平衡。

（2）生态系统完整。生态系统完整包括河道形态完整和生物结构完整两个方面。主河槽、行洪滩地、边缘过渡带、缓冲带等构成了完整的河流形态，动物、植物及各种浮游微生物构成了河流完整的生物结构。在生态河道中，这些生态要素齐全，生物相互依存，相互制约，相互作用，发挥生态系统的整体功能，使河流具备良好的自我调控能力和自我修复功能，促进生态系统的可持续发展。

（3）河道功能多样化。传统的人工河道功能单一，可持续发展能力差。生态河道在具有某些社会服务功能的同时，还具备栖息地功能、过滤屏蔽功能、廊道功能和汇源功能等。

(4) 体现生物本地化和多样性。生态河道河岸选择栽种的林草，尽可能用本地土生土长、成活率高、便于管理的林草，甚至可以选择当地的杂树杂草。生态河道生物多样性丰富，能够使河流生物有稳定的基因遗传和食物网络，维持系统的可持续发展。河道整治不当可能会对自然原生态造成破坏，因此，建设生态河道时须关注恢复或重建陆域和水体的生物多样性，尽可能减少不必要的硬质工程。

(5) 体现形态结构多样化。生态河道以蜿蜒性为平面形态基本特征，宜保持原河道的蜿蜒性。不宜把河道整治成河床平坦、水流极浅、断面单一的河道，致使鱼类生息的浅滩、深潭及植物生长的河滩消失，这样的河道既不适于生物栖息，也无优美的景观可言。生态河道具有天然河流的形态结构，水陆交错，蜿蜒曲折，形成主流、支流、河湾、沼泽、急流和浅滩等丰富多样的生境，为众多的河流动物、植物和微生物创造赖以生长、生活、繁衍的栖息地。

(6) 体现人与自然和谐共处。一般认为，生态河道是亲水型河道，体现以人为本的理念，但以人为本不能涵盖人与自然的关系。现代社会中河道整治不再是改造自然、征服自然，也不强调以人为本，而是提倡人与自然和谐共处，注意保护河流生态系统中的各种生物，避免水利工程建设对河流生态系统的破坏。

7.2.2 传统工程措施

根据河流水系特点以及河道功能要求，按照不同类型河道治理标准及模式、目标与任务，采取侧重点不同的治理措施。农村河道整治常用的传统工程措施主要有清淤清浚、堤防达标加固、护岸工程等。

7.2.2.1 清淤清浚

清淤清浚主要是清除河道淤泥，恢复或扩大河道过水断面，提高河道引排能力。清淤有见效快、能提高河流过水能力、增加河流水体环境容量等优点，因而成为农村河道整治的主要措施。污染河流底泥中含有的有机物和氮、磷等物质，在一定条件下会从底泥释放到水体内，使水质恶化。通过底泥清浚，可以挖除表层的污染底泥，减少污染物的释放。

农村中小型河道清淤方法主要分排干清淤和水下清淤两类。

1. 排干清淤

排干清淤指在河道施工段构筑临时围堰，将河道水排干后进行干挖或者水力冲挖的清淤方法。

(1) 干挖清淤。作业区水排干后，大多数情况下都是采用挖掘机开挖，挖出的淤泥直接由渣土车外运或者放置于岸上的临时堆放点。若河道宽度较大，施工区域和储泥堆放点之间具有一定的距离，需要用中转设备将淤泥转运到岸上的储存堆放点。一般采用挤压式泥浆泵，通过混凝土输送泵将流塑性淤泥进行输送，输送距离可以达到200～300m，利用皮带机进行短距离的输送也有工程实例。

干挖清淤的优点是清淤彻底，质量易于保证，也容易应对清淤对象中含有各种垃圾的情况，而且对设备、技术要求不高，产生的淤泥含水率低，易于后续处理。其缺点是，由于要排干河道流水，增加了临时围堰施工的成本；同时很多河道只能在非汛期进行施工，工期受到一定限制，施工过程易受天气影响，并容易对河道边坡和生态系统造成一定影响。

（2）水力冲挖清淤。采用水力冲挖机组的高压水枪冲刷底泥，将底泥扰动成泥浆，流动的泥浆汇集到事先设置好的低洼区，由泥泵吸取、管道输送，将泥浆输送至岸上的堆场或集浆池内。水力冲挖具有机具简单、输送方便、施工成本低的优点，但是这种方法形成的泥浆浓度低，为后续处理增加了难度，施工环境也比较恶劣。

2. 水下清淤

水下清淤一般指将清淤机具装备在船上，由清淤船作为施工平台，在水面上操作清淤设备将淤泥开挖，并通过管道输送系统将淤泥输送到岸上堆场中。农村河道水下清淤常用以下两种方法。

（1）抓斗式清淤。利用抓斗式挖泥船开挖河底淤泥，通过抓斗式挖泥船前臂抓斗伸入河底，利用油压驱动抓斗插入底泥并闭斗抓取水下淤泥，之后提升回旋并开启抓斗，将淤泥直接卸入靠泊在挖泥船舷旁的驳泥船中，开挖、回旋、卸泥循环作业。清出的淤泥通过驳泥船运输至淤泥堆场，从驳泥船卸泥仍然需要使用岸边抓斗，将驳船上的淤泥移至岸上的淤泥堆场中。

抓斗式清淤适用于开挖泥层厚度大、施工区域内障碍物多的中小型河道。抓斗式挖泥船灵活机动，不受河道内垃圾、石块等障碍物影响，适合开挖较硬土方或夹带较多杂质垃圾的土方；且施工工艺简单，设备容易组织，工程投资较省，施工过程不受天气影响。但抓斗式挖泥船对极软弱的底泥敏感度差，液态淤泥难于全部清除，根据工程经验，抓斗式清淤的淤泥清除率只能达到30%左右，在以改善水质为目标的清淤工程中往往无法达到原有目标。

（2）泵吸式清淤。泵吸式清淤也称为射吸式清淤，它将水力冲挖的水枪和吸泥泵同时装在一个圆筒状罩子里，由水枪射水将底泥搅成泥浆，通过另一侧的泥浆泵将泥浆吸出，再经管道送至岸上的堆场，整套机具都装备在船只上，一边移动一边清除。而另一种泵吸法是利用压缩空气为动力进行吸排淤泥的方法，将圆筒状下端有开口的泵筒在重力作用下沉入水底，陷入底泥后，在泵筒内施加负压，软泥在水的静压和泵筒的真空负压下被吸入泵筒。然后通过压缩空气将筒内淤泥压入排泥管，淤泥经过排泥阀、输泥管而输送至运泥船上或岸上的堆场中。

泵吸式清淤的装备相对简单，可以配备中小型的船只和设备，适合进入小型河道施工。一般情况下容易将大量河水吸出，造成后续泥浆处理工作量的增加。同时，农村河道内垃圾成分复杂、大小不一，容易造成吸泥口堵塞的情况。

7.2.2.2 堤防达标加固

堤防承担抵御洪水、保障人民群众生命财产安全的重要功能，对于未达标的堤防需要进行加固改造。可利用河道清浚土方或外调土源进行堤防加高加固。

1. 堤防高度与断面

堤防高度主要根据河道的防洪标准确定。根据拟定的防洪标准，确定相应的堤防标准。为防止风浪超越堤顶，造成洪水漫堤，在设计洪水位以上还要加上波浪爬高和安全超高等。

堤防断面多为梯形断面，为确保堤身在水浸泡后仍维持稳定，不致滑裂，堤顶宽度一般为 3～5m，均质土堤边坡根据土质与坝高确定，一般为 2～2.5。

2. 防渗加固

某些堤防因修建时施工质量差，渗漏严重，极易发生管涌、坍塌，甚至垮堤险情。对这类堤防常用的防渗加固措施有以下几种。

(1) 充填灌浆。对堤身进行钻探灌浆，这是较常用的方法。浆液材料一般就地选用黏土或沙壤土，视需要也可掺用少量水泥，搅拌成泥浆。钻孔的布置，视堤身隐患位置而确定，一般按梅花形布置。孔深应穿过隐患的部位。灌浆压力视孔深而定，一般在现场试验确定。

(2) 劈裂灌浆。沿堤身轴线小主应力面布钻孔，用一定的压力灌注泥浆，人为地劈开堤身，并利用浆堤互压、泥浆析水固结和堤身湿陷密实等作用，使所有与浆脉连通的裂缝、洞穴、砂层等隐患得到充填、挤压、密实，形成垂直连续的泥浆体防渗墙。

(3) 堤身背水侧筑后戗。在堤身背水侧，加大堤身断面，控制浸润线不在堤坡上出逸。要求后戗填筑的土料透水性比原堤身大，以符合渗流控制“后排”的原则。

7.2.2.3 护岸工程

传统的护岸工程有斜坡式护岸和直立式护岸两大类型。

1. 斜坡式护岸

斜坡式护岸常用的有预制混凝土块、现浇混凝土板、土工模袋混凝土面板、干砌石、浆砌石等。

(1) 预制混凝土块。预制混凝土块护岸一般用在有景观要求的农村集中居住区护岸处，在土坡修整稳定以后，铺砌预制块，保护岸坡不因受外在的各种自然因素外力的作用而坍塌。混凝土预制块护坡岸线顺直，坡面光洁平整，水流顺畅。混凝土预制块可提前在预制场集中生产，质量控制有保障，预制块形状规则、平整，铺砌简便速度快，可缩短工期，造价较高。

(2) 现浇混凝土板。与预制混凝土块比较，现浇混凝土板施工方法简单，块体较大，可直接将施工模板铺设在坡面垫层上浇筑。近年来，现浇混凝土板河道护岸和水库护坡应用较多，造价比混凝土预制块低。

(3) 土工模袋混凝土面板。土工模袋混凝土面板是由灌入模袋内的混凝土凝固后形成的一种刚性面板护岸，它可使堤岸免遭水流的直接淘刷。模袋是由上下两层土工织物缝制成的袋状体，上下两层之间按一定间距设有固定长度的绳索，用来控制成型后的模袋混凝土面板厚度。可根据工程设计要求，加工不同厚度、不同规格的模袋。土工模袋具有透水不透浆的特点，可将充灌进模袋内混凝土的多余水分从模袋的孔隙中排走，使混凝土的水灰比显著降低，加快混凝土凝固速度，从而提高混凝土的强度和耐久性。土工模袋混凝土面板具有抗冲能力强、成本低、不需要模板、施工机械化程度高、工期短、能够在各种复杂的地形上铺筑和无需铺设反滤层等特点，可以在水上及水下同时施工，并能大面积一次铺筑成型。由于水下施工时不需要修筑围堰，因此可用于临时抢险。

(4) 干砌石。干砌块石护坡是选择材质、尺寸符合要求的块石人工铺在坡面上，可以保护岸坡不因受水流冲刷而坍塌。干砌块石护坡可利用地产建筑材料，施工方法简便，造价比较低。干砌块石护坡施工时，首先在开挖修整好的1∶2～1∶3土坡坡脚砌筑固脚，由固脚顶面沿坡面铺设垫层，在垫层上砌筑块石，块石最小边长≥30cm，砌筑要求四面见线，平稳密实，砌至要求高度，再进行封顶。

（5）浆砌石。河岸下部可能遭受水流冲刷，受冲击强河段需采用浆砌石护坡，浆砌石护坡坡度一般在1∶1～1∶2之间。浆砌石护坡由面层和起反滤层作用的垫层组成，面层铺砌厚度一般为25～35cm，垫层又分为单层和双层两种，单层厚为5～15cm，双层厚为20～25cm。原坡面如为砂、砾、卵石，可不设垫层。对长度较大的浆砌石护坡，沿纵向每隔10～15cm可设置一道宽约2cm的伸缩缝，并用沥青或低发泡聚乙烯板填塞。

2. 直立式护岸

直立式护岸主要为重力式结构，常用的有浆砌块石挡土墙和桩板式结构等护岸。

（1）浆砌块石挡土墙。浆砌块石挡土墙是目前应用较普遍的型式，一般可分为重力式与衡重式。重力式挡土墙一般做成简单的梯形，优点是结构简单，施工方便，适用于墙高小于5m且地基承载力较高的地段；衡重式挡土墙是利用衡重台上部填土的重力和墙体重心后移而抵抗土体侧压力的挡土墙，优点是可利用衡重平台上的填土重，迫使墙身整体重心后移，使基底应力趋于均衡，增加墙身的稳定性，可适用于较高的挡土高度。

（2）桩板式结构护岸。在护坡工程中，以桩基稳固基础，减少土方开挖。材料可选用钢材、钢筋混凝土等，也可采用钢塑等复合型材料。在现场安装预制挡板，预制或现浇上部斜坡并留孔绿化和泄水孔达到护岸的目的。桩板式结构施工简单快捷，维修方便，环保功能强，能降低工程投资，缩短施工周期，尤其适用于地质水文条件差以及要求占地小的情况。该方法为半工厂化生产，有较好的发展前景。

7.2.3 生态工程措施

7.2.3.1 生态河道河槽形态与结构

生态河道河槽设计的基本原则是“师法自然”。自然河道的特点是形态和构成材料的异质性。形态异质性主要指横断面形态的不规则性、平面形态的蜿蜒性以及纵断面上深潭与浅滩交替特性等，构成材料异质性是指河槽可能由泥沙、卵石、块石、木桩、水生植物等多种物质构成。河道形态异质性形成了流速、流量、水深、水温、水质的脉冲变化，河床材料异质性构成了生态因子的异质性，从而造就丰富的生境多样性，形成丰富的河道生物群落多样性。

河道形态多样化的修复或设计应根据自然河道的形态特点，遵循河道形态多样性与河流生物群落多样性相统一的原则，在参考同流域内自然河道形态基础上，结合河道现状条件进行规划设计，做到宜弯则弯、宜直则直，断面形态多样，深潭浅滩相间。

1. 生态河道横断面形态及结构

（1）生态河道横断面形态。生态河道横断面形态的主要特点是断面比较宽浅，一般由主河槽、行洪滩地和边缘过渡带三部分组成，如图7.1所示。主河槽一般常年有水流动；行洪滩地是指在河道一侧或两侧行洪时被洪水淹没的区域；边缘过渡带指行洪滩地与河道外的过渡区域或边缘区域。

在满足河道行洪能力要求的前提下，遵循自然河道横断面的结构特点，确定断面形式：在整治河道时，少数小型河道及流量比较稳定的较大河道可采用梯形或梯弧形断面，

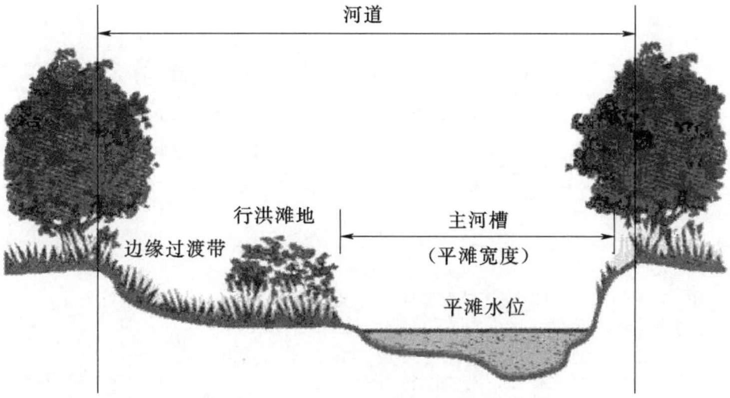

图 7.1 生态河道横断面形态及结构

一般河道，特别有季节性洪水的河道宜用复式断面。这是为了保证在枯水期水流归槽主河道，使主河槽维持一定的水深，从而有利于河流动植物的生长。洪水期流量大，允许洪水漫滩，可使洪水及时得到宣泄。

（2）生态河道横断面。对于人工调控流量的生态河道，主河槽断面尺寸宜由非汛期多年平均最大流量或生态需水流量确定；对于无人工控制的自然河道，主河槽断面宜根据非汛期多年平均最大流量或平滩流量来确定；行洪滩地断面应根据规定的防洪标准所对应的设计流量来确定。生态河道横断面设计与传统河道横断面设计的主要区别在于横断面形态设计和主河槽设计方法有所不同。

生态河道横断面设计要点包括以下几点：①充分考虑生态河道的形态特点，即河床较为宽浅，有季节性行洪要求时采用复式断面；②尽量保护原有植物群落，维持河道原有自然景观；③不必采用统一的标准断面，体现断面形态的多样性；④绘横断面图时可不用规尺，少绘直线，增加设计思想及施工方法的标注说明，体现横断面的自然特性。

图 7.2 为河道改造前后的横断面，改造后扩大了河流行洪排涝断面，原有的植物群落也得到了有效保护。

严格地说，生态河道横断面是自然的不规则断面。为了计算方便，在设计时可概化为梯形复式断面，并按明渠均匀流计算。在具体实施时，考虑实际情况，依据生态河道断面形态的基本特征和自然河道地貌特征，做到河岸边坡宜陡则陡，宜缓则缓，河道宽度宜宽则宽，宜窄则窄，以便既能通过设计流量，又能构成横断面空间形态多样性。

2. 生态河道平面形态及结构

（1）生态河道平面形态。生态河道平面形态特性主要表现为蜿蜒曲折。在自然界的长期演变过程中，河道的河势也处于演变之中，使得弯曲与自然裁直两种作用交替发生。弯曲是河道的正常形态，蜿蜒性是自然河道的重要特征。

河道的蜿蜒性使得河道形成主流、支流、河湾、沼泽、深潭和浅滩等丰富多样的生境，形成丰富的河滨植被和河流植物群落，为鱼类的产卵创造条件，成为鸟类、两栖动物和昆虫的栖息地和避难所；蜿蜒性加大了河道长度，减慢了河流的流速，因而有利于地表水与地下水的交换，即有利于地下水的补给；蜿蜒型河道中水的流动路径更长，有利于净

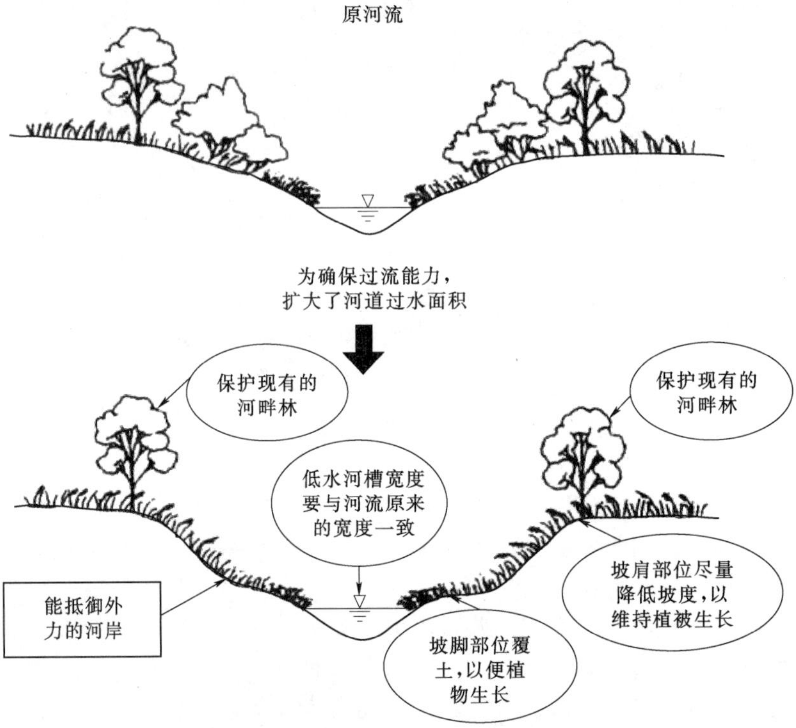

图 7.2　改造前后横断面比较

化水质；蜿蜒型河道比顺直的河道更有美感，特别是在风景区整治河道时，更“以曲为美”，减少人工痕迹，充分融入自然。

保持河道的蜿蜒性是保护河道形态多样性的重点之一。大量研究表明，河流的这些形态结构，有利于稳定消能、净化水质以及生物多样性的保护，也有利于降低洪水的灾害性和突发性。

（2）蜿蜒结构。河流蜿蜒不存在固定的模式，不存在标准的正弦曲线形式河道。但为设计方便，可以进行适当的概化。生态河道设计中蜿蜒性的构造有如下方法。

1）复制法。这种方法认为影响河流蜿蜒模式的诸多因素（如流域状况、流量、泥沙、河床材料等）基本没有发生变化，完全采用干扰前的蜿蜒模式。这要求对河道历史状况进行调查，争取获得一些定量数据。除此之外，可参考其他同类河流未受干扰河段的蜿蜒模式，也可以把附近未受干扰河段的蜿蜒模式作为参照模式。

2）经验公式法。蜿蜒性河道概化为类似正弦曲线的平滑曲线。

构造河道蜿蜒性时，要尊重河道现有地貌特征，宜弯则弯，宜直则直，顺应原有的蜿蜒性，确保河道的连续性，这样更有利于河道的稳定，并降低工程造价。在河道整治设计时，可利用蜿蜒性增加河道长度，从而减缓河流坡降，提高河流的稳定性。

3. 生态河道纵断面形态及结构

（1）生态河道纵断面形态特征。生态河道纵断面的基本特征是具有浅滩和深潭交替的结构，创建浅滩-深潭序列是生态河道设计的重要内容。

浅滩、深潭交替的结构具有重要的生态功能。由于浅滩和深潭可产生急流、缓流等多种水流条件，有利于形成丰富的生物群落。河流中浅滩和深潭是不同生命周期所必需的生存环境，是形成河流生态环境多样性不可缺少的重要因素。

浅滩地带，由于水流流速快，促进河水充氧；细粒被冲走，河床常形成浮石状态，石缝间形成多样性孔隙空间，有利于栖息水生昆虫和藻类等生物；浅滩有时露出水面，可为鱼类和多种无脊椎动物群落提供产卵栖息地；通过过滤、曝气和生物膜作用，对水质具有净化作用。

深潭地带，具有水深遮蔽性好及流速慢的特点，是鱼类良好的栖息场所。在洪水期，深潭成为水生动物的避难场所；在枯水期，深潭则成为维系生命的重要水域。另外，深潭具有重要的休闲娱乐价值，可进行垂钓、划船等活动。

（2）浅滩-深潭结构。

1）浅滩-深潭的间距。研究表明，浅滩-深潭间距宜在3～10倍河道宽度之间，或平均约6倍河道宽度。另外，对于陡河床浅滩出现的间距约为4倍河道宽度，缓河床约为8～9倍河道宽度。

2）浅滩-深潭的布置。根据自然河流的地貌特征以及浅滩-深潭间距参考值，在适当位置布置浅滩和深潭。在蜿蜒型河道上，一般在河流弯道近凹岸处布置深潭，在相邻弯道间过渡段上布置浅滩，见图7.3。由浅滩至深潭的过渡段纵坡一般较陡，为防止冲刷，需布置一些块石。在变道凹岸处，也易于冲刷，常常需要布置块石护坡。

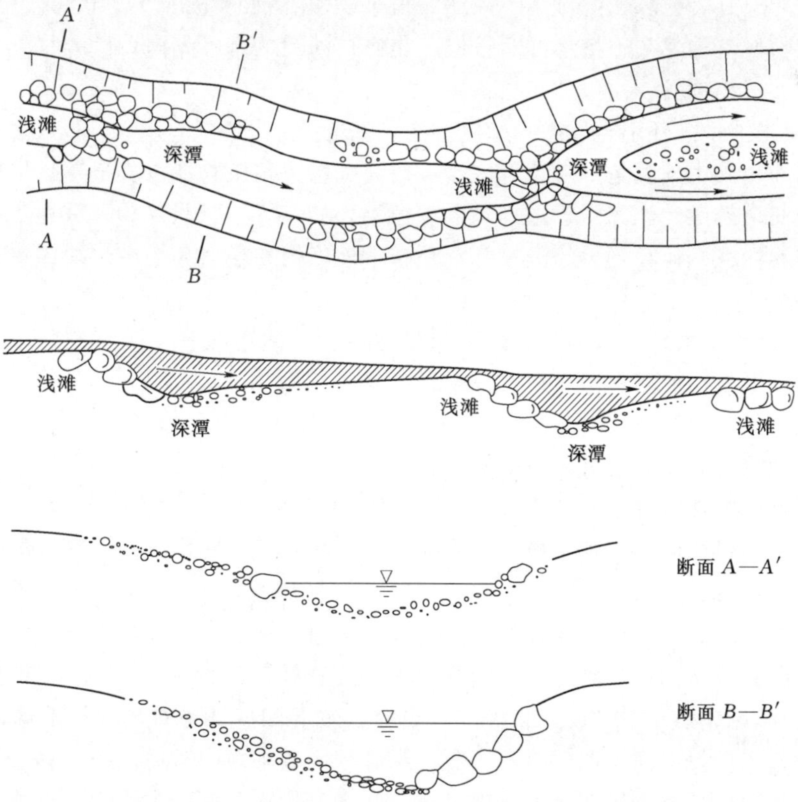

图7.3 浅滩和深潭布置图

需要说明的是，自然河道的浅滩-深潭结构是在洪水作用下自然形成的，但自然形成需要一个较长的时间过程。人工修复河道或开挖河道，创建浅滩-深潭结构只是为了加速这种水生动物良好生境的形成。

7.2.3.2 生态护坡建设

生态护坡是指不破坏河道自然生态系统的护坡，它拥有自然河床与河岸基底、丰富的河流地貌，可以充分保证河岸与河流水体之间的水分交换和调节功能，同时具有一定的防护性能。

生态护坡形式主要有植物护坡、土工网复合植被技术护坡、生态型混凝土砌块护岸、石笼或格宾结构的生态护岸、绿化混凝土护岸、铰接式护坡等。在满足岸坡防护要求的情况下，自然植物护坡是首选的生态护坡技术。

1. 植物护坡

通过在岸坡种植植被（乔木、灌木、草皮等），起到固土护岸的作用。植被种植形式往往比较简单，主要应用于中小河流，水流条件较平缓，在一些城镇的亲水景观设计中也常采用。随着人们环境意识的增强，目前植被种植也有向多层次和多样化发展的趋势。

（1）植物护坡的优点。植物护坡除了起到护坡的作用，还具有其他许多优点。例如：①成本较低，一般不到传统硬质护坡成本的1/3；②植被的存在为各种小动物、微生物的生存繁殖提供了有利的生态环境，完整的生物链得以形成，生物多样性得到提高；③通过植被的过滤和吸收，有利于降低面源污染对河流水质的影响，也有利于提高河流的自净能力；④植被能起到美化环境的作用。因此，植被护坡在河道生态治理中具有独特的作用，模仿自然植物群落构建乡土植物群落护坡，是农村河道的基本方向。

（2）护坡植物选择。

1）适应当地生态环境，以本土植物为主，防止生物入侵的危害。应注意当地气候条件、土壤属性，其中气温是一个关键因素。最高气温决定植物能否安全越夏，最低气温决定植物能否安全越冬。江苏一般选择暖季型植物，如狗牙根、黑麦草、百喜草等草种。当地的乡土植物往往是比较理想的选择，它是在本地气候与土壤环境中长期进化的结果，最适合当地环境。

2）选择固堤护坡性能好的植物。不同植物根系发达程度差异很大，宜选择根系发达的植物。根系最发达的草本植物是香根草，其根系长达3m。

3）不同区域合理配置植物种类。常水位以下的坡面，宜种植芦苇、菖蒲、菰、水烛、水葱等挺水植物，防止波浪对边坡的侵蚀；常水位以上坡面，宜种植狗牙根、黑麦草、高羊茅、假俭草、结缕草等多年生草本植物，同时也要配置木本植物，如垂柳、水杉、樟树、女贞、意杨等，以发挥木本植物根系强大的锚固和支撑作用，确保边坡的整体稳定。

4）考虑景观效果。单一植物很难达到好的观赏价值，如狗牙根是一种理想的护坡草种，但绿色期短；高羊茅也是理想的护坡草种，虽绿色期长，但越夏困难。多种草本、木本植物适当配置可达到“三季有花、四季常青”的效果。

5）综合考虑生态、经济、社会等方面的综合效益。特别是对于农村地区河道，在选护坡植物时，不但要考虑护坡性能，还要重视其经济效果，同时适当考虑其净化水质及美化环境的效果。如果缺乏经济效益，则很难受到农民的欢迎。挺水植物中芦苇和菰（即茭白）等均有较好的经济效益；草本旱生植物中黑麦草（可作为饲料）和萱草（即黄花菜）也能产生良好的经济效益。

（3）植物种植方法。

1）种草防护。种草适用于坡度较缓（一般不陡于 1∶1）、土质适宜的边坡。播种方法可采用撒播或机械喷播。种草具有施工简单方便、成本低、劳动强度小、施工进度快的特点，在有条件的地方尽量使用。为克服边坡种草难以成活和不能立即发挥防护作用的缺点，可以用栽草代替种草。先在苗圃育苗，然后拔草移栽在边坡上。与种草相比较，栽草可以较快地形成绿化带，较早发挥边坡防护的作用。

2）铺草皮防护。铺草皮防护是通过人工在坡面铺设草皮的一种传统的植物护坡措施，适用于边坡坡度较陡、冲刷稍严重、需要迅速得到防护或绿化的土质边坡。铺草皮时，把运来的草皮依次平铺在坡面上，草皮块与块之间应保留 5mm 的间隙，以防止草皮块在运输途中失水干缩，遇水浸泡后出现边缘膨胀，块与块间的间隙填入细土。若是随起随铺的草皮块，则可紧密相接。铺好的草皮在每块草皮的四角用木桩固定，木桩长为 20～30cm，粗为 1～2cm。钉木桩时，使木桩与坡面垂直，露出草皮表面不超过 2cm。待铺草皮告一段落时，要用木槌把草皮全面拍一遍，以使草皮与坡面紧密相贴。为节省草皮，利用草皮分蘖和匍匐茎蔓延的特点，也可采用间铺法和条铺法。间铺法，草皮块可以切成正方形或长方形，铺装时按照一定的间距排列。条铺法，将草皮切成 6～12cm 宽的长条，两根草皮条平行铺装，其间距为 20～30cm，铺装时在平整好的坡面上，按草皮的宽度和厚度，在计划铺草皮的地方挖去土壤，然后将草皮镶入，保持与四周土面相平。经过一段时间后，草皮即可覆盖坡面。

3）种树防护。植树应在 1∶1.5 或更缓的边坡上，或在边坡以外河岸及河漫滩处。其主要作用是加固边坡，防止和减缓水流的冲刷。植树品种宜选择根系发达、枝叶茂盛、生长迅速的乔木或灌木。

4）土工网植草防护。土工网植草护坡，是国外近十多年新开发的一项集坡面加固和植物防护于一体的复合型边坡防护措施。其最初主要用于公路护坡，目前在河道护坡中也开始应用。该技术所用土工网是一种边坡防护新材料，是通过特殊工艺生产的三维立体网，不仅具有加固边坡的功能，在播种初期还起到防止冲刷、保持土壤以利草籽发芽、生长的作用。随着植物生长、成熟，坡面逐渐被植物覆盖，这样植物与土工网就共同对边坡起到长期防护、绿化的作用，土工网植草护坡能承受 4m/s 以上流速的水流冲刷，在一定条件下可替代浆砌或干砌块石护坡。

2. 土工网复合植被技术护坡

土工网复合植被技术（或称为草皮加筋技术）一般适用于冲刷不是很严重的岸坡，是为解决纯草皮易遭受强降雨或常年被坡面径流冲蚀而导致的边坡失稳、滑坍等缺陷而发展起来的。在土质边坡上铺一层三维高强土工塑料网并用 U 形钉固定，然后种植草籽或草皮，当植被生长茂盛后，高强土工网使草更均匀地、更紧密地生长在一起，形成牢固的网、草、土整体铺盖，对坡面起到浅层加筋的作用，从而防止坡面被暴雨冲刷并阻止坡面表层土体滑动。由于密集植被根系和高强土工网紧密交织、共同作用，加筋草皮能够抵抗 4m/s 的坡面流速冲刷达 50h 之久。

在选择应用复合草皮的护坡时，需注意以下两点：①岸坡基本稳定，水流冲刷不很严重；②选择耐浸泡、枝叶短（以减小水的牵拽力）、根系深（以增加固结力）的草种，狗牙根为首选的草种。

3. 生态型混凝土砌块护岸

生态型混凝土砌块护岸由混凝土块堆砌而成，混凝土块孔隙中填土种花草植被，可以形成良好的生态景观效果。生态型混凝土护岸有两种形式，一种用带孔的混凝土砌块铺砌于较缓的坡面，另一种是用带孔的混凝土砌块垒砌成较陡的护岸结构（图 7.4）。这是对传统混凝土护岸的一种改进，在混凝土砌块上预留填土孔，对混凝土的耐久性影响很小，能满足工程使用要求。绿化植被可以选择本土适宜的草种，种植初期需要保证土壤有充足的水分，以保证植被的成活率，后期无需再养护管理。其主要结构特点如下：

（1）具有一定的生态自净能力。生态混凝土砌块护岸中间填土，增强了墙后土体和墙前水体的水土交换能力，增强了生态自净能力，尽可能地恢复了自然生态。

（2）较强的感官景观效果。混凝土块错落有致，加之中间填土种花草植被，形成了较强的自然风光带，有较好的景观效果。

（3）垂直度比较高，占用岸边土地较少，能与地形完美贴合。

（4）砌块可以在预制场预制，运送至工地，施工速度较快。

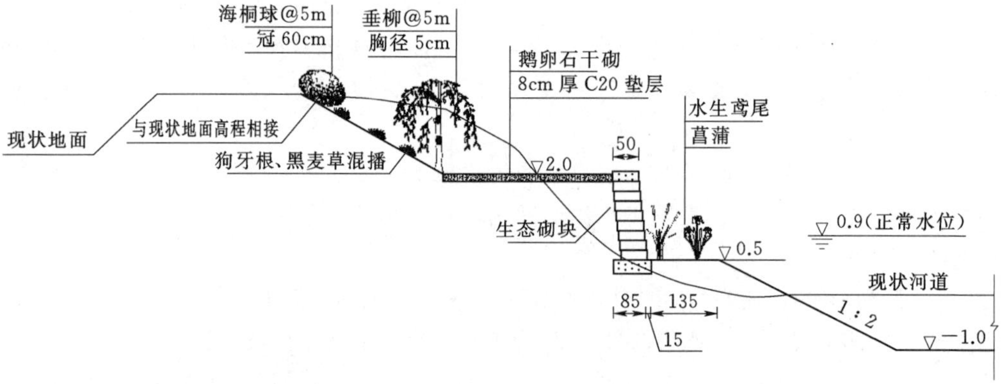

图 7.4　混凝土砌块生态护岸（单位：高程为 m；其他为 cm）

混凝土砌块生态护岸在江苏省众多河道的整治中有广泛的实践，取得了良好的效果。

4. 石笼或格宾结构的生态护岸

对于河流水流流速较大或河道深泓近岸的情况，可采用石笼或格宾结构的生态护岸工程。石笼防护是生态格网结构的一种形式，国外称格宾，指的是为防止河岸或构造物受水流冲刷而设置的装填石块的笼子。笼子一般是用金属线材由机械将双线绞合编织成多绞状六角形网而制成的网箱。石笼的抗冲性能极佳，经过若干年以后，石笼表面可以长满绿色植物，见图 7.5。

石笼或格宾结构的生态护岸主要结构特点如下：

（1）良好的透水性。填石缝隙为水土交融提供了通道，同时为水生动植物提供栖息、繁衍场所和空间，维护了河道生态链的完整性，增强了水的自净能力，无需另设排水。

（2）柔韧性好。能适应各种土层，并与之较好的结合，能避免因基础不均匀沉陷而导

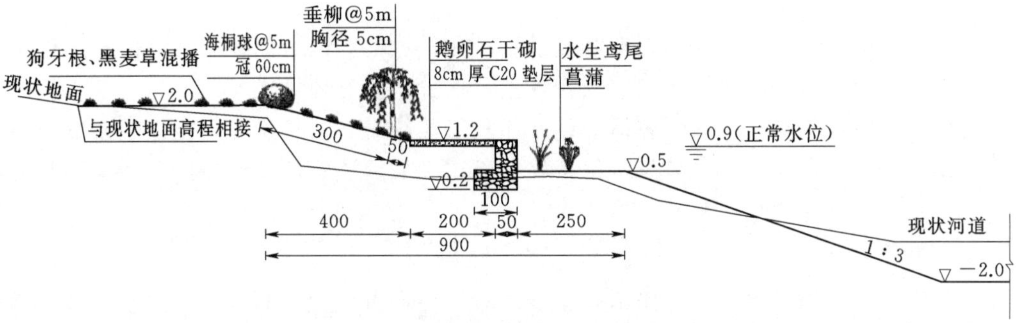

图 7.5 石笼结构生态护岸（单位：高程为 m；其他为 cm）

致内部结构遭受破坏的情况。

(3) 绿化景观效果好。网箱、网垫填石可根据景观要求填充碎石、鹅卵石及不同颜色石块，成型后景观效果较好。其次填石缝隙终会被土填充（人工或自然），植物会逐渐长出，实现工程措施和植物措施相结合，绿化美化景观，形成一个柔性整体护面，恢复工程的自然生态。此外，市场上推出的绿格生态网箱、网垫技术，利用涂抹草种、扦插植物、植生袋混播等方式使得结构在完工后很快即可实现绿化。

(4) 施工方便，使用寿命长。基础处理简单，水下施工方便。厚层镀锌以及用于腐蚀环境中的外加 PVC 涂层可保证网笼的长期寿命。

5. 绿化混凝土护岸

绿化混凝土是指能够适应植物生长、可进行植被作业的混凝土，具有保护环境、改善生态条件、保持原有防护作用、净化水环境四大功能。

绿化混凝土是一种采用一定粒径碎石制成的具有连续孔隙的无砂多孔混凝土，以其作为植物生长基体，并在孔隙内充填植物生长所需的营养物质。以有效孔径作为主要参数设计绿化混凝土的方法，有效解决了植物生长空间与混凝土结构的矛盾，能使植物根系通过有效孔径完全穿透绿化混凝土，增加了防护的安全稳定性。其主要结构特点如下：

(1) 耐久性。绿化混凝土对传统混凝土孔隙率及碱性环境进行了综合改良，混凝土框格仍采用传统混凝土，框格内填充绿化混凝土（即无砂混凝土）。传统混凝土箱体保证了结构强度，绿化混凝土可根据工程的使用功能选择适宜的厚度、强度，以满足工程的耐久性。

(2) 管理养护。绿化混凝土能够作为植被生长的基体，并且框格内可填充有利于植物生长的营养成分，配合植被生长一年的养护管理服务，能保证植被种植初期的成活率和良好发育。

6. 铰接式护坡

铰接式护坡体系作为一种新型的生态护坡技术，不仅能有效解决刚性铺面适应性差、不易种草等缺点，还能有效解决柔性铺面整体安全性不足的弱点，提升护坡系统的防护性能。

铰接式护坡块抗流体冲击力强，在高速水流以及其他恶劣环境下能保持完整面层，不被侵蚀；与土工织物配合使用，可以有效治理管涌、崩岸及泥沙流失；能够适应地基的沉降，保持整个系统的稳定。

由于可以植草绿化，该体系能够恢复边坡净化污染能力，有效控制河道淤积，提高水体生物生存能力，避免硬化河道二次污染现象，保护水生态环境。

铰接式护坡块能够采用吊装整体铺设，相较于传统抛石、模袋混凝土以及浆砌块石等做法，其综合成本最为经济。另外，由于施工无需围堰，该护坡能够适应各种地形与气候变化。

7. 木桩防护

木桩作为最原始简单的防护形式，在生态防护中仍占有一定的优势。首先，它不使用任何人工的硬质材料，防护工程更容易融入自然景色之中。木桩前面设置水生植物平台，后面设置自然坡，坡上种植草皮和树木。植物成活以后其生长舒展的发达根系可稳固堤岸，增加抗洪、护堤能力。这种护岸结构简单、施工方便、造价低、开挖工程量极小、对沿岸建筑影响小，常用于中小河流整治。其结构见图 7.6。

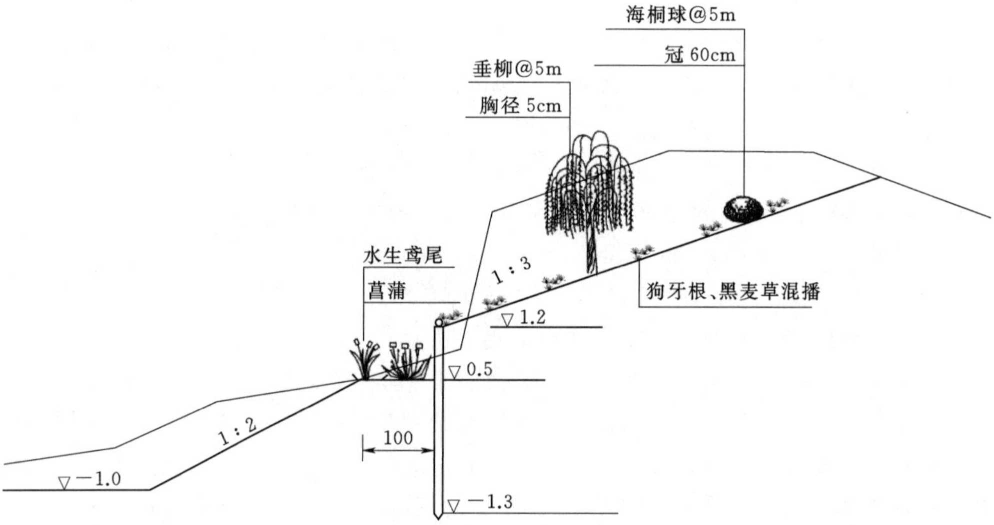

图 7.6　木桩护岸（单位：高程为 m；其他为 cm）

8. 组合护坡

河道防护不局限使用单一的结构，在特定的地形中，可以使用两种或者两种以上的防护形式。例如在某河道两岸，由于左岸河岸比较高，在左岸使用石笼＋生态砌块挡墙的组合形式，见图 7.7。

总之，生态护岸由于具有防浪、防水流冲刷、绿化和美化环境、满足生态环境要求等特点，发展前景广阔。具体应用时应遵循河道生态系统演替的规律，因势利导，针对不同的水流条件、土壤性质及防护要求，合理选取不同类型的生态护岸和材料。

7.2.3.3　金坛区农村生态河道保护与修复

1. 工程概况

江苏常州市金坛区新建河位于城区南部，隶属太湖流域，为湖西地区洮滆水系洮湖上游一条河流，长为 4.134km，北接钱资荡，南至洮湖，自北向南流经金坛区尧塘镇的岸

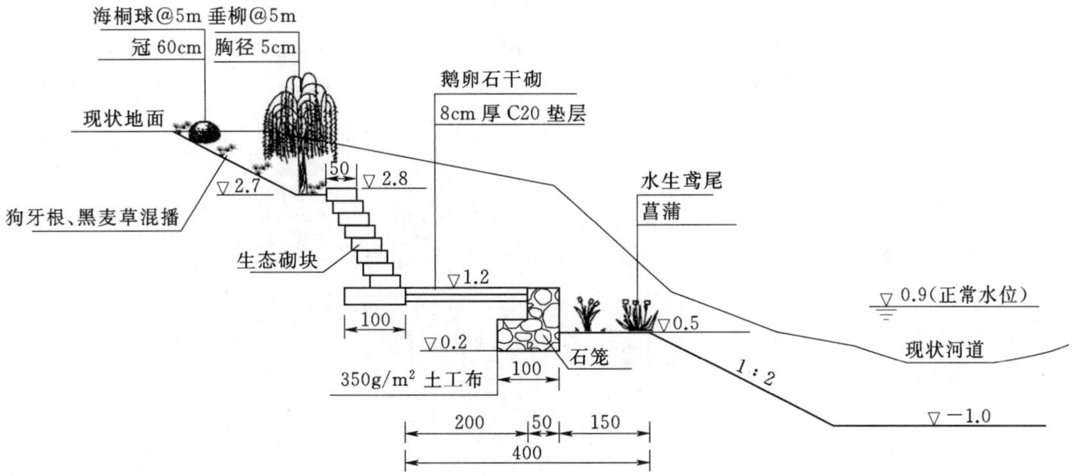

图 7.7　组合护坡形式（单位：高程为 m；其他为 cm）

头村、庆升村、泗庄村和金城镇的钱家村，流域总面积为 $327km^2$，保护面积为 $56km^2$，受益面积为 $25km^2$。

新建河整治工程防洪标准为 50 年一遇，排涝标准为 20 年一遇，引水流量为 $20m^3/s$，防洪设计水位为 4.88m，堤防等级为 4 级，穿堤建筑为 4 级水工建筑物。

建设内容包括清浚河道长为 3.748km，新建直立式护岸总长为 3.433km，新建河道堤防长 284m。拆建跨河桥梁 5 座，拆建灌溉泵站 7 座，拆建涵洞 22 座，新建涵洞 12 座。

新建河整治工程的主要工程内容是结合弯道理顺河流，拓宽河道断面窄小河段；结合拓浚整治河堤，减少河道土方开挖和征地拆迁。对下游连接段进行水下清浚，在河道上游段两岸修建生态护岸，并辅以草皮防护、踏步等设施，美化环境，方便沿河居民生产生活。河道拓浚后，底宽及河堤间距较原来有较大提高，原有的大墩桥、新建河桥、大神堂桥、坟上北桥、坟上桥跨径较小，形成阻水，故拆除重建；原有的 7 座灌溉泵站因河道拓浚整治需要拆除重建；沿河道的引排水涵洞需要拆除重建，并在必要位置增设涵洞。

2. 河道生态整治与修复

（1）河道清浚。新建河整治工程对河道桩号 0＋386～4＋134 段长 3.748km 的河道进行清浚。桩号 0＋386～4＋012 段河道长 3.626km，采用干法施工，设计河底高程为 1.22m，底宽为 10m，边坡为 1∶2.5，在高程为 3.28m 处设 2.0m 宽平台。桩号 4＋012～4＋134 段河道长 0.122km，为洮湖入湖口，水下土方清浚采用挖泥船施工，设计河底高程为－1.22m，河底宽从 10m 扩展到 40m，边坡为 1∶2.5。

（2）生态护岸。对河道桩号 0＋386～1＋972 段设生态护岸 3.433km。

1）直立式生态护岸。新建河河道线路弯曲，整治前河道断面狭小，淤积严重，过流能力差。河坡以淤泥质粉质黏土和粉土为主，承载力尚可，抗冲刷性能较差。综合考虑工程安全、生态、经济、矛盾协调等多方面因素，河道沿用现有河道拓浚，土质较差的岸坡段采用生态护岸。

新建河沿线两岸有多处农村生活区，房屋密度大，杆线、支河多，除此以外，沿河分布有大量鱼池、蟹塘，工程征占地工作难度大。生态护坡占地范围广，施工中土方开挖及所需堆土区面积较大，而护岸段位于滨湖新城规划范围，过多占地不利于提高土地集约利用。直立式生态护岸形式兼顾安全与生态，适应现场地形地质条件，开挖量少，沿线的征占地范围小，对于业主前期投资、协调工作量、质量安全控制以及施工方的施工组织较为有利。

新建河直立式生态护岸采用格宾网箱＋浆灌砌块石组合结构，下部采用混凝土基础和浆灌砌块石墙身，上部采用3层格宾网箱分层摆放，相互交错缝隙，上下连接，同笼之间采用涂塑钢丝绞合连接成一体，格宾网箱采用镀10%铝锌合金钢丝笼网箱，网箱内前部为聚丙烯生态袋，填土种草，后部为块石填充，网箱后铺设土工布，护岸顶部采用格宾网箱压顶（图7.8）。

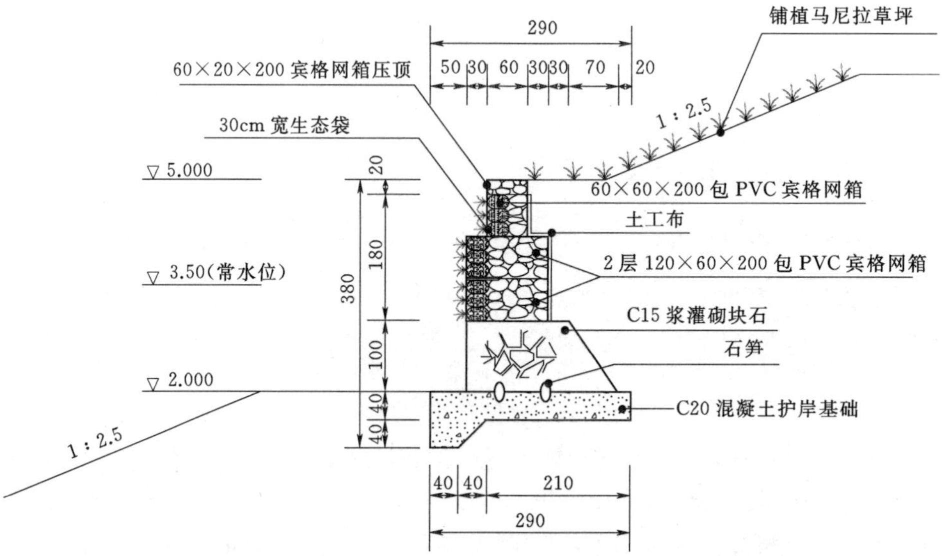

图7.8　直立式生态护岸断面形式（单位：高程为m；其他为cm）

2）台阶式生态护岸。河道上游段岸坡持力层为淤泥质土，在进行抛石垫层后，对该段一个单元进行试验段施工后发现，由于土质较差，混凝土基础因不均匀沉降产生裂缝，局部因大范围的变形产生破裂，若采用换填、打桩等其他地基处理方式，工程量大、耗时长、工程投资高，在召集专家论证后，决定改刚性基础为柔性结构，采用台阶式格宾石笼网箱护岸取代原有断面，如图7.9所示。

台阶式格宾石笼网箱生态护岸采用4层格宾石笼网箱分层摆放，相互交错缝隙，上下连接，同笼之间采用涂塑钢丝绞合连接成一体，即使在外力作用下产生变形，也不影响网箱的完整性。

（3）草皮护坡。河道沿线5.0m平台至堤顶均铺植马尼拉草坪，防止水土流失。

3. 工程效益

工程完成后，新建河设防地段防洪能力提高至设计标准，现河道线型平顺，过水能力加大，更好地沟通了钱资荡和洮湖的水系，现河道水质清冽，水生态环境明显改善。整治后的新建河成为当地市民休闲、观光场所，工程的实施得到沿河群众的一致好评。

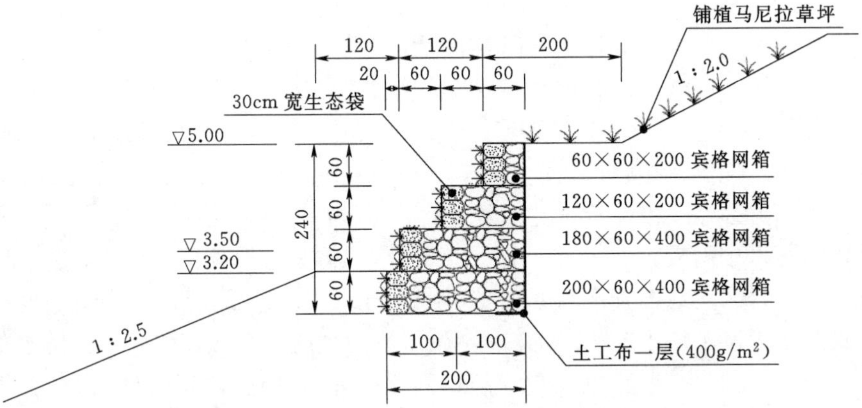

图 7.9 台阶式生态护岸断面（单位：高程为 m；其他为 cm）

7.3 农村河道保护与管理

7.3.1 河道功能定位

1. 河道主要功能

河道的基本功能包括防洪、排涝、引水（灌溉）、水源地（饮用水水源地）、蓄水、航运、生产（水产）、环境（纳污）、景观、休闲等。河道通常兼具多种功能，这些功能又可分主要功能和次要功能。

2. 河道功能定位

正确进行河道功能定位是河道治理的基础。在河道整治时，须首先认识其所具有的各项功能，分清主要功能和次要功能，其中占据主导地位的功能就是河道综合整治的核心目标。这些具体功能之间可能会存在一些差异甚至矛盾，需通过调查和研究予以协调，选择最符合可持续发展要求的整治方法。

丘陵区河道、圩区的外河主要发挥防洪功能，这些河道以及时、安全地排除洪水为整治目标，主要治理手段是清浚河道和加固堤防。平原区骨干河道一般有防洪、除涝、引水功能，部分河道兼有通航功能。为保证排、引自如，需重视河道边坡防护，适时进行清淤。平原区基本河网（大沟、中沟、小沟）及圩区内河网主要发挥排涝功能，兼具蓄水功能，主要治理手段是沟通水系及清浚河道。

城郊河道通常除了具有防洪、除涝功能，一般还具有环境功能、景观功能和休闲功能。在与之匹配的岸坡治理方式上，以采用自然生态型护坡为主，居民区附近的河道两侧还宜设置滨水休憩漫步带、景观绿化带等。

7.3.2 水面率控制

水面率是指水域面积占区域总面积的比率。水域，即河道、湖泊、水库、沟渠、塘坝等在设计洪水位以下的水体及滩地，不包括海域和耕地上开挖的鱼塘。水面率是水系规划中的一个重要指标，规划制定水面率目标，既是防洪治涝的保障，也是生态景观、降低河道面源污染的必备条件。

1982年郭元裕等以防洪排涝规划为出发点，提出了增加水面率或增加圩区机排能力为手段、以经济最优为目标的圩区水面率研究方法。而以后从这一思路、目标出发的研究实例表明，圩区、水网地区的合理水面率大多为7%～10%。目前，江苏省圩区的现状水面率基本上为10%～20%，圩区骨干河道（一级～三级河道）水面率大多为2%～4%。

圩区水面率一般宜保持建设改造前后基本不变，以占挖动态平衡的方式实施。圩区除了骨干河道水面率外，还需保持一定滞蓄水面，以维持圩区滞涝蓄水、水环境与水生态功能。对于原来圩区水面较大（大于8%），近几年水面被侵占较多，严重影响当地排水能力、生态环境的圩区，江苏省水利厅在2007年《县乡水系规划提纲》中明确要求恢复圩区水面，最小水面率不低于8%。沿江有潮汐影响的半高田小城镇区，不设防水面率主要取决于骨干河道日常水位、控制水位、地面高程。如，太仓市沿江半高田区利用高潮蓄涝、低潮排水，其不设防最小水面率为20%。

对于能够自流排水的平原地区，水面率的影响主要在水环境、水生态与气候调节方面。同样，宜保持水面率在建设改造前后基本不变。

《江苏省建设项目占用水域管理办法》（2013年）规定："县级以上地方人民政府应当加强水域管理与保护，防止现有水域面积衰减，并采取有效措施，确保本行政区域内基本水面率不降低。"各地通过退耕还湖（河）、退建还湖（河）、拓宽河道、"占多少，补多少"等措施，控制区域水面率。

一些地区在水利发展规划中，已对水面率提出了控制性指标。例如，镇江市在水利"十二五"发展规划中提出，"保持现有水面率不被侵占，丘陵区水面率不小于8%，平原圩区水面率不小于12%"。常州市要求农村地区水面率达10.0%以上，使水系成为"水清、岸固、路通、畔绿、景美"的怡人景观绿廊。

7.3.3 蓝线规划与实践

河道蓝线，即河道规划控制线，它是保护河道、建设和管理河道、保护河道水资源的重要依据之一。河道蓝线不仅考虑河道行洪、排涝、引水、航运和生态需水等功能，还需考虑人与自然和谐相处，因此，河道蓝线编制的指导思想是：以人为本，人与自然和谐相处；保持当地水系特色，与流域、区域规划的总体思路相一致。

1. 蓝线编制原则

(1) 遵循流域水利规划的原则。这是河道蓝线编制的依据，区域规划是流域规划在一定区域的具体化，河道蓝线的编制既要符合流域、区域的水利规划，同时也要符合水利分片治理规划所确定的要求。

(2) 遵循与县（区）总体规划相协调的原则，这是河道蓝线编制不可缺少的环节。河道蓝线的编制应充分体现河道服务社会的基本功能，因此河道蓝线的规模和走向除应满足流域、区域水利规划要求外，还需满足规划区总体规划中对河道功能的要求，如防洪、排水、航运、引水、城市景观、水环境和水生态等功能。总体规划也为河道提供必要的空间通道条件，协调河道规模、走向，充分发挥河道的综合功能。

(3) 遵循以人为本，坚持科学性、合理性、可行性相统一，体现生态型河道的原则。河道蓝线的编制一方面应尽量考虑到现状河网的生态系统，使之保留传统的河网特色；另一方面应更多地体现现代社会人与水的和谐关系，河道治理不仅有防洪、排水、水环境等功能要求，还应满足群众的亲水要求，形成传统和现代并存的河网格局，充分发挥河道水网系统的综合功能。

2. 蓝线要素规划

河道蓝线要素不仅包括河道的河口规划控制线，还包括河道管理范围和安全运行以及配套工程的规划控制线。在河道立面上也予以控制。

（1）平面控制要素：主要有三条线，即河道中心线、河道两侧河口控制线以及河道河口外侧的河道保护控制线。

保护控制线是考虑河道的防汛通道、河道堤防安全、河道绿化、河道生态景观以及河道岸边建筑物的安全等因素后确定的最小控制范围。河道保护控制范围内不宜建设永久性建构筑物，水安全、水景观、水环境及河道特殊风貌、特殊功能区设施除外。

（2）河道立面控制要素：由河底高程、河底宽度、河道边坡和河口高程等要素组成，结合陆上规划进行局部放大断面，提倡亲水边坡和生态护岸，有通航要求的河道根据航道等级来考虑河道断面，取其大的断面要素作为河道规划控制断面。

（3）河道附属工程控制线：主要有水闸、泵站和管理用房及河道管理站。这些附属工程是河道工程得以正常运转、发挥综合效益的关键性工程，与河道工程一起构成一个整体，在河道蓝线编制工作中，予以规划控制。

3. 河道蓝线管理规定

（1）河道蓝线由水行政主管部门提出，经规划部门综合平衡后报县（市、区）人民政府批准实施。河道蓝线一经划定，不得擅自进行调整。

各河道管理所负责河道蓝线管理的日常工作，按照《中华人民共和国河道管理条例》，严格实行按水系统一管理和分级管理相结合的原则，明确职责。在水务执法中，充分发挥各级部门水务规划管理的积极性，加强河道蓝线规划管理，更好地为社会经济各方面发展服务。

（2）在蓝线管理范围内从事活动，应符合下列要求：蓝线范围内的土地，优先安排河道整治、河道绿化以及其他河道保护工程建设；严格限制新建、改建、扩建的各类建筑物；城市河道沿河建筑物需符合城市建筑特色，并与水景观、水文化、水生态相结合，保持传统的河网格局。

（3）在河道蓝线范围内禁止下列活动：违反法律法规强制性规定的活动；破坏河网水系，与防洪排涝、水环境保护要求不相符合的活动；其他构成破坏的活动。

在蓝线范围内，不符合规划要求，影响防洪抢险、除涝排水、引洪畅通、水环境保护以及影响城市河道景观的建筑物、构筑物及其他设施应当限期拆除。

4. 农村河道蓝线管理实践

2007 年年初，江苏省水利厅部署全省乡镇水系规划，要求各地在县乡总体规划的基础上，明确县乡骨干河道的功能定位、划定蓝线，并由当地县（区、市）政府批准实施，全面启动乡镇水系整治工作。2007 年年底，苏州市辖区（市）全部完成了该项工作，乡骨干河道全部划定蓝线。一般有堤的区（市）级河道从堤内坡角向外 5m、无堤的区（市）级河道从河坡角向外 5m 工程范围，通过土地管理部门，确权划线，由水管理部门负责管理；在以此界向外 10m 属工程保护范围，明确不得开挖鱼塘、建设永久性建筑物；乡镇级河道划定3～5m工程范围，同样，确权划线，由水管理部门负责管理。

7.3.4 河道长效管护机制

河道整治和长效管护工作得到省委、省政府的大力支持。2013年11月，省政府组织召开全省河道长效管护工作推进会，提出江苏河道长效管护工作的目标任务。到2015年，全省727条骨干河道、2000余条区域性重要河道、县乡河道和村庄河塘要全面建立管护制度，河道管护水平持续提升；到2020年，实现全省河道管护现代化，全面建立"互联互通、引排顺畅、水清岸洁、生态良好"的河网水系。各地推行河道长效管护的主要做法如下。

1. 张家港市

张家港市共有河道8073条，其中市级河道24条，镇级河道217条，村级河道7832条。该市的特点是建立了比较完整的河道长效管理网络，管理、考核责任制明确，管理经费落实。

从1999年开始，张家港市投入市级财政资金5500万元，连续3年对全市村组河道实施集中治理，全面完成了村组河道的清淤和清杂工作，使得农村河道面貌有了很大改观。在此基础上，从2002年开始全面推行农村河道长效管理。

首先市政府出台了一系列的管理文件，主要包括《张家港市村组河道清浚工作实施细则》《张家港市河道管理实施办法》《张家港市村组河道管理暂行办法》《张家港市农村河道长效管理考核办法》等。接着成立了河道管理专职机构——"张家港市河道管理处"，属全额拨款的行政事业单位，核定编制15人。该管理处直接负责全市24条市级河道的管理工作，归口负责全市面上镇、村级河道管理的检查指导考核工作。同时还落实了农村河道长效管理经费，市级财政每年每村拨款4000元，镇级财政按1∶1配套，用于村级河道管理，市镇两级年投入村级河道长效管理经费302万元。

在具体实施过程中，该市主要采取了以下做法：

(1) 河道管理费用实行量化公开。由市河道管理处与乡镇水利站根据各地河道总量及河道等级，测定各条河道的管理费用，并张榜公布，实行报酬量化公开。

(2) 在村组设立专职河道保洁管理员，每村两名，在村内实行公开招聘，其职责主要是：负责全村范围内河道的日常管理和养护，及时打捞和清除河道内的漂浮物、垃圾和水生植物；加强巡查，及时发现、制止各类违规行为；接受水利部门业务指导，定期向村委会汇报管理情况，并提出建议。保洁员工作由镇水利站和所在村联合考核。市镇两级财政安排的专项管理经费，通过水利站根据管理实绩，每年分两次给付。

(3) 定期组织检查考核，市每年考核两次，镇每季度考核一次，村每月考核一次。

2. 泰兴市

泰兴市共有河道8925条，其中市级河道15条，镇级河道410条，村级河道8500条。该市的特点是以骨干河道为重点，政府给政策，水行政主管部门自主开发，探索建立了一种比较好的农村河道长效管理良性运行机制。

泰兴市委、市政府十分重视骨干河道管理工作，充分认识到骨干河道是保障当地工农业生产和群众生活用水的重要基础设施，加强河道工程管理，确保工程运行安全，事关全市经济发展和农村稳定大局。为此，泰兴市政府发布了《关于开展骨干河道工程用地确权划界工作的通知》，责成市水务、国土资源部门组织对全市骨干河道管理用地进行确权划界。全市15条骨干河道共明确管理用地为390.5hm^2，全部埋设了界桩，领取了国有土地使用权证。并且明确由水利部门在河道管理范围内，利用河道沿线水土资源实施管养开发。

水利部门统一制定了全市河道管理用地开发利用规划，计划用3年时间完成骨干河道，用5年时间完成镇级河道的管养开发。从实施的情况来看效果很好：①骨干河道管理得到加强，河道沿线全部按规划栽上了意杨和牧草，水土得到很好的保护，河道清浚周期大大延长；②经济效益明显，13条骨干河道预计8年后将产生直接经济效益4600万元，被称为是“绿色银行”；③社会效益也十分显著，河道沿线生态环境得到较大改善。

在具体实施过程中，他们主要是通过制定责、权、利明确的管养开发机制来实现长效管理：①将河道沿线水土资源按一定长度划分标段，向沿线群众进行公开招标，把河道管理与河坡水土资源开发结合在一起；②采取双赢的策略，合理确定河坡水土资源开发利润分成，激发基层群众参与河道长效管理的积极性。

3. 东台市

东台市共有河道12166条，其中市级河道26条，镇级河道2640条，村级河道9500条。该市从1998年开始，围绕建立适应社会主义市场经济的农村水利发展机制，积极探索和推进农村小型水利工程管理体制改革，取得了一定的实效。他们的做法是科学划分农村水利工程类别，针对不同工程的性质和特点再分类实施不同的管理模式。通过深入调研，他们将农村各类水利工程设施划分为三类，即资源型工程、效益型工程和公益型工程，并针对不同类别的工程采取了相应的管理形式。

资源型工程主要是指圩堤、河道等工程，这类工程的特点是具有一定的资源性质，在进行开发管护的过程中，既产生社会效益，又产生经济效益，可以实现良性循环。但由于一般开发周期较长，采取竞争租赁开发的管理形式，将水土资源开发使用权与工程管护职责捆绑在一起，一并委托给租赁经营者。

效益性工程主要是指灌溉站、镇村供水工程，这类工程以经济效益为主，采取竞价拍卖经营的管理形式，主要通过拍卖工程的经营权、管理权和所有权，来实现自主经营、自负盈亏、自我管理。

公益性工程主要是指圩口闸、排涝站、桥、涵等工程，这类工程主要实现的是社会效益，既不宜卖也不宜租，采取的是政府财政出钱，竞价管护的管理形式。

从改革后的情况来看，圩堤、河道等资源型工程的管理效果比较好，取得了良好的社会效益与经济效益。

7.3.5 高邮市河道管理模式

高邮市地处淮河下游，属里下河水网地区。长期以来，由于投入不足、疏于管理，各类河道出现了乱搭乱建、乱堆乱放、乱扔乱倒的现象，猪圈厕所、草堆建材、垃圾摊点等也时常可见；水土流失导致河道淤塞、水流不畅，加之生产生活污水无序排放，造成水质富营养化，致使水生植物蔓延疯长，甚至个别地区出现了有河皆淤、有水皆臭的现象。

近年来，高邮创新工作思路，走“以河养河”市场化运作之路，充分挖掘和利用河道区域内的自身资源，实现河道清浚整治与长效管理的目标。在“以河养河”方面探索出了林权租赁、水面发包、土源置换的经验模式，取得了良好的社会经济与生态效益。

1. “以河养河”模式之——林权租赁

林权租赁，即认真测算河道淤积的土方量，通过机械化施工，加固圩堤达标后，适度划定河道两岸农田有偿流转使用，进行林木经营，置换资金实现“以河养河”的方式。

（1）主要措施。

1）成立专门班子。高邮市开展林权租赁的以河养河模式，一般都以乡镇党委政府负责人牵头，成立专门的工作班子，明确相关政策、广泛宣传发动、引导群众参与、吸纳民间资本、协调各种矛盾、解决实际问题。

2）制订浚河标准。河道清浚主要是恢复原有设计标准，达到引排通畅、河岸整洁、环境美观的目的。

各级河道设计标准见表 7.3。

表 7.3　　高邮市里下河地区河道设计标准

河道级别	河道深度/m	河底高程/m	边坡 1：n		堤宽/m	背水青坎/m	比降
			黏土	沙土			
大沟	5	－1.5～－2.0	1.5～2	3	4	5	1/10000～1/15000
中沟	4	－1.0～－1.5	1～1.5	2～3	3	4	1/5000～1/8000
小沟	3	－0.5～－1.0	1～1.5	1.5～2	2	3	1/2000～1/3000

根据表 7.3 中设计标准，通过实测，得出河道清浚整治的工作量。

3）划定林权范围。主要考虑 3 个方面因素：①根据浚河土方量，依据堤防设计标准，确定土方堆积范围；②保障投资者经营的效益最大化，以调动其积极性；③充分考虑沿河两岸农户让地的效益补偿（一般等于或大于农田产生的净增效益）。根据近几年实践可知，浚河用地范围，各类堤岸除原有堤防占地 10～15m 外，只需要新增用地为 8～20m 即可。

4）实行公开招标。首先拟定清浚河道、植树造林、土地流转等相关内容的招标文件；其次发布招标公示，利用一切宣传工具与宣传形式，向社会广泛宣传；第三召开招标或邀标会议，做到公开、公平、公正。通过公开邀标投标方式，吸纳社会资本或民间资金，实现河道清浚、圩堤整治以及长效管理的目的。

5）实行契约管理。①为保护投资者和沿河农户的权益，由浚河投资者与沿河村组签订土地流转补偿协议；②由政府（或水务站）与浚河投资者签订河道清浚整治施工协议及长年保洁责任书；③浚河投资者与林业部门签订关于林木生产、经营的协议，并领取相应的林权证书。所有的协议都由公证处公证，实行契约化管理。

（2）效益分析。林权租赁模式要考虑的经营因素主要有经营周期、用地范围、补偿标准等，有关技术参数及取值见表 7.4。

1）林权租赁投资。中标的经营者在投入上，主要是直接用于河道清浚的费用以及间接经营管理费用，见表 7.5。

2）林权租赁收益。林权租赁期间投资经营者所获得的效益主要是林木，其次是前三四年的林间套种与养殖。以套作与林木效益为例，测算产出的效益见表 7.6。

表 7.4　　高邮市（汉留镇）林权租赁技术经济参数表

名称	技术参数控制范围	取定值
经营周期	10～15 年	12 年
两岸流转土地	8～20m	10m
河道长度	实际操作中按实测的河长计算	1000m
年补偿标准	圩堤：750 元/hm^2；农田：3000～5250 元/hm^2	圩堤：750 元/hm^2； 农田：5250 元/hm^2
两岸植树	农田植树行距 2m，圩堤 3～5m 可植树 6000～7000 株	6000 株

表 7.5　　1 个周期内林权租赁投资情况测算表

序号	名称	年度投资标准 /(元/年)	投资年限 /年	投资额 /元	备注
1	浚河施工	50000	1	50000	一次性投资
2	圩堤出让补偿	500×9＝450	12	5400	
3	土地流转补偿	350×30＝10500	12	126000	
4	河道管理保洁费	1000	12	12000	
5	植树及树苗费	2.0×6000＝12000	1	12000	一次性投资
6	林木前期管理费	5000	3	15000	前 3 年可林间套作
7	合计			220400	

表 7.6　　1 个周期内林权租赁收入估算表

序号	名称	收入情况	金额/元	备注
1	6～8 年	60 元/棵×3000 棵	180000	隔株间伐
2	12 年	200 元/棵×3000 棵	600000	
3	前三年林间套作	300 元/hm^2×2.76hm^2×3 年	20400	
4	合计		800400	

3）林权租赁收支对比分析。从表 7.5、表 7.6 的测算情况来看，开展林权租赁的以河养河模式，预估在经营周期内总收入可达 80.04 万元，累计投入成本为 22.04 万元，净收入可达 58.00 万元。平均每年纯收入可达 5 万元/km，河道两岸每年每公顷净效益为 18000～22500 元，是普通农作物纯收入（水稻、小麦等）的 2～3 倍。

2.“以河养河”模式之二——水面发包

水面发包就是利用河道水面资源，通过水面养殖发包补偿河道保洁费用，实现河道保洁的“以河养河”方式。

（1）水面发包工作步骤。

1）清浚水系，划定河道粗养范围。高邮市一般对一个区域（一个乡镇或一条骨干水系）范围内的所有河道进行清浚整治，拆除河道的鱼罾鱼簖以及阻水坝埂，在保证汛期排涝和方便农户生产生活的前提下，把该区域内的河道形成一个循环水系，作为河道水面粗养范围。

2）市场运作，招聘水面养殖能手。河道养殖范围确定后，按照河道的级别、长度、水面面积、水质状况、水流条件等基础资料，编制河道养殖的基本条件和生物放养净化水体的技术指标，拟定招标文件，发布信息，邀请有养殖经验的专业户参与，聘请水产养殖专家进行调研，市场化招聘河道水面的养殖能手。

3）签订契约，实行长效保洁管理。①根据招标结果，由政府委托水务站与养殖能手签订协议，并收取年度水面养殖发包金（发包金即为河道保洁资金）；②养殖能手与水务站河道保洁员公司签订河道水面保洁协议书，落实保洁责任制；③由水务站负责考核，根据考评结果按季度兑现河道保洁资金。契约化管理目的是通过先收费、后考评、再兑现的方式，把河道长年保洁管理工作落到实处。

（2）水面发包效益分析。以河道水面养殖发包金运作河道长年保洁费用，真正做到河道规范化管理、制度化保洁。现以高邮市马棚镇开展水面发包养殖为例，效益情况作分析如下。

水面发包以前，政府投入河道保洁情况见表7.7。

表7.7　马棚河道粗养范围内河道保洁费统计表

河道级别	累计长度/km	单价/(元/km)	年保洁费/元
市级河道	10	450	4500
乡级河道	20	300	6000
村级河道	20	200	4000
政府投入总计			14500

开展水面养殖发包，收取的发包金情况见表7.8。

表7.8　马棚河道粗放养殖发包收入统计表

河道级别	累计长度/km	水面平均宽度/m	水面积/hm^2	正常水深/m	发包单价/(元/hm^2)	合价/元
市级河道	10	15	15.33	2.0～3.0	450	6900
乡级河道	20	8	16	1.5～2.0	375	6000
村级河道	20	5	10	1.0～1.5	300	3000
总计						15900

由表7.7和表7.8的统计结果对比分析可见，在水面养殖发包以前，该镇境内河道常年保洁费需政府投入14500元，通过运作水面养殖发包，可得发包金15900元。分析表明，收入与支出基本平衡，略有盈余。因此，河道保洁管理实行水面市场化运作，有效地解决了政府不负担、群众不集资、管理有保障的难题。

3.“以河养河”模式之三——土源置换

土源置换，就是先由政府出资或与投资者共同投资清浚河道，将多余的土方作为建筑材料变卖，或结合其他项目建设置换出资金，以实现以河养河的目的。土源置换可分直接卖土置换和间接复垦置换两种形式。

直接卖土置换，一般可将4个方面的用土项目结合起来置换浚河资金：①防洪圩堤达标建设；②交通道路工程建设；③工业与民用建筑物工程建设；④卖土给砖瓦厂作为制坯原料。

间接复垦置换，就是将浚河后的弃土区进行整理后，申请土地复垦项目资金，补偿浚河的经费不足，一般也有4个方面：①浚河土方填平河道两岸附近的废弃沟塘，增加土地耕作面积；②吹填低洼地，改造土层结构，复垦增加单产收入；③先将弃土区的土源直接变卖，再用浚河的弃土填平后复垦；④暂时存放浚河的弃土区域，再结合项目将余土卖出后复垦。

（1）土源置换工作步骤。

1）深入现场勘测，确定清浚河道弃土方案。在实施河道清浚前，根据河道清浚需要清理的土方以及河道沿线的集镇村庄、农田分布特点，详细制订弃土区规划方案。原则是分类定性，就近弃土。清浚的土方除了用于填沟填塘造田之外，还可以直接用于其他项目的用土，清出的淤泥主要用于造田复垦。就近弃土，主要是为了降低施工成本及方便施工操作。

2）进行市场调研，做到供需平衡。开展市场调查，尤其是涉农项目的开发和村镇建设、交通工程建设等，分析这些项目的投资规模、实施时间和可能需要的土量，在河道清浚时对集镇区或人口密集区弃土区做适当调整，最大限度地满足其他项目建设的需土量，做到清浚土方量与需土量（或弃土区容量）相吻合，减少土源浪费，节约工程投资。

3）签订相关协议，实施河道清浚。由政府委托水务站进行：①与浚河施工企业签订河道清浚及弃土区整治的协议，明确工程实施标准及弃土区整治要求；②与用土的单位签订协议，明确土源买卖的质量、地块、土方量和资金兑付的方式；③与土地部门共同与浚河施工企业签订土地复垦的资金补偿协议；④与沿河的村组签订新增土地共同受益的协议，并提取10%左右的资金用于河道圩堤维护及河面正常保洁。

（2）土源置换效益分析。浚河土源置换方式主要解决河道清浚土方的出路问题，一般河道的断面土方相对较大，两岸难以平衡弃土。在实施过程中，结合项目运作，实现河道清浚，降低成本。

高邮一河道清浚11.8km，清浚土方为24.6万m^3，占用弃土区为14.666hm^2，其中农田为3.066hm^2（良田2.333hm^2、低洼地0.733hm^2），填平废沟塘为11.6hm^2。其投资情况分析见表7.9，土源置换收入估算分析见表7.10。

表7.9　浚河投入资金测算分析表

名　称	工程量	单　价	合价/万元
清浚土方	24.6万m^3	8.0元/m^3	196.8
弃土区围埝填筑与平整	4.95万m^3	4.0元/m^3	19.8
农田赔青费	3.066hm^2	7500元/hm^2	2.3

由表7.9和表7.10可看出，该项目实施需投入浚河资金218.9万元，通过土源置换资金221.2万元，能够实现土方及资金平衡。同时，新增土地耕作面积11.6hm^2，每年可增收8.7万元，可以提取8700元用于圩堤维护管理和河面保洁。

高邮市探索与推广“以河养河”模式，充分利用了河道的自身资源，提高了土地的产出率；发展了社会公益事业，提高了河道防洪排涝能力；保障了水产养殖户农业生产的用

表 7.10　　浚河土源置换可收入资金估算表

置换方式	名称	工　程　量	单　　价	合价/万元
直接卖土	外圩堤加高培厚	长度为 3850m，土方为 16000m^3	10 元/m^3	16
	向通达工程卖土	42600m^3	10 元/m^3	42.6
	向建筑工程卖土	28300m^3	20 元/m^3	56.6
	向砖瓦厂卖土	26900m^3	20 元/m^3	53.8
间接复垦	填平废沟塘	11.6hm^2	45000 元/hm^2	52.2
小计				221.2

水需求，实现了生物多样化，美化了自然环境，改善了河流水质。而且，通过“以河养河”还可以减轻国家的投入，增加镇村两级集体经济收入，更重要的是减轻了农民负担，从真正意义上实现了治水兴农的目标。

8 江苏农村供水工程

农村供水工程主要面向县（市、区）城区以下的乡镇、村庄、农场、林场、学校等农村居民和企事业单位供水，以生活用水为主，可分为集中式供水工程和分散式供水工程两大类。集中式供水工程是指从水源集中取水，经净化消毒处理后，由输配水管网送至用户的工程。分散式供水工程往往由单户或联户用手压井、大口井、集雨、引泉等设施供水，无配水管网，由用户自行取水。江苏农村供水从20世纪50年代农村农民几户一井取用浅层地下水，发展到目前“城乡同源、同网、同质”供水，走过了60多年的历程，取得了丰硕成果。

农村供水工程是农村经济社会发展的重要基础设施，安全可靠的饮用水直接关系人民群众的身体健康和生命安全。江苏各地在农村供水工程建设过程中，不断探索、改进，在技术和管理等方面积累了丰富经验。

8.1 农村供水基本情况

8.1.1 农村供水发展历程

江苏农村供水工作经历了由点到面、由分散式供水向集中式供水再向区域供水发展的长期历程，大致可分为4个阶段：中华人民共和国成立后至2003年，农村饮水解困、改水阶段；2004年起，在中央财政支持下，掀起了农村饮水安全工程建设高潮；2013年后，进入新一轮农村饮水安全工程建设阶段；2016年，进入农村饮水安全工程巩固提升阶段，大力推进“城乡同源、同网、同质供水”工程建设。通过60多年努力，江苏已经初步建成以区域供水工程为主体、以镇村联网供水工程和单村供水工程为补充的农村供水体系。

农村饮水解困、改水阶段：从20世纪50年代开始打井取用浅层地下水，农村供水从几户一井或一个自然村共用一井，逐步发展为一家一户一井。1979年，江苏省委、省政府决定用2～3年时间在沿海和盐碱地区打800口深水井，改善这些地区农村饮用水状况，截至1983年，全省共打深水井4543口，解决了287万人饮用水问题。1981年起，有饮用水源的部分农村集镇，开始兴建自来水厂延伸管道供水，但发展速度较慢。至1985年底，江苏农村自来水普及率仅16%。1986—1995年，是江苏经济腾飞的十年，各地自来水厂建设也相应加快发展，农村自来水普及率达到51.3%。从1996年开始，连续7年在淮北五市组织实施农村改水攻坚工程，新建农村水厂2047座，延伸管网1768处，新增受益人口 923.9 万人。同时，开始把乡镇供水作为江苏农村水利建设重点突破，成立江苏省振兴水利供水公司，编制《江苏省乡镇供水规划》，加大乡镇供水工程资金投入，新建乡镇水厂 300 多座，供水总规模达 45.1 万 m^3/d。2003 年，省政府组织实施了新一轮农村改水，到 2004 年底，江苏农村自来水普及率达 76.7%。

农村饮水安全工程建设阶段：2004 年，水利部、国家发展改革委和卫生部启动实施了农村饮水安全应急工程。按照水利部、卫生部的部署，着重解决农民饮水水质［符合国家《生活饮用水卫生标准》（GB 5749）要求的为安全；符合《农村实施〈生活饮用水卫生标准〉准则》要求的为基本安全］、水量（每人可获得水量不低于 40～60L/d 为安全，苏北地区不低于 30L/d、苏南不低于 40L/d 为基本安全）、方便程度（供水到户或人力取水往返时间不超过 10min 为安全；人力取水往返时间不超过 20min 为基本安全）和保证率（供水水源保证率不低于 95%为安全；不低于 90%为基本安全）不达标等饮水安全问题。2005 年起，江苏将农村饮水安全列入新农村建设五件实事，加大了资金投入和政策扶持力度，大力推进农村供水工程建设，到 2012 年底，全面完成列入国家规划的 1776.7 万农村居民饮水安全工程建设任务，同时改善了 600 余万农村居民饮水状况，供水结构也从单村供水、分散供水为主转为区域供水、镇村联网供水和单村供水并存模式。

新一轮农村饮水安全工程建设阶段：2012 年，江苏对苏北、苏中地区开展了新一轮农村饮水安全现状调查，2013 年，根据《江苏省城乡供水管理条例》统筹城乡供水的要求，统筹区域供水工程协调推进，统筹考虑供水管网布局与新农村建设规划布局衔接，统筹落实水源地水量、水质和周围环境安全保障措施，对苏中、苏北 48 个县（市、区）实施新一轮农村饮水安全工程建设，到 2016 年底，已完成 1482 万人新一轮农村饮水安全建设任务。

农村饮水安全工程巩固提升阶段：2016 年，农村饮水安全巩固提升工程开始实施，江苏从实际出发，按照城乡统筹区域供水全面解决农村饮水安全问题的工作思路，推进农村饮水安全巩固提升与城乡统筹区域供水同步实施，推动城镇供水设施向农村管网延伸，加快乡镇以下管道及配套工程建设改造，全面提高农村饮水安全保障水平，逐步实现城乡供水“同源、同网、同质”。

8.1.2 农村供水工程现状

8.1.2.1 农村供水工程建设类型

江苏农村供水以集中式供水工程建设为主，工程类型有区域供水管网延伸供水、镇村联网供水和单村供水。其中区域供水管网延伸供水模式是江苏农村供水工程规划建设的首选模式，也是新一轮农村饮水安全工程建设阶段和农村饮水安全工程巩固提升阶段采用的主要建设模式。

1. 区域供水管网延伸供水

区域供水管网延伸供水是充分利用区域水厂的富余供水能力，通过铺设管网向乡镇延伸供水，既可提高供水工程的经济效益，又可极大地改善农村供水状况和供水结构。

该模式为区域水厂→管网延伸→乡镇→农村人口。

区域供水管网延伸供水模式可实施集约化供水的资源整合，有利于在更大范围内合理配置水资源，提高供水保证率，解决广大农村小水厂基础设施薄弱、技术管理水平低、水质不达标等问题，从根本上解决饮水不安全问题。

目前，苏南和苏中地区农村已基本采用区域供水，苏北地区农村区域供水比例正在逐步提高。

2. 镇村联网供水

镇村联网供水是农村饮水安全工程建设阶段的一种过渡模式，可分为两类：一类是通过联通各地下水厂，形成多水源供水网络；另一类是通过乡镇规模化地表水厂向多个镇村集中供水。

（1）多水源镇村联网供水。多水源镇村联网供水是通过管网将各镇村地下水厂相连，充分利用现有供水设施和资源，通过镇内现有地下水厂水源整合，联网供水，管道一般按区域供水规划流量和路径设计。

该模式为多个水厂→镇村联网→多镇村→农村人口。

多水源镇村联网供水模式在农村饮水安全工程建设阶段主要用于区域供水管网暂未覆盖到的乡镇，随着城乡供水一体化的推进和区域供水管网的延伸，该种模式将逐渐消失。

（2）乡镇规模化水厂集中供水。乡镇规模化水厂集中供水是通过新建具有一定规模的水厂向多个镇村集中供水。

该模式为规模水厂→集中连片供水→多镇村→农村人口。

该模式部分规模较大的水厂随着供水范围的扩大，转为区域供水水厂长期运行，而部分规模较小的水厂随着区域管网的延伸，逐步关闭。

3. 单村供水

单村供水是指通过修建单村水厂，向该村集中供水。

该模式为单村水厂→单村→农村人口。

单村供水模式在农村饮水安全工程建设阶段主要用于水源规模较小、居民点分散的地区，或采用其他模式投资过高及实施困难的情况，取水水源一般为地下水。随着区域供水管网延伸工程建设的不断推进，除极个别地形地势复杂的地区，其余地区该模式将逐渐消失。

8.1.2.2 农村区域供水情况

江苏省2010年颁布了《江苏省城乡供水管理条例》，明确了城乡供水工程推进农村与城市“同水源、同管网、同水质”，实现城乡一体化供水。

近年来，江苏按照城乡统筹区域供水的工作思路，把区域供水管网延伸作为首选模式，凡是具备区域供水延伸条件的，均实施区域供水管网延伸工程，对已实现区域供水的乡镇，加快配套建设村及村以下农村供水管网；对区域供水暂未通达的乡镇，优先实施区域供水，同步实施农村饮水安全工程。每年，省水利厅、省住建厅、省财政厅与各地政府签订同步实施责任状，督促区域供水已覆盖地区重点做好进村入户、提升服务质量工作，扩大城乡统筹区域供水的服务人口；未覆盖地区重点加快达镇主干管的敷设，确保目标任务顺利完成。真正做到农村供水与城市供水“同源、同网、同质、同服务”，保障城乡居民饮用水安全。

截至2015年年底，江苏城乡统筹区域供水乡镇覆盖率达到97%，农村区域供水入村率达85%以上。其中苏南及沿江地区，从20世纪90年代初大力发展乡镇供水，现已全面采用区域供水方案解决了农村饮水不安全问题，实现了城乡供水一体化，苏中地区基本实现了城乡供水一体化。目前，苏南、苏中地区在实现城乡供水一体化的基础上，大力提升“同服务”水平。苏北地区乡镇覆盖率虽已达90%，但该地区农村区域供水发展不平衡，部分地区区域供水管网虽已通达乡镇，但因原有管网老化、漏损严重及管道压力不足等，导致农村管网未能及时与区域供水管网衔接；部分地区受到区域供水水源、区域水厂建设进度和供水规模的限制，现阶段区域供水覆盖农村人口比例仍较低。

目前，苏北地区正按照农村饮水安全工程与城乡统筹区域供水工程同步实施的要求，加快推进城乡统筹区域供水主干管网和进村入户管的建设，加大乡镇小水厂关停整合力度，力争早日实现区域供水乡镇全覆盖。

下一步，江苏将继续深入推进城乡供水一体化，规划到2020年，区域供水通村率和入户率均达到90%，基本实现江苏城乡供水“同源、同网、同质、同服务”目标，建立比较完善的“水源达标、备用水源、深度处理、严密检测、预警应急”的供水安全保障体系。

8.1.2.3 农村集中式供水工程现状

自农村饮水安全工程开始实施至2012年，江苏已建农村区域供水管网延伸工程101处，镇村联网供水工程1058处，单村供水工程1154处；增加供水能力170.43万m^3/d；铺设镇村管道32538.77km、村内管道101415.78km。提前三年全面解决了列入国家规划的1776.7万人饮水不安全问题，其中，解决饮用水氟超标296万人、苦咸水324万人、污染严重水495万人、其他水质不达标365万人、供水量不足296.7万人。

截至2015年年底，全省已实现城乡供水一体化的地区集中供水率和自来水普及率基本达到100%。还需进行农村饮水安全巩固提升工程建设的县市有34个，主要分布在苏北（徐州、宿迁、连云港、淮安、盐城）5市和苏中扬州市的少数县市，涉及554个乡镇和8901个行政村，其中农村总人口2435万人，集中供水总人口2339万人，集中供水率达96.05%，自来水普及率达94.15%。

农村饮水安全巩固提升工程建设县市现有集中式供水工程2327处，总设计规模508.58万m^3/d，实际供水总规模266.94万m^3/d，以规模化供水工程为主。设计日供水规模大于1000m^3/d的工程375处，总设计供水规模453.12万m^3/d，受益人口1792.25万人；设计日供水规模200～1000m^3/d的工程1147处，总设计供水规模45.06万m^3/d，受益人口423.88万人；设计日供水规模20～200m^3/d的工程700处，总设计供水规模10.41万m^3/d，受益人口119.89万人；20m^3/d以下的集中供水工程有105处，受益人口2.72万人。

江苏农村集中式供水水源已从单一的地下水源过渡到地表水源和地下水源并存，现阶段地表水源供水人口多于地下水源供水人口。至2015年年底，农村饮水安全巩固提升工程建设县市农村集中式饮用水水源地2327处，以地表水为水源的有165处，地下水集中供水工程2162处。地表水源受益人口为1295.42万人，占建设范围农村集中供水总人口的55.39%；地下水源受益人口为1043.32万人，占建设范围农村集中供水总人口的44.61%。建设范围之外的县市基本为地表水源。

8.1.2.4 农村分散式供水工程现状

江苏农村分散式供水工程大多为采用分散的手压井取用浅层地下水，部分直接以山泉水为饮用水源。至2015年年底，全省分散式供水工程有253769处，以浅井水为主。其中以井水为水源的工程有253696处，供水人口96.11万人；以泉水为水源的工程有73处，供水人口0.12万人。分散式供水人口主要分布在徐州市、连云港市等地区。

8.2 农村供水工程建设

江苏农村供水工程建设内容包括从水源到用户整个供水系统的“取、输、净、消、配、测”等主要设施、设备和装置，具体包括取水工程、净水工程、输配水工程、水质检测和水源保护等。

8.2.1 取水工程

取水工程从选定的水源取水，并输往水厂，其主要任务是保证净水工程取得水量足够和质量良好的源水，主要内容包括水源的选择、取水方式及取水构筑物等。

8.2.1.1 饮用水水源类型

1. 地表水源

地表水源有江河水、湖泊水和水库水，是区域供水和农村规模化集中供水水厂的主要供水水源。

地表水源受环境影响较大，径流量一般较大，时空分布不均，季节变化明显，硬度和矿化度较低，含铁量及其他物质含量较少。江河水的水量和水质主要受季节和降水量影响，水体易被人为污染，浊度与细菌含量一般较湖泊、水库高，流速较大，循环周期短，经适当处理后是最主要的供水水源。湖泊和水库的水体流速较江河小，循环周期长，浊度较江河水低，但含盐量相对较高，水体易富营养化，水中藻类等水生物在春秋季繁殖较快，水质易变差。

江苏饮用水地表水源有长江、苏北大运河、泰州引江河、沭新河、淮沭河、骆马湖、太湖等。其中江河水质基本全年为Ⅱ～Ⅲ类，个别河段偶尔会出现水质超标现象；若湖水水质评价不考虑总氮总磷，湖体水质以Ⅱ～Ⅲ类为主。

2. 地下水源

地下水源有上层滞水、潜水、承压水等。地下水受外界影响相对较小，水温冬暖夏凉，浊度较低，但径流量有限，硬度和矿化度较高。部分地区地下水中存在氟、砷、铁、锰超标现象。

上层滞水是分布于包气带中局部不透水层或弱透水层表面上具有自由表面的重力水，如图8.1所示。其分布范围有限，水量较小，易受污染及季节影响，一般只作为暂时供水水源。

潜水一般埋藏较浅，在第一个稳定的隔水层之上，具有自由表面，如图8.1所示。受季节影响较大，且易受污染，现已很少作为农村供水水源。

承压水充满于上下两个稳定隔水层之间，没有自由水面，如图8.2所示，一般埋藏较深，受环境影响小，水质较好，是目前农村地下水厂的主要水源。

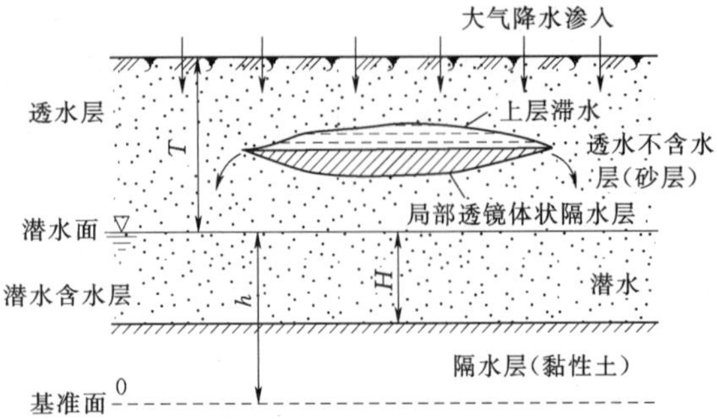

图 8.1　上层滞水及潜水示意图

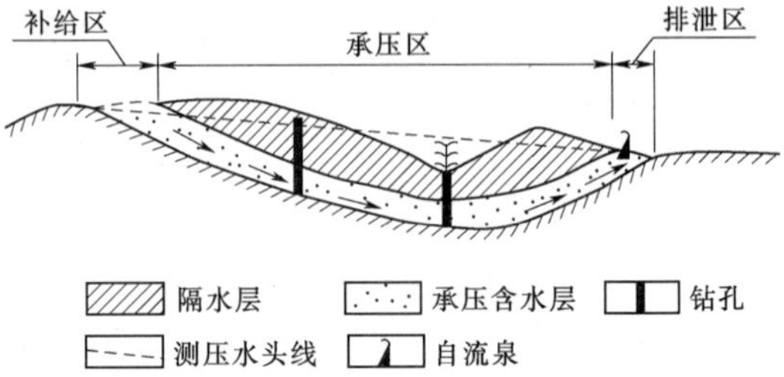

图 8.2　承压水示意图

8.2.1.2　饮用水水源选择

1. 饮用水水源要求

地表水源符合《地表水环境质量标准》（GB 3838）要求；地下水源符合《地下水质量标准》（GB/T 14848）要求。当水源水质不符合上述要求，须特殊处理。

地表水源干旱年枯水期设计取水量的保证率，严重缺水地区不低于 90%，其他地区不低于 95%。地下水源开采量小于含水层的允许开采量。

2. 农村饮用水水源选择和配置

（1）优化配置区域水资源。对区域水资源统一规划，统筹安排，优质水源优先用于生活饮用，合理处理与其他用水的矛盾。

水源选择符合国家和地方关于水资源开发利用的相关规定，进行深入细致的勘查与论证，除水质、水量符合要求外，综合考虑供水的安全可靠、投资省、技术可行、运行管理方便、制水成本低、满足远期发展规划等因素。区域内有多个水源选择时，进行技术经济比较后择优确定。

如连云港赣榆区在农村饮水安全工程建设中严把“水源选择关”。坚持不选高氟水、苦咸水和严重污染水；优先取用水质较好、水量可靠的水库水，如该县优先选用小塔山水库、新沭河；其次是取用地下水和山泉水，并选择适宜净化技术进行水质处理，确保水质达标。

（2）地表水源和地下水源联合使用。单一水源不能满足要求时，可采取多水源联合供水。江苏原有农村水厂以地下水源为主，不少地区已出现地下水超采现象，现有地下水可开采量难以满足日趋增长的供水规模需求，需要逐步加大地表水供水比例，对于新建规模化供水工程，一般采用水质水量满足要求的地表水源，地下水源可作为应急或备用水源。

（3）做好水量资源供需平衡分析。做好水资源供给量和需求量预测，进行水量平衡分析。水源水量除满足生活、生产现状需求外，还需考虑未来发展。

（4）合理改造现有水源。对于现有水源水质、水量及保证率较低的工程，优先考虑区域供水管网延伸供水，提高水源稳定性，近期难以采用管网延伸供水的工程，可通过改造水井的方式稳定水源。目前这类情况，在徐州和连云港的部分县（市、区）较多。对于现有以地表水为水源的供水工程，可根据需要采取加强现有水源保护、增设备用水源和扩大取水规模等措施。

8.2.1.3 饮用水水源地的选择

1. 地表水源地选择

地表水源地选择主要考虑河流形态特征和岸形条件，取水点设在具有稳定河床、靠近主流、有足够水深、工程地质条件好、便于施工的地段；避开回流区和死水区，远离生活污水和生产废水排放点；选在桥梁、码头、闸坝等构筑物和障碍物的影响范围之外，并综合考虑河道整治规划、河流综合利用等因素。

2. 地下水源地选择

地下水源地选择主要考虑水源地的水文地质条件，水源地主要选择含水层富水性强、补水条件好的地段，远离和避开污染的地表水和含水层。优选择含水层上部有稳定隔水层分布且地质良好的地段，同时考虑水源地的建设投资、运行成本和今后的发展需求等因素。

8.2.1.4 取水构筑物

1. 取水构筑物分类

（1）地表水取水构筑物。地表水取水构筑物可分为固定式取水构筑物、活动式取水构筑物和山区浅水河流取水构筑物三大类。

固定式取水构筑物指不经过筑坝拦截河水而在岸边或河床上直接修建的固定取水设施，其主要类型见图 8.3。它具有取水可靠、维修方便、适应性广等优点，但当河流水位变化较大时，工程投资较大。

- 固定式取水构筑物
  - 岸边式
    - 合建式
    - 分建式
  - 河床式
    - 按进水管型式分
      - 自流管式
      - 虹吸管式
      - 水泵直接吸水式
      - 桥墩式
    - 按泵房结构和特点分
      - 湿式竖井泵房
      - 淹没式泵房
  - 斗槽式
    - 顺流式
    - 逆流式
    - 侧坝进水逆流式
    - 双向式

图 8.3 固定式取水构筑物主要类型

江苏农村地表水厂取水工程主要采用固定式取水构筑物。其中较为常见的构筑物有岸边式和河床式两大类。岸边式取水构筑物集水井建在岸边，取水泵房与集水井可以合建或分建；河床式取水构筑物从河心取水，以自流管式、虹吸管式及水泵直接吸水式居多。常用固定式取水构筑物类型及特点见表 8.1。水泵直接吸水式取水由于省去集水井等构筑物，构造简单，在农村原有小水厂中应用较多；在一定规模农村水厂中，以自流管河床式取水构筑物居多。

（2）地下水取水构筑物。地下水取水构筑物类型有管井、大口井、辐射井和渗渠等。江苏农村地下水厂一般采用管井取水，也有采用大口井取用浅层地下水，见表 8.2。其中管井应用最广，主要用于开采深层地下水。

表 8.1　　　　常用地表水取水构筑物类型及特点

类型		特　点	构　筑　物　图
岸边式	合建式	集水井和泵房合建，布置紧凑，吸水管路短，运行安全，维护方便；但结构复杂，施工较困难。适于岸坡较陡，水流较深，地质条件较好的地区	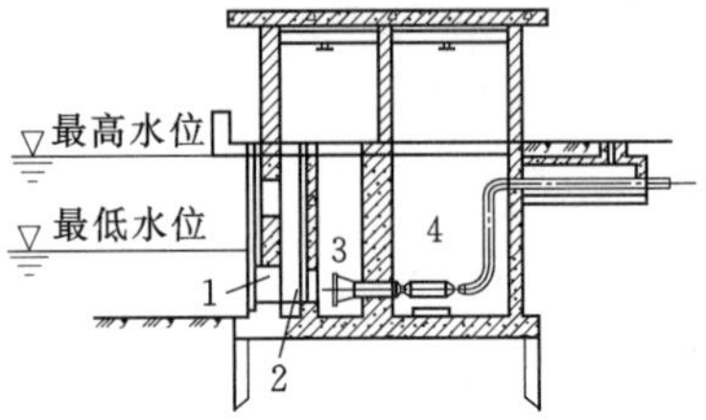 1—进水口；2—格网；3—集水井；4—泵房
	分建式	集水井和泵房分建，结构简单，易于施工；但吸水管路长，水头损失大，维护管理不方便，运行安全性较差。适于岸边地质条件较差的地区	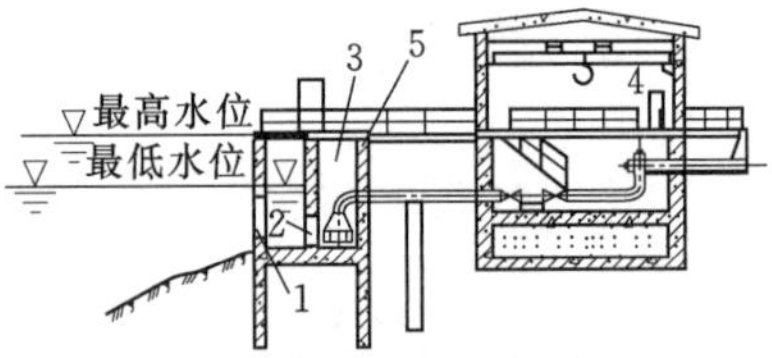 1—进水口；2—格网；3—集水井； 4—泵房；5—阀门井
河床式	自流管式	利用重力流入，可靠性强；但土方量大，检修、清洗不便。适于河床平坦稳定、主流距河岸远、河岸水深较浅的地区	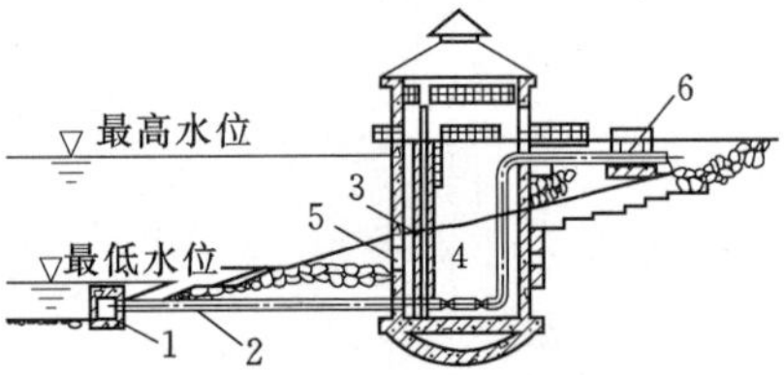 1—取水头部；2—自流管；3—集水井；4—泵房； 5—进水孔；6—阀门井
	虹吸管式	可减少水下施工量，节约投资；但虹吸管施工要求高，需配置真空装置，启动时间长，管理不便。适于埋设自流管不经济或需要穿越防洪堤的情况	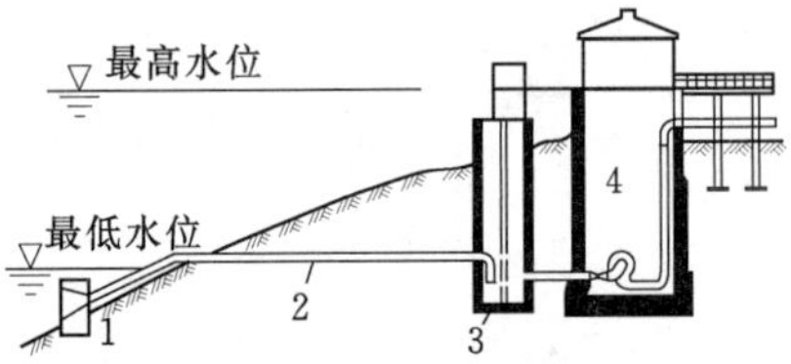 1—取水头部；2—虹吸管；3—集水井；4—泵房
	直接吸水式	水泵吸水管直接伸入河心取水，构造简单，造价低；但水泵叶轮易磨损，吸水管不能漏气。适于河流漂浮物少，水位变化小，取水量较小，吸水管不太长的地区	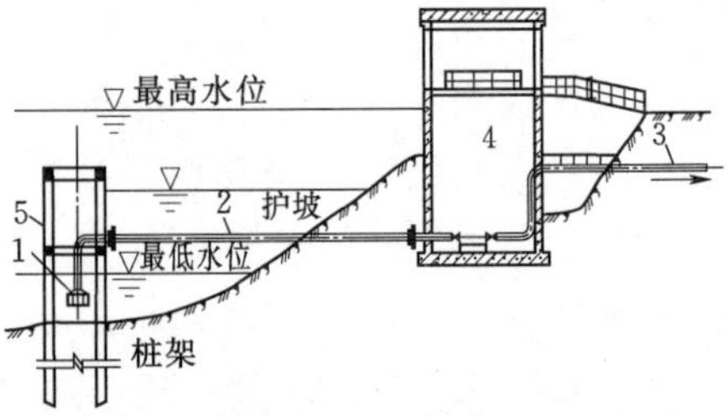 1—取水头部；2—吸水管；3—出水管； 4—泵房；5—栅条

表 8.2　　　常用地下水取水构筑物类型及特点

类型	特　点	构　筑　物　图
管井	对含水层适应能力强，施工技术成熟，井深一般 300m 以内	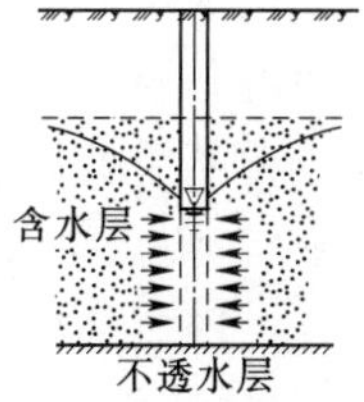
大口井	一般用于含水层厚度在 20m 以内的浅层地下水	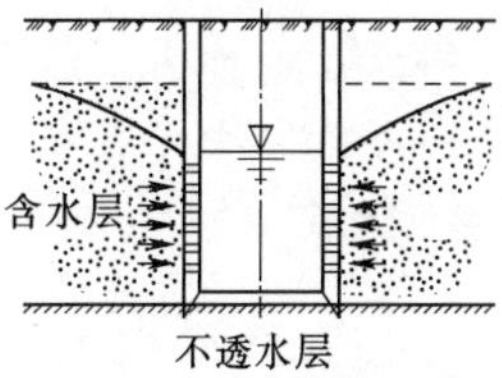

2. 取水构筑物类型的选择

地表水取水构筑物主要根据取水量和水质要求，考虑河流水深、水位及其变化幅度、河岸坡度、河床形状、冰冻与漂浮物、航运、施工条件、安全、管理等因素，进行技术经济比较确定。

地下水取水构筑物主要根据水量和水质要求，考虑地下水埋深、含水层厚度及层数、含水层岩性、地质条件等，进行技术经济比较确定。

8.2.1.5 水源井技术改进和创新

水源井是农村地下水厂的关键构筑物。江苏各地建设过程中注重水源井技术改进和创新，特别是对水源井结构、滤丝材料及井管新工艺的研究，以降低水源井损坏率，延长使用寿命。

在水源井工程建设中，传统用于成井的管材存在严重的腐蚀老化现象，影响水源井的寿命，并易产生井管变形、破裂和水井涌沙等问题。徐州市丰县进行了不同管材的改进和探索，如采用 UPVC 管代替传统的钢筋混凝土高压管，方便施工并可延长水源井使用寿命；采用球墨铸铁管代替混凝土管，可提高井管的强度；透水管绕丝采用塑丝，可增强耐腐蚀性，从而延长水源井的使用寿命。

在钻井工艺改进方面，丰县采用浮力盘下管取代以往直接下井管，可减轻井管的拉力、减少井管拉断事故、提高成井率；采用活塞洗井工艺代替以往用潜水泵洗井工艺，可加快洗井速度，增强对井壁泥皮的破坏力，增大水源井的出水量。

另外，沛县还发明了农村深水井潜水电泵智能专用升降装置，使水源井泵维修保养更加方便。

8.2.2 净水工程

净水工程是对天然水体进行净化消毒处理，使之达到生活饮用水卫生标准，并将净化后的水送至输配水管网，相应的水处理构筑物和设备均集中设置在水厂内。规划设计的主要内容包括确定水厂厂址，选择净水模式、净水工艺与设施、消毒技术等。

8.2.2.1 水厂厂址

水厂厂址选择首先与城镇总体规划、区域供水规划、村镇发展规划相适应；考虑水厂所取水源位置、供水覆盖范围，使供水系统布局合理；综合考虑地形地貌、地质条件、供水安全、交通用电、用地发展、施工方便等因素。

水厂一般选在不受洪水威胁、卫生条件好、有利于生产废水排出的地方；选在地质条件良好、地基承载力大、交通用电便利、利于施工和降低造价的地方；选在少拆迁、不占或少占良田、有远期发展余地的地方。此外，地下水厂一般设在有良好含水层的区域。

8.2.2.2 净水模式

江苏农村水厂有地表水厂和地下水厂两类，分别以地表水和地下水为水源，由于水源条件不同，对应的净水模式差异较大。常见模式如下：

1. 地表水厂

地表水厂水处理模式一般根据水源的水质、供水规模，参照相似条件已建工程，通过工程技术经济比较，因地制宜地加以采用。

水源水质常年处于《地表水环境质量标准》（GB 3838）Ⅱ～Ⅲ类的水厂，采用常规处理工艺：原水→混合→絮凝沉淀或澄清→过滤→消毒→清水池→二泵→管网。

水源浊度较低，一般在50NTU以下，短时间内不超过100NTU，未受废水污染，水质变化不大且无藻类繁殖时，采用直接过滤工艺：原水→混合→过滤→消毒→清水池→二泵→管网。

水源浊度低，但藻类较高时，也可采用气浮工艺：原水→混合→气浮→过滤→消毒→清水池→二泵→管网。

微污染水源，采用强化常规处理技术，或在常规处理基础上增加预处理或深度处理技术。预处理主要采用化学预氧化、活性炭吸附、生物接触滤池等方法；深度处理大多采用臭氧一活性炭吸附或膜处理的方法。其中采用预处理的技术流程为：原水→生物预处理→混合→絮凝沉淀或澄清→过滤→消毒→清水池→二泵→管网。采用深度处理的技术流程为：原水→混合→絮凝沉淀或澄清→过滤→臭氧氧化→活性炭吸附→消毒→清水池→二泵→管网。此外，也有预处理和深度处理相结合的方法。

为进一步提高供水安全保证率，很多新建和改扩建的规模化水厂均在常规处理基础上增加了预处理和深度处理工艺，如东台南苑水厂在扩建工程中采用臭氧活性炭的深度处理技术，以确保供水水质。阜宁城东水厂，以通榆河为水源，采用预臭氧＋常规处理＋臭氧活性炭组合的工艺，供水水质良好。宿豫新源水厂，以骆马湖为水源，针对可能存在的有机污染，水厂在常规净化处理基础上，增加了活性炭滤池深度处理；水质较好时，过滤之后的水可直接进入清水池。

2. 地下水厂

江苏农村地下水厂一般以深层地下水为水源，水质相对较好。地下水厂净水模式主要根据源水水质、设计生产能力，结合当地水厂的技术水平和管理能力等因素，经技术经济比较确定。

若水质指标符合饮用水卫生标准，通常不需要任何处理，工艺简单，只需消毒即可。大部分地下水厂采用的处理流程为：原水→消毒→清水池→二泵→管网。

若地下水中存在离子超标现象，一般根据超标物质采取相应的处理措施。例如，铁、锰超标的地下水可采取除铁除锰工艺：原水→曝气→接触氧化过滤除铁锰→消毒→清水池→二泵→管网。氟超标的地下水可采取除氟工艺：原水→活性氧化铝吸附→消毒→清水池→二泵→管网。苦咸水采用电渗析或反渗透等膜处理工艺：原水→预处理→电渗析或反渗透→消毒→清水池→二泵→管网。

8.2.2.3 净水工艺与设施

常规净水工艺有混凝、沉淀和过滤，对应的净水设施有混合装置、絮凝池、沉淀池或澄清池和滤池。

1. 混合装置

混合装置的作用是使药剂和水快速均匀混合，使胶体充分脱稳。常用的混合方式有管式混合、水泵混合和机械混合等，在管式混合中又以管式静态混合器较为常见。常用混合方式特点及适用范围见表8.3。水泵混合因不需另设设备，操作简单，在农村小水厂中应用较多，采用水泵直接吸水的水厂一般都采用水泵混合方式。

表8.3　农村水厂常用混合方式特点及适用范围

混合方式	特　　点	适　用　范　围
管式混合	构造简单、安装方便，但混合效果与流量变化有关	流量变化较稳定的情况
水泵混合	直接利用水泵叶轮的高速旋转，不需另设装置，混合效果好，但需注意叶轮防腐	取水泵房与絮凝池相距不超过100m时
机械混合	效果好，但耗能大，机械设备维修复杂	适于大、中型水厂

2. 絮凝池

絮凝的作用是使脱稳的絮体进一步聚集成大颗粒。絮凝池主要类型有机械絮凝和水力絮凝两类。机械絮凝池主要利用机械搅拌促进絮体碰撞聚集，常见型式为机械搅拌絮凝池；水力絮凝池主要利用水力搅拌促进絮体碰撞聚集，主要型式有隔板絮凝池、穿孔旋流絮凝池、折板絮凝池和网格絮凝池等。不同絮凝池特点见表8.4。其中网格絮凝池因其絮凝效果好，管理简单，在江苏农村小水厂采用较多；折板絮凝池因其絮凝高效、布置方式灵活，在规模较大的水厂采用较多；机械絮凝池在大规模区域供水水厂中有所应用。

表8.4　农村水厂常见絮凝池特点及适用范围

絮凝池类型		特　　点	适用范围
机械搅拌絮凝池		机械搅拌强度可调，适应水质和水量的变化，但机械维修量大	大、中、小型水厂
水力型	隔板絮凝池	构造简单，管理方便，但絮凝效果差，池深较浅	大型水厂
	折板絮凝池	絮凝效果好，适应性强，但安装维修较困难	大、中、小型水厂
	穿孔旋流絮凝池	构造简单，但絮体易破碎	小型水厂
	网格絮凝池	絮体密实，絮凝效果好，但池底易积泥，滋生藻类	中、小型水厂

3. 沉淀池或澄清池

沉淀池的作用是将聚集而成的大絮凝体通过重力作用沉淀，再由排泥排出。水厂中沉淀池主要类型有斜管沉淀池和平流沉淀池。澄清池集混凝沉淀于一体，具有混凝、沉淀双重作用，无须再设絮凝池，常见澄清池主要有机械搅拌澄清池。各沉淀池或澄清池特点见表8.5。选择时一般根据水源条件、供水规模、高程配合、水厂占地面积及运转经验等确定。江苏小水厂大多采用占地小、沉淀效率高的斜管沉淀池或机械搅拌澄清池，大、中型水厂往往采用技术成熟、沉淀效果稳定的平流沉淀池。

表 8.5　　农村水厂常见沉淀池或澄清池特点及适用范围

沉淀池或澄清池类型		特　点	适用范围
机械搅拌澄清池		只需一个构筑物即可完成混凝和沉淀过程，有一定的适应能力，但池结构复杂、检修困难	中、小型水厂
沉淀池	斜管沉淀池	体积小，效率高，沉淀时间短，但对水质、水量变化缓冲能力差	中、小型水厂
	平流沉淀池	构造简单，管理方便，造价较低，效果稳定，但占地大	大、中型水厂

4. 滤池

滤池的作用是利用粒状滤料进一步截留沉淀池中难以下沉的细小絮体，主要类型有普通快滤池、无阀滤池、移动罩滤池、双阀滤池、虹吸滤池、V型滤池等。常用滤池特点及适用条件见表8.6。其中普通快滤池技术较为成熟，在江苏不少规模化水厂中有所应用；无阀滤池可实现水力自动化，在江苏小型水厂受欢迎；V型滤池过滤、冲洗效果均好于其他滤池，在区域水厂中普遍应用。

表 8.6　　农村水厂常用滤池特点及适用范围

滤池类型	特　点	适用范围
普通快滤池	配水均匀性好，但需要设冲洗设备，阀门易坏，维修量大	大、中、小型水厂
无阀滤池	可实现水力自动化，但翻砂困难，池深较高	中、小型水厂
V型滤池	过滤效果好，过滤周期长，可节约冲洗水量，能耗低，但操作维修复杂	大、中型水厂

5. 农村水厂常用净水工艺流程

江苏规模较大的农村水厂或区域水厂水处理大多采用折板（或网格）絮凝池→平流沉淀池→V型滤池（或普通快滤池）为主体的工艺流程，如大丰第二水厂。

小水厂一般采用网格絮凝斜管沉淀池（或机械搅拌澄清池）→无阀滤池（或普通快滤池）为主体的工艺流程，如淮安、宿迁、连云港等地不少农村水厂采用此工艺。

8.2.2.4 消毒技术

消毒在水厂中是保障饮水水质安全的最后一道工序，是必不可少的过程，其作用是使水中的微生物质量满足要求。为了抑制管网细菌增殖，还需保证出厂水中一定的消毒剂余量。

常用消毒方法有液氯消毒、漂白粉消毒、次氯酸钠消毒、氯胺消毒、二氧化氯消毒、臭氧消毒等。不同消毒方法特点及适用范围见表8.7。

消毒方法选择一般根据源水水质、出水水质要求、消毒剂来源和净水工艺及运行管理技术水平等，经技术经济比较后确定。

江苏农村地表水厂常用消毒方式有氯消毒和二氧化氯消毒等，如沭阳扎下水厂采用二氧化氯消毒；地下水厂常用消毒方式有次氯酸钠消毒、二氧化氯消毒等，有部分农村水厂如沭阳墩前水厂采用过臭氧消毒。

表 8.7　　农村水厂常见消毒方法特点及适用范围

消毒方法	特　　点	适用范围
液氯	经济方便，余氯可抑制细菌再繁殖，但会产生消毒副产物，对操作管理要求高	水源条件较好的大、中型水厂
漂白粉	操作简单，价格低廉，但溶解调制不便	小型水厂
次氯酸钠	操作简单，无副作用，有效时间长，但成本高于液氯消毒	大、中、小型水厂
氯胺	延长余氯接触时间，减轻氯酚味，但杀菌速度慢，需增添设备	大、中型水厂
二氧化氯	杀菌能力强，余量衰减慢，受 pH 值影响小，制造方便，即产即用，但价格稍贵，制取过程易爆炸，需控制好投加量	大、中、小型水厂
臭氧	灭活快，杀菌能力强，但成本高，稳定性差，需配合其他消毒方式一起使用	中、小型水厂

8.2.2.5 净水技术改进和创新

江苏农村一方面水源污染日益加剧，另一方面生活饮用水卫生标准中水质指标的要求较为严格，部分采用简易净水技术的水厂水质已达不到供水安全的要求。为提高供水水质可靠性，进一步优化水质，不少水厂都特别重视净水技术改进和创新。

1. 注重传统工艺的改进

(1) 传统投药方式的改进。兴化地区部分农村水厂水源为河水，长期以来，混凝效果不理想，出厂水浑浊度长期超标。后通过实验室不断试验，找寻适宜的混凝剂和最佳投加量，根据实验结果，换用聚合氯化铝混凝剂，并增投聚丙烯酰胺助凝剂，同时根据制水量及流速适时调整投加量，矾花絮凝效果得到很大提高，出水达标率达到100%。

(2) 传统滤池的改进。灌云县伊山镇在传统滤池基础上，开展了半敞开无阀滤池的研究和应用。伊山镇农村饮水安全工程分两期完成，一期工程解决伊山镇城北村、山西村、披甲墩村、任庄村、新华村、任二庄村、官路口村、刘庄村、张湾村、山前村 10 个行政村 28948 人的饮水不安全问题，主要工程内容为新建 5000m^3/d 的地表水厂 1 座，净水构筑物采用网格絮凝斜管沉淀池、钟罩管敞开式无阀滤池、清水池，混凝剂采用固体碱式氯化铝，消毒剂为二氧化氯，铺设输水管道总长为 286.7km。二期工程解决伊山镇朱韩村、彭洼村、三里村、桃垛村、东门村 5 个行政村 15000 人的饮水不安全问题，主要工程内容为铺设输水管道总长为 179.98km，其中输水主干管为 16.78km，输水支管及入户管网为 163.2km。该工程结合当地水源条件、供水现状，因地制宜，通过新建规模化集中供水水厂，实现镇村联网供水，水质有保障。其水处理工艺流程较为成熟，适合农村小规模水厂，网格絮凝斜管沉淀池具有占地面积小、效率高等优点，无阀滤池可以实现水力自动反冲洗，同时在传统工艺基础上进行了改进，采用了钟罩管敞开式无阀滤池，克服了传统全封闭无阀滤池滤料装填不便等问题。

2. 加强特殊水源水处理技术的研究与创新

针对微污染水源、含藻水等，江苏进行了复合曝气生物滤池预处理技术、活性炭吸附技术、超滤技术及全水力自控给水处理新工艺的应用与研究；针对淮北农村地下水中氟、铁、锰及苦咸水等指标超标，开展了用于苦咸水、高氟水等劣质水处理的电渗析、反渗透技术与净水设备的研究。

复合曝气生物滤池预处理技术核心是复合曝气生物反应器，可用于微污染源水的预处理。该装置上部为曝气生物滤池，下部为生物活性炭滤池，见图8.4。该装置在常规轻质滤料基础上添加颗粒活性炭组成复合生物床滤料，将常规生化过滤、活性炭吸附与生物膜氧化技术相结合，对水中的浊度、COD_{Mn}、NH_3-N、UV254的去除效果比较明显，平均去除率分别达到53.6%、25.8%、86.2%和18.4%，可减少常规工艺中混凝剂的投加，降低处理成本，并且对后续净水工艺进一步去除有机污染物具有明显的强化作用。

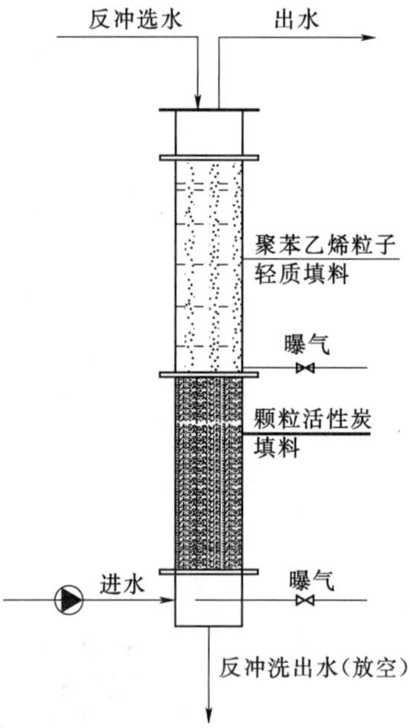

图8.4　复合曝气生物反应器结构图

邳州市土山、占城、燕子埠等镇针对地下水氟超标、苦咸水或其他水质超标问题，采用Bio-F生物智能除氟技术、非金属矿物净水剂除氟技术、电渗析器并联净化水设备处理技术等，这些技术具有成本低、速度快、处理效果好、产水量大、自动化程度高等优点。

3. 注重消毒方法选择和投加控制

消毒方法选择方面，有水厂针对湖泊水进行了氯消毒和氯胺消毒对比试验，以最大限度地降低消毒剂的影响。针对常规消毒技术难以精确操作控制的问题，有水厂在消毒剂投加控制方面，研制了浮球式漂白粉投加器，可定量控制漂白粉浓度，自动调整消毒剂投加量；还有的水厂引进了消毒自动控制系统，可实现加氯量的精确计量控制。

8.2.3　输配水工程

输配水工程是将净化消毒后符合水质卫生标准的水，通过输配水管网送至用户，主要内容包括管网布置、管网水力计算、管材选择、加压站及调节构筑物设置等。

8.2.3.1　管网布置

管网布置形式有树状网和环状网两种。

树状网指从水厂到用户的管线布置成树枝状，见图8.5。单向供水，布置简单，但供水可靠性低，任一管段损坏，其后所有管段都会断水。由于其造价较低，人口密度比较小，居住分散的地区一般采用树状网。

环状网指管线布置成环状，见图8.6。水流可双向流动，任一管段损坏，可以由其他管段供到各个节点，供水可靠性高，但造价也高。一般城区管网采用环状网居多。也有部分经济条件好的农村地区配水管网布置成环状网或树状网和环状网结合的形式。

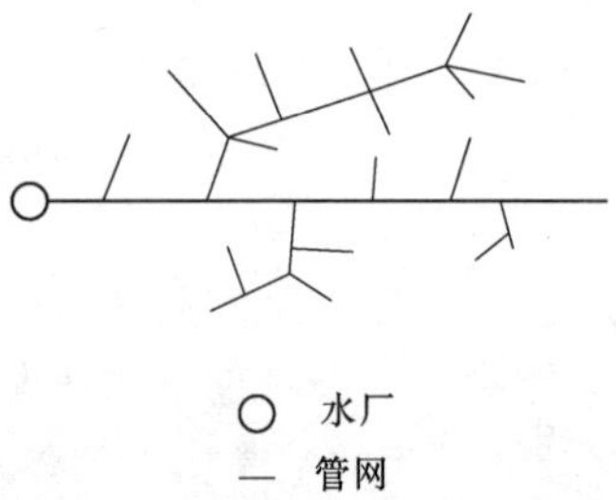

图8.5　树状网管网布置示意图

目前江苏农村供水配水管网仍以树状网为主，随着经济发展，一些地区村以上配水管网将逐步联成环状网，提高供水保证率；村内配水管网直接供水到户，影响范围较小，一般均按树状网布置。例如，宿迁市宿城区在饮水安全工程规划建设中，将各乡镇供水水源井联网设计，采用多水源、等压环状管网输送的供水方式，形成了覆盖乡镇的环网供水体系，保证了供水水量，部分村内管网也进行了环状网布置，见图 8.7。

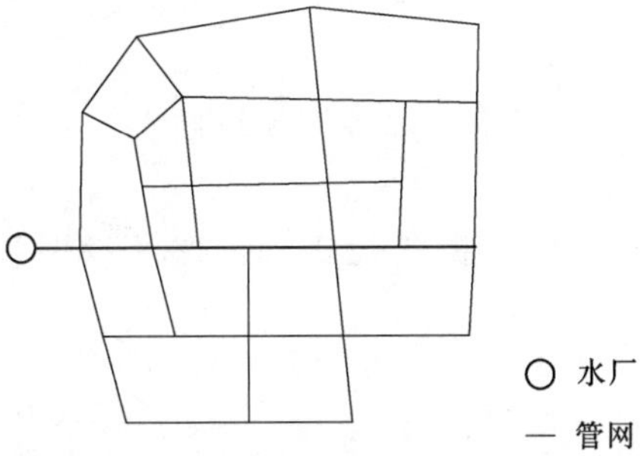

图 8.6　环状网管网布置示意图

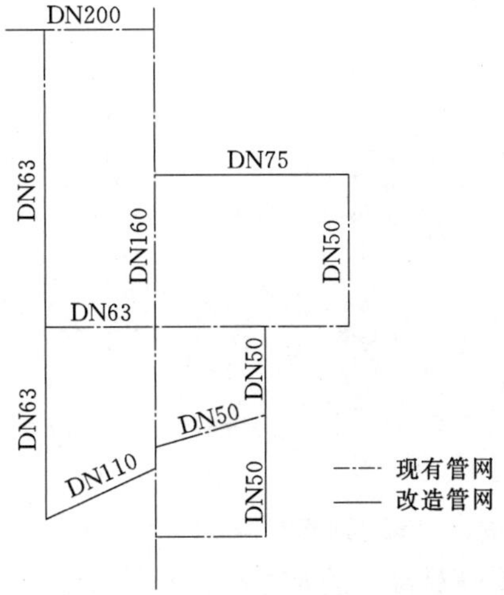

图 8.7　宿城区中扬镇南张圩村内环状网

8.2.3.2　管网水力计算

1. 用水量组成

管网设计总流量按最高日最高时用水量确定，既考虑满足现状供水要求，同时考虑未来发展预留空间，以免规模过大或过小，确保工程设计科学实用。

用水量组成一般包括居民生活用水量 Q_1、公共建筑用水量 Q_2、饲养畜禽用水量 Q_3、企业用水量 Q_4；浇洒道路和绿地用水量 Q_5；管网漏失水量和未预见水量 Q_6；消防用水量 Q_7 等。不同地区根据当地实际需求列项，按最高日用水量进行计算。具体用水量组成及各部分取值根据《村镇供水工程设计规范》(SL 687—2014) 确定。

2. 居民生活用水量

居民生活用水量一般按下式计算：

$$Q_1 = Pq/1000 \tag{8.1}$$

$$P = P_0(1+\gamma)^n + P_1 \tag{8.2}$$

式中：Q_1 为居民生活用水量，m^3/d；P 为设计用水人口数，人；P_0 为供水范围内常住人口数，人；γ 为设计年限内人口的自然增长率；n 为工程设计年限，年；P_1 为设计年限内人口的机械增长总数，人；q 为最高日居民生活用水定额，L/(人·d)，江苏不同地区可参照表 8.8 取值。

表 8.8　**最高日居民生活用水定额**　单位：L/(人·d)

所属分区	有洗涤池，少量卫生设施	有洗涤池，卫生设施较齐全
苏北地区	50～80	80～120
苏中、苏南地区	70～100	100～140

3. 最高日用水量计算

最高日用水量 Q_d 计算方法主要有两种：

(1) 根据用水量组成计算：

$$Q_d = Q_1 + Q_2 + Q_3 + Q_4 + Q_5 + Q_6 + Q_7 \tag{8.3}$$

允许短时间间断供水的村镇或附近有可用的消防水源时，当上述用水量之和高于消防用水量时，用水量计算可不包含消防用水量。

(2) 若无详细设计资料，用水量也可采用人均综合用水量估算：

$$Q_d = Pq_{综}/1000 \tag{8.4}$$

式中：Q_d 为最高日用水量，m^3/d；$q_{综}$ 为最高日居民人均综合用水定额，L/(人·d)；P 按式 (8.2) 计算。

人均综合用水量包含各项用水组成，具体数额根据各地实际情况及发展规划情况确定。

4. 最高日最高时用水量

最高日最高时用水量按下式计算：

$$Q_h = K_h Q_d / 24 \tag{8.5}$$

式中：Q_h 为最高日最高时用水量，m^3/h；K_h 为时变化系数，主要根据供水规模、生活用水和企业用水及当地实际供水情况综合分析确定，可参考表 8.9 取值。

表 8.9　　全日供水工程的时变化系数

供水规模 $Q/(m^3/d)$	$Q<200$	$200 \leqslant Q \leqslant 1000$	$1000 < Q \leqslant 5000$	$Q > 5000$
K_h	2.5～3.0	2.0～2.5	1.8～2.2	1.6～2.0

5. 管网设计

根据最高日最高时用水量，结合管网布置和流量分配，推求所有管段的直径、水头损失及水泵扬程。在此基础上，根据需要，分别进行消防校核、事故校核和最大转输校核，从而确保所选的管径和水泵扬程能够满足不同情况用水时的水量和水压要求。

管网水力计算步骤为根据供水区域最高日最高时用水量计算比流量（一般以人口比流量或长度比流量计算居多）、沿线流量和节点流量、管段流量；根据经济流速或优化算法确定管段的管径和水头损失；有环状网时，需进行管网平差计算；确定水泵扬程。

农村配水管网一般由村以上配水管网和村内配水管网组成，设计时分别进行。村以上配水管网一般供水到各村，图 8.8 为江苏泗阳县众兴项目区村以上配水管网布置，将每个村作为 1 个节点考虑，采用人口比流量计算；村内配水管网指村到户的管道，因管道众多，选择典型村设计，图 8.9 为泗阳泓南村配水管网布置，村内配水管网供水到户，采用长度比流量进行计算，若供水人口较少，也可采用配水当量计算。

8.2.3.3 管材选择

管材的合理选择对管网投资、运行费用和供水安全都有很大的影响，农村供水管网由于技术经济条件的限制，管材选择尤为重要。

1. 供水管材的要求

(1) 水质安全稳定。供水管材符合涉水产品卫生许可及国家产品标准要求，管材、配

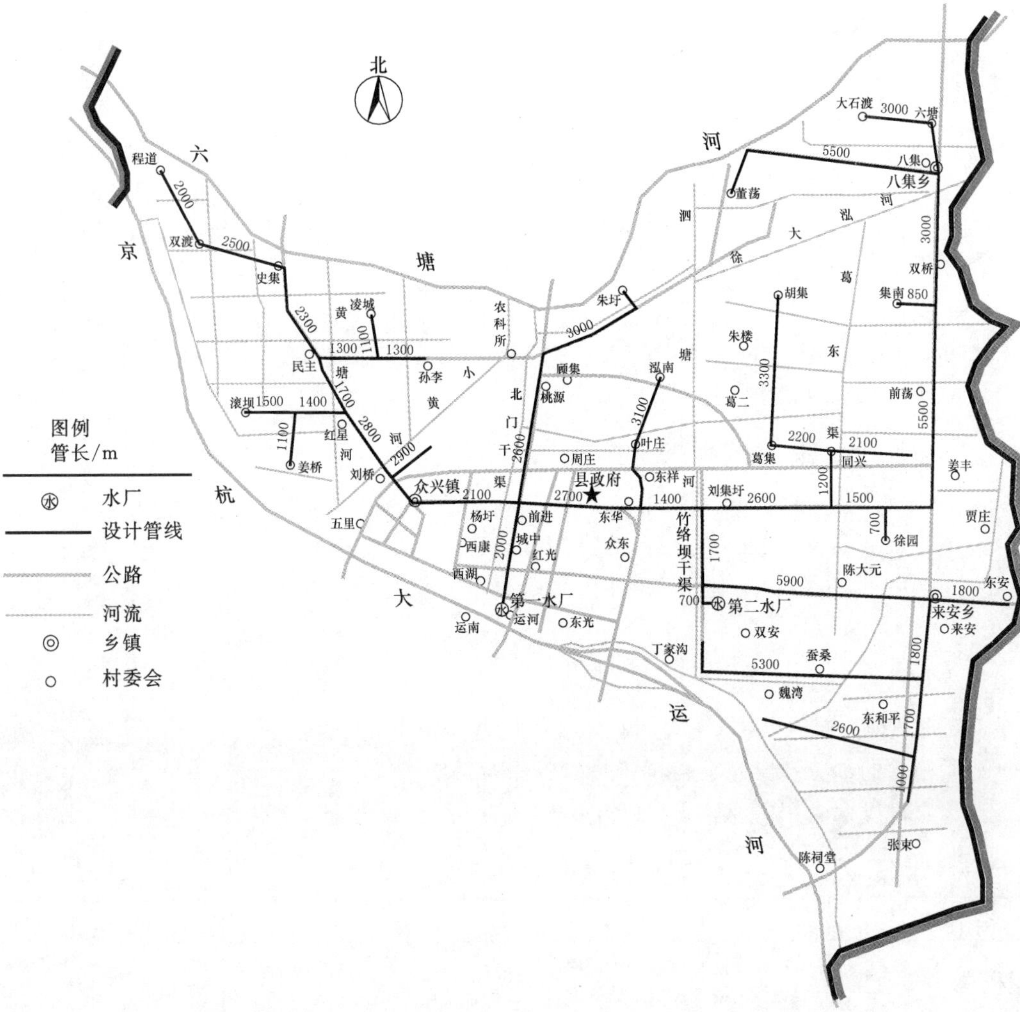

图 8.8　江苏省泗阳县众兴项目区村以上配水管网布置

件及接口材料等对水质无任何不利影响，不对输送的水造成二次污染。

(2) 经济节能。管道通水能力强，建设费用经济，管道内壁光滑，水力条件好，能耗低，配件齐全，维修方便，后期维护成本低。

(3) 工作可靠。管道使用寿命长，爆管率低；有足够的强度，能承受各种内外荷载；耐腐蚀，抗震；水密性好，管网漏损率低。

2. 供水管材的选择

管材的选择除了满足基本要求外，还需考虑管径大小、管道压力、距离长短、工程地质、管材供应等，经技术、经济、安全等方面综合比较后确定。

村级以上供水管网管径较大，其中 300mm 及以上管径的管道一般采用球墨铸铁管和预应力钢筋混凝土管等，也有地区采用玻璃钢管，如泗阳县；管径在 300mm 以下的管道主要采用聚乙烯 (PE) 管。

村内管网大多管径较小，主要采用聚乙烯 (PE) 管和硬聚氯乙烯 (UPVC) 管，但

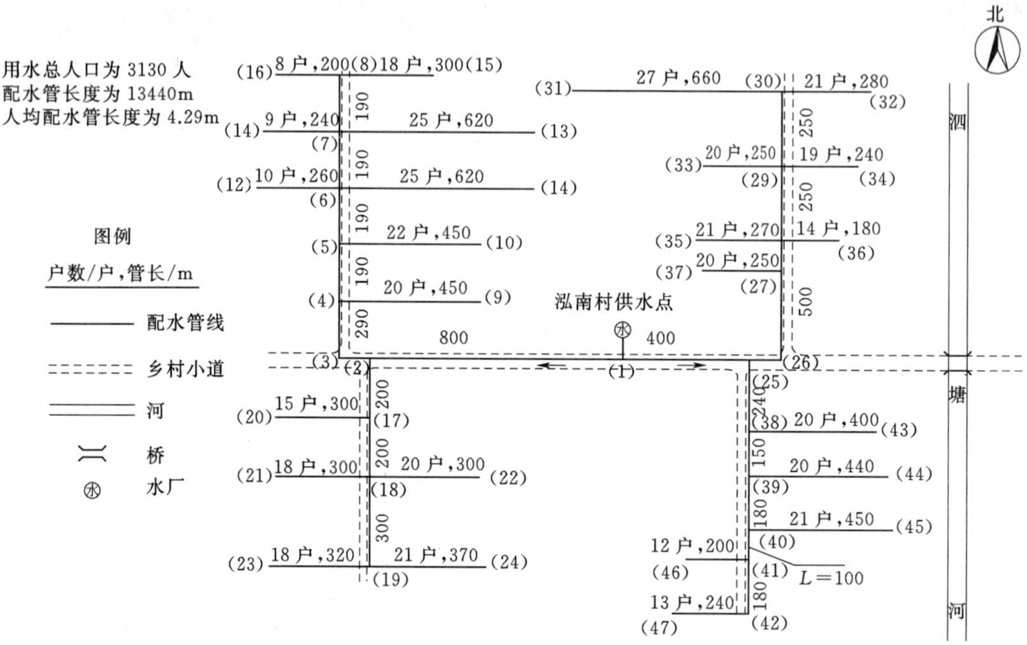

图 8.9　江苏泗阳县泓南村内配水管网布置

由于 UPVC 管存在漏水、老化等问题，现在已逐步被 PE 管替换。

地质松软的地方及穿越公路桥梁等障碍物时采用钢管。

江苏农村供水常用管材特点及适用条件见表 8.10。

表 8.10　　农村供水常用管材特点及适用条件

管材类型	特　点	适用条件
预应力钢筋混凝土管	技术成熟，寿命长，价格低，具有良好的抗渗性和耐久性。但重量大，运输要求高，基础要求高，维护费较高	大口径、长距离输水管道
预应力钢筒混凝土管	寿命长，耐腐蚀、防渗性能较好。但重量大，运输要求高，维护费一般，切断和接引支管困难	大口径、长距离输水管道
钢管	管壁薄，强度高，耐高压，耐振动，接头少。但不耐腐蚀，须内外防腐，价格高	地形复杂或管线要求较高等情况
球墨铸铁管	强度高，韧性大，耐压，耐腐蚀，寿命长，运输安装方便，接口性能好。但价格较高	中、大口径管道
玻璃钢管	比重轻，运输方便，强度高，便于安装，水力特性好，无须内外防腐。但密封性一般，相对易老化，对敷设要求较高，生产工艺复杂，耐外力荷载性能较差	中、大口径管道
聚乙烯管	重量轻，耐压，耐腐蚀性强，水力特性好，施工方便，可熔接性好，柔韧性好，管道基础适应性强。但耐高温性能弱，对回填要求高	小口径管道
硬聚氯乙烯管	重量轻，耐腐蚀性强，内壁光滑，输水能力较高，价格低，长度可任意定制。但韧性低，线膨胀系数大，耐压能力较弱，管材易老化	小口径管道

8.2.3.4 管网技术改进和创新

管网投资在整个供水工程中所占比例最大，江苏不少地区在农村供水管网建设过程中不断探索、改进和创新，提高了农村供水管网的建设水平。

在管材选择方面，如扬州大学开发的水泵和管材优选软件，基于 Visual FoxPro 7.0 平台，建立了管材评价和水泵选型数据库，采用模糊综合评价模型，为管材和水泵优选提供了参考依据。

在管网运行方面，部分县市采用管网变频恒压自动控制系统，使供水管网保持恒定压力，取代了传统的高位水箱及压力罐供水方式。如沛县农村供水中采用的变频恒压调速系统，以 GDL 型立式多级管道离心泵为补水主泵，可消除水力轴向力，提高轴承的使用寿命，适用于小流量、高扬程的场合；当用水量增大，泵流量不能满足需要时，系统可自动返回主泵循环软启动变频供水模式；为达到更好的节能效果，也可实现双恒压供水功能。

在管网建设与管理方面，如灌南县在农村供水管网建设中，采用的混凝土预制装配式入户水表井、自主研制的管道简易式试压设备，既节约投资，又加快了工程建设进度；推广的管网地面标识，既利于管网管护，又靓化了乡村道路。

在农村供水管网信息化方面，部分地区试点开展了信息化建设工程示范，主要建设内容包括：对水源、水厂、加压站和管网运行状况及水压、水质和流量等数据进行在线监测；基于 GIS 平台建立供水信息管理系统，实现供水调度信息化。如东台 2008 年启动城乡供水信息化建设，首先在南苑水厂加氯车间安装监控设备对加氯全过程进行实时监控；2010 年起，全面实施以饮用水水源地、南苑水厂、仙湖水源库、供水主管道和中途增压站等为管理对象的供水信息化建设，配备信息化管理设施。在南苑水厂泵房、制水车间、沉淀池、滤池、化验室及厂区四周安装监控设备，并与公安部门联防联控。在仙湖水源库、供水主管道和中途增压站设置 43 个信息化监控点，实时监控水位、水压、水量，实现供水调度管理的信息化。通过供水信息化建设，实现了全市取水、制水、供水全过程的现代化管理。

8.2.4 水质检测

农村供水水质检测能力建设内容主要包括千吨万人以上农村水厂水质化验室建设、县级农村饮水安全工程水质检测中心建设。至 2015 年底，江苏已全面完成县级农村饮水安全工程水质检测中心的建设任务，按标准配备了检测设备与人员，完善了农村供水工程水质检测能力，进一步保障了农村供水安全。

8.2.4.1 千吨万人以上农村水厂水质化验室建设

1. 建设内容

农村水厂主要根据供水规模及具体情况开展水质检测，其中千吨万人以上水厂水质检测建设内容包括：建设水质化验室，建立水质检验制度，配备检验人员和检验设备，开展水源水、出厂水和末梢水的定期检测。

2. 建设要求

水厂水质化验室至少具备 9 项指标日检测能力，包括色度、浑浊度、臭和味、肉眼可见物、pH 值、耗氧量、菌落总数、总大肠菌群、消毒剂余量等。水源水、管网末梢水检测项目及频次按照《村镇供水工程运行管理规程》（SL 689）执行。管网末梢水检测点按照每2万供水人口设1点的标准设立，供水人口在2万以下时，检测点设置不少1个。

8.2.4.2 县级农村饮水安全工程水质检测中心建设

1. 建设思路

按照“科学规划、省级统筹；因地制宜，整合资源；完善机制，长效运行；强化预防，源头防治；示范引领，梯次推进”的建设原则，充分利用现有县级水质检测机构，统筹优化水质检测资源配置，在无法满足农村饮水检测需求的地方，合理布局建设农村饮水安全水质检测中心，全面提高县级水质检测能力。

2. 建设方式

根据江苏城乡供水一体化进程及各县现有水质检测能力，县级农村饮水安全水质检测中心全部采用依托建设，确保高效利用和长期持续发挥效益，实现农村饮水安全工程水质检测全覆盖。

各县市主要建设方式有三种：依托城乡供水一体化供水企业，如东海、泗阳等地；依托农村供水专管机构，如丰县、灌云等地；依托卫生等其他部门已有水质检测机构，如东台、泗洪等地。

3. 建设标准与建设内容

水质检测中心具有相应的工作场所和符合标准的水质化验室，配备检测42项以上的常规饮用水水质指标的专用检测设备、仪器等。

（1）检测能力和检测指标要求。县级水质检测中心满足本区域内所有农村饮水安全工程日常水质检测需要，至少具备42项常规饮用水水质指标和部分非常规检测指标的检测能力。具体检测指标根据各地水源水质、净水工艺、供水规模等情况确定。

（2）仪器设备配置。仪器设备配置依据实用性、可靠性、经济性、通用性以及实验室检测与现场检测相结合等原则，配备的仪器设备至少具备42项常规指标的饮用水检测能力，包括主要检测仪器设备、辅助检测仪器设备和现场检测仪器设备等，根据需要可配备水质采样和巡检车辆，并配置相应采样容器、水样冷藏箱和便携式检测仪器箱等。

（3）检测人员配备。检测人员具有中专以上学历并掌握水环境分析、化学检验等相应专业基础知识与实际操作技能，并经培训取得岗位证书。具备42项指标检测能力的水质检测中心配备专门水质检测人员不少于6人。

（4）工作场所建设。工作场所和办公设备主要包括办公室、资料室、仪器设备设施及药品储存库等。符合标准的水质化验室相对独立，各类化验室设独立房间，空间满足仪器设备安放和操作等需要，其中天平室不小于$8m^2$，药剂室不小于$10m^2$，理化室不小于$30m^2$，微生物室不小于$20m^2$，大型分析仪器室面积根据仪器种类和数量确定，不小于$20m^2$，放射室不小于$20m^2$。

（5）组织机构和管理制度建设。检测中心有明确的机构、检测任务和运行管理经费来源，有完善的管理制度。

依托水利部门农村供水管理机构建设的水质检测中心，由农村饮水安全工程专管机构负责指导和管理，同时接受其他部门的业务指导。

依托卫生、水利等部门水质检测机构合作共建的水质检测中心，由其行政主管部门负责管理，同时接受其他部门的业务指导，为农村饮水安全专管机构提供技术服务。

依托城乡供水一体化大型供水企业组建的水质检测中心，由相应的供水企业负责运行管理，接受相关市、县水行政主管等相关部门指导和管理，为其供水覆盖的区域提供水质检测技术服务。

如阜宁县依托县自来水公司中心化验室组建的水质检测中心，既整合资源，又提升农村水质检测水平和能力，满足区域内农村饮用水的水质检测要求。检测中心的水质检测能力达到常规指标42项，运行由县自来水公司直接负责，接受县水务局的指导和管理，并接受卫生和环保部门的监督，其组织结构框架见图8.10。水质检测中心按照《江苏省城市供水企业水质检测实验室等级能力建设指导手册（2010年）》的要求运行，其业务工作流程见图8.11。中心建立了质量监督体系，并依据质量文件体系规定设定相应的检测室和管理室，见图8.12。

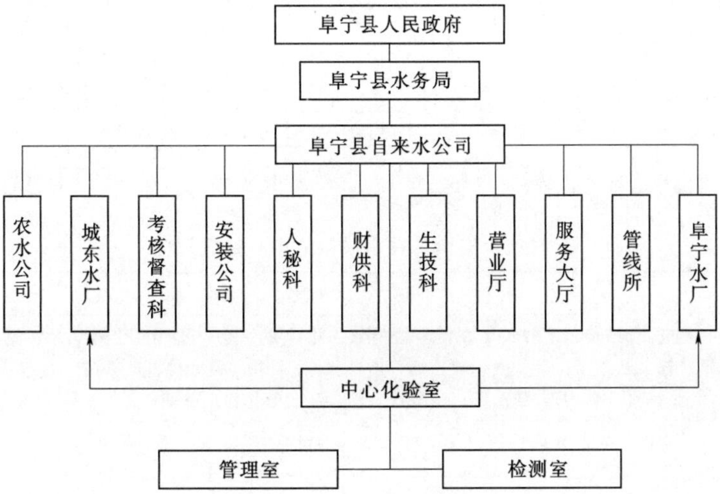

图8.10　检测中心组织结构图

(6) 检测中心运行管理能力建设。县级农村饮水安全工程水质检测中心负责对本县（市、区）范围内各类农村供水工程的水源水、出厂水、管网末梢水进行定期检测和抽检，不同规模工程的水质检测指标和频率要求按照《村镇供水工程运行管理规程》（SL 689）执行。

地表水源按照《地表水环境质量标准》（GB 3838）对水质进行检测分析评价。检测指标应具备标准中基本项目24项和集中生活饮用水地表水源地补充项目5项，共29项，见表8.11。特定项目可根据水源特征进行添加。

地下水源按照《地下水质量标准》（GB/T 14848）对水质进行分析评价。检测指标共39项，见表8.11。

出厂水和管网末梢水按照《生活饮用水卫生标准》（GB 5749）对水质进行分析评价。

水质检测指标包括标准中规定的常规指标，并结合水源水质、净水工艺、消毒工艺、供水规模和供水水质等适当增减。

农村饮水安全工程水质检测中心定期检测指标可参考表8.11。

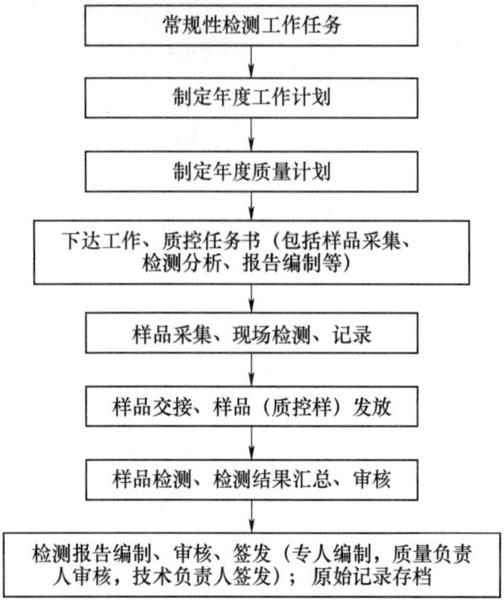

图 8.11　检测中心业务流程图

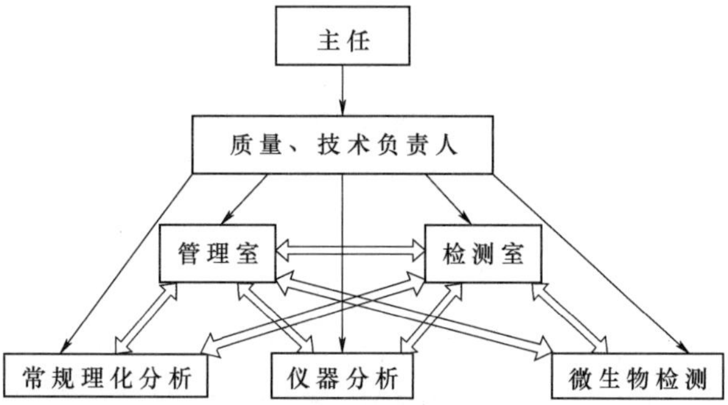

图 8.12　检测中心质量监督体系

表 8.11　　农村饮水安全工程水质检测中心检测指标

类别		检测指标
水源水	地表水	水温、pH 值、溶解氧、高锰酸盐指数、化学需氧量、五日生化需氧量、氨氮、总氮、总磷、铜、锌、氟化物、汞、硒、砷、镉、铬（六价）、铅、氰化物、挥发酚、石油类、阴离子表面活性剂、硫化物、粪大肠菌群；硝酸盐、铁、锰、氯化物、硫酸盐
	地下水	总大肠菌群、菌落总数、砷、镉、铬（六价）、铅、汞、硒、氰化物、氟化物、硝酸盐、钡、铍、镍、滴滴涕、六六六、钼、钴、碘化物；色度、浑浊度、臭和味、肉眼可见物、pH 值、铁、锰、铜、锌、氯化物、硫酸盐、溶解性总固体、总硬度、耗氧量、挥发酚类、阴离子合成洗涤剂、总 α 放射性、总 β 放射性、氨氮、亚硝酸盐
出厂水、管网末梢水		菌落总数、总大肠菌群、耐热大肠菌群、大肠埃希氏菌；砷、镉、铬、铅、汞、硒、氰化物、氟化物、硝酸盐、三氯甲烷、四氯化碳、亚氯酸盐和氯酸盐、甲醛、溴酸盐；色度、浑浊度、臭和味、肉眼可见物、pH 值、铝、铁、锰、铜、锌、氯化物、硫酸盐、溶解性总固体、总硬度、耗氧量、挥发酚类、阴离子合成洗涤剂；二氧化氯、游离余氯、总氯、臭氧；总 α 放射性、总 β 放射性指标；氨氮、石油类和亚硝酸盐

各水质检测中心的水质检测频率可参照《村镇供水工程运行管理规程》（SL 689）执行，见表 8.12。其中感官性状指标包括浑浊度、肉眼可见物、色度、臭和味；微生物指标主要包括菌落总数和总大肠菌群；消毒剂指标，根据不同供水工程消毒方法，为相应消毒控制指标；特殊检验项目是指水源水中氟化物、砷、铁、锰、溶解性总固体、耗氧量或硝酸盐等超标并有净化要求的项目。全分析项目见表 8.12，每年检测 2 次时，丰、枯水期各 1 次；全分析每年 1 次时，在枯水期或按有关规定执行。当检验结果超出水质指标限值时，应立即复测，增加检验频率。各地可根据工程类型、水质条件适当增加检测项目和检测频率。如东台市自来水公司内部水质检测实行周报制，水务局及时掌握水质信息。每旬组织对集中式饮用水水源地原水及水厂出厂水进行一次检测。

表 8.12　　农村饮水安全工程水质检测中心检测项目及频率

水样		检验项目	供水规模 $W/(m^3/d)$			
			$W \geq 10000$	$10000 > W \geq 5000$	$5000 > W \geq 1000$	$1000 > W \geq 200$
水源水	地下水	感官性状指标、pH 值	每周 1 次	每周 1 次	每周 1 次	每月 1 次
		微生物指标	每月 2 次	每月 2 次	每月 2 次	每月 1 次
		特殊检验项目	每周 1 次	每周 1 次	每周 1 次	每月 1 次
		全分析	每年 1 次	每年 1 次	每年 1 次	—
	地表水	感官性状指标、pH 值	每日 1 次	每日 1 次	每日 1 次	每日 1 次
		微生物指标	每周 1 次	每周 1 次	每月 2 次	每月 1 次
		特殊检验项目	每周 1 次	每周 1 次	每周 1 次	每周 1 次
		全分析	每年 2 次	每年 1 次	每年 1 次	—
出厂水		感官性状指标、pH 值	每日 1 次	每日 1 次	每日 1 次	每日 1 次
		微生物指标	每日 1 次	每日 1 次	每日 1 次	每月 2 次
		消毒剂指标	每日 1 次	每日 1 次	每日 1 次	每日 1 次
		特殊检验项目	每日 1 次	每日 1 次	每日 1 次	每日 1 次
		全分析	每季 1 次	每年 2 次	每年 1 次	每年 1 次
管网末梢水		感官性状指标、pH 值	每月 2 次	每月 2 次	每月 2 次	每月 1 次
		微生物指标	每月 2 次	每月 2 次	每月 2 次	每月 1 次
		消毒剂指标	每周 1 次	每周 1 次	每月 2 次	每月 1 次

8.2.5　水源保护

水源保护是农村饮水安全保障的决定性环节，直接关系到后续处理效果和供水水质的安全稳定性。农村饮用水源点多面广，规模相对较小，抗污染能力较弱，技术管理能力有限，水质恶化风险大，所以农村饮用水水源地保护尤显重要。农村饮用水水源地保护遵循“保护优先、防治结合、水量与水质并重、工程措施与非工程措施结合”的原则。

8.2.5.1　水源保护区

饮用水水源保护区是指国家为防止饮用水水源地污染、保证水源地环境质量而划定，并要求加以特殊保护的一定面积的水域和陆域。

其中地表水源保护区包括一定的水域和陆域，其范围按照不同水域特点进行水质定量预测并考虑当地具体条件加以确定，保证在规划设计的水文条件和污染负荷下，供应规划水量时，保护区的水质满足相应的标准。

地下水源保护区根据饮用水水源地所处的地理位置、水文地质条件、供水量、开采方式和污染源的分布划定。各级地下水源保护区的范围根据当地的水文地质条件确定，并保证开采规划水量时能达到水质标准。

8.2.5.2　水源保护区划分

1. 划分依据

农村饮用水源保护区按照《中华人民共和国水污染防治法》（2008 年修订版）、《中华人民共和国水法》(2002年修订版)、《饮用水水源保护区污染防治管理规定》(2010年修订版)等法律法规要求，结合实际情况，合理设置。

2. 划分原则

水源保护区划分与水功能区、流域水资源保护规划、区域发展规划及经济社会发展需要相结合；水量、水质保护并重，在取水量有保证的地区，饮用水水源保护区划分注重以保护水源水质为重点；水源保护区划分的标准和方法针对河道型、湖库型、地下水等不同类型水源地分类选用；水源保护区划分应因地制宜、便于监管。

3. 划分方法

根据《中华人民共和国水污染防治法》，按照不同的水质标准和防护要求分级划分，饮用水水源保护区一般划分为一级和二级保护区，必要时可增设准保护区。

4. 水源保护区划分实例

(1) 高邮市饮用水水源保护区。根据《高邮市饮用水水源地环境保护规划》(2008年)和《高邮市饮用水源地安全规划》(2009年)，高邮市饮用水水源保护区划分情况见表8.13。

表8.13　　高邮市饮用水水源保护区划分情况

序号	名称	水源地	一级保护区范围	二级保护区范围
1	港邮公司一水厂	里运河	取水口上游1000m，下游1000m，水域50m，陆域两(沿)岸纵深100m	取水口上游3000m，下游3000m，水域50m，陆域两(沿)岸纵深1000m
2	港邮公司二水厂			
3	界首水厂			
4	司徒水厂	三阳河	取水口上游1000m，下游500m，水域整个河道，陆域两岸纵深100m	取水口上游3000m，下游1500m，水域整个河道，陆域两岸纵深1000m
5	临泽水厂			
6	三垛水厂			
7	汉留水厂			
8	菱塘水厂	高邮湖	水域：取水口半径500m；陆域：取水口侧正常水位线以上200m	水域：一级保护区外径向距离不小于1000m；陆域：一级保护区外不小于1000m
9	郭集水厂			

(2) 如皋市饮用水水源保护区。如皋市加强饮用水水源的保护，严格实施饮用水水源保护区制度，同时控制点源和面源污染，加强对水源地水质监测。根据《如皋市饮用水水源保护区管理办法》(皋政办发〔2009〕48号)，对全市范围内各级集中式生活饮用水地表水水源及其备用水源的生态环境保护和污染防治进行管理。划定部分水域、陆域为饮用水水源保护区和饮用水水源准保护区。饮用水水源保护区包括一级保护区、二级保护区和准保护区，其保护范围如下：

1) 区域供水：取水口上游500m至下游500m，向对岸500m至本岸背水坡堤脚外100m范围内的水域和陆域为一级保护区；一级保护区上溯1500m，下延500m范围内的水域和陆域为二级保护区；二级保护区上溯2000m，下延1000m范围内的水域和陆域为准保护区。

2) 市自来水厂(备用水源)：取水口上游1000m至下游500m，及其两岸背水坡堤脚外 100m 范围内的水域和陆域为一级保护区；一级保护区上溯 2000m，下延 500m 范围内的水域和陆域为二级保护区；二级保护区以外上溯 2000m，下延 1000m 范围内的水域和陆域为准保护区。

3）镇自来水厂（备用水源）：取水口上下游各 500m，及其两岸背水坡堤脚外 100m 范围内的水域和陆域为一级保护区；以取水口为中心，上下游不低于 1000m，及其两岸背水坡堤脚外 100m 范围内的水域和陆域为二级保护区；准保护区范围，以水质能达到相应的水质要求为原则。

8.2.5.3 水源防护要求

不同类型饮用水水源各级保护区划分方法和具体范围参照《饮用水水源保护区划分技术规范》（HJ/T 338—2007）执行，并设置明确的地理界标和明显的警示标志及防护设施。其对应的防护要求见表 8.14。

表 8.14　　饮用水水源保护区划分和防护要求

水源类型	保护区分级	划分位置	水质标准	防护要求
地表水源	一级保护区	地表水源取水口附近划定一定的水域和陆域	不得低于《地表水环境质量标准》（GB 3838—2002）Ⅱ类标准，并须符合国家规定的《生活饮用水卫生标准》（GB 5749—2006）	禁止一切破坏水环境生态平衡的活动以及破坏水源林、护岸林、与水源保护相关植被的活动；禁止向水域倾倒工业废渣、城市垃圾、粪便及其他废弃物；运输有毒有害物质、油类、粪便的船舶和车辆一般不准进入保护区，必须进入者应事先申请并经有关部门批准、登记并设置防渗、防溢、防漏设施；禁止使用剧毒和高残留农药，不得滥用化肥，不得使用炸药、毒品捕杀鱼类；各级保护区及准保护区内分级防护要求参照《饮用水水源保护区污染防治管理规定》（2010 年修正版）的规定
	二级保护区	地表水源一级保护区外划定一定水域和陆域	不得低于《地表水环境质量标准》（GB 3838—2002）Ⅲ类标准，应保证一级保护区的水质能满足规定的标准	
	准保护区	地表水源二级保护区外划定一定水域和陆域	应保证二级保护区的水质能满足规定的标准	
地下水源	一级保护区	位于开采井的周围	应达到国家规定的《生活饮用水卫生标准》（GB 5749—2006）的要求	禁止利用渗坑、渗井、裂隙、溶洞等排放污水和其他有害废弃物；禁止利用透水层孔隙、裂隙、溶洞及废弃矿坑储存石油、天然气、放射性物质、有毒有害化工原料、农药等；实行人工回灌地下水时不得污染当地地下水源；各级保护区及准保护区内分级防护要求参照《饮用水水源保护区污染防治管理规定》（2010 年修正版）的规定
	二级保护区	位于饮用水地下水源一级保护区外		
	准保护区	位于饮用水地下水源二级保护区外的主要补给区		

8.2.5.4 水源保护与管理措施

1. 完善农村饮用水源保护与管理体制建设

在已有的水源保护法律法规基础上，江苏各地加大执法力度，陆续制定了针对农村饮用水源保护的相关法规文件，完善环境保护法律制度。严格控制各项排污行为，进行水污染排放总量控制。完善和制定各项管理制度，如环境准入制度、排污许可证制度、环境经济补偿制度等。建立多元化的环保投入机制，发挥市场机制的作用，切实保障环保投入。

建立环境保护经济激励机制，提高环境保护的积极性；建立费用分摊机制，解决不同区域水源保护间的利益冲突。针对目前水源保护管理机构职能混杂的局面，理清各部门职能，做好各部门之间的衔接工作，统一管理机构；加强宣传，鼓励公众参与，建立农村水源地环境信息公开制度，尊重公众知情权，听取公众意见，保护公众利益，提高公众环保意识。

自20世纪90年代开始，仪征市政府相继颁发了《仪征市自来水水源保护管理的通告》《仪征市城镇供水资源管理办法》等水源保护规定。2005年8月，仪征市政府成立了饮用水水源地保护专项整治行动领导小组，制定了《仪征市集中式饮用水水源地专项整治行动工作方案》，在全市开展专项整治活动，到2006年7月全部整改到位。2006年1月，仪征市第十三届人代会第四次会议形成《关于拆除小码头，保护取水口，保障生命线》的第一号决议案，通过相关政策的发布和坚决执行，该市的饮用水水源得到了有效的保护。

2. 加强饮用水水源污染防控措施

加强饮用水水源地划定、立碑定界，排污口清拆、取缔、关闭，违法项目整治及饮用水水源保护区污染治理设施建设。

生态恢复工程建设以饮用水水源的保护涵养为核心，适当结合点、面源污染负荷的总量控制。隔离防护工程原则上沿水源保护区的边界建设，同时视水源保护区的具体情况选用。一般河道型水源保护区、地下水源保护区宜选择建护栏、围网等物理隔离设施，湖库型水源保护区宜采用物理隔离设施和生物隔离设施相结合的方式。

河流、湖库型水源地可建设人工湿地、生态隔离带等生态工程阻断和去除面源污染；对二级保护区内的生活污染和畜禽养殖污染进行治理；调整饮用水水源保护区内耕地的作物种植种类，提高植被覆盖率；控制肥料和农药的施用强度，从源头控制农业面源污染，努力保护好饮用水水源，保障人民群众饮用水安全。

如位于南京市秦淮河水源地上游的南京市江宁区东龙河小流域，进行了生态防控体系示范工程建设，利用在人工措施适当干预下的半自然或自然生态系统所具有的污染物削减消化能力，因地制宜地建立农村水源地生态防控技术体系，以加强农村饮水水源地保护。该生态防控体系示范工程由生态沟渠恢复工程、稳定塘与滞留塘污染防控工程、植被缓冲带建设工程、生态护坡建设工程和跌水设施建设工程5个部分组成，工程有效削减了水体污染物负荷，取得了预期的生态防控效果。

3. 完善饮用水源应急体系

加强水源水质监测工作，按照《地表水环境质量标准》（GB 3838）和《地下水质量标准》（GB/T 14848），根据水源污染的实际情况选择监测点和监测项目，定期对水质进行质量监测评价；逐步实现监测网络化、自动化，做好水质预报，建立应急预案，防止污染事故发生；做好应急备用水源建设，保证紧急情况时发挥作用，保障饮水安全；同时对作为应急水源的封停深井，建立基础档案，对设备进行科学养护，经常检测出水水质，保证紧急情况时发挥作用，保障饮水安全；对不具备以地表水为备用水源的地区，利用水量水质达标的深井作为备用水源或应急水源，对规划外深井做到“水到井封”。

东台市2014年制定了《集中式饮用水源突发污染事件应急预案》，建立健全了饮用水源应急机制，有效预防、及时控制和消除饮用水源突发事件的危害，保护了饮用水水源地环境。该市在集中式饮用水水源地取水口安装了全球眼，在一、二级保护区交界处设立了水质自动检测站，实施24h监控；同时建立了与水资源管理中心信息共享机制，实时了解江水东引北调工程和市内备用水井的水量、水位、水质情况，实现供水预警信息化，确保了水源安全。

8.3 农村供水工程建设实践

8.3.1 阜宁县农村供水工程

8.3.1.1 农村供水基本情况

盐城市阜宁县地处淮河下游、里下河腹部地区，南北长约52.5km，东西宽约48km，总体地形西部高，东、南、北三面低。现有14个镇，1个省级经济开发区，1个工业园区，总人口为110.88万人，其中农村人口为81.9万人。

2010年以来，全县农村供水累计完成县到镇一级供水管网178km，镇到村二级供水管网658km，村到农户三级管网1.33万km，建设提升泵站2座，供水范围覆盖全县331个行政村，受益人口为81.9万人。

阜宁县于2013年10月在苏北地区率先实现区域供水全覆盖，实现了供用水“同网、同质、同价、同服务”的四“同”目标。

全县现已形成以阜宁水厂为主，城东水厂、凯发水厂为辅的“一主两辅”供水格局。阜宁水厂取水水源为苏北灌溉总渠，水源水质为Ⅱ～Ⅲ类，服务范围为县城、新沟、三灶、澳洋园区、陈集、羊寨、芦蒲、郭墅8个镇区。城东水厂取水水源为通榆河，水源水质为劣Ⅳ类，根据近年的水质检测，除个别水质指标超标，其余各项指标基本稳定，且逐年好转，供水能力为10万m^3/d，服务范围为沟墩、施庄、合利、吴滩、陈良以及城南新区、开发区7个镇区。凯发水厂取水水源为潮河，水源水质为Ⅲ类，供水能力10万m^3/d，服务范围为板湖、东沟、益林、古河、罗桥5个镇区。

8.3.1.2 农村供水工程建设与管理特色

（1）注重水源保护。全县共划定4个重要生态功能区：以射阳河、通榆河、苏北灌溉总渠为中心的饮用水水源保护区；以淮河入海水道为中心的洪水调蓄区；以马家荡湿地为中心的重要渔业区域；以通榆河清水通道维护区为中心的重要湿地。各水源地按一级保护区、二级保护区、准保护区3个等级设置，具体为：一级水源保护区，以取水口中心上溯1000m，下延500m；二级水源保护区，一级保护区以外上溯2000m，下延500m；准保护区，二级保护区以外上溯2000m，下延1000m。

为保障供水安全，阜宁水厂建设了应急备用水源，东、西水厂实现了清水互通。全县保留了78眼深水井作为应急备用水源，并纳入日常维护保养，确保全县供水安全。

（2）采取多元化筹资。根据农村供水工程特点，阜宁县结合实际情况，走多元化筹资道路，积极采用股份合作制、承包经营责任制、租赁经营产权制、集体所有制等措施筹集资金，推进农村供水事业的发展。

（3）完善公司化管理。阜宁县采用“总公司+分公司”管理模式，实行分级负责、分级管理，该模式专业化水平高，管理规范，可充分调动农民的积极性和参与意识。阜宁县专门成立了阜水农村供水有限公司，对全县农村供水工作进行统一管理，并在镇区设立13个二级供水公司和8个水费代缴点，全县联网，群众可以异地缴费。每个村设1名非全日制抄管员，负责抄表、催费、用户服务等工作。全县城乡供水实行一户一表、抄表到户、按表计量，水价同县城。同时，开设水费语音查询系统、水务服务热线，24h受理群众举报、投诉和服务需求。

公司管理制度完善，实行目标责任制，注重技能培训和督查考核力度，二级公司各岗位均有相应的奖惩机制，把漏损率、维修率、水费回收率、预缴费率、水表抄见率和相应的岗位挂钩，逐月考核，奖惩兑现到位。

(4) 注重宣传引导。阜宁县注重宣传引导，将区域供水的重要意义、建设要求、收费标准等相关政策编制成《区域供水宣传材料》，分发到全县农户，真正做到了家喻户晓。在管网建设和小水厂改制过程中，《阜宁日报》、阜宁电视台开辟专栏、专题和系列报道，对区域供水工作进行系列不间断宣传，做到“报纸天天有文章，电视天天有画面”。

(5) 重视小水厂处置。阜宁县原有农村小水厂80%以上出售或租赁给个人经营，普遍存在供水时间短、深井水质差、管道老化、垄断经营等弊端。结合区域供水推进，阜宁县以小水厂改制为切入口，各镇区按照“政府主导强势改、合理核价稳步改、群众参与配合改”的要求，对小水厂产权统一回购改制，对小水厂工作人员采取买断、返聘等方式分流安置，既维护了群众利益，又加快了改制进程。目前，全县236家农村小水厂已全部改制，并回购完毕。

8.3.2 大丰区农村供水工程

8.3.2.1 农村供水基本情况

盐城市大丰区位于江苏省苏北滨海淤积平原的中段，东滨黄海，南临丁溪河、何垛河与东台市相望，西至串场河、兴盐界河与兴化毗邻，北至西潮河、斗龙港与射阳县、亭湖区交界。全市总面积为3059km^2，辖12个建制镇，58个居民委员会，208个村民委员会，总人口为72.54万，其中农村人口为45.76万。

近年来，大丰区出台政策，加大投入，强力推进，科学运营，实现了高标准城乡供水跨越式发展。

“十一五”期间，大丰按照“先集中后零星”的工作思路，重点实施北片和中片农村饮水安全工程，解决了6.2万人的饮水不安全问题。“十二五”期间，按照快速推进城乡供水一体化建设的要求，实施片区加压站转输以及跨行政区域联网，分片供水到镇，建设各镇加压站，铺设镇到村管网并改造村级管网供水到村、到户，提前解决了纳入国家规划的全部饮水不安全人口。

2012年，大丰区被国家发展改革委和水利部联合表彰为“全国农村饮水安全工程示范县”，被盐城市政府表彰为“饮用水安全盐阜行先进集体”。

2013—2014年，大丰开展了新一轮农村饮水安全工程建设，继续按照“一个水源、二个水厂、市镇联网”的部署和要求，健全“以地面水为主、地下水和区域联网供水应急”的城乡供水体系，全市73万人基本用上了“同网、同价、同质”的自来水，大丰区以第二水厂为中心，面向市域城乡一体化供水格局已全面形成。

大丰区现有第一水厂和第二水厂两座区域水厂。第一水厂水源为新团河水，生产能力为 4 万 m^3/d，目前作为城区的备用水厂。第二水厂水源为通榆河水，设计总规模为 15 万 m^3/d，通榆河水量充沛、水质优良；水厂工艺成熟先进，采用管道静态混合、折板絮凝平流沉淀池和 V 型滤池，设有自动加矾加氯系统，运行情况良好，2013—2014 年期间增加了 15 万 m^3/d 深度处理工程，有效提高了水质保障。

8.3.2.2 农村供水工程建设与管理特色

（1）科学规划，协同推进。坚持科学规划，大丰按照“一个水源、二个水厂、市镇联网”的总体规划，以市区二水厂为中心，通过片区加压站、镇加压站等“点”，市区到镇、镇到村、村到户各级管网等“线”，向全市范围进行辐射，形成“以市区为供水中心，输水至市域大供水圈，以圈辐射镇、港、场”的一体化供水网络，从源头到龙头，逐步、纵深、快速推进城乡供水一体化建设。协调推进农村饮水安全工程与区域供水工程建设，避免低水平重复投资，围绕“减少数量、扩大规模、提高效率”这一宗旨，摒弃不合格的小型水厂，进一步完善总体布局。

（2）创新管理机制，健全管理制度。大丰区结合市直部门机构改革，实行“一个领导分管、一个部门牵头、一个单位实施、一个体系管理”的建设管理模式，即由一名区政府分管领导分管，区水利局牵头负责，区自来水公司负责工程实施，全区的农村饮水安全工程运行管理统一由区自来水公司作为法人主体负责管理。同时，交通、国土、住建等部门积极配合，大力支持，保证农村饮水安全工程顺利实施，早见成效。按照“政府投资、企业经营、资产与经营分离”的模式，资产所有权归大丰区水务投资发展有限公司，由自来水公司组建的城乡水务发展有限公司全面负责农村饮水安全工程建成后的运行管理，公司下设 14 个供水分公司，实行从“源头”到“龙头”的全过程管理。区自来水总公司负责区域供水主管道的建设、维修保养，将商品水批发给大丰区城乡水务发展有限公司，各分公司负责镇加压站及镇到村主管道的运行管理、维修保养、更新改造，并直接管理到户。

为确保城乡供水一体化长期高效运行，大丰区从健全制度入手，制定了定期审计制度、服务承诺制度、工程维修基金使用管理制度以及定期例会交流总结制度等，实施了区域责任人负责制、城乡水务分公司经理负责制、村水工负责制，制定、完善了各类人员奖惩、工程设备管理及维护办法等。

（3）严格程序，规范建设。大丰区在农村供水工程建设中以“设计科学化、施工规范化、服务标准化、管理数字化”为目标，把质量控制贯穿工程建设全过程，实行高水平的建设管理。严格执行国家基本建设程序，严格执行“五制”，即项目法人责任制、招标投标制、工程监理制、合同管理制和竣工验收制，确保操作规范。

（4）多元筹资，加大资金筹措力度。大丰区采取多元筹资，即加大财政投入、企业筹资和群众自筹相结合。除中央、省级财政补助外，区财政每年安排专项资金用于工程建设；市区至各镇供水主干管工程的投资，由自来水公司通过银行贷款、企业自有资金等多渠道融资来解决；在充分尊重民意、严格执行“一事一议”政策的基础上，动员和组织项目区受益群众投资投劳用于农村饮水安全工程的配套建设。供水企业在实际供水中产生的费用则由大丰区水务投资发展有限公司核算后，对供水企业进行补贴，以保证城乡供水正常运转。

（5）加强水源保护，严格控制污染源。近几年，大丰区不断加强水环境保护，控制水体污染源，全区的水环境有很大改善。出台了《市区饮用水源保护区污染防治责任制》《大丰区饮用水源污染事故应急处置》《大丰区城市供水突发灾害事件应急预案》等制度和方案，定期组织演练，增设应急处理装置，提高快速处置水源污染突发事件的能力；在通榆河、新团河取水口及保护区范围设立了公告牌和保护区界碑；环保、水利与自来水公司建立部门联动机制，在通榆河实施24h水质监测，全力确保原水达标；实施新团河应急供水工程，将新团河作为饮用水源保护区进行整治；注重加强建设项目的环境管理，严格控制新污染源；积极依靠科技进步削减污染，大力推广清洁生产工艺和污染防治实用技术；加大加快对超标排污单位的治理力度；加大生活污水治理力度，不断削减生活污水污染负荷。

（6）加强资料收集，建立信息管理网络。大丰区开展了农村饮水安全管理信息系统建设，并计划投资建设城乡供水信息化系统，在加压站、供水管网等重点位置加装监测点，对水压、水量、水质进行实时监控，真正实现从“源头”到“龙头”的全过程管理。

（7）明确镇村水厂处置办法，确保工程顺利实施。大丰区人民政府专门出台了《大丰区城乡供水一体化工程镇村水厂处置办法》，明确了水厂处置的责任主体和处置程序，制订和完善了一整套业务操作规程，为农村供水一体化工程顺利实施提供了重要保障。

（8）加强水质检测，确保供水质量。大丰区农村供水水质检测能力强，区级农村饮水安全工程水质检测中心主要依托原自来水公司水质检测中心建设，该水质检测中心人员齐全、制度健全、设备先进，检测项目达到92项。2014年，水质检测中心一次性通过江苏省城市供水企业水质检测Ⅱ级实验室评定。

8.3.3 宝应县农村供水工程

8.3.3.1 农村供水基本情况

扬州市宝应县地处江苏省中部，总面积为1467.48km^2，其中水域为219km^2。宝应属黄淮冲积平原，以京杭运河为界，分成东西两部分，西高东低。现有14个乡镇，1个开发区，59个居委会，223个行政村。2015年，全县总人口为91.13万人，其中农村人口为76.86万人。

宝应县区域供水工程于2010年开始全面启动，采取了统一规划、分期建设、适度超前的做法，并成立了宝应县兴水水务有限公司，负责建设、运营和管理区域供水。2012年底，全县乡镇就已实现区域供水全覆盖，为实现全县城乡供水一体化提供了基础条件。两座区域水厂分别为宝应水厂和潼河水厂。宝应水厂位于城区，现状供水规模为13万m^3/d，以大运河为水源。潼河水厂位于潼河北岸，现状供水规模为2.5万m^3/d，远期扩建为5万m^3/d，以潼河和大运河为水源。

宝应县农村供水建设布局是与区域供水工程相结合，利用区域水厂的供水能力，分别以宝应水厂和潼河水厂为中心，扩大供水半径，在范水、西安丰、射阳湖和山阳镇设置增压站，增加供水压力，并对沿线辐射乡镇的内部管网以镇为片，分片实施，整体改造升级，形成城乡供水一体化格局。

根据建设布局，宝应县农村供水分为两个区域。第一区以宝应水厂为中心，向周边安宜镇、开发区、曹甸、黄塍、泾河、望直港、山阳、西安丰、射阳湖9个镇（区）辐射供水。该区域面积为819.99km^2，受益人口为47.70万人。第二区以潼河水厂为中心，向夏集、范水镇、柳堡、鲁垛、广洋湖、小官庄6个镇辐射供水。该区域面积为654.39km^2，受益人口为29.16万人。

8.3.3.2 农村供水工程建设与管理特色

宝应县实现城乡一体化供水，打破了传统供水模式条块分割的局面，优化了水资源配置，对保障全县供水，促进行业发展及全县经济发展起到了积极作用。

（1）合理确定工程规模。宝应县区域供水中乡镇供水量占近1/3，在进行乡镇需水量预测时，按照实际情况，紧密结合镇村发展规划，合理确定了集镇和农村的用水定额，充分发挥了工程效益。

（2）优化利用供水设施。宝应县在实施城乡一体化供水过程中，将取水水源有保障的县大中型水厂作为区域供水水厂，既具有规模经济，又可全面提升技术管理水平和出水水质；同时慎重处理现有小水厂供水设施，根据需要用来作增压站或应急备用，既充分利用了现有设施，又可降低区域水厂出厂水压，节省能耗，避免水管爆裂事故。

（3）逐步改造供水管网。宝应县严格按照城市供水的标准布设管网。区域供水主干管沿县域主要道路布置，适当增设中途加压泵站等设施。针对现有乡镇管网管径不合理、布置可靠性低的问题，按照城乡一体化供水标准，逐步改造和完善现有农村管网。

（4）切实加强水源保护。为做好水源保护，宝应县进一步完善了水功能区划分，并在同一流域内或相邻地区之间予以协调，同时制定了水源保护管理对策，编制了《水污染防治规划》，确保饮用水源安全可靠。

（5）注重提高管理水平。采取先进管理方法，吸纳各方面人才，增强服务，不断提高农村供水工程管理水平。

9 江苏农村水利管理服务体系

农村水利管理服务体系是农村水利工程管理的末梢，与群众的联系最直接，是农村水利工作全面实现其价值的最后一个环节。近年来，江苏把加强农村水利管理服务体系建设作为发展民生水利、推进农村水利现代化建设的一项重大举措，通过改革管理体制，延伸服务网络，拓展服务功能，加强能力建设，增强服务三农能力。目前，江苏已初步建成以大中型灌区为骨干、乡镇水利站为核心、农民用水者协会为纽带、村级水管员为基础、抗旱排涝等专业服务队为补充的农村水利管理服务体系，基本形成专业管理和群众管理相结合、财政补助和市场运作相结合的农村水利运行管护机制，为新农村建设做出了重要贡献。

9.1 大中型灌区管理

9.1.1 灌区管理发展历程

中华人民共和国成立后，在毛泽东主席提出的“一定要把淮河修好”的伟大号召下，全省各地大搞水利建设，20 世纪 50—60 年代中期，先后建成了一批大、中、小型灌区，这些灌区建成之时即为灌溉管理启动之际。大、中型灌区按行政区划和管理范围不同，分别由相应的水行政主管部门组织成立专门管理机构，负责支渠及以上工程的管理；斗渠以下工程由相应的公社、队（大队、生产队），也就是现在的乡、村组管理。面广量大的小型水库、塘坝和小型提水泵站及机电井等小型灌区由相应的乡（公社）、村（队）进行管理，市、县级水行政主管部门予以技术指导和服务。这一管理模式一直延续到 80 年代中期第一轮土地承包政策全部落实到位之时。

1985 年水利电力部颁布了《国家管理灌区经营管理体制改革意见》和《水利工程水费核定、计收和管理办法》，使灌区管理由过去的“行政管理”转向“企业管理”，管理单位由“事业单位”转向“事业单位企业化管理”。这阶段灌区管理增加了逐步征收水利工程水费的重要内容，征收方式主要以乡、村组组织代收为主，代收方式带来一些搭车收费、截留挪用等现象。到 20 世纪末，灌区管理一度陷入灌溉管理无序、水资源浪费、人员工资无法保障、人才流失、管理效率低下的局面。

1998—2000 年以后，随着农村水利工程建设中“两工”政策逐步取消，投融资渠道政策性调整，我省于 1998 年年底及时研究和实施灌区管理体制改革和运行机制的创新，随后国家启动实施并逐步加大灌区改造工程的实施力度，要求灌区在改造的同时，进行管理体制改革，初步探索引进了用水者参与式管理，调动了广大干群的积极性，促进了灌区的有效管理，灌区管理进入了数量、质量与（节水）效益并重的发展新阶段。

目前，江苏大型灌区与部分中型灌区均设有灌区专业管理机构（简称专管机构），负责整个灌区支渠以上骨干工程管理和协调灌区范围内灌溉、排水管理与工程维护。至2015年，江苏共有大、中型灌区管理机构302个，在职人数4802人，管理面积3047.7万亩。

9.1.2 灌区组织机构

根据灌区管理的相关体制、受益或影响范围，在一县、一市之内的灌区，由相应县、市负责管理；跨越两个行政区划的灌区，由上一级或由上级委托一个主要受益的行政单位负责管理；关系重大的灌区提高一级管理。管理体制保持相对稳定，如变动，报上一级人民政府批准。

以灌溉为主的大、中型水库及其灌区，一般设统一的管理机构进行管理。规模较大、影响重大或与灌区距离较远的水库及水利枢纽工程，在上级水利主管部门统一领导下，分设管理机构进行管理；较小河流或同一河段上有多处用水关系密切的灌区，按河系或河段建立机构，统一管理；灌区范围内国家修建的小型水库、提水泵站、水电站等工程设施，由灌区管理单位统一管理。

灌区按渠系统一管理、分级负责的原则，采取专业管理机构和群众性管理组织相结合的办法进行管理。

9.1.3 管理机构职责

灌区管理机构职责包括贯彻执行国家有关方针、政策，落实上级有关部门的指示，执行灌区代表大会和管理委员会的决议；建立健全灌区群众性管理组织；进行工程设施的维修养护，确保工程安全和正常运行；指导受益单位做好田间工程的用水管理咨询和沟、渠的清淤、堵口、抢险；实行计划用水，改进灌溉技术，提高灌溉质量，开展灌溉试验，推广科研成果，总结群众经验，指导科学用水；组织水费收缴，健全财务制度，加强经营管理；健全原始记录和管理台账制度，加强统计工作，建立技术档案；做好职工培训，提高职工政治、业务、技术水平等。

9.1.4 管理机构人员

灌区专管机构按照《水利工程管理单位编制定员试行标准》（SLJ 705）设置管理人员。灌区内乡镇或村组管理的渠道，设段长、斗长（看水员），在专管机构领导下，负责本渠系范围内的管理工作。段长，斗长（看水员）和段、斗技术员，巡渠养护专业队，浇地队（放水员）等群众管理人员由受益乡镇或村组委派办事公道、热心水利事业的人员担任，采用与当地农业生产责任制相适应的形式，实行“定岗位、定任务、定质量、定报酬、定奖惩”责任制。

9.1.5 灌区管理改革

9.1.5.1 灌区管理改革必要性

江苏灌区长期采用传统的“专业管理和乡村管理相结合”的管理模式，与市场经济体制不相适应，在一定程度上影响到农村经济的发展。建、管、用脱节，水费过低，搭车收费，截留挪用等问题一直困扰着各个灌区，造成灌区管理粗放，效益不能正常发挥。

此外，许多灌区还存在管理水平不高，投资体制不畅，经营机制不活等问题，导致灌区自流灌溉面积下降，水源浪费，整体效益不高，在一定程度上影响和制约了灌区良性运行。

9.1.5.2 灌区管理改革做法

为促进灌区良性发展，江苏从1998年年底就着手研究和实施灌区管理体制改革和运营机制的创新并进行试点。皂河灌区1998年开始积极推行用水者参与灌溉管理，改革了灌区管理体制和经营机制，改革水费计收办法和劳动人事分配制度，杜绝了水费收缴过程中搭车收费、截留挪用现象，促进了灌区节约用水。涟水县淮涟灌区在20多万亩控制范围进行灌区整体改革的试点，并对现有管理体制、人事制度、分配制度和水费收缴体制进行全面改革，县一级设立供水总公司，下设6个供水公司，供水公司下设30个分公司，全县成立75个农民用水者协会，并挂牌正式运作。盱眙县采用"灌区＋供水公司＋用水者协会＋用户"的管理模式，在堆头灌区组建供水公司，并成立用水者协会，取得了明显的成效。

2001年年初，在典型试点和全面调查研究的基础上，江苏全面推进了灌区管理体制改革。为了加快灌区改革实施进程，省水利厅于2001年7月下发了《江苏省灌区管理体制和运行机制改革意见》，要求各地结合本地实际，抓紧制定灌区改革实施细则，特别是已经列入国家大型灌区改造项目的灌区，要积极推行用水者参与灌溉管理的灌区管理模式。淮安市水利局明确要求把国管水利单位改革、灌区经营管理体制改革和水费收缴体制改革作为一个整体全面推开，并印发了《淮安市关于推行灌区经营管理体制改革的意见》。宿迁市水利局于2001年10月下发了《关于推进大中型灌区管理体制和运行机制改革的意见》，积极推进灌区改革。京杭运河沿线的昭关、高邮、渠南等灌区在供水管理、水费计收、管理体制、经营机制等方面都采取了不同形式的改革措施，推行用水者参与管理模式，加强用水管理。2001年11月中旬，省水利厅在淮安市召开了灌区改革与自动化管理研讨会，总结交流了各地灌区管理体制和运行机制改革的经验和做法，积极推行用水者参与灌溉管理。至此，用水者参与灌溉管理在江苏全面推开。

9.1.5.3 灌区管理改革模式

根据江苏灌区的实际情况，灌区管理体制改革形式归纳为4种，具体如下：

（1）淮安市洪金灌区灌区模式，即五级管理制，主要采用"市专管机构＋县专管机构＋供水公司＋用水者协会＋用水农户"形式对灌区进行管理。这种形式适用于规模较大、层次较高、机构健全的跨县（区）或30万亩以上的大型灌区，供水公司可按水文边界成立几个分属供水公司，公司可按水文边界划分若干个协会单位，协会人员由用水者代表选举产生，用水者代表由用水者选举产生。

（2）宿豫区皂河灌区模式，即四级管理制，主要采用"专管机构＋供水公司＋用水者协会＋用水农户"形式对灌区进行管理。这种形式适用于一个行政区域范围内的大中型灌区。

（3）盱眙县堆头灌区模式，即三级管理制，主要采用"供水公司＋用水者协会＋用水农户"形式对灌区进行管理。这种形式适用于规模较小的中、小型灌区，尤其是提水灌区，把专管机构直接改为供水公司，一步到位、推向市场。

(4) 淮阴区的新渡灌区模式，即二级管理制，主要采用“用水者协会＋用水农户”形式对灌区进行管理。这种形式适用于一些村组管理的固定泵站、水库、塘坝、机井等灌溉的小型灌区，这些小型灌区由于面广量大，地点分散，不易管理，可以通过改革直接将灌区交给用水者协会和用水农户经营管理。

9.1.5.4 灌区管理改革内容

为了摸清灌区现状，1999 年底对江苏全省灌区进行了一次全面、深入细致的调查，分析了影响灌区运行管理的主要问题，提出了以理顺灌区管理体制、完善经营机制、增强经济实力、促进灌区良性运行和可持续发展为目标，以实施灌区续建配套与节水改造为契机，不断深化改革，逐步建立起产权清晰、权责明确、事企分开、管理科学、适应社会主义市场经济和现代企业制度要求的灌区管理体制和运行机制，明确了灌区经营管理八项改革内容，具体如下：

(1) 管理体制改革。按照“精简、高效”的原则，以突出供水生产为中心，确立管理机构和人员岗位，压缩非生产服务性行政管理工作人员数量，将精简的人员分流充实到生产服务、技术指导和灌区内企业实体一线。

(2) 经营机制改革。支渠及以下田间工程实行社会化管理，加大群众参与管理的力度，积极推行配水到组，有条件的地方配水到户。同时由农民用水者协会牵头，根据灌溉面积大小将灌排工程范围内的水土资源和渠（沟）堤划段承包到组，由农民用水者协会组织用水组、用水者负责支、斗、农渠及配套建筑物的管理、使用和维护，建立新的经营机制。

(3) 水费收缴机制改革。水费收缴由原来的随统筹提留代征或乡镇代收改为组织专业队伍直接收取，并实行水费收缴“三统一”，即统一政策、统一标准、统一票据，把管理和收费有机结合起来。

(4) 水费计征标准改革。本着“新水新价、成本核算、稳定提高、逐步到位”的原则，根据灌区经济发展速度，逐步对水价进行调整，带动灌区综合经济效益的提高，努力实现按成本收费。

(5) 供水制度改革。推行“分级计量、按方收费、超用加价”的供水制度，体现水的商品属性，按市场化运作，打破“喝大锅水”的传统观念。

(6) 用人机制改革。把原来的任命制改为聘任制，其报酬待遇与工程维护、计划用水、水费收缴等工作绩效挂钩。对干部、工人及技术人员按需设岗、全员竞聘，签订聘用合同，实行聘约化管理。

(7) 分配制度改革。本着酬劳挂钩、效率优先、倾斜一线的原则，实行日工资、岗位工资、计件工资、效益工资等多种形式的工资分配办法，拉大分配差距，向艰苦岗位和一线服务岗位倾斜，从而有效调动管理服务一线人员的积极性。

(8) 工程建设制度改革。对灌区的工程建设，全部实行项目法人责任制、招标投标制、建设监理制、合同管理制，严格按基本建设程序管理，使有限的资金得到最大限度的应用，保证工程建设质量。

9.1.5.5 灌区管理改革成效

大集体时代灌溉由专管机构和乡村组织管理，大包干以后到改革之前，依赖行政管理的思想普遍存在，灌区管理体制改革创新后，专管机构和群管组织进行灌区管理。灌区改革已取得初步成效，突出表现在以下4个方面：

（1）观念在变。过去群众认为工程属于国家，依赖思想比较严重，对工程管理漠不关心，现在灌区群众都意识到工程属于自己，用水者是工程的主人，损坏侵占工程的事件减少了，管理和维护工程的责任心和自觉性提高了，水商品的意识增强了，灌区管理、收费人员的服务意识增强了，过去那种管闸的开开门、放放水，收费的跑断腿、磨破嘴的现象不见了。

（2）机制在变。过去灌区管理人员捧的是“铁饭碗”，吃的是“大锅饭”。通过灌区改革，实行事企分开、定岗定员、竞争上岗、减员分流、工效挂钩，彻底改变了过去那种“宁愿捆在一起死、不愿脱胎换骨生”的状况。

（3）工程在变。过去工程有人用，没人修；有人建，没人管。改革后，这种情况得到了初步改变。过去有水就放、不问去向，淹死上游、干死下游，破堤取水、打坝拦水的情况减少了，计划用水、节约用水的观念增强了。

（4）效益在变。涟水县四大灌区原来管理体制不顺，运行机制不活，服务不到位，水费收不齐，三年就欠水费200多万元，虽然采取了种种制约措施，但效果不明显。灌区实施改革后，这种状况明显改变，当年四大灌区中涟东、涟中、涟西灌区水费收缴率达100%，经济条件最差的淮涟灌区也已完成收缴水费任务的95%。以前灌区管理人员，每年只能拿两三个月工资，现在拿到了全额工资。灌区服务意识增强了、服务范围明确了、工程配套率提高了、管理责任落实了、用水计划执行了，节约了灌溉用水。根据涟水县农田水利试验站测试，凡是农民用水者协会组织健全、用水者参与管理的地方，灌溉用水一般节约15%左右。

9.2 乡镇水利站

乡镇水利站产生于20世纪70—80年代，到2013年，江苏共有乡镇水利站1138个，在岗人数7698人。其中，全额拨款事业单位412个，占总数的36%；差额拨款事业单位446个，占总数的39%；自收自支事业单位280个，占总数的25%。

9.2.1 发展历程

乡镇水利站建设经历了从无到有、由小到大的不断发展的历程。20世纪50年代，各乡镇设立水利工程员或水利助理；60—70年代，相继成立了乡级水利管理单位（水利大队部），属所在人民公社管理（事业性质）；80年代，随着农村水利设施的增加和农田水利的发展，农村迫切需要水利设施的专管单位和大量的农水技术指导力量，以加强对农田水利设施的管理和为农业发展服务，乡镇水利站应运而生。1986年国务院办公厅转发了《关于听取农村水利工作座谈会汇报会议纪要的通知》，同年劳动人事部、水利部颁发了《基层水利水土保持管理服务机构人员编制标准》，肯定了乡镇水利站的重要作用，明确了权属和职责。1987年11月，省水利厅配合省编委联合下达了《关于核定乡级水利管理服务机构人员编制的通知》，核定全省 2028 个乡（镇）设置水利机构，机构名称为“乡级水利管理服务站”，机构性质为全民事业单位，为县水利局派出机构，属股级单位。乡镇水利站定员定编后，各项工作逐步走上正轨。

21 世纪农村税费改革后，按照政事分开的原则实施乡镇事业单位机构改革，不少地方对原有的“七站八所”等事业单位进行撤并或下放，形成综合性的农业服务机构或者走企业化、社会化的路子。从 2006 年起，全国取消农业税，国务院下发了《关于深化改革，加强基层农业技术推广体系建设的意见》，明确了基层农业技术推广机构承担的水资源管理和防汛抗旱技术服务等公益性职能，强调各地可以因地制宜设置公益性农业技术推广机构，要求地方各级财政对公益性推广机构履行职能所需经费给予保证并纳入财政预算。鉴于乡镇水利站的现状以及水利站所面临的新要求、新任务，省水利厅根据省委、省政府《关于乡镇事业单位机构改革及人员分流的意见》（苏办发〔2001〕8 号）文件精神，向省政府提出了《关于乡镇水利站管理体制问题的请示》：将乡镇水利站定性为财政拨款事业单位；将乡镇水利站作为县级水行政主管部门的派出机构，实行“以条为主，条块结合”的管理体制；核定水利站人员编制；落实人员经费等建议。

2005 年，在新沂、宿豫、泰兴、常熟四市（区）进行了第一批乡镇水利站的改革试点工作。2007 年，省政府出台了《关于深化改革，加强基层农业技术推广体系建设的实施意见》（苏政发〔2007〕40 号），对乡镇水利站的改革进行了较为明确的阐述，并推进第二批乡镇水利站改革。苏州、宿迁全市，高淳县、宜兴市、沛县、常州市新北区、通州市、灌云县、盱眙县、响水县、高邮市、镇江市丹徒区、靖江市等县（市、区）乡镇水利站全面启动了改革试点工作。2012 年，省政府办公厅又转发省水利厅等部门的《关于加强乡镇水利（务）站建设意见的通知》（苏政办发〔2012〕9 号），对水利站的管理体制、人员编制、经费保障、能力建设等方面做出了更为明确的规定，进一步强化了水利站建设。乡镇水利站在乡镇机构改革中得到了稳定和发展，实行了“以条为主，条块结合”的管理体制。

9.2.2 主要职能

乡镇水利站作为水利系统的基层单位，长期以来担负着农村水利建设、防汛抗旱等重要职责，在保护人民群众生命和财产安全、促进农村经济发展、保障农业丰收和农民增收方面发挥了巨大作用。随着经济发展、人民生活水平提高及水务一体化的发展，基层水利站所承担的职能已从初期的农田水利建设、防汛抗旱，发展到以下多种职能：

（1）负责国家、省、市、县各级政府涉水法律法规和方针政策的贯彻实施，实行依法治水、依法管水。

（2）协助制订所在乡镇范围的水利建设中长期规划、年度实施计划。组织制订水资源开发、配置和保护、水土保持、防洪等有关专业规划，并监督实施。

（3）负责所在乡镇农业、工业、生活用水的计划制订与节水、水环境保护、水污染防治等涉水事务管理。

（4）组织、指导乡镇水利工程建设、管理，协助做好辖区内各类水利工程设施管理的体制改革工作。

（5）承担所在乡镇防汛防旱日常工作，做好防汛防旱物资的筹集、调拨工作。

（6）组织、指导所在乡镇范围内的水土保持工作。

（7）承担节水新技术、新措施的推广应用，发展节水灌溉，解决人畜饮水。

（8）完成上级水行政主管部门和所在乡镇党委、政府交办的其他工作。

基层水利站需履行的职能很多、承担的责任很重，很多水利站在履行自身职责的同时，还协助乡镇政府抓好农业综合开发、土地复垦、桥梁改造、乡村道路及城镇建设等工作。

9.2.3 管理体制

1987年，省编委、水利厅以苏编（87）206号文及省人事局、劳动局、水利厅以苏水灌（87）23号文，在全国率先对全省乡镇水利站实行定员定编，乡镇水利站作为县级水利部门的派出机构，实行“以条为主，条块结合”的管理体制。2001年全省推行农村税费改革，省委、省政府办公厅出台了关于乡镇事业单位机构改革及人员分流的意见（苏办发〔2001〕8号），明确指出：对少数具有监督职能、涉及区域性建设的事业单位，实行双重领导，以主管部门管理为主；同意水利厅提出的保留“以条为主，条块结合”管理体制。经新一轮县乡机构改革和撤乡并镇，2004年全省共有乡镇水利站1328个，其中实行“以条为主，条块结合”管理体制的有1047个站，约占79%；属乡镇政府管理的站有279个，约占总站数的21%。在实行“以条为主，条块结合”管理体制的79%乡镇水利站中，尚有一部分水利站并没有真正落实到位，在实际操作中仍然以乡镇政府管理为主。

到2013年，全省共有乡镇水利站1138个，其中412个属全额拨款事业单位，占总数的36%；446个属差额拨款事业单位，占总数的39%；280个属自收自支事业单位，占总数的25%。

县级水行政主管部门按照“以条为主，条块结合”的管理原则，逐步理顺管理体制，建立健全乡镇水利站的各项规章制度，明确职能，建立机构，落实人员，形成网络，职工队伍相对稳定。

9.2.4 经费保障

20世纪乡镇水利站经费来源主要依赖水费和综合经营收入。乡镇水利站综合经营的发展经历了以下几个历程。第一历程：初步启动阶段。60—70年代，主要是利用自身技术设备、水土资源等优势自力更生，因陋就简，发展小五金、小加工等“五小”工业和种植业、养殖业，广泛进行资本、技术、经验的“三大原始积累”，逐步解决水利站人员吃饭问题。第二历程：拓展滚动阶段。在十一届三中全会提出的改革开放、搞活经济的方针指引下，乡镇水利站综合经营有了长足发展，经营范围从水泥预制、机械加工到轻工、电子、纺织、冶金、化工、建材业等各行各业，并逐步扩大再生产，初具规模经营的雏形。第三历程：高速发展阶段。90年代，在强化市场意识、产业意识，加大改革力度，增强自身活力的思想引导下，开展内引外联，大力吸收资本，引进技术人才，开发高新产品，参与内外竞争，走向上规模、上水平、上等级、上效益的道路，步入高速发展阶段。1996年开始，省水利厅每年从农水补助经费中安排部分资金重点扶持贫困水利站建设，改善其办公条件、添置生产设备，促进自身建设。同时乡镇水利站积极开展综合经营，经营收入弥补了事业经费的不足。

目前，乡镇水利站定性为“公益性事业单位”，乡镇水利站的人员经费和必要的工作经费纳入财政预算。苏南地区的乡镇水利站基本完成转型，由过去乡镇水利站办厂多种经营、施工等创收自我维持，转为全额财政拨款；苏中、苏北地区乡镇水利站也正在逐步过渡。

9.2.5 定岗定编

1987年，全省乡级水利管理服务机构人员编制总数为8036名，其中招聘干部2028名，全民合同制工人6008名。1989年，省水利厅与省人事局、劳动局联合下发了《关于乡水利站招考工作的通知》《关于区、乡人员经费问题的通知》及《关于乡级水利管理服务站聘用录用人员工资福利待遇的通知》等文件，明确了劳动指标和招聘录用规定。规定水利站长为干部编制，实行聘任制；其余人员为工人编制，实行劳动合同制；对招聘、录用范围、条件、办法、审批手续及工资福利待遇等也做了具体规定。1991年，省水利厅下发了《加快以乡水利管理服务站为中心的水利服务体系建设意见》，在提高认识、加强领导、明确人事财物、优质服务、办好水利经济、提高人员素质等方面提出了具体要求。

从1987年开始，乡镇水利站定员定编工作实行一次定编、分批解决的办法，到1993年基本完成，历时7年之久，全省共下达乡（镇）水利管理服务站人员编制指标8375名，其中招聘干部2028名，全民合同制工人6347名。

乡镇机构改革后，全省共有乡镇水利站1138个，在岗人数7698人。

乡镇水利站岗位主要有站长、工程员、机电员、水政员和会计员。

（1）站长岗位。站长岗位职责是：①主持本站全面工作；②组织本站职工认真学习贯彻党和国家的方针政策和各项水利法规，提高全站人员政治业务素质，带领全站人员积极完成上级交给的各项任务；③注重思想政治工作，开展经常性教育谈心活动，着力解决站内人员的思想和实际问题；④加强请示汇报，做到定期或不定期地向上级主管领导汇报工作，加强同有关部门的配合与协作；⑤承办上级机关交办的其他事项，协助其他岗位做好各项工作。

（2）工程员岗位。工程员岗位职责是：①负责各村防汛抗旱、农田水利建设管理，贯彻落实各级有关农田水利、河道管理、水土保持等工作的政策和相关技术规程；②组织辖区开展冬春农田水利建设；③对当地实施的节水灌溉、农村饮用水、农村河道整治、水土保持等工作提供前期和建设管理的技术服务；④指导当地开展水毁工程修复、河道保洁管理、小流域综合治理、水土流失防治、小型水利工程产权制度改革、水利新技术新工艺新材料的推广工作；⑤协助编制辖区有关专业规划、涉河建设项目有关的水事纠纷处理、河道水域调查和河道确权划界、水土流失及其防治动态的普查和监测工作；⑥积极配合做好农田水利及水土保持宣传、农村水利建设管理与安全生产、水土保持方案及其“三同时”制度实施情况的监督管理、划定和监督管理水土流失重点防治区工作。

（3）机电员岗位。机电员岗位职责是：①负责管理全镇灌排工程水利设施；②负责泵站改造、圩区整治的规划与实施工作；③贯彻落实各级有关防汛抗旱的政策和相关技术规程；④检查督促辖区堤防巡查制度落实情况，掌握当地汛期的水情、雨情、工情；协助完成本辖区的度汛预案，督促当地按照预案落实各项度汛措施，配合做好群众转移等工作；⑤协助开展灾情调查，了解水毁工程分布情况；⑥为辖区开展农业抗旱工作提供技术指导。

(4) 水政员岗位。水政员岗位职责是：①贯彻落实各级关于水政水资源管理的规章制度和技术规程；②协助水政监察、水政巡查和办案工作；③承办取水计量收费和水域占用申请项目管理；④配合开展水资源调查和节约用水工作；⑤承办督促管理取水许可、节水、水资源保护等制度落实情况；⑥协助开展河道资源保护与开发有关工作。

(5) 会计员岗位。会计员岗位职责是：①承办水利站日常公务处理、文书事务和来信来访接待工作；②负责水利站固定资产管理，承办职工失业、医疗、养老保险社会统筹等工作；③负责水利站财务报账工作，承办规费征收管理；④了解掌握有关工程进展情况，做好信息上报工作；开展水利宣传工作；⑤做好辖区内小型水利工程年度统计。

9.2.6 建设标准

1990 年，省水利厅提出“三有”水利站建设，1992 年在开展“三有”的基础上，提高水利站建设要求和标准，提出了“五有”(有称职人员、有办公房屋、有管理责任制度、有可靠的经济来源、有必要的设备）水利站建设标准。据统计，1992—1995 年，全省共投入“五有”水利站建设资金 7459 万元，建成“五有”水利站 1053 个。

根据 2012 年江苏省人民政府办公厅《关于加强乡镇水利（务）站建设意见的通知》精神，江苏提出了乡镇水利（务）站的建设标准：按照“机构健全、职能明确、政策落实、队伍精干、能力提升、服务到位”的总体要求，达到机构健全、编制合理、人员配置到位、经费纳入财政预算、基础设施配套完善、技术装备齐全、制度健全、管理规范、运行高效的标准。

1. 人员经费

根据水利（务）站履行农田水利建设与管理、河湖保护、防汛抗旱、水资源管理、农村饮水安全、水利科技推广、信息化技术等公益性职能要求，水利（务）站人员按照水利规划、建设管理、水行政执法等专业配备要求，设置站长、工程员、机电员、水政监察员、会计员等岗位。人员经费纳入县财政预算，工资标准不低于当地事业单位同等、同级人员工资水平。

2. 基础设施

水利（务）站基础设施，包括生产生活用房、供电、给排水、通信以及相应的附属设施。水利（务）站应有独立的办公场所，办公区范围不少于 $500m^2$，基本办公用房人均不低于 $50m^2$，包括办公室、资料档案室、防汛抗旱值班室、会议室、文体活动室，水利（务）站还应配备防汛抗旱物资仓库以及消防、防盗等安全设施。水利（务）站基础设施建设应符合当地新农村建设及城镇化建设环境标准，庭院绿化率达到当地标准，符合实用、美观的要求。

3. 装备设施

水利（务）站应根据工作需要，配置以下技术装备：

(1) 工程勘测设备包括水准仪、全站仪、GPS 或 RTK 测量系统、渠道、管道流量监测设备及多普勒双频超声波测量仪等水利工程仪器。

(2) 通信设备包括传真机、固定电话等。

(3) 办公设备包括电脑、打印机、复印机、数码摄像机、数码照相机等。

(4) 具有防汛抗洪抢险任务的水利站应配备防汛抢险设备和器材；对生产和管理任务

较重的水利站，根据实际需要配置生产车辆和工程机械设备。

(5) 根据水利信息化要求，配备水利信息化技术装备，逐步建设包括基础数据库、信息采集系统、通信系统、计算机网络系统、用水管理决策支持系统、办公自动化系统等。

4. 人才队伍

为适应水利节水发展需要，特别是满足农村水利建设和管理要求，水利专业技术人员比例不少于70%，其中中级以上技术人员占比不低于40%，水利（务）站人员编制不得少于5人，其中年龄在45岁以下的人员占60%以上，文化程度为本科以上学历人员占50%以上。

5. 管理措施

水利（务）站应根据工作分工，制定全员岗位责任书，明确工作职责；建立考勤制度，使全员自觉遵守劳动纪律；建立健全考核制度，逐步建立工作业绩和劳动报酬挂钩的绩效考核机制。

9.3 农民用水者协会

农民用水者协会（农民用水者合作组织）是由农户、新型农业经营主体等各类农村水利服务的提供者、利用者，按照自愿参加、民主管理、合作互助原则组建的独立法人单位。近年来，江苏省按照水利部、国家发展和改革委员会、民政部、农业部、国家工商行政管理总局等五部委《关于鼓励和支持农民用水合作组织创新发展的指导意见》的要求，不断加大农民用水合作组织创新发展力度，农民用水合作组织在参与农村水利工程建设、承担农田水利工程管护和用水管理及为农业种植、养殖业提供灌溉供水、用水调度、排涝抗旱等涉农用水服务上正发挥着越来越重要的作用。

至2015年年底，江苏省已有各类农民用水者协会729个，发挥的成效日益显著，涌现出一批组建规范、运行良好、效益突出的农民用水者协会示范组织。

9.3.1 协会作用

农民用水者协会具有以下作用：

(1) 用水者协会的构建有利于完善灌区治理结构。成立用水者协会，减少行政干预，使协会与供水公司供销直接挂钩，水费征收流程约定缩短。协会代表群众利益，灌溉管理更加切合实际。协会与供水公司配套，有利于提高灌区管理的服务效率与提升管理现代化水平。

(2) 用水者协会的构建有利于明晰水利资产的产权关系，形成持续的投入机制。参与式灌溉管理与其他形式相比，更有利于渠系工程的维护、改造。农户通过参与集体决策并采取集体行动，以便连续不断地对工程予以投入。特别当发生依靠个人力量难以抗拒的灾害时，可以依靠用水者协会的集体力量去应对困难，促进工程的不断更新改造，延长工程使用寿命。

(3) 有利于形成合理的冲突解决机制。参与式灌溉管理与其他形式相比，更有利于协调和处理各种水事矛盾。用水者协会是法人组织，容易赢得地方各级政府机构和广大用水者的信赖，便于加强与地方、水管理单位、广大农户的关系。其内部运作有严密的章程和制度，一旦发生水事纠纷，便于调解和化解。

（4）有利于形成有效的监督机制。参与式灌溉管理的核心是参与，参与的过程就是监督的过程，用水者协会不但接受政府、水管理机构的监督，而且接受农户的监督。

9.3.2 协会组建

1. 用水者协会的组建条件

为了发挥用水者协会的作用，组建用水者协会的灌区，必须具备如下条件：有较为完善的灌溉工程系统；有较好的群众基础；有一定的技术基础；有政府的积极引导和大力支持。

2. 用水者协会的构成

（1）灌区用水者协会。灌区用水者协会是以灌区一条支渠或较大斗渠控制的灌溉范围为水文边界，由该范围内的受益农民自愿参加所组成的灌区合作管理组织。灌区用水者协会的性质为非营利性经济合作组织，该组织经当地民政部门登记注册后，具有独立法人资格。灌区用水者协会由用水小组和灌区用水者协会会员组成，一般一条支渠或较大的斗渠可成立一个用水者协会，每个灌区可设立多个用水者协会。

（2）用水小组。用水小组是将灌区用水者协会内的用水者按斗渠、农渠或灌溉田块，同时兼顾村、村民小组划分成的若干个用水组。用水小组是灌区用水者协会的基层管理组织，是联系用水者协会与用水者的桥梁和纽带。其主要职责是组织本组用水者的用水申报、实施，收取并向协会交纳灌溉水费，落实灌排设施的维护与维修等。

（3）用水者协会会员。用水者协会会员是指在协会范围内的受益农户户主，由其自愿申请加入，并经灌区用水者协会批准。其权利和义务主要是参加本组会议，有灌溉用水的权利和按时交纳水费的义务，并根据要求参加保护、维修协会管理范围内的灌排设施。

3. 农民用水者协会合理规模的确定与划分

农民用水者协会的规模对其运行管理，特别是发挥用水者协会的作用有着重要的影响。因此，在确定用水者协会的规模时应考虑以下因素：

（1）管理范围与规模。管理范围影响到用水者协会数量的多少。灌区管理单位可根据用水者协会的规模和数量，对管理机构和人员，乃至管理层次进行调整，以适应新模式下的灌溉管理工作。

（2）用水者协会管理人员的管理素质与能力。用水者协会的管理人员全部由协会内的用水者通过选举产生，这就决定了用水者协会的管理人员学历偏低、业务能力较差，有的甚至没有管理知识，而且管理者之间的管理能力差别也较大。

（3）水文边界。水文边界是指灌区的灌排渠、沟系。如某一支渠的水文边界包括该支渠所有的斗渠、农渠和斗沟、农沟所控制的灌溉面积。一般同一用水者协会的用水者应在同一水文边界内，某一用水者协会应有完整的水文边界。

（4）用水者协会的管理成本。用水者协会的管理成本是指用水者协会管理人员的工资、办公费、差旅费等，其数量的多少取决于管理人员的数量。

4. 农民用水者协会的组建程序

农民用水者协会由灌区受益农民自愿组成，其组建程序如下：

(1) 成立领导小组。在用水者协会的建立中，领导小组对协会建立的领导、指导、协调起着重要的作用。

(2) 宣传发动。建立用水者协会以农民自愿参加为基础，因此，对灌区农民的宣传发动极为重要。宣传发动的目的是使灌区农民充分认识灌溉管理模式，了解这一新的灌溉管理模式为他们带来的好处，使农民自愿加入用水者协会。

(3) 划分协会和成立协会筹备组。领导小组分析研究灌区的灌排渠系分布情况，勘定水文边界，提出划分协会的初步建议，再与灌区管理单位、乡（镇）干部座谈，讨论初步划分的方案，并论证确定。然后，酝酿协会筹备组成员，广泛听取农民对协会划分和协会筹备组人员的意见，决定协会的范围。

(4) 安排协会办公场所和设施。协会筹备组本着“节约、实用、必需”的原则，编制协会办公场所建设和必需设施的购置计划并进行落实。

(5) 组织用水者入会，摸清协会基本情况。筹备组统一印制农户入会申请（登记卡），登记卡内容包括入会申请、家庭人口、户主姓名、劳动力情况、耕地面积、灌溉面积、家庭收入等。根据农户的入会申请和协会范围内的灌排水系，兼顾地理位置、村组等因素，在协会范围内划分若干个用水组。

(6) 用水者代表大会召开前的准备工作，包括：①选举用水者代表；②推荐协会执委会成员候选人；③用水者代表和执委会候选人培训；④拟订协会章程；⑤拟订用水者代表大会日程，会议日程须经领导小组批准。

(7) 召开用水者代表大会，成立用水者协会，并进行资产移交。由领导小组或协助筹备组组织召开用水者代表大会。由领导小组组织，灌溉管理单位将协会范围内的灌排渠系和建筑物的资产移交给用水者协会。

(8) 注册登记。协会成立后需到当地民政部门注册登记以取得协会的法律地位。由协会执委会负责或领导小组协助，向当地县以上民政部门提交申请报告。申请报告包括协会的名称、地点、法定代表人姓名、业务范围、活动范围、协会业务管理单位、资产情况等。协会执委会按照民政部规定要求准备上报材料。民政部门审核批准后，核发社团法人登记证书正副本各一份，至此，协会可以作为一个独立的社团法人从事灌排服务业务。

(9) 制定协会规章制度。为了规范协会的工作，在领导小组的指导下，由协会主席负责组织执委会成员和部分用水者代表制定协会的各项规章制度。

(10) 验收。用水者协会在组建完成后，协会执委会即可向领导小组提出验收申请报告，领导小组组织有关人员组成协会验收组，对新成立的协会进行验收。通过验收的协会，验收组颁发验收合格证书；对验收不合格的协会，提出改进意见，并要求在规定时间内进行完善或纠正存在的问题，重新验收。

9.3.3 协会职责

协会管理人员需明确工作职责和工作内容，认真做好协会的各项工作，使用水者协会正常运行，肩负起灌区支渠以下工程的运行管理与效益发挥。用水者协会具体职责有：

(1) 学习与宣传。协会工作人员应认真学习、了解并掌握国家关于水利建设与管理的各项方针、政策，并坚决贯彻执行。积极学习和向用水者介绍、推广适合本地区的先进节水增产灌排技术。

（2）编制用水计划。每年年初协会根据本年用水者的作物种植和需水情况，编制本年度用水计划、每一次灌水方案等。

（3）签订供水合同。协会与供水机构在每年年初，根据协会年度用水计划，结合水源情况，签定本年的“供水合同”，供水合同内容包括供水时间、供水量、供水地点、量水测水方法、供水价格、收费方法等。

（4）灌溉面积测量与核实。制定《用水者灌溉面积测量与核实执行细则》，建立用水者灌溉面积登记卡，负责用水者灌溉面积测量与核实，每年放水前复核与记录一次灌溉面积。

（5）用水管理和工程检查、维修。协会工作人员应做好用水的巡查工作，确保正常供水和用水。每年灌溉期开始前和结束后分别对工程设施进行全面的检查，发现问题及时处理，确保工程的正常运行，并制订工程的大修和改建计划。

（6）水费征收。每年年底协会对本年度的支出情况进行统计，核算水价，并张榜公布水费收支情况，做到“收费开票，开票到户”。

（7）财务管理。建立财务管理制度，各种收支应手续齐全，定期编制财务报告，定期向用水者代表大会报告，定期进行审计，建立并保存财务档案。

（8）档案管理。协会指定专门人员保管档案，负责档案和记录的收集，每年年底对档案进行编目、整理和保存。

（9）自我评估。协会根据“用水者协会的运行评估方法”，每年进行自我评估、自我检查，发现问题及时改正，确保协会的正常运行。

（10）召开用水者代表大会。协会每年根据《用水者协会章程》召开用水者代表大会，向用水者代表汇报协会的工作，接受监督和检查，提出今后的工作目标和计划，重大问题由用水者代表大会决定。

9.3.4 能力建设

用水者协会自身的能力对于灌溉管理制度改革的成功实施至关重要，加强用水者协会自身能力的建设需注重以下几方面的工作：

（1）建立用水者协会内部章程。按照“自主参与”的要求，建立健全协会内部的民主管理制度。协会的活动接受会员的监督，以充分民主的方式管理协会；协会的领导人和主要工作人员由会员授权管理协会选聘。同时，协会内部建立健全各种约束机制，如建立水价制订机制、成立监事会等，自觉接受上级有关部门的财务审计。同时，建立和完善协会在用水分配、财务管理等方面的管理制度。

（2）开展技术培训。将灌溉管理的职责交给用水者协会，加强对农民基本技术的培训，如渠道、涵闸的维修养护基本知识，减少水量调度过程中的损失方法等。

（3）增强用水者协会的资金实力。用水者协会资金不足直接制约着用水者协会功能的发挥，为此，在用水者协会缺乏其他资金来源的情况下，在灌溉水费的分配中适当扩大对用水者协会的资金分配比例，使用水者协会具有履行其相应职责的能力。

（4）建立有效沟通机制。建立有利于双向沟通的协调机制，使政府的决策能迅速传达给农民，农民的意见或建议也能够很好地反馈给政府，在一些事务处理上双方进行良好地沟通，促使问题更好地解决。

9.4 村级水管组织

村级水管员、专业管护员或专业管护公司是江苏农村水利工程管理与服务体系建设的基础。目前，江苏落实的村级水管员约6.8万人，承担了全省最基层的农村水利工程管理、运行与维护工作；随着农村水利现代化的推进，对农村水利管护的要求越来越高，村级水管组织委托专业管护公司实施农村水利工程管护将是主要发展趋势之一。

9.4.1 村级水管员职责

村级水务工作属村级内务管理范畴，水管员隶属村“两委”及乡镇水利部门领导，具体工作职责包括以下方面：

（1）负责了解、上报农村水务信息及汛情、旱情信息。

（2）负责村级公共水利设施的日常管理、督查，村级小型水利工程建设的现场管理和协调。

（3）负责村级水源、水域保护。

（4）负责涉水法律法规、规章制度的宣传工作，及时制止、上报违反涉水法律法规、规章制度的行为。

（5）负责及时上报村级水利设施维修整治计划，负责监督管理在建农村水利工程。

（6）记好日志，对每天的督查情况和各类水事记录在案，每季度向乡镇水利站汇报。

（7）负责其他临时交办的水务工作。

9.4.2 专业管护员或管护公司职责

专业管护员、管护公司在村级水管员或组织的指导下开展工作，主要职责如下：

（1）沟渠管理。保障沟渠完好运行，对沟渠管理范围内的各类乱垦乱种行为进行有效劝止和铲除；堤防范围内严禁各类建筑存在，严禁堆草垛、放杂物等；杜绝河堤管理范围内随意开挖河堤引水、排水、取土葬坟等行为；平整河堤范围内的坑凹沟坎，努力做到雨后堤面无积水、无雨淋沟；保证灌溉渠道畅通，对灌溉河道内的阻水杂物、高秆作物、有害杂草及坝埂等及时清除；及时疏通河道内阻水坝埂，对较大坝埂或工作量特别大的阻水障碍要及时上报，便于组织及时疏通；做好区域范围的日常巡查工作，对破坏灌排渠道的人员及行为及时制止，防范灌溉水的不必要浪费，保证工程设施的正常运行；管理维护好渠道各类建筑物，及时清除沟渠内的大面积白色垃圾和有害漂浮物、水草；制止向河道内抛入稻麦秸秆、弃置废木棍等阻碍河道行水或致河道水质恶化的行为。

（2）灌排泵站管理。负责泵站机、泵的正常运行及日常管理维护工作。开机前检查电路、机泵是否良好，能否正常运行；泵站运行时，不得擅自离开岗位，注意观察仪表、机泵运行情况，并做好记录，如发现电、机、泵有问题，立即停机并即时汇报，不得带病运行；保持泵室内外的卫生，室内物品摆放整齐。

（3）水闸管理。定期对闸门、启闭机进行除锈处理，对涵管进行疏通，以免阻塞；检查水闸、渠首闸门启闭情况，保证其安全运行，如有损坏及时上报。

（4）其他各类小型水利工程。及时清除污泥、积雪、杂物，保持工程清洁，定期疏通涵管内、桥梁下淤积杂物；定期检查工程是否完好，能否正常运行，如有破坏及时上报。

（5）用水服务。协助灌区做好灌溉服务工作，按灌区灌溉用水轮灌时间表的安排，及时开关相关口门，引导群众及时引水灌溉；做好管理区域范围内灌溉用水的协调配水工作，协调好组与组、户与户之间的用水矛盾。

9.4.3 村级水利工程管理要求

村级水管员或组织负责村级公共小型水利工程的日常管护，具体要求如下：

（1）认真贯彻执行《水法》《农村水利条例》等有关水利建设和管理的法律、法规、规章和政策，加强水利工程设施的管理，保障水利工程的安全运行，不断提高工程效益。

（2）积极落实各项管理任务，切实履行管护协议规定的义务，保障小型水利工程的良性运行，保障受益群众的合法权益。

（3）遵守各项管理规章制度，根据规范要求认真做好小型水利工程的运行和维修工作，严格按灌区轮灌时间安排做好引水灌溉配水等。

（4）具体管护做到“一查、二报、三管、四护”。

“一查”，即坚持对所管护的工程进行定期巡查和雨后检查，查工程完好情况和人为自然损坏情况，并采取相应措施确保工程正常运行。

“二报”，即管护人员在正常情况下定期汇报工程情况；遇自然或人为损坏情况，立即汇报受损情况、原因、临时处置措施与结果等。

“三管”，即管人、管车、管牲畜，使工程的各种设施不出现人为破坏。

“四护”，即护岸，确保沟渠边、池塘边不垮塌；护安全，确保水利工程安全设施、警示语和标志完好；护环境，确保水源不受非正常污染；护畅通，确保沟渠管网不淤不堵，工程运行和用水秩序正常。

9.4.4 村级水利工程管护标准

村级公共小型水利工程管护标准主要包括以下方面：

（1）沟渠工程。沟渠畅通，无乱占河面，河面无漂浮物，河坡、河内无垃圾，河内无有害水生植物；河堤无乱填乱挖、乱垦乱种、乱堆乱放、乱搭乱建、无葬坟等。除水利部门建设工程项目外，河堤内侧 1m 范围只能种植树木、苗木，河渠内坡不得有任何垦种；护坡、护岸等河道防护工程无缺损、无坍塌、无松动等险情。

（2）堤防工程。堤顶路面平坦，无明显坑洼，堤面、堤身、平台无垃圾；堤身和管理范围内无违章建房、爆破、采砂、打井、挖洞、开沟、埋坟、打草晒粮、违章种植以及从事其他损害堤身及管理范围安全的行为；除水利部门建设工程项目外，堤内坡只能种植树木、苗木，其他不得有任何垦种；工程管理设施（如水尺、公里碑、百米桩、分界牌、险工险段牌、工程简介牌）齐全美观，无损坏；护坡、护岸等河道防护工程无缺损、无坍塌、无松动等险情。

（3）灌排泵站。泵站运转正常，进出水顺畅；主体结构完好，泵房、流道、进出水池等附属设施整洁，不存在流道、进出水池堵塞、淤积现象；无设备损坏和被盗现象。

（4）水闸。闸门应能自由开启和关闭，基本无漏水，涵管无淤塞；桥梁主体结构完好，螺杆、启闭机等设备运行良好，无损坏和被盗现象。

（5）农桥。桥梁主体结构、栏杆及扶手、荷载标志完好，桥梁与两端道路应衔接良好，保证正常使用；桥面清洁，无杂物、广告、污泥等，泄水孔畅通，桥下无堵塞淤积。

(6) 低压管道输水及喷微灌工程。保持管道通畅，无漏水现象；给水栓、控制阀门启闭灵活，安全保护装置功能可靠；地埋管道阀门井中无积水；量测仪表盘显示正常。

(7) 小型塘坝工程。保持坝顶平整、坝坡整齐、无缺损、无乔灌木和高秆杂草，塘坝灌溉涵洞、溢洪道无损坏，溢洪沟沟坡平整、顺畅，溢洪沟断面达到泄洪标准，运行安全可靠。

(8) 其他小型水利工程。工程运行情况良好，管理范围内环境整洁，无淤积、堆放、污损现象。

(9) 灌溉用水无较明显浪费现象，灌溉用水配水协调较好，用水矛盾较少。

9.4.5 村级水管员选聘与考核

村级水管员可通过农村用水者协会单独招聘，也可以整合农村公共服务按照省相关规定执行。可根据水利部、财政部、国家发展改革委《关于开展农田水利设施产权制度改革和创新运行管护机制试点工作的通知》(水农〔2014〕287号)，结合江苏省财政厅、省农村综合改革领导小组办公室、省农委联合下发的《关于2014年进一步扩大农村公共服务运行维护机制建设试点的通知》(苏财农改〔2014〕3号)，制定管护人员公开选聘方法。

坚持购买服务，按照“养事不养人”“花钱买服务”的原则，在节约管护成本的情况下，鼓励采用多种管护模式。对于土地流转中大户承包者，适当补助，可直接委托发包、签订管护协议。除大户承包直接委托发包外，其余管护人员均实行公开招聘，同等条件，优先聘用村内低收入农户。

由村委成立村级管护考核小组和农民监督小组，将管护考核工作纳入本村主要工作职责之中，指定专人负责本村范围内管护员工作的日常检查，按月考核，考核与报酬挂钩，按月核定管护员所得报酬，考核时由监督小组对考核小组进行监督。

9.5 抗旱排涝服务队

目前，江苏已初步建立了一个以国家级示范县抗旱排涝服务队为核心，以一般县级抗旱排涝服务队为基础，以乡镇抗旱排涝服务分队为依托，以村级抗旱排涝小组和农民抗旱排涝协会为纽带的抗旱排涝服务网络。各级抗旱排涝服务组织通过完善农业社会化服务体系，开展多种形式的抗旱排涝服务，增强了抗旱排涝能力，取得了显著的减灾效益。

9.5.1 服务队职责

县级抗旱排涝服务队是由县级人民政府或其授权部门审批、县级水利部门组建并管理的抗旱排涝服务机构。县级抗旱排涝服务队根据本县抗旱排涝预案和县级人民政府、防汛抗旱指挥部的指令，开展应急抗旱排涝服务工作。主要工作职责如下：

(1) 严格遵守国家的法律、法规及抗旱排涝服务队的各项规章制度，搞好防汛抗旱抢险服务。

(2) 负责机井、水泵的管护维修工作，对突发性事故及时抢修，确保供排水通畅。

(3) 管理好现有防汛抗旱抢险救灾物资，保证应急使用，并在租用和使用过程中做到保值增值。

（4）建立健全突发事件应急预案，制订防汛抗旱救援队应急演练计划并组织实施；负责到灾区进行防汛抗旱指导工作，积极帮助群众解决实际困难。

（5）积极开展多种经营，承建各种抗旱打井等工程，发展壮大抗旱排涝服务队；非抗旱期间，服务队要利用抗旱机具设备积极开展综合经营，增加经济收入，把抗旱排涝服务队办成有实力的服务实体。

（6）负责本地区范围内的旱情监测、抗旱应急、中长期抗旱减灾措施制定及实施等抗旱服务工作，确保抗旱减灾保收工作的正常进行和高效运转。

（7）承担本地区干旱乡村的人畜饮水，组织抗旱车辆，运水救灾；发挥流动抗旱作用，提高抗旱设备检修、技术服务；出现严重旱情时，利用移动抽水泵在河道、沟渠、坑塘等水源处进行移动抽水灌溉。

（8）服务队以抗旱排涝减灾为宗旨，为农民提供优质抗旱排涝服务，保本微利，合理收费。

（9）组织开展抗旱新技术的咨询、推广及应用等工作。

9.5.2 管理制度

抗旱排涝服务队的管理制度主要包括以下方面。

（1）岗位责任制度。抗旱排涝服务一般下设办公室、财务室、技术服务站。

1）办公室负责抗旱排涝服务队日常工作，主要是及时与市防汛抗旱指挥部沟通，了解掌握抗旱排涝信息，第一时间做出反应，并下达有关指令。

2）财务室负责单位资金的正常运转，在出现旱情涝情时，资金要及时到位，特别是确保满足一线抗旱排涝服务资金的需要。

3）技术服务站负责抗旱排涝设备的维修、工程技术指导、流动提水送水等服务。

（2）人员管理制度。人员管理制度主要有以下几个方面：

1）实行考勤和请销假制度，严格按照考勤制度执行，严格执行请销假规定。

2）建立健全职工档案和设备档案及财务档案，确保档案的准确、完整和安全。

3）加强职工安全生产教育，牢固树立安全第一的思想，严格遵守安全操作规章制度，确保工作中不发生任何安全事故。

4）防汛、抗旱期间实行24h值班制度，值班人员不得擅自离岗，值班时间内发生的任何问题、上级来电指令及其他险情须及时汇报处理。

5）认真做好本职工作，加强对职工考核。

6）认真完成上级交给的各项抢险、抗旱任务和上级下达的各项工作任务。

（3）财务管理制度。财务管理制度主要有以下几个方面：

1）建立健全资金内部管理制度和会计核算办法，实现财务制度建设和会计基础工作的规范化管理。

2）按照财务制度规定，准确填制财务会计凭证和财务报表，及时上报财务会计报表和有关资料，满足有关部门对财务信息的需求，并按照档案管理要求，负责财务会计资料的立卷归档和保密工作。

3）严格执行财务制度和资金计划报批程序，及时安排维修费用，使经费足额及时到位。

4）严格执行国家有关政策法规和水利基本建设财务会计制度，如实反映工程财务状况和建设成果，建立健全内部监督机制，接受上级有关部门的监督与检查。

5）加强资产管理，防止抗旱排涝资产流失、浪费，保证国有资产完整。

6）承办领导交办的其他事项。

（4）物资设备管理制度。物资设备管理制度主要有以下几个方面：

1）严格按照“安全第一，常备不懈，讲究实效，定额储备”的原则，对抗旱排涝物资进行管理。

2）了解抗旱排涝物资性能，注意抗旱排涝物资的日常化维护和保养，保证抗旱排涝物资完好无损。

3）掌握消防知识，注意防火、防盗，确保抗旱排涝物资安全管理。

4）抗旱排涝物资存放应分区分类、整齐划一、合理堆放，确保调用方便。

5）建立抗旱排涝物资盘点制度，定期对抗旱排涝物资进行盘点，做到心中有数。

6）规范抗旱排涝物资出入登记手续，健全抗旱排涝物资台账和管理档案，做到“实物、台账”相符。

7）抗旱排涝储备物资属政府专项物资，必须“专物专用”，未经批准，任何单位和个人不得擅自动用。

9.5.3 队伍建设

经过多年的建设发展，目前，江苏已建成省、市、县三级抗旱排涝服务队伍共88支，其中，国家重点防汛机动抢险队有5支，省级重点防汛机动抢险队有8支，全国县级示范抗旱排涝服务队有10支。

江苏88支队伍共有2850人，其中，在编人员1582人。单位性质主要以自收自支事业单位为主，其中，全额拨款的有13支，差额拨款的有26支，自收自支的有49支。全省抗旱排涝服务队伍共有仓库面积9.85万m^2，现有固定资产价值2.9亿元，完好率达94%，主要抗旱设施11091台套，主要有应急拉水车、打井洗井设备、移动灌溉设备、移动喷滴灌节水设备、清淤设备、发电机以及移动泵车、推土机、装载机、汽车吊、后勤保障车、抢险作业车、防汛应急排水车、发电车、冲锋舟、钢制抢险机船、打桩机、吊车、叉车、挖掘机等。抽排能力达1548m^3/s，浇地能力为82.66万亩/d，应急送水能力为591.75t/d。

抗旱排涝服务队优点是机动、灵活、方便、快捷的服务形式，公益性和经营性服务相结合，自收自支。在抗旱排涝期间，逐渐发挥作用，特别是农村劳动力外出打工，家中缺乏劳动力可由服务队组织浇灌。

9.5.4 管理与经营

江苏抗旱排涝服务工作的宗旨是“以抗旱排涝为中心，以服务为前提，以保障农业增产、增收为目的，积极开展综合经营，不断发展和壮大”。

（1）建章立制，规范管理。为使抗旱排涝服务队健康发展，首先突出抓好职工的思想建设，要求每位职工在思想上牢固树立社会效益、群众利益第一，一切为抗旱排涝着想的服务观念，以抗旱排涝减灾为目的，以优质服务赢得信誉、占领市场。其次，逐级制定和建立目标责任、财务管理、考勤考绩、奖罚等管理制度，同时还实行“四统一”（统一领导、管理、单据、收费标准）和“五集中”（集中时间、地块、机具、人力、水源）管理制度，收效较好。在强化内部管理方面，重点推行全员合同制，实行工效挂钩。

（2）发挥作用，整体推动。为扩大抗旱排涝服务面，更好地发挥抗旱排涝减灾效益，江苏抗旱排涝服务队从建立之初就注重抗旱排涝服务建设，在乡镇依托水利站设立抗旱排涝服务站，在旱情涝情较为严重的情况下，以抗旱排涝服务队为龙头，以乡镇抗旱排涝服务站和抗旱排涝服务协会为骨干，以抗旱排涝大户和有机泵农户为补充，抗旱排涝服务覆盖每一个乡镇，增强了抗旱排涝能力，解决了贫困户买不起设备、浇地难和排涝难的问题。

（3）抓服务促经营，抓经营壮实力。做好服务工作是抗旱排涝服务队的中心任务。每遇旱情涝情，抗旱排涝服务队都专门抽调技术人员深入抗旱排涝一线，分析旱情涝情、研究对策，对灌溉水量与方法、排涝流量进行具体指导，做到科学用水、节约用水，合理调度、排除险情，努力提高抗旱排涝效果；在排涝器材的销售和维修方面，做到随坏随修；在抗旱器材的销售和维修方面，实行上门服务，随叫随到、随坏随修；同时还帮助群众连片灌溉和规模灌溉，可减少劳力，节省开支，受到群众的普遍欢迎。

9.6 农村水利管理服务体系改革实践

9.6.1 灌区管理机制与体制改革

9.6.1.1 江苏洪金灌区的管理机构与管理职责

1. 管理范围

洪金灌区管理所为淮安市水利局下属正科级差额拨款事业单位。该所现有管理人员21人，其中正式人员11人。灌区管理范围为白马湖以西、洪泽湖以东、草泽河以南、入江水道以北的491.6km^{2}范围，耕地总面积为42.0万亩，设计灌溉面积为35.78万亩。其中，洪泽境内15.56万亩，金湖境内20.22万亩。

2. 机构设置

淮安市洪金灌区管理所成立于1970年，设在洪金洞边，属淮安市水利局领导。

洪金灌区工程管理实行分级管理，灌区管理所管理洪金渠首、灌区骨干灌排渠系及建筑物，包括洪金南北干渠及其分干渠渠岸背水坡3m、老三河和洪金排涝河等骨干排涝河，河岸背水坡5～10m；同时受益的洪泽、金湖，分别成立了洪金灌区洪泽管理所、洪金灌区金湖管理所，主要负责管理境内的干渠及其建筑物，负责收取受益乡镇水费，并按比例上交市水利局；斗渠（沟）以下及配套建筑物由用水者协会负责。

随着灌区改造的开展，灌区管理体制打破了原有松散型管理体系，采取“管理所＋用水者协会”模式，管理机构设立三级组织：①洪金灌区管理委员会；②洪金灌区管理所及其派出机构：洪金灌区洪泽管理分所、金湖管理分所；③用水者协会。

灌区人员编制按照“精干、高效”的原则核定。一级管理机构人员不设编制；二级管理机构人员按灌区每万亩2人选聘，共设70人；支斗渠用水者协会每2000亩选聘1个协管员，全灌区共选聘178人，调整后机构设置及组织结构见图9.1。

上述灌区三级管理组织机构的职能及运作模式说明如下：

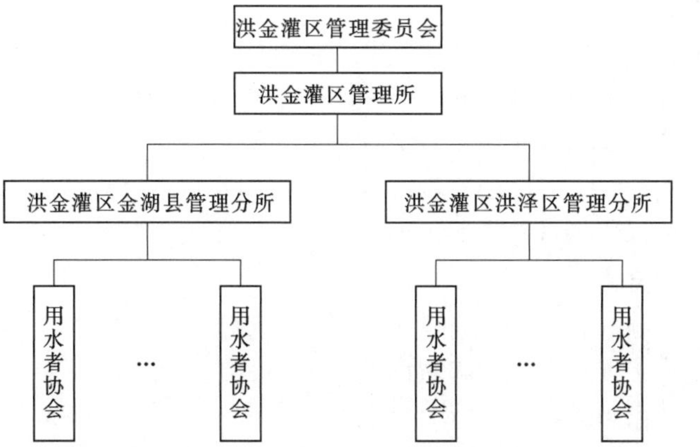

图 9.1 灌区三级管理组织机构

(1) 洪金灌区管理委员会为洪金灌区经营管理的最高权力机构，由淮安市水利局、洪泽区水利局、金湖县水利局、洪金灌区管理所、灌区各级用水者协会等单位及用水者几方代表组成，人员不单独设编。其主要职能为：①审议并通过灌区中长期及年度建设管理规划（计划），并督促实施；②听取灌区年度工作计划，并审议下年度的工作安排；③听取灌区年度经费使用情况说明与下年度经费预算报告；④表决灌区重要人事安排。

(2) 洪金灌区管理所为灌区具体管理机构，属差额拨款事业单位。管理所一般设所长室、工务科、内务科。其主要职能为：①负责灌区建设管理中长期规划的编制与实施；②负责灌区年度建设管理计划的编制与实施；③负责年度用水计划的编制与调度；④灌区水费计收、管理和使用；⑤灌区内各级用水者协会工作协调；⑥特殊水文年份和灌区内特殊地域用水的调度工作；⑦协调两县行政区域用水矛盾和水政执法；⑧负责灌区内骨干渠系控制工程的调度。

(3) 灌区金湖县、洪泽区管理分所为管理所的派出管理机构。设分所长 1 名，工务员、管理员若干名。其主要职能为：①负责灌区本县（区）域内用水计划的实施；②负责本县（区）域内支渠（沟）及配套建筑物的维修与养护；③负责县（区）域内用水者协会的人事管理工作；④对协管员考核。

(4) 用水者协会为灌区末级管理组织。其性质为群众性管理机构，但与灌区管理所有经济利益与组织关系。用水者协会及分会是按照渠系边界，结合行政区域，主要以支渠为单元组建而成。灌区共成立 54 个用水者协会。其主要职能为：①通过调研，编报本协会所辖区内的用水计划，并直接参与农户用水管理；②管理好辖区内的各类工程设施；③收取工程水费，足额上交工程水费；④为用水者提供直接优质的服务，帮助群众解决实际困难（提供协会内农户大田期水稻用水管理，特殊情况下的水资源调度，节水高产新型措施的推广以及作物病虫害的预测与报告等）；⑤负责解决用水农户间水事纠纷，调解用水矛盾；⑥协助动员并监督本协会内农村“两工”使用与管理；⑦听取本辖区内群众对灌区建设与管理的意见、建议等。

三级灌区管理机构按照各自的职责，一级向一级负责。人员经费统一从灌区水费收益中支付。二、三级灌区管理机构人事由灌区管理所自主聘用。灌区管理所接受灌区管理委员会监督并向其负责。

3. 人事分配制度改革

灌区人事制度改革是灌区改革的一个重要环节，它的改革成败关系到灌区的改革结果。因此，洪金灌区人事制度改革主要措施如下：

（1）有独立的人事权。灌区的机构设置与人事编制遵循“以事设岗，以岗定编，以编选人”的原则，灌区可根据自身的要求拥有独立自主用人权，这将对引进与交流具有现代管理技术的人才起重要作用。

（2）引进竞争机制。在内部工作人员中积极引进竞争机制，实现优胜劣汰，竞争上岗。竞争机制的实施不仅有利于增强在岗工作人员的工作责任心，而且对促进工作人员整体素质提高发挥重要作用。

（3）建立人才培育、使用、管理与合理流动的环境。努力创造人才培育成长环境，强化人才的再教育，不断提高工作人员的技术素质与管理水平，促进人才的交流与流动，注重建立一套促进人才发展的分配制度等。

9.6.1.2 皂河灌区灌溉管理制度改革

1. 皂河灌区概况

皂河灌区位于江苏省宿迁市西北部，属国家大型提水灌区，长江六级提水，淮河三级提水进入灌区，控制面积为 339km^2。灌区担负宿迁市宿豫区、宿城区及市经济开发区的 35.1 万亩耕地灌排任务，并为市经济开发区提供工业用水和故黄河宿迁市区段生态用水。渠首灌溉站 19 台机组装机容量为 3500kW，提水能力为 25m^3/s；5 座排涝站 31 台机组，装机容量为 1410kW；32 座二级提水泵站 46 台机组，装机容量为 1860kW，总固定资产为 1.32 亿元。

2. 改革过程及内容

1998 年开始实施改革，经过批准成立了皂河灌区管理所参股的宿迁市大禹集团公司，其经营范围包括农业用水的供给、基础设施的建设、水资源的管理以及建筑材料与其他经营活动。供水公司按照世界银行推荐的模式建立，是大禹集团公司下属的一个子公司。原灌溉管理所所属机站、干支渠及其建筑物移交给供水公司管理使用。供水公司设总经理办公室、机电科、工程管理科、财务科和行政科等。大禹集团公司还设置一个综合经营公司，独立自主经营、自负盈亏、自我发展。

供水公司设董事会，董事会由宿豫区水务局、皂河灌区管理所以及用水者协会代表组成，董事长由宿豫区人民政府任命。公司实行总经理负责制，总经理由董事会任命，副总经理由总经理提名，并经董事会讨论通过。供水公司的主要职责是负责干、支渠从进水口到出水口的建设、运行与维护，负责干支渠灌溉水的调度与调节，对用水者协会代表进行培训以及向用水者征收水费。

皂河灌区与供水公司在财务上相互独立。供水公司有自己单独的账户，对水费进行管理。在现行体制下，政府对水利工程的投入只对灌区而不对供水公司，工程建设资金只进入皂河灌区的账户。

在皂河灌区，灌溉水在各个支渠的分配采取轮灌方式。在每年的灌溉季节，灌区或供水公司根据各个支渠所在地农户的作物收割、土地整理等情况确定灌溉顺序。当支渠有水时，所有斗渠的进水口全部打开，农户根据邻居或村广播的信息灌溉自己的农田。在斗渠进水口安装可移动的流速仪测流，放水员通过检查灌溉情况决定关闭闸门的时间。

3. 农民用水者协会的建立与运作

皂河灌区共建立了18个用水者协会，以村为单位建立了78个用水者协会分会和6个用水小组，入会农户为44607户。从协会建立的方式看，灌区和相关政府部门的宣传发动、组织协调直接推动了用水者协会的建立。凡本渠系范围内的用水者，只要有加入用水者协会的意愿，拥护协会的章程，由用水者提出申请经批准后即可成为用水者协会的会员。在进行用水者登记的基础上，划分用水组。各用水组通过召开用水组代表大会选出用水者代表，然后由各用水组代表选举产生协会执委会成员，执委会通常包括主席1名，执委3～7名，但协会主席候选人通常由灌区推荐。

根据用水者协会章程，用水者协会主要负责灌溉用水的管理、田间灌溉工程的管理和灌溉水费的征收管理。在灌溉用水管理方面，实行调度管理责任制，调度管理采用计划用水、用水申报、合理调配、分段计量的方法。各分会或用水组组织用水者填报《年度用水申请表》，协会汇总后确定年度用水计划，并与供水公司签订供水合同。每轮灌溉前，各分会或用水组根据农作物需水情况向协会申请办理本轮灌溉用水计划。在工程管理方面，协会主要负责支渠以下渠道及建筑物的维护与管理。在灌溉前后协会对渠道进行全面检查，对影响通水的渠道及时组织用水者进行修复，并可从协会水费中提取建筑物工程维修费，对损坏的工程进行维修。

4. 改革效果

（1）节约了用水。在灌溉水的利用效率方面，由于灌溉管理制度改革的过程与灌溉渠道的改造结合在一起，渠道的改造减少了水的渗漏，大大降低了干渠与支渠水输送过程中的损失。根据供水单位的统计，干渠水利用系数提高到98%，支渠水利用系数提高到97%，田间渠道水利用系数达80%。

（2）灌区供水渠的质量比以前有了提高，特别是斗渠、农渠的质量比改革前有了改善，其原因在于协会每年对兴修水利工程比以前更为重视，农民对灌溉水利设施的爱护程度有了明显提高。

（3）减少了农民之间因用水发生的矛盾。用水者协会成立后，由于渠道质量的改善，供水保证程度的提高，农户之间在这方面的冲突明显减少，即使在一些情况下因用水而出现小冲突也往往可以及时解决。

（4）促进了田间工程建设。农村实行联产承包责任制以来，田间工程一无资金投入，二无管理主体，严重影响灌溉质量。用水者协会成立后，成为田间工程管理的主体，争取世行二期农业灌溉贷款1200万元，灌区供水公司又从各年水费中拿出300多万元进行田间工程建设，衬砌末级渠道66km，改造配套建筑物1200多座，用水者协会发动用水者施工土方42万m^3，清淤54万m^3，保证田间工程建设。

（5）促进了工程承包长效管理机制的建立。灌区供水公司独创工程承包管护责任制，解决长期存在的重建设、轻管理问题。将混凝土防渗渠道143km、建筑物1560座、小型泵站37座、房屋6000多m^2、花木2万多株管护权有偿承包给灌区职工和用水者管护，承包期15年，共签订326份合同，合同经市公证处公证，收取承包金600多万元。弥补由于水价不能到位导致的工程管护费用缺口。在干支渠两堤滩面栽植意杨树5.2万多株，收入归承包者所有，年增值40元/棵，承包期15年，总值为3120万元，年均增加承包户收入208万元。

（6）促进了节水、节钱、节电、减负、增产、增收。自实行改革以来，年均节省水资源3760万m^3，年均节省国家提水经费500余万元，年均节电150万kW·h；与1998年前相比，水稻一级提水灌溉面积降低9元/亩、二级提水灌溉面积降低15元/亩；灌区每年减轻农民水费支出259万元；改善和新增灌溉面积11万亩；粮食亩产提高100多kg，年均增产粮食1100多万kg、年增收1300多万元；灌区农民用水者人均收入由1997年的1600元增加到2005年的3460元。

9.6.2 乡镇水利站改革

9.6.2.1 苏州市常熟梅李镇水利站体制改革

梅李镇位于常熟市的东部，镇域面积为80km^2，常住人口8万人。常熟市梅李镇水利站是常熟市水利局派出机构，现有在编职工23人，分设财务科、工程管理科、河道管理科、水政监督科。性质为全额拨款公益性事业单位，人员工资和办公经费全部纳入市财政年度预算，人均事业经费水平达10万元/(人·年)。

梅李水利站改革后，工作重心发生了大转移，主要从事涉水事务的社会管理和公共服务，具体包括：负责全镇防汛防旱工作，对防汛工程设施等进行管理、维护保养及调度；负责全镇农田水利（包括农村桥梁）建设计划的编制，做好水利工程建设管理、施工指导、监督和验收工作；负责水政水资源管理工作，督促水政监察大队做好水事案件查处工作；指导用户依法办理取水、排污许可申请手续；依法征收水资源费和水利工程水费等。

9.6.2.2 盐城市建湖庆丰水利站两权分离及河道管护经验

庆丰水利站是建湖县水利局派出机构，为全额拨款事业单位，核定编制7名。1995年开始建设办公场所，占地面积为2800m^2，建筑面积为500m^2，办公用房为290m^2，经营用房为210m^2。圩管所为水利站直属单位，现有人员12人，管辖面积为81000亩，圩堤长44.9km，77座闸，32座泵站。

庆丰水利站早在20世纪90年代就对圩区树木进行定权发证，对圩区内的圩口闸和排涝站实行“两权分离”，即所有权归村不变，其管理使用权归圩管所统一行使。全镇按照一个大圩区实行“联圩抗洪，统一排涝”。同时按照“谁受益，谁负担”的原则，每年按6元/亩标准，筹集资金48.6万元，用于闸站工程的日常维修保养、培训、管护人员工资等，每年在汛期前对全镇32名机电操作工进行一次培训，明确职责要求，确保所有闸站工程汛期安全运行。

农村河道长效管理考核采取县水利部门巡查、随机抽查和定期考核相结合的办法。庆丰镇共有河道576条，总长850km，年投入管护经费150万元，由镇、村统一发包，明确管护责任人，水利站负责督查和业务指导，河道长效管护经费实行县、镇、村三级负担。河道管护经费列入县、镇财政年初预算，县级河道为3000元/km，镇级河道为2000元/km，村级河道为1000元/km，按季度考核发放。在实施河道管护过程中与住建部门同步实施村庄保洁，按照“组收集、村集中、镇中转、县处理”的模式，集中处理农村垃圾，从源头上杜绝垃圾入河现象。

9.6.3 农民用水者协会实践

9.6.3.1 淮安市淮涟灌区农民用水者协会职责与任务

淮涟灌区的涟水、淮阴两县（区）根据各自的实际情况，按照“公司＋用水者协会＋用水者”的供水经营模式，分别成立了供水公司、供水分公司和用水者协会。全灌区已建立供水公司3个，用水者协会16个，用水者41100万户，参与灌溉管理面积31.24万亩。

农民用水者协会打破行政建制界限，按水文边界划分。灌区用水者协会的主要任务是负责工程的灌溉运行管理和水费征收工作。协会设会长、副会长各1名，用水小组设组长1名。

申请灌溉用水和配水的程序是：用水者用水之前，首先向用水小组书面申请，然后用水小组根据申请人提出的种植类型和面积进行核实，并将核实好的材料报送给用水者协会，再由协会将各小组上报的作物布局和面积汇总后报送给供水单位，最后由供水单位与用水者签订用水合同；在实施灌溉时，用水单位按照供水合同配水到相关渠道口门，再由协会或小组负责配水到用水者田头。

水费收缴程序是用水者将水费直接交到用水小组或用水协会。

近几年来，群众对这种新型管理模式已逐渐接受，并积极参加，用水者协会发展迅速，农民参与管理积极性加大，灌区自主管理、良性运行呈现新面貌。

9.6.3.2 如皋市如海灌区农民用水者协会实施成效

如海灌区改造工程的成功实施，为灌区改革提供了良好的物质基础，新建的34个分灌区中对条件成熟的9个分灌区实行自主式灌溉管理模式，成立了改革领导小组，并相继成立了农民用水者协会筹备组，对改革方案进行探讨、研究。

在动员结束后，各用水者递交了用水者协会入会申请表，并到筹备组进行会员登记。灌区管理所与各分灌区所在地政府分别组织召开灌区选举大会，采取等额选举的方法，在各分灌区村民推行的候选人中，由用水者选举主任1名，副主任2名，执委会成员3名，会后执委会成员进行分工，主任负责全面工作。在成立农民用水者协会的同时成立供水站，供水站的负责人主要由水利站的负责人兼任。在灌溉前供水站与农民用水者协会签订灌溉合同，合同内容包括供水站服务内容、供水费用。供水站一般抽调水利站人员，这些人员既懂工程业务，在原单位又是事业编制人员，所以在短短的灌溉期间能集中精力对供水管理尽职尽力，严格按操作规程和灌溉制度工作。

协会成立后灌区所收取的水费大幅度下降了，由原来的层层收费变为一价到户，水价一般按亩计收，包含电力费、折旧费（含大修理费）、维修费、渠道维修费、管理费、工资及利润7项费用。根据灌区的规模和灌区改造情况收取水费，单价不等，一般在每亩40～45元，每亩较之前下降15～25元。在供水结束后，协会对本年度的用水量、水费收取情况、支出情况及提留费用张榜公布，接受监督。

9.6.3.3 赣榆县小塔山灌区组建农民用水者协会的经验

小塔山灌区共组建用水者协会2个，用水者人数为6660人，参与灌溉管理的面积有6100亩。其中大型用水者协会1个，用水者人数为4560人，用水者参与灌溉管理的灌溉面积为4500亩；小型灌区用水者协会1个，用水者人数为2100人，参与灌溉管理的灌溉面积为1600亩。

1998年赣榆县注册成立了第一个“用水者协会”，依托世界银行项目资金，在塔山灌区内的子城干渠上开展试点工作。当时利用世行项目资金，对项目区内的渠道进行防渗衬砌，修建配套渠系及田间建筑物，并在渠首安装了量水设备。通过召开会员大会，选举产生了第一届理事会，并制定了用水协会章程，明确了协会的职责和义务。确定了农业灌溉用水按方收费的机制，制定协会用水者作物灌溉制度，合理安排灌水计划和用水量，以渠首计量设备确定实际供水量，灌区以此为准向“用水者协会”按方收取水费，协会根据其章程和工作制度，实行独立核算，采取谁用水谁交费的原则，并相应地制定了工程管护制度。

灌区内成立的“农民用水者协会”，实行计量用水，按方收费。协会会员在协会理事会的领导下，一方面加强工程的维护管理，通过制订科学合理的灌水计划，做到科学灌溉，合理用水。通过多年运行，经测算灌溉用水量每亩节约20m^3，核算灌水成本每亩由原来的50多元降至30多元。

9.6.4 管护服务专业化与社会化

9.6.4.1 镇江扬中西来桥镇灌溉排涝的服务模式

扬中市西来桥镇地处扬中东南，东与泰兴市隔江相望，南接常州新北区，四面环江，是长江下游仅次于崇明的江中第二岛镇。该镇建立了全新的农村灌溉（排涝）服务组织，通过加强对河道、涵洞、灌溉（排涝）站的日常维护和管理，将服务延伸到村、组、农户田间地块，为经济社会发展、农业生产和城乡居民生活提供清洁、通畅的水源环境，确保水安全，实现了水利工程管理维护由事业职能向政府购买市场化运营的良好转接。

扬中市和顺水利工程服务有限公司自2012年注册成立以来，公司承担的管理维护项目有灌溉（排涝）泵站48座，骨干河港1条，一、二级河道12条，农村河道243条，江堤涵洞39座，圩内涵洞153座，以上设备设施涵盖了全镇万亩农田，实现了全镇范围农业种植灌溉（排涝）的全覆盖。在镇水利农机站与公司签订的水利工程服务目标责任状的大框架下，公司与服务对象、公司与全体工作人员分别签订了灌溉（排涝）服务合同和工作人员日常工作责任合同，以制度责任形成相互约束，共同提高，确保服务质量。

为确保灌溉（排涝）工作转入市场化后的连续性，公司优先安排水利农机站改革后的部分经验丰富、技术能力较强的下岗职工，将他们安排在一线主要岗位，担任召集人或班组长，充分发挥他们的人才优势，以老带新，以强带弱，通过他们的言传身教，影响和带动一批新职工，从而积聚人力资源，储蓄人才优势，为公司今后发展奠定了基础。

自公司开展灌溉（排涝）服务工作以来，原来农户每年种植水稻三麦所承担的水费（每亩10元左右，交村民小组管水员）已转移给公司，由公司向村级“农民用水者协会”支付，协会向水管员支付。群众不仅不需要承担管水费，还可以享受到公司提供的优良服务。如果把粮食持续增产加起来核算，农民每亩增收不低于35元。

9.6.4.2 常州新北区春江镇水利站组建专业服务队伍的长效管护模式

春江镇小型农田水利工程长效管护共涉及33个灌溉站、28个排涝站、1座引水堰（安宁河翻水站)、21个穿堤涵洞、1座穿堤闸（肖龙港闸）以及95km渠道。其长效管护模式如下：

(1) 制订管护方案和制度。为了落实好小型农田水利工程长效管护工作，春江镇水利站按照区里提出的“十个一”要求，即成立一个领导班子、召开一次动员会议、下发一个管护文件、制订一个实施方案、签订一份责任合同、树立一批管护公示牌、建立一本台账、每季度进行一次考核、出台一批管护制度、落实一项管护资金，全面推进小型农田水利工程长效管护工作。

(2) 注重营造工作环境。为了营造良好的工作环境，确保泵站管理正规有序，春江镇水利站对新建的12座灌溉站配套设施进行了提升，主要对泵站场地和道路进行了硬化，并在周边空地种植了树木和草皮，对墙体进行粉刷，室内地面铺地砖，配备了必要的管护设备等。

(3) 重视检修保养工作。镇水利站从基层电站抽调6位有一定专业知识的人员，组建了长效管护专业队伍。春江镇水利站每年春季组织专业队伍对小型农田水利工程进行检查，向所在镇政府上报春修资金预算，制订检修保养计划，认真落实春修保养制度。同时建立了泵站机电维修养护记录卡，对所有试车试水正常的泵站，要求泵站管护责任人、维修组成员以及长效管护工作组人员签字确认，把需要改进的建议以及维修养护工作的实施情况都记录在卡，落实由专人对小型农田水利工程春修保养和日常运行管理记录进行建档，便于以后复核检查。

(4) 管护工作凸显成效。通过实施小型农田水利工程长效管护，落实责任人，使机泵随时保持正常运行状态，尤其是近年农业产业结构调整以后，新增了许多设施农业、草坪等，改变了原来种植粮食的单一用水结构，随时可以为现代农业用水服务；有效减少了灌排泵站机电设备的失窃，减少了经费的再投入；同时可接受当地农民监督，尤其是渠道、启闭机、过路涵等设施，一旦发现问题，可以及时处置，确保了小型农田水利工程及时发挥社会效益。

9.6.4.3 镇江市句容市赤兴水利设施维修养护的社会化服务模式

句容市地形三面环山，南北高亢，中部偏低，西部低洼，地貌以低山丘陵为主，泵站建设数量较多，且分布不均匀。全市共有泵站325座，其中排涝泵站主要分布在长江便民河，秦淮南、中、北河，赤山湖与句容河，汤水河，二干河，高阳河附近。抗旱站主要分布在天王、茅山、白兔、边城等镇的丘陵山区。全市90%以上的排涝泵站已改造完成，灌溉泵站也改造了60%以上，虽然基本解决了机电排灌投入不足、流量缺口大、设备老化等问题，但也存在如下制约因素：泵站建设中采用了一些新产品和新工艺，而泵站原管护人员技术落后；机电工缺乏，20世纪60—70年代培养的机电工大多退休或不在岗位，真正懂机电的人很少，不少开机人员都是当地的群众，缺乏泵站运行维护知识、规范化管理知识和安全意识。

针对上述现状，句容市在《句容市农村水利设施管护办法》中建议推广管养分离的模式，把政府筹集的养护资金进行市场化运作，提高泵站运行效率和使用寿命，切实保证在关键时刻发挥泵站抗灾减灾的作用。经过考察和推荐，句容市赤山湖水利枢纽管理处（纯公益性单位）具备这样的基础条件。2012年赤山湖水利枢纽管理处在原安装维修队的基础上成立了句容市赤兴水利维修养护有限公司。该公司对全市泵站较为熟悉，有着丰富的水泵维修与运行管理经验，有泵站安装运行方面的专业技术人员，技术力量雄厚，责任心强。

该公司的具体做法如下：

（1）汛前（灌溉季前）组织公司技术人员对库存设备进行清点和配备。要求公司人员了解全市泵站的水泵型号、电气控制设备型号，能配备各种型号水泵和电气设备中的易损易坏元件，如水泵轴承、叶片、启动控制柜中交流接触器、自动空气开关、断路器、刀开关、熔管等。

（2）由主管部门、管理部门及该公司组织专业技术人员对泵站进行汛前（灌溉季前）检查和水泵测试。通过了解水泵的性能、效率及电气运行情况，评估水泵完好程度和可能采取的维修、防范措施，真正让水泵在汛期发挥作用。

（3）组织人员进行机电工培训。聘请专业老师对全市约150名管理人员、泵站操作人员每年进行一次为期两天的正规培训，让管理、操作人员了解泵站的重要性、操作规范性，了解水泵的一般知识，能熟练地操作运行、排除一般常见故障、不能排除时能知道故障原因，为维修争取时间。

（4）汛期（灌溉季前）组织人员进行抢修。抢修人员由公司人员组成，人员由水利机电专业工程师、机电操作工、电焊工、驾驶员等组成，主要负责安装、维修机电等方面的工作，一方面保证有丰富的水泵维修工作经验，另一方面保证足够的抢修人员队伍，数量在7～8人。

（5）汛后（灌溉季结束后）组织人员进行检查维修。汛期过后（灌溉结束后），对水泵运行中发现的问题进行记录总结，及时安排人员进行维修，恢复水泵性能。这就要求公司对泵站运行情况进行检查摸底，同时要求泵站管理运行人员提供记录资料，冬季水干时进行叶轮检查，排除水下隐患。

该公司经过两年的运作，已得到了宝华镇、赤山湖管委会及开发区等多个乡镇及市水利农机局的大力支持和肯定。与以前相比，乡镇每年的维修养护经费大大减少，机电设备大修的次数也明显减少。

9.6.4.4 徐州市睢宁县优质粮食示范区种植大户承包水利工程的管护模式

睢宁县黄墩湖滞洪区位于魏集、古邳两镇，耕地面积约为1.8万亩，滞洪区内小型水利工程的种类较少且比较简单，大多数以灌溉站、防渗渠为主，农田水利配套不足，毁坏严重，农民收入较低。每户耕地面积一般为2～3亩，种粮的目的主要是解决家庭口粮问题，很难做到让农民完全参与农田水利的建设与管理。针对此类地区存在的问题，县政府将滞洪区徐庄片区作为试点，建设睢宁县优质粮食示范基地，积极引导农民将土地向种植大户流转，促进农业的规模经营和连片开发，探索创新农民在土地流转中获得土地保底开发、劳力收益和产业化经营收益等多种收益的保障机制，提高了劳动生产率和土地产出率。目前，通过各级政府部门的扶持，完善了农田水利设施，达到了集约化、规模化、专业化经营目标。

项目区建设以前，没有一套相对完善的管理制度和方案，产权不清，无人专管，导致工程使用率，灌溉水利用率较低，河道未能落实管理，不仅造成资源浪费严重，而且严重影响河道灌排功能。睢宁县优质粮食示范基地建成后，按照“谁受益，谁管理”的方法，在项目区形成“土地流转＋承包水利工程”的管理模式，将工程管理与土地流转工作相捆绑，将水系区域内工程管理工作全部委托给种田大户。截至目前，已有2家种粮大户进驻项目区，进行承包经营和水利工程管理，在河道、渠道等建筑物上树立管护责任牌，管护牌上不仅明确管护责任主体，也明确管护范围，河道环境和水质明显改善，灌排能力明显提高。

睢宁优质粮食示范区“种植大户＋承包水利工程”管护机制的实施，不但聚集了资金、技术、劳动力等生产要素，提高了水资源的利用效率，而且促进了农业产业化发展。

9.6.5 小型水利工程“五位一体”管理模式

洪泽在小型水利工程管理体制改革（简称小水改）试点的基础上，率先全面推进改革，从农村公共服务管理综合改革的角度，优化整合水利、环卫、交通、规划等部门资源，将农田水利工程管护与农村环卫保洁、农村交通设施管护、农村公共绿化设施管护、农村公共活动场所管护相结合，建立“五位一体”的管护模式，实现管护经费、人员、机构等的整合，以达到精简高效、节省资金的目的。其创新打造的“五位一体”模式得到了国家充分肯定，被列为全国55个小型水利工程管理体制改革示范县、全国100个农田水利设施产权制度改革和创新运行管护机制试点县及全国第二批农村改革试验区。

9.6.5.1 洪泽基本情况

洪泽地处淮河下游，西接洪泽湖，东靠白马湖，南临淮河入江水道，北濒苏北灌溉总渠和淮河入海水道，素有“淮上明珠”“鱼米之乡”之美誉。全县水陆总面积为1394km^2，现辖12个镇、126个村（社区），总人口为38万人，水域面积占54%，全县耕地面积为59.18万亩，有效灌溉面积为47.5万亩。

经过60多年艰苦不懈的治水，目前已初步形成河成网、田成方、灌排分开，沟、渠、路、林、桥、涵、闸、站基本配套的防洪、除涝、灌溉、降渍等四大水利工程体系。

9.6.5.2 改革缘由

小型水利工程处于农村水利灌排体系的末梢，是保障改善农业生产条件、提高工程综合效益的基础。但长期以来，小型农村水利工程管理上存在管护主体、管护责任和管护经费难以有效落实等问题，不但严重影响了工程安全运行和效益的充分发挥，也严重影响农业发展。2013年水利部、江苏省水利厅出台了一系列文件，对小型水利工程的管理提出了具体要求。

近几年，小型水利工程管护一直是人大代表、政协委员关注的热点问题之一。2011年，县政协开展调查，形成初步调查方案，2012年县人代会将“加强农村水利基础设施建设与管理”作为1号议案进行办理，在岔河镇岔河村和东双沟镇沿河村开展了小型水利工程管理试点工作，总结了一套小型水利工程管理改革办法。2013年，洪泽被列入全国55个小型水利工程管理改革工作的试点县，岔河镇被列入全市试点镇。县委、县政府十分重视，并安排专项经费。3月上旬，洪泽召开了小型水利工程管理工作动员会，明确责任、落实任务，并将该项工作作为县委开展党的群众路线教育实践活动、为群众兴办实事的重要内容，纳入年度目标考核；作为着力改善农村村庄环境、农业生产条件、破解“三农”发展难题的重要举措，重点进行推进。

9.6.5.3 主要工作开展情况

1. 改革步骤

按照“先行试点，典型引路，分类实施，全面推进”的总体要求，洪泽采用由村到镇、由镇到区逐步推进的方式开展小水改工作。为确保年底完成小水改工作，洪泽改革工作共分 4 个阶段。第一阶段：成立组织，宣传发动。区、镇两级成立改革工作领导小组。层层召开动员会，全力做好宣传发动、座谈调研、业务培训以及各项规章制度、管理办法的下发等工作。第二阶段：调查摸底，确权发证。对镇域范围内的小沟及以上小型水利工程进行全面清查，整理筛选，分类汇总，登记造册，明确产权，张榜公示，建档发证。第三阶段：建章立制，落实管护。广泛征求意见，酝酿管护方案，确定管护模式，签订管护合同，制订资金筹措计划。全面清理管护河渠，检查维修工程后，移交相关管护单位或人员。第四阶段：管理运作，总结验收。全面开展小型水利工程管护工作，完善资料台账，健全管护制度，进行查漏补缺，严格督查考核，做好总结验收。

2. 改革重点

（1）深入调查、合理确权。岔河试点镇调查过程中，洪泽抽调 12 名专业技术人员组成 2 个调查组，其中区水利局抽调了 3 名专业技术人员，进驻岔河试点镇，历时一个多月，全面完成岔河镇 59km 圩堤、722km 沟渠、445 座灌排泵站、1086 座各类建筑物的定点定位和测量统计工作。根据调查统计结果，按照中沟级以上建筑物、河渠（堤）等逐个确权，小沟级建筑物、小沟（斗渠）按沟渠统一归并确权原则，确定工程产权认定 1822 个。

全区推开后，区水利局组织技术人员 90 多名，组建 16 个调查小组，对全区 42 条 133km 圩堤、2888 条 2650km 灌溉渠道、3214 条 2570km 排涝河道、728 座农村小型机电灌排固定站以及 9406 座各类灌排渠系配套建筑物进行技术参数、GPS 定点定位、功能状态等信息调查。调查完成后，及时安排人员完成调查数据的统计汇总和录入工作。

为使小水改确权与农村集体资产确权发证相衔接，在分管领导协调下，将水利部门已调查登记水利资产成果全部并入所在村集体资产登记成果，由区农村集体资产管理部门按村发放政府统一印制的集体资产产权证书。

（2）因地制宜，确定管护模式。洪泽在岔河镇试点过程中，采用村自报、镇引导的方式，又经区、镇、村反复调研酝酿，最终确定了如下两种管护模式：

1）竞争承包管护模式：各村根据镇制定的水利工程管护标准和要求，测算各管理片区管护经费，采取招标形式，选择报价最为合理的专业管理公司、合作组织或承包人为管护中标单位（人），经公示合格后，确定为工程管护责任单位（人）。

2）种田大户（公司）管护模式：实行工程管护与土地流转经营（大户或公司）相结合，土地经营者在流转土地的同时，也承担区域内水利工程的管护工作。通过直接委托、适当补助的方式，既落实了工程管护，又节约了部分费用。

无论哪种管护模式，所有管护者都需签订管护合同，经考核发放管护经费。

（3）多渠道筹集管护经费，强化资金管理。针对沟渠、泵站、桥梁、涵闸等不同水利工程类型，测算各类工程管理费用。采取“上级争取一点、区镇安排一点、受益村居筹集一点、水利开发赚取一点”的方式，多方筹措水利工程管护资金，主要采取如下方式：

1）通过村级经济筹集资金。2013 年集体收入超过 50 万元的村，由村集体全额筹集差额部分；收入为 30 万～50 万元（含 50 万元）的村，由村集体筹集差额部分的一半；收入为 10 万～30 万元（含 30 万元）的村，由村集体筹集差额部分的 1/3；收入在 10 万元以下的村不筹集。

2）通过财政专项补助资金。在用好用足省、市下拨的小型水利工程管护专项补助资金外，区、镇财政从水利建设基金中，分别按3元/亩、2元/亩的标准安排奖补资金。

3）通过水利开发收益赚取资金。河（渠）堤、圩堤、水面等资源性水利工程开发利用获得的资金用于工程管护。已经发包的资源性水利工程承包到期后，将逐步收回重新发包，所得经费划入小型水利工程管理经费专户。

4）推行“五位一体”管护，通过整合项目统筹资金。充分利用省财政厅、省综改办、省农委进一步扩大农村公共服务运行维护机制建设试点的有利契机，将小型水利工程管护纳入农村公共服务运行维护机制建设体系，推行“五位一体”管护，整合规划、交通、林业等部门下拨的各项资金，推动小型水利工程管理体制改革。

为规范小型水利工程管理资金的使用，洪泽制定了《小型水利工程管理资金管理办法》，办法规定区级及以上小型水利工程管理资金由区水利、财政部门共同负责，区财政设立专户，统一管理。镇级及以下小型水利工程管理资金以及各镇整合的村庄卫生保洁、农村道路保洁、绿化养护等各级管理资金，由镇小型水利工程管理改革办公室负责，并在各镇财政设立专户，统一管理，按村分别建立专账。镇财政每年从管理总经费中提取10%的费用，用于工程维修养护；提取3%的费用，用于全镇工程管理工作经费。每年6月底前，镇、村安排的管理经费拨入相应账户，按村核算，各村上年结余费用可抵冲本年度的村自筹经费。管护人员工资由管护单位、组织、牵头承包人等提供清单，由镇专户直接支付到管护人员个人账户，实行按月考核，按月打卡到位。县级以上奖补资金依据考核结果及时拨付。

3. 保障措施

（1）组织保障。为做好小型水利改革试点工作，洪泽成立以书记、区长为双组长的区小型水利工程管理体制改革领导小组，强化领导，明确责任，前后召开动员会、推进会、座谈会近30次，落实工作任务，细化工作安排，有力推进工作的开展。

（2）经费保障。洪泽加大政府主导投入，设立区镇小型水利工程管理专项资金，由区财政配套3元/亩，镇财政配套2元/亩。出台了《发展壮大村级集体经济的实施方案》，通过区领导、区直部门、重点企业挂钩帮扶，不断提增村集体经济实力，让村集体有能力筹集小型水利工程管护费用。严格落实各项水利建设资金政策，积极编报项目，加大争取力度。整合农业综合开发、土地整理复垦、“一事一议”奖补、现代农业发展等项目资金，统筹用于小型水利工程管理。充分利用河堤圩堤、水面土壤和基础设施等资源开展种植、养殖等项目，获取经营收益，以便更好地、可持续地推进小型水利工程管护工作。

（3）制度保障。为切实做好小型水利工程管理体制改革试点工作，洪泽出台了《小型水利工程管理体制改革实施办法》《小型水利工程管理资金管理办法》《小型水利工程运行管理考核办法》《小型水利工程长效管护细则》等一系列管理办法，为改革工作的顺利推进提供了制度保障。

10 江苏农村水利科技

江苏农村水利科技以灌溉试验站为基础，以科研院所、大专院校为依托，围绕江苏农村水利建设与管理的中心工作，在灌溉排水试验研究、农村水利科技推广等方面取得了一系列成果，引领与支撑江苏农村水利发展。

10.1 特色与队伍

10.1.1 主要特色

长期以来，江苏农村水利科技围绕各阶段农村水利中心工作，积极组织力量，着力研究和解决农村水利建设与管理中的关键技术问题，取得了一系列科技成果，引领了农村水利现代化进程，产生了显著的经济、社会与生态效益。其特色主要有以下几点。

（1）服务中心工作。江苏农村水利科技紧紧围绕农村水利中心工作，坚持为农村水利建设服务，切实解决制约农村水利发展的重大科技问题，依靠科技创新和科技进步推动农村水利事业又好又快发展，是促进江苏农村水利事业发展的重要动力源泉。在水稻节水灌溉、中低产田改造、水土保持和小流域综合治理、装配式建筑物、泵站改造技术等方面硕果累累，许多成果获得了国家、省部级科技进步奖或推广奖，一批效益显著的科技成果在全省各地推广应用。

（2）重视基础理论。长期以来，江苏农村水利重视工程技术、自然科学和社会科学的融合与交叉，注重前瞻性、战略性的基础和应用基础研究。如江苏各地灌溉试验站，从20世纪50年代开始，长期系统研究不同灌溉条件下的水稻、小麦、棉花等主要作物的生长规律；研究节水灌溉条件下，不同地区、不同作物的需水规律、灌溉制度、灌溉用水定额等；在此基础上，为缓解江苏特别是淮北地区水资源紧缺问题，结合江苏旱改水工作的推进，在国内率先提出水稻“浅水勤灌”“浅湿灌溉”“湿润灌溉”“控制灌溉”等节水灌溉理论，并在试点示范的基础上，在全省进行水稻节水灌溉技术推广，推广面积超过80%，取得了重大经济、社会效益。同时，江苏农村水利围绕热点、难点问题，注重引进、吸收国内外、省内外先进水利技术，组织、整合涉水类科研院校的科技力量进行项目攻关、技术改进与创新，不断推进新理论、新方法、新技术、新工艺、新材料等高新技术在农村水利建设与管理中的应用，为江苏农村水利可持续发展提供科技支撑和保障。

（3）注重科技推广。江苏农村水利紧紧围绕高效节水灌溉、水土保持、农村饮水安全、农村水利信息化与自动化、灌区生态修复、农业水价综合改革等主题，结合区域条件，因地制宜，积极推广先进、实用的农村水利科技成果，促进先进技术尽快转化为现实生产力。“十二五”期间，江苏创建了9个水利科技推广示范基地，启动了14个水利科技推广示范项目，常熟董浜科技推广示范基地、江阴水利信息化推广示范基地等成为水利部科技推广中心和省水利厅的人才培养、基层技术人员培训平台，有力地促进了全省农村水利科技进步，增强了全省农村水利科技创新能力。

（4）着力人才培养。江苏农村水利通过定向交流、技术协作、专项研究、出国培训、高校和科研院校进修、重点工地挂职锻炼及传、帮、带等多种行之有效的方式，培养农村水利基层科技人才，推动农村水利事业的可持续发展。据不完全统计，“十一五”期间，在江苏省水利厅及厅级以上水利科技项目中，省水利系统单位与科研院校合作的项目数占总项目数的2/3；“十二五”期间，省水利系统单位与科研院校合作的项目数占总项目数的3/4，省水利厅还组织相关技术人员赴国外学习考察，培养具有国际化视野的农村水利建设、管理人才；同时，省水利系统开展优秀科技人才评选工作，通过表彰奖励，鼓励科技创新，营造全行业尊重知识、尊重人才、钻研技术的良好氛围。

10.1.2 科研队伍

长期以来，江苏农村水利以各地农田水利试验站所为基本研究队伍，与江苏水利科研院所、大专院校通力合作，开展农村灌溉排水基础试验研究与科技推广工作。

1. 农田水利试验站

截至2015年，江苏灌溉试验站网建有1个省级中心站、6个省级重点站、7个一般站。省级中心站挂靠江苏省农村水利科技发展中心，河海大学节水园区、扬州大学农水水文试验场分别为中心站的苏南、苏中基地；省级重点站分别为常熟市水利技术推广站、徐州水利科学研究所、涟水县水利科研站、如皋市农田水利试验站、昆山农田排灌与面源污染防治试验站、江苏省沿海水利科学研究所；一般站分别是通州、夹谷山、淮阴、东台、射阳、江都、宝应等试验站。

中心站江苏省农村水利科技发展中心成立于1996年6月7日，是江苏省水利厅下属的职能部门，负责布置和管理全省农田水利试验工作。

重点站常熟市水利技术推广站始建于1958年，为全额拨款事业单位。该站长期从事农田灌溉排水基础研究以及应用技术研究与推广，其主要工作内容为主要农作物需水量及需水规律、现代农业节水技术、产业结构调整过程中经济作物灌溉技术与新设备的研制及推广工作、经济发达地区水土保持生态建设综合技术、试验资料整理汇总方面的管理软件开发等。

重点站徐州市水利科学研究所成立于2012年，由徐州水利试验站、徐州市水利科学研究所、睢宁水利试验站整建制合并组建。徐州市水利科学研究所仍为全额拨款事业单位，主要承担粮食作物、经济作物需水量与灌溉定额研究、灌溉定额编制、灌区节水规划编制、灌溉水利用系数的测算分析等。其中，原徐州水利试验站成立于1950年，单位为事业单位，长期从事旱作物灌水技术、灌溉制度及需水规律等研究。

重点站涟水县水利科研站建于1958年，为省农水科研与水利新技术推广的专业站（所）之一。该站主要从事灌溉排水试验与水利新技术、新成果的推广工作，为当地的农田水利建设和全省农水科研工作提供了大量的技术资料，先后承担了省市重点农水科研项目数十项，多次获得水利科技奖项。

重点站如皋市农田水利试验站建于1975年，为全额拨款事业单位。近十年来主要从事节水灌溉与平原沙土区水土保持两个方面的基础试验研究和技术推广工作，研究成果对促进该区域的农业节水和水土保持发展提供了强有力技术支撑，取得了良好的经济效益和生态效益。

重点站昆山农田排灌与面源污染防治试验站始建于1959年4月，为全额拨款事业单位。该试验基地属昆山市水利技术推广站，2006年，水利技术推广站利用该基地，与河海大学合作，整合河海大学国家重点实验室与河海大学科学研究院的先进试验技术、人才资源，共同设立了河海大学水文水资源与水利工程科学国家重点实验室昆山试验基地，双方共享基地的场所设施和合作项目的技术成果。基地设施较为齐全，建有一套自动化蒸渗仪、14个标准化试验小区及完善的灌排系统、自动化气象站、办公室、试验室、红外线自动报警系统等，在技术标准和设施方面都达到了国内一流水平。

重点站江苏省沿海水利科学研究所是江苏省沿海地区一所历史悠久的水利专业研究所，前身为东台灌溉试验站，成立于1959年5月，主要负责江苏沿海盐碱土灌溉试验研究，为全额拨款事业单位。研究所主要承担江苏沿海地区灌溉排水试验、土壤改良、水土保持、滩涂开发、节水灌溉等基础应用研究，以及水资源与水环境规划设计、水资源论证及监测等水利科技推广工作，配备光合作用仪、水势仪、气孔开张计、原子分光光度计、气相色谱仪等先进仪器设备。

2. 大专院校与科研院所

江苏拥有较多与农村水利科研相关的大专院校、研究机构，主要有江苏省水利科学研究院、河海大学水利水电学院、扬州大学现代农村水利研究院、南京水利科学研究院农村水利科学研究推广中心等，在国内优势得天独厚。

(1) 江苏省水利科学研究院。省水科院成立于1958年，是省属全额拨款事业单位。该院下设材料结构研究所、农村水利与水土保持研究所、水利自动化研究所、水环境与水资源研究所、省水利工程水下检测中心、水利部科技推广中心、省试验推广基地、厅科技情报中心站、省水利遥感技术应用中心、湖泊研究所等科研机构。拥有水利工程质量检测机电甲级资质，岩土、混凝土、金属结构、测量甲级资质等资质证书。在水利建筑结构与材料、防洪减灾、农田水利、水资源、水环境、水土保持、工程检测、工程监理、水下探测、水利遥感、水利自动化和信息化等方面开展技术服务工作，为江苏的水利事业做出了重大贡献。特别是近五年来，获得各项科技奖励14项；发表论文59篇，参加国际学术会议并交流论文2次，国内学术会议10多次；获得发明专利4项，实用新型专利6项；承担各类科研项目47项，其中国家级项目6项，省部级项目12项；通过省部级鉴定和验收的项目14项，其中3项成果达到国际先进、6项国内领先、3项国内先进水平。

(2) 河海大学水利水电学院。河海水电院的前身是1952年成立的华东水利学院水力发电系、水工结构系和水利土壤改良系，学院设有水利水电工程系和农业水利工程系，现有水利工程和农业工程2个一级博士点学科，同时还设有水利工程博士后流动站，教育部水利水电工程安全工程研究中心、南方地区高效灌排与农业水土环境教育部重点实验室以及南京市土工合成材料工程技术研究中心均挂靠学院。河海大学现代农业工程系是以原农业水利工程系（农田水利工程系）为基础新成立的校直属系，其前身农业水利工程系（农田水利工程系）是学校建校初期最早设立的系之一，几十年来该专业为国家培养了4000多名本、专科生，为亚洲、非洲等许多发展中国家培养了大批留本科学生和研究生，为我国的水利水电事业，尤其是农村水利水电事业的建设做出了重大贡献。现代农业工程系现有农业水土工程博士点，农业水土工程和农业生物环境与能源工程硕士点，近五年来，先后承担多项国家攻关项目、国家948项目、863项目、国家自然科学基金项目，以及地方政府及企事业单位科研项目数十项，并取得了显著成绩，获国家科技进步奖1项，省部级科技进步奖十余项。现代农业工程系现有农业水土实验中心、土壤实验室、泵站及小水电站实验室、节水技术实验中心等多个专业实验室。

（3）扬州大学现代农村水利研究院。2016年，扬州大学在水利与能源动力工程学院的农业水土工程、泵及泵站工程等学科基础上，成立了现代农村水利研究院。相关专业可追溯至1950年由治淮与省厅水利专家为主体成立的淮河水利专科学校，农田水利本科专业始办于1958年的原江苏水利学院，本科办学历史已有60多年，农田水利工程学科是我国第一批硕士学位授予单位，为江苏培养了大批高素质的水利工程专业技术人才。扬州大学拥有水利工程、农业工程两个博士后流动站，农业水土工程、水利水电工程等一批博士学位、硕士学位授权点。研究院设有扬州大学农业水土环境与生态研究所、扬州大学农村水利研究发展中心、扬州大学水资源高效利用与管理研究所、江苏机电排灌工程研究所以及农水水文与水生态综合试验场等科研机构。近10年来，先后承担了国家“863”计划、国家“973”计划、国家科技支撑计划、国家自然科学基金项目、国家“火炬”计划等国家级项目60余项，获得江苏省和水利部科技进步一、二、三等奖近30项，年到账科研经费3000多万元。研究院设立现代农村水利协同创新中心，构建了“农业水土资源高效利用与生态”“灌排泵站安全高效”“农村供排水”三大创新平台，延伸至水泵适应性设计、高效泵系统研发、泵站运行安全、农村可再生能源在灌排工程中的应用、农村水利优化规划与决策、农业水土资源高效利用、农业水土环境与生态、农村水利信息化与自动化、农村水源地保护、农村供水工程水质处理、农村污废水处理、农村供水工程长效运行管理等12个研究方向，形成“一个中心，三个平台，十二个方向”的整体建设框架。

（4）南京水利科学研究院农村水利科学研究推广中心。南科院推广中心是从事农田水利、水土保持科学研究和成果转化与推广的专业机构。中心依托南科院铁心桥、滁州、当涂试验基地，建成南方农业高效节水与水土保持综合试验场。主要研究方向包括作物需水规律与调控技术、高效节水灌溉技术、水肥高效利用技术、灌区自动化与智能化技术、农村水利规划与管理、盐碱地改良技术、农村水环境治理技术、农村饮水安全、水土流失过程模拟、水土流失动态监测、水土保持效益评价、水土流失过程中的面源污染、工程建设水土流失及风险评估等。目前，致力于渠道防渗、农田灌溉排水、高效节水灌溉、农村中小河流治理、农村面源污染防治、小流域治理等多方面科学研究工作，取得了丰硕的成果。

10.2 灌溉排水试验研究

10.2.1 发展历程与主要任务

1. 发展历程

灌溉排水试验研究是一项基础性的社会公益工作，试验成果（如灌溉用水定额、灌溉水利用系数等参数）是水资源配置和水利工程规划设计的基本参数，需要连续和大范围的观测才能获得准确数据；农作物栽培技术的进步和农业种植结构的调整，需要对许多作物新品种开展灌溉排水试验研究；现代农业的快速发展，对精准灌溉要求越来越高。所有这些，都对灌溉排水试验工作提出了新的更高的要求。

江苏灌溉排水试验研究起步较早，20 世纪 50 年代，为配合全国大规模农田水利基本建设，在全省范围内兴建了许多农田水利灌溉试验站，一大批科研人员在相当艰苦的条件下，克服重重困难，对当时关系国计民生的主要作物（如水稻、小麦、棉花等）的需水量及灌溉制度进行了研究，取得了大量的科研成果。这些科研成果的推广应用，有效提高了作物灌溉管理水平，为江苏水资源优化配置和水利工程建设提供了大量基础资料。1958—1960 年，全省先后建立了 35 个县级农田水利试验站，1961 年国民经济调整，精简机构人员，不少试验站陆续撤销。

1980 年以后，为进一步开展灌排试验和农田水利推广示范工作，使科研成果尽快转化为生产力，并形成全省科技推广网，江苏先后在不同类型地区设立县级农田水利试验推广站。至 1987 年底，县级试验推广站共有 22 个，其中，苏州市 1 个，位于吴县东山镇；无锡市 3 个，分别位于无锡查桥镇、宜兴镇、江阴长泾镇；常州市 3 个，分别位于武进邹区镇、金坛城东乡、溧阳陆笪乡大山口；镇江市 1 个，位于丹阳界牌镇；南京市 1 个，位于紫金山；南通市 2 个，分别位于通州观音山、如皋何庄乡；扬州市 6 个（包括现泰州市），分别位于宝应、高邮龙奔乡、兴化钓鱼乡、仪征大鲍冲、泰县大伦乡、江都砖桥乡；淮安市 2 个，分别位于淮阴丁集乡、盱眙龙王山；连云港 1 个，位于灌南硕湖；盐城市 2 个，分别位于大丰草庙乡、阜宁三灶乡。共有职工 122 人，其中科技人员 66 人。各试验站配置了测坑等设施较为完善的试验基地，培养了一支涉及农学、水利、农机、机电等多个学科的农田水利试验技术队伍。通过多年努力，各试验站对江苏主要作物需水量、需水规律、灌溉制度等开展了较为系统的试验研究，汇编和出版了《江苏省农作物灌溉试验资料整编和分析》《水稻高产节水灌溉新技术》《农田排水技术与试验》等专著，取得了多项农水科研成果奖，其中“地下排水技术”“圩区水利措施及农田暗管渠道排水技术”等一批科研项目还获全国科学大会奖、国家科委及国家农委农业技术推广奖。

到 20 世纪 80 年代中后期，由于改革的不断深入，农田水利试验站（所）管理体制逐步发生变化，部分试验站被下放至地方水利局，至 2000 年，江苏省属试验站均下放至地方水利局，省厅仅负责业务指导。另外，随着江苏主要作物需水量、灌溉制度试验研究的完成和江苏经济的飞速发展以及各地城市化进程的不断加快，部分试验站的试验基地被城市规划重新定位，农田水利试验研究工作处于低谷，有些站（所）只能在临时租借农民的责任田中继续开展试验工作。面对农田水利试验工作困境，各试验站（特别是 2000 年下放的11个省级试验站）依然发挥各自优势，坚持农水科研工作。2003年，水利部下发《关于加强灌溉试验工作的意见》（水农〔2003〕252号），试验站网的人才、试验条件不断改善。

近年来，根据水利部要求，江苏基本完成了灌溉试验站网建设，即建成覆盖全省的1个省级中心站、6个省级重点站与7个一般站，陆续进行了试验站基础设施改造和仪器设备更新工作，通过试验站（所）科研人员的共同努力，试验站围绕农村水利重点建设任务，开展了一系列农水科研和示范推广工作，取得了大量的灌溉试验数据和科研成果，为江苏省灌溉工程规划设计、水资源优化配置和灌溉用水的科学管理提供了重要依据，也为江苏省灌溉管理水平的提高和农田水利事业的健康发展做出了重要贡献。

2. 主要任务

灌溉排水试验研究的服务对象主要是政府有关部门、相关水利规划设计单位、灌区管理单位和农民用水户。通过定期定点采集和统计调查代表区域内有效灌溉面积与实灌面积、灌溉农业种植模式与种植结构、灌溉用水量与亩均用水量、灌区农业生产水平与投入产出比等与灌溉排水有关的基础数据，分析、整理、汇总有关数据，编制农业灌溉基础数据年报，供有关行业和部门参考；研究不同供水状况对作物生长及产量、品质、效益等方面的影响，系统确定节水灌溉条件下不同地区、不同作物的需水量、需水规律、灌溉制度、灌溉用水定额等，以及根据需要增加作物耐淹、耐渍、耐盐试验等，为水资源管理、灌排工程规划设计和运行管理提供可靠的基础资料；示范各种先进实用的农田灌排新技术、新材料、新方法，为大面积推广应用建设示范区和提供技术指导；监测农田灌溉水利用系数，评估各项技术和措施的实际效果，为政府部门、灌区管理单位编制用水计划、加强和改进有关工作提供依据；实时监测代表区域内主要农作物苗情、土壤墒情及其变化情况，根据已有成果，结合天气预报，对未来的灌溉需求进行预测预报，以指导灌区管理单位和农民实行科学灌溉。

江苏灌溉排水试验研究的具体工作与主要任务如下所述：

（1）作物需水量与灌溉制度试验，包括水、旱作物蒸发蒸腾量试验、水田渗漏量试验和地下水补给量试验；旱、涝、渍、害等逆境条件下作物需水规律及其机理分析；灌溉制度试验包括大田水、旱作物灌溉制度试验，设施农业灌溉制度试验，节水高效灌排控制指标研究，非充分灌溉条件下的灌溉制度试验和作物灌溉效益试验等。

（2）灌排技术试验研究，主要是江苏不同地区的适宜灌排技术及其适应性研究，包括不同地区、土壤、作物的灌水指标组合对灌排效果（灌水均匀度、灌溉水利用率、雨水及回归水利用系数等）的影响，灌排技术对作物生长、产量和品质的影响，不同地区适宜灌排模式选择及其适应性分析，滨海盐碱地脱盐改良技术及其配套技术，适宜地下水埋深及其控制标准，不同灌排模式的环境与生态效应分析，节水控污适宜灌排技术等。

（3）基础信息采集与分析，主要包括土壤性质、种植状况、灌溉管理、土壤水分变化、地下水变化、降水量观测等，灌溉、排水水量及水稻生长期田间水深观测，数据整理与发布等。

（4）农村水利新技术示范应用，主要指灌排新技术、新模式的适应性研究与推广，包括新技术的经济性、适应性试验与示范，与技术推广应用相配套的农业和管理措施，新材料、新设备的使用与技术操作等。

(5)专题试验研究。根据江苏农村水利发展需求而设置的专项课题，主要指水利厅下达的水利科技项目以及与相关科研院所、大专院校合作的科研课题。

江苏水稻灌溉试验研究始于20世纪50年代，水稻需水量、渗漏量试验观测，以及水稻“浅水勤灌”“浅湿灌溉”“湿润灌溉”“控制灌溉”等节水灌溉技术方法、技术参数等成果形成于20世纪80年代，近20年来，该技术方法在应用推广中不断完善。

(1)水稻需水量。江苏水稻需水量试验观测主要集中在以水面蒸发量为参数的α值法，以生育期积温、日照、风速为常数的多因素方法以及彭曼公式推算需水量的作物系数等。

1)水稻需水系数α值。水稻需水系数α值为需水量与同期水面蒸发量的比值。在20世纪60年代前江苏各试验站大都采用口径为80cm的套盆式蒸发器，80年代后为便于应用气象站资料，大都改用20cm的口径。

水稻需水量与水面蒸发量都受各种气象因素的综合影响，多年的α值观测试验数值变幅不大，历年均值为1.06～1.27，以宁镇扬丘陵山区的1.27为最高，以里下河地区的1.06为最低，太湖地区及淮北地区的中稻在1.17左右，太湖地区的单季晚稻一般在1.13～1.24。

2)水稻需水量单因素与多因素计算经验公式。在长系列试验观测的基础上，选择了资料系列较长、各地区有代表性的试验数据，进行了水稻需水量ET(mm)与水面蒸发量E_0(mm)回归统计分析，结果见表10.1，同时建立了水稻作物需水量ET(mm)与生育期积温T(℃)、生育期累计日照时数n(h)、生育期累计平均风速u(m/s)的相关关系，其结果见表10.2。

表10.1　水稻需水量ET与水面蒸发量E_0计算结果表

地区	水稻种类	年数	回归方程	相关系数r
常熟	单季晚稻	7	$ET=-702.97+2.32E_0$	0.96
武进	中稻	6	$ET=90.82+0.9700E_0$	0.9840
丹阳	中稻	8	$ET=90.6916+0.9736E_0$	0.5995
泰县	中稻	7	$ET=91.2374+1.4663E_0$	0.9872
淮阴	中稻	10	$ET=139.5185+0.8261E_0$	0.7763

表10.2　水稻需水量ET与生育期积温T、累计日照时数n、累计平均风速u计算结果表

地区	年数	回归方程	相关系数r
武进	6	$ET=1476.6908+0.6184T-0.3558n+2.4112u$	0.9964
丹阳	6	$ET=1128.5677-0.5959T+0.4207n+3.5420u$	0.7432
泰县	7	$ET=147.2441+0.0744T+0.5190n-0.7706u$	0.9932
淮阴	6	$ET=125.8809+0.1774T+0.042n+0.7202u$	0.9619

3)彭曼公式推算需水量的作物系数。20世纪80年代以后，联合国粮农组织1979年推荐改进的彭曼公式计算参考作物腾发量ET_0，再乘以作物需水系数K_C推算作物需水

量 ET。

江苏各试验站的历年水稻 K_C 值并不完全一致，对全省各站资料观测分析发现，水稻 K_C 值的变幅在 1.47～1.78，各地试验站历年本田期 K_C 的多年平均值，见表 10.3。

表 10.3 江苏省各地区的 K_C 值

地区	太湖地区	宁镇扬丘陵山区	淮南地区	淮北地区
K_C 值	1.53	1.56	1.55	1.53

4）水稻各生育阶段需水量。各地在农田水利规划及灌溉管理中，往往不仅需要水稻全期的需水量，而且要某旬、某月或各生育期的需水量。淮阴水利试验站进行了 7 年试验观测，按不同生育期水稻需水量与相应的有关气象因素进行线性相关分析，结果表明在营养生长阶段与水面蒸发量 E_0 的相关程度较高（$r=0.62$～0.89），在生殖生长为主的阶段与相应的积温 T 相关程度较高（$r=0.75$～0.98），各生育阶段的需水量 ET 与该生育阶段的水面蒸发量 E_0 或相应积温 T 的回归统计方程为

返青期：$ET_1=10.7+0.7E_0$，　$r=0.62$

分蘖期：$ET_2=20.7+1.287E_0$，$r=0.89$

拔节期：$ET_3=15.9+1.137E_0$，$r=0.84$

孕穗期：$ET_4=9.22+0.211T$，　$r=0.89$

抽穗期：$ET_5=1.37+0.242T$，　$r=0.98$

成熟期：$ET_6=0.276T-48.8$，　$r=0.75$

经淮阴水利试验站的实测资料对比，误差在±15%以内。

5）水稻需水量计算方法对比。为比较各种计算方法的精度，常熟水科所应用 α 值法及彭曼法推算水稻需水量，并与实测值进行比较，误差最小的是彭曼法，全期误差范围为 -7.0%～8.0%；其次是用 E601 α 值，全期误差范围为 -12.7%～6.6%；误差较大的是口径为 20cm 蒸发皿 α 值，误差为 -12.9%～15.7%。

（2）水稻需水等值线图。根据全省 70 多处县级气象站 1950—1980 年 30 年的长系列气象资料，采用联合国粮农组织 1979 年推荐改进的彭曼公式计算参考作物腾发量 ET_0，再以作物需水系数 K_C（表 10.3），推算本田期各月日平均作物需水量 ET。

（3）稻田渗漏量。稻田渗漏包括垂直渗漏和旁侧渗漏，渗漏量大小是影响稻田耗水量的重要因素。试验测定方法，大都采用筒测或筒田、坑田结合法，也有用稻田渗漏仪直接测定。

1）苏各地稻田渗漏量。江苏苏南老稻区渗漏量小于徐淮新稻区，沿海垦区小于沿江平原区，河网密度大，沟、河水位浅的土质黏重区小于轻质土地区。根据各地、各站历年资料综合分析，全省各地渗漏量为 300～560mm，约占稻田耗水量的 30%～50%，但个别试验站的最大值在 1000mm 以上。如无锡查桥 1985 年在有暗降设施的田块，测得渗漏量为 1527.8mm，徐州站 1959 年旱改水初期也达 1005.4mm，而有的地区则不足 100mm，如淮阴的夏家湖灌区、泗洪的洪泽湖农场，地势低洼紧靠湖边，平均日渗量不足 1.0mm。

江苏各地有关试验站历年观测的渗漏量，见表 10.4。

表 10.4　江苏各地有关试验站历年观测的渗漏量表

地区	试验站	渗漏量变幅/mm	日渗量/mm	渗漏量占耗水量的比例/%
太湖地区	常熟	150～600	1.5～5.9	20～40
	武进	160～232	1.5～2.2	23～30
宁镇扬丘陵山区	溧阳	265～467	2.5～5.3	30～45
	珥陵	200～400	2.3～5.2	20～30
沿江平原区	泰县	360～740	4.3～8.8	45～60
	如皋	520～820	4.8～10.0	44～67
里下河区	江都	208～307	2.6～3.9	30～45
淮北地区	淮阴	230～415	2.3～4.6	30～45
	徐州	400～830	4.4～8.4	43～60

2）水稻田渗漏变化规律。一般新耕翻的稻田，土壤松散，孔隙大，泡田时渗漏量最大；本田期，在移栽初期，灌水较深，土壤尚未密实，渗漏量也大；而后随着淹水天数延长，土壤逐步密实，以及水稻根系增加占据了部分土壤孔隙，渗漏量趋向稳定；落干烤田后，土壤收缩造成裂缝，复水初期渗漏量又有增加；以后土壤膨胀封闭孔隙，灌水深度减浅，日渗漏又逐渐变小。

因此，渗漏量的变化规律基本上以烤田为界，前后两个由高到低的过程。溧阳大山口水利试验站连续3年的测定资料也说明了这一变化规律。该站土质为黏质白土，在泡田移栽的2～3d，每天渗漏量达7.0mm，其直渗为2.3mm，旁渗达4.7mm；而后分别稳定在0.4mm和1.2mm；烤田复水后直渗分别达3.5mm和4.7mm；而后又稳定在0.6mm和2.1mm。全期平均日直渗量达1.6mm，日旁渗量达2.0mm。

3）影响稻田渗漏量的主要原因。影响稻田渗漏量的因素很多，主要有土壤质地、地势高低、河网密度、沟河水位、耕作制度、耕作方法、灌溉方式等，但以土壤质地为主。如以黏质土为主的老稻区天湖圩区，犁底层厚，土壤透水性较差，日渗漏强度一般低于4.0mm；而宁镇扬丘陵山区的大山口，虽然地形较高，但土质黏重，大都为黏壤土或黏质白土，其渗漏强度为2.3～5.2mm/d；溧阳的沙河灌区亦是黏质土，渗漏强度亦为2.5～4.9mm/d。而沿江平原的通南高沙土地区，及徐州的沙壤土地区其渗漏强度要比其他地区高一倍左右。

其次是边界条件对渗漏量的影响。据原泰县水利科研站连续4年在砂壤土上测定，紧靠排水沟10m处的渗漏强度达11.8mm/d，距排水沟80m处为6.2mm/d，而紧靠灌溉渠道及田块周围土埂处仅为3.0mm/d。淮阴水利试验站测定也反映了同样的趋势，紧靠通航河道处为10.0mm/d，而靠灌溉渠道仅为4.3mm/d。

不同的灌溉方式、灌溉水深及落干时间，对渗漏量大小也有一定的影响。据金坛水利科研站测定，浅水勤灌时的渗漏强度为4.0mm/d，深水灌溉达6.4mm/d，而湿润灌溉仅3.6mm/d。常熟水科所测定结果和上述相仿，常规有水层灌溉的日渗量在5mm左右，渗漏总量占本田耗水量的50%以上；而湿润灌溉时为1.5mm，为耗水量的25%左右。

4）稻田渗漏量与产量的关系。水稻是耗水量较多的作物，若采用长期淹灌势必造成土壤通透不良而滋生有毒有害物质，影响水稻的正常生长发育，且易发生病虫及植株倒伏，故在试验中有渗漏的产量高于无渗漏或少渗漏的，农民也有“漏田不漏稻”之说，而生产实践中不少高产田块也往往分布在离河沟较近、地势较高、灌排方便的地方。但稻田渗漏量多少为宜，各地研究颇多，总的认为加大渗漏量有利淋洗土壤中的有毒有害物质，增加氧气，提高土壤氧化还原电位，改善根域生态环境，有利于提高产量。丹阳界牌水利试验站、泰县大伦水科站等试验站在80年代的多年试验观测表明：稻田日渗量在10mm范围内，产量会随渗漏量的增加而增加。进入21世纪，由于水资源短缺，有机肥料减少，合成肥料增加，常熟、睢宁、宝应、金坛等水利试验站研究推广浅水勤灌、浅湿灌溉、浅湿调控灌溉、湿润灌溉、控制灌溉等节水灌溉技术，在满足水稻生理需水的前提下，减少渗漏量，以降低耗水量，在高邮、武进、宝应、徐州等地大面积推广，均取得了明显的节水增产效益。

（4）水稻节水灌溉水分控制。为满足江苏淮北地区旱改水对水资源的需求，以及应对经济社会快速发展带来的水资源日益紧缺，江苏大力推广水稻浅水勤灌、浅湿灌溉、浅湿调控灌溉、湿润灌溉、控制灌溉等节水灌溉技术。在多年试验研究的基础上，各生育阶段的灌溉水分控制指标详见表10.5～表10.9。

表10.5　水稻浅水勤灌各生育阶段田间适宜水层

生育阶段	返青	分蘖	拔节	孕穗	抽穗	乳熟	黄熟
水层/mm	30～50	10～30	10～50	10～50	10～40	10～40	跑马水

表10.6　水稻浅湿灌溉各生育阶段田间水分控制指标

控制指标	生育阶段							
	返青	分蘖		拔节	孕穗	抽穗	乳熟	黄熟
		前中期	末期					
灌水水层上限/mm	30～40	20～30	烤田	20～30	30～40	20～30	20～30	干干湿湿
土壤水分下限/%	100	80～90	70	70～80	100	90～100	80	75
雨后允许滞蓄水深/mm	80	100	—	140	140	140	80	0
灌溉周期/d	4～5	4～5	6～8	4～6	3～4	4～6	4～6	—

注　土壤水分下限值以耕层土壤饱和含水量的百分数表示。

表10.7　水稻浅湿调控灌溉各生育阶段间田间水分控制指标

控制指标	生育阶段						
	返青	分蘖	拔节	孕穗	抽穗	乳熟	黄熟
灌水水层上限/mm	10～30	20～30	20～30	20～30	20～30	20～30	干干湿湿
土壤水分下限/%	100	80～90	70～80	90～100	90～100	80	70
雨后允许滞蓄水深/mm	60	70	80～90	80～100	80～100	60	—
雨后允许滞蓄时间/d	3	3	3	3	3	3	—
灌溉周期/d	4～5	6～8	4～5	4～6	4～6	4～6	—

注　土壤水分下限值以耕层土壤饱和含水量的百分数表示。

表 10.8 水稻湿润灌溉各生育阶段田间水分控制指标

控制指标	生育阶段						
	返青	分蘖	拔节	孕穗	抽穗	乳熟	黄熟
灌水水层上限/mm	20～30	10	10	10～20	10～20	10	干干湿湿
土壤水分下限/%	100	80	70	90	80	80	75
雨后允许滞蓄水深/mm	100	100	200	200	300	300	0

注 土壤水分下限值为耕层 20cm 的土壤含水量，以占饱和含水量的百分比表示。

表 10.9 水稻控制灌溉各生育阶段水分控制指标

控制指标		生育阶段								
		返青	分蘖			拔节与孕穗		抽穗与开花	乳熟	黄熟
			前期	中期	后期	前期	后期			
灌水水层/mm	上限	30	5	—	—	—	20	10	—	—
	下限	10	—	—	—	—	10	5	—	—
土壤水分/%	上限	—	100	100	100	100	100	100	100	80
	下限	100	80	70	60	70	80	80	80	70～60
地下水埋深/cm	上限	—	0	20	60	20	0	0	20	50
	下限	0	20	40	80	40	20	20	40	80～120
雨后允许滞蓄水深/mm	上限	70	80	100	烤田	100	150	100～150	80	—

注 土壤水分为水稻根层土壤含水量占饱和含水量的百分数；雨后最大滞蓄水深历时不超过 3～5d；水分指标受气候、土壤、作物品种等因素的影响，仅供参考。

10.2.2 小麦灌溉试验

1. 小麦播种和各生育阶段土壤适宜含水率

射阳试验站于 20 世纪 80 年代末，开展了小麦出苗及各生育阶段的适宜土壤含水率研究，旨在为大面积小麦播种控制墒情和科学灌溉提供科学依据。

采用盆栽罐进行试验研究，人为控制土壤含水率，观察不同土壤含水率条件下小麦生长情况。盆栽罐陶瓷烧制，直径为 25cm，高为 40cm，每一处理 3 次重复；台磅称重，每 3d 称重一次，根据设定的土壤控制指标进行水量补给。

不同土壤含水率的小麦试验小区的生长情况与产量见表 10.10，结果表明：小麦生长的土壤适宜含水量为 20%～24%。

表 10.10 小麦适宜土壤含水率试验考种及产量统计

处理	土壤含水率/%	株高/cm	穗长/cm	根数/(条/株)	分蘖/(个/株)			株数/(万株/亩)	穗数/(万/亩)	千粒重/g	产量/(kg/亩)	秸秆/(kg/亩)
					有效	无效	小计					
1	12～15	73	8.1	12.0	1.38	0.23	1.61	8.8426	12.244	27.14	81.4	146.2
2	15～17	78.6	7.9	11.9	1.00	0.31	1.31	34.01	34.010	27.42	222.9	464.7
3	17～19	77.7	7.6	12.6	1.04	0.13	1.17	34.01	35.370	32.83	343.7	378.6
4	19～20	83.8	7.8	13.2	1.12	0.30	1.42	36.7308	41.220	33.80	395.7	505.6
5	20～24	85.2	7.8	13.3	1.24	0.15	1.39	35.7785	41.485	33.16	489.6	555.4
6	24～27	89.2	8.4	14.0	1.31	0.13	1.44	35.3704	46.254	25.00	409.8	537.3
7	27～30	89.9	8.3	14.6	1.45	0.34	1.79	29.5207	42.580	22.68	306.1	525.9

2. 小麦需水量与需水规律

小麦需水量包括叶面蒸腾和棵间土壤蒸发两部分。影响小麦需水量的因素主要有气候、下垫面条件和农业生产水平。同一地点、不同水文年型、不同产量水平的需水量有很大不同，不同地点的小麦需水量差异更大。

（1）小麦需水量的年际变化。各试验站试验表明，小麦需水量各年不同。根据20世纪80年代连续10年实测资料统计：徐州站小麦需水量为426～648mm，试验期间10年的平均值为557.0mm；淮阴站为457～566mm，平均499.5mm；射阳站为342～479mm，平均412.1mm；南通站为322～364mm，平均345.1mm；丹阳站为319～445mm，平均365.6mm。

（2）小麦需水量的地区差别。由于江苏处于亚热带向暖温带过渡区域，小麦需水量有着由南向北递增的趋势。大量试验观测资料表明，徐州站小麦需水量最大，平均557.0mm，相应试验产量每亩平均456.6kg；南通站最小，平均需水量为345.1mm，亩产384.6kg。为分析需水量的地区差异，根据试验当时农业生产水平和发展潜力，各地区均以亩产350～375kg为小麦目标产量，各试验站按此小麦产量标准，采用相关分析法或需水系数法对各自实测的小麦需水量进行修正，修正后得各站小麦需水量：徐州站456.6mm（1.94mm/d），淮阴站427.3mm（1.80mm/d），射阳站364.5mm（1.70mm/d），南通站284.6mm（1.37mm/d），丹阳站321.2mm（1.52mm/d）。

（3）小麦生长期内的需水分配。小麦各生长发育阶段的需水量会随其生理代谢、物质积累以及所处生态环境、气象条件的变化而异。分析各站实测小麦需水过程表明，苗期营养体小，叶面积指数低，腾发量小，并随气温降低，在越冬期的12—1月间腾发强度最低；其后，随着气温回升，小麦生长速度逐渐加快，从返青到拔节，营养体逐渐增大，叶面积指数增高，腾发强度亦随之迅速上升，到抽穗期和灌浆初期的4—5月，腾发强度达最大值；灌浆中期以后，虽气温继续升高，但由于植株体内机能开始衰退，功能叶片减少，腾发量逐渐下降。在淮北地区，小麦各生育阶段平均需水强度：苗期为1.0～2.0mm/d，越冬期为0.5～1.0mm/d，返青期为1.0～2.0mm/d，拔节期为3.0～4.0mm/d，抽穗—灌浆期达5.0～6.0mm/d之多。小麦按月多年平均试验需水强度见表10.11，各生育阶段多年平均试验需水量见表10.12。

表10.11　　小麦按月多年平均试验需水强度　　单位：mm/d

月份	徐州	淮阴	射阳	南通	丹阳
10	2.00	0.69	1.10		1.02
11	1.06	0.90	1.28	0.76	1.11
12	0.78	0.77	0.97	0.69	1.01
1	0.46	0.73	0.84	0.73	0.99
2	0.58	0.71	1.10	0.93	1.34
3	1.98	1.40	2.01	1.68	2.02
4	5.35	4.21	2.81	3.61	3.02
5	6.68	5.99	3.75	2.96	2.47
6	3.19	4.96	3.93		
全期	2.41	2.12	1.82	1.63	1.70

表 10.12　　小麦各生育阶段多年平均试验需水量　　单位：mm

时段	徐州	淮阴	射阳	南通	丹阳
苗　期	71.6	45.7	65.1	40.7	62.6
越冬期	45.2	56.6	68.0	44.7	62.5
返青期	31.4	23.2	34.6	24.3	30.9
拔节期	176.0	136.0	108.0	107.5	102.8
抽穗期	82.9	72.5	45.9	50.9	42.6
灌浆期	149.9	165.5	90.5	77.0	64.2
全　期	557	499.5	412.1	345.1	365.6

3. 小麦需水等值线图

江苏小麦需水等值线图，同样采用长系列气象资料，运用联合国粮农组织 1979 年推荐改进的彭曼公式计算参考作物腾发量 ET_0，再乘以作物需水系数 K_C 推算小麦各月日平均作物需水量 ET。小麦作物系数 K_C 以各试验代表站的试验观测需水量与计算需水量进行对比修正，徐淮地区为 1.10，苏中地区为 1.05，沿江与苏南地区为 1.01。

10.2.3　棉花灌溉试验

1. 棉花需水规律

(1) 棉花需水量的地区变化。棉花需水量随各年水文气象条件和农业生产水平的变化而变化，年际变化幅度较大。试验站多年的棉花需水量试验资料表明：徐州站需水量为 600～770mm，试验年度平均为 680.1mm；淮阴站为 690～750mm，平均为 722.6mm；射阳站为 560～730mm，平均为 659.9mm；南通站为 500～850mm，平均为 667.8mm；常熟站为 510～640mm，平均为 557.0mm。

棉花植株长势、蕾铃多少、产量高低，对棉花需水量与需水规律有较大的影响。根据 20 世纪 80 年代具有 5 年以上资料的各站试验分析，皮棉亩产在 50～150kg 范围内，棉花需水量与其产量有下述相关关系：

射阳站：　$$ET = 230.0W^{0.24}$$

常熟站：　$$ET = 1.83W + 366.5$$

式中：ET 为实测棉花需水量，mm；W 为相应皮棉产量，kg/亩。

由于江苏棉花生长期北长南短，造成其需水量北高南低、需水强度北小南大的地区性分布规律（表 10.13 和表 10.14）。如徐州站棉花年平均需水量为 680.1mm，平均日需水强度为 3.70mm；南通站需水量为 667.8mm，日需水强度为 4.48mm。根据全省当时棉花生产力水平，拟定各地皮棉目标值为 80kg/亩，分析棉花需水量的区域性变化规律。

根据各地试验站棉花需水量 ET 与产量 W 的关系，当皮棉亩产在 80kg 时，徐州站棉花需水量为 651.3mm (3.54mm/d)、淮阴站为 659.5mm (3.66mm/d)、射阳站为 658.4mm (3.78mm/d)、南通站为 607.0mm (3.97mm/d)、常熟站为 512.9mm (3.35mm/d)，由此可见，棉花需水量大致是由北向南递减，而其需水强度由北向南递增。

（2）棉花生长期内的需水分配。棉花不同月份、不同生育阶段的需水量变化见表10.13和表10.14。

表 10.13　各试验站试验年度棉花月平均需水强度　单位：mm/d

试验站	5月	6月	7月	8月	9月	10月	11月	全生育期
徐州	2.48	4.37	5.18	4.86	3.09	2.20		3.70
淮阴	2.35	2.78	5.33	5.83	4.20	3.38		4.01
南通		2.23	6.15	8.68	3.48	1.65		4.48
常熟		2.49	4.98	5.67	3.70	1.48		3.64
射阳	1.49	3.00	4.75	6.38	4.37	2.71	1.91	3.79

表 10.14　各试验站试验年度棉花各生育阶段需水量　单位：mm

试验站	生育阶段				
	苗期	蕾期	花铃期	吐絮期	全生育期
徐州	77.1	131.3	272.9	198.8	680.1
淮阴	115.3	111.1	270.7	225.5	722.6
射阳	56.9	105.8	330.5	166.7	659.9
南通	34.7	96.9	393.5	142.7	667.8
常熟	37.0	102.5	309.5	108.0	557.0

2. 棉花需水等值线图

江苏棉花需水等值线图，同样采用长系列气象资料，运用彭曼公式计算参考作物腾发量 ET_0，再以作物需水系数 K_C 推算棉花各月日平均作物需水量 ET。经试验分析，确定江苏各地的棉花作物系数 K_C，徐淮地区为1.08，苏中地区为1.24，沿江与苏南地区为1.26。

10.2.4 排水降渍试验

1. 小麦生长与地下水位埋深关系

金坛、武进试验站连续6年的测坑观测试验表明，地下水位埋深控制在60～80cm的测坑，生长优势明显，伤流量大，叶绿素消退慢，无论干旱还是多雨的年份，产量都较高。1981年不同地下水位埋深与各处理小麦生长关系见表10.15。

表 10.15　不同地下水位埋深与小麦各处理产量生长情况

地下水位埋深/cm	基本苗/(万/亩)	最高茎蘖/(万/亩)	每亩有效穗/万	株高/cm	穗部状况			穗粒结构			产量情况			
					穗长/cm	小穗排数	退化排数	每穗总粒	每穗实粒	千粒重/g	理论产量		实收产量	
											kg/亩	名次	kg/亩	排序
40	17.334	116.154	29.498	81.7	7.9	11.25	2.24	42.91	42.22	38.18	475.6	4	399.6	4
60	14.638	108.706	29.690	83.8	8.5	11.15	1.79	46.12	45.92	40.13	547.0	1	435.0	1
80	14.756	123.888	28.609	80.8	8.1	11.19	1.93	39.62	39.58	40.05	453.5	5	429.65	2
100	14.638	109.605	29.55	80.9	8.8	11.03	1.64	46.35	47.15	38.70	530.0	2	411.87	3
120	14.845	112.45	28.564	80.6	8.5	11.12	1.81	44.43	44.06	38.55	465.0	3	391.13	5

地下水位埋深控制在60～80cm，小麦能获得较好收成。原因如下：

（1）小麦能利用1m土层内的水分。0～20cm土层内的耗水量占60%左右，与小麦生长关系最密切；20～50cm土层内的耗水量占20%左右，50cm以下耗水量占20%左右。可见，小麦所利用的80%左右的耗水量都在50cm土层以内。

（2）小麦根量垂直分布情况见表10.16。可见，小麦90%的根量在40cm土层内，其中76.5%的根量集中在20cm土层内。

表10.16　小麦根量垂直分布情况

土层深度/cm	0～20	20～30	30～40	40～50	50～60	60～70	70～80	80～90	90～100
占1.0m土层内总根量的百分数/%	76.5	8.9	5.4	3.4	2.1	1.4	1.0	0.8	0.5

2. 棉花生长与地下水位关系

大量试验表明，地下水位的高低直接影响到棉花根系的生长，影响皮棉产量。常熟站支塘点（表10.17）试验观测表明：棉花地下水埋深花龄期为1.28m、成熟期为1.39m时，与地下水位控制在0.66～0.67m相比，蕾铃脱落率减少3.1%，皮棉产量增加34%；南通惠和农科所试验资料同样表明，地下水埋深为1.12m时，与地下水位控制在0.85m相比，皮棉产量相对增加10%。常熟、东台、射阳试验站统计的地下水埋深与皮棉产量关系见图10.1～图10.3。

表10.17　地下水位埋深与棉花生长状况对照表

地点	花铃期地下水埋深/m	果枝条数/(条/株)	蕾数/(个/株)	脱落率/%	成熟期地下水埋深/m	霜前花/%	纤维长/mm	纤维长/齐度	增减产/%
常熟支塘	0.66	13.0	41.8	79.6	0.67	50	29.5	较齐	0
	1.28	15.7	51.3	77.0	1.39	91	30.7	较齐	+34
	2.80	14.0	43.1	80.8	2.80	77	29.4	不齐	−9
南通惠和	1.12			71.6	1.12				+10
	0.85			74.7	0.85				0

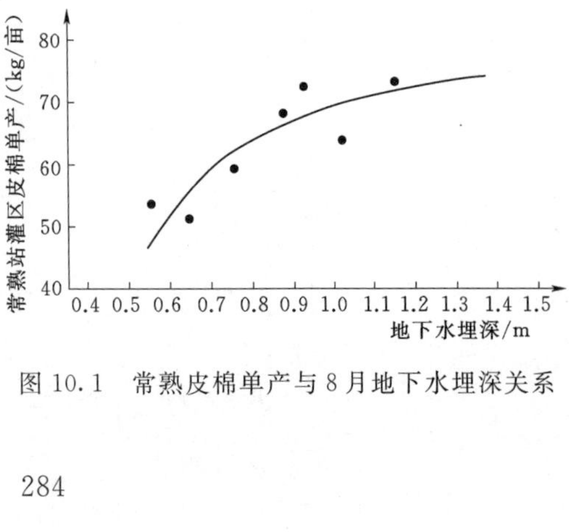

图10.1　常熟皮棉单产与8月地下水埋深关系

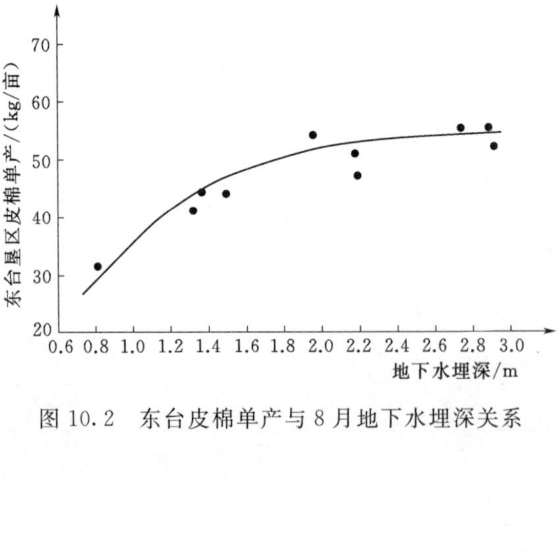

图10.2　东台皮棉单产与8月地下水埋深关系

3. 沿海垦区内三沟布局试验研究

江苏垦区水利土壤研究所，在江苏沿海垦区，以墒沟、腰沟、隔水沟为试验因素，墒沟间距试验水平为 2.4m、3.6m、4.8m，腰沟间距为 20m、30m、40m，隔水沟深度为 0.4m、0.6m、0.8m，分别在二试验区，同时采用三因素三水平 9 种处理的正交试验，以遭遇降雨后的农田地下水消退过程为试验目标，获得内三沟合理布局的较佳标准是：墒沟间距为 2.4～3.6m，深度为 0.25m；腰沟距离为 20m，深度为 0.25m；隔水沟深度为 0.6m。

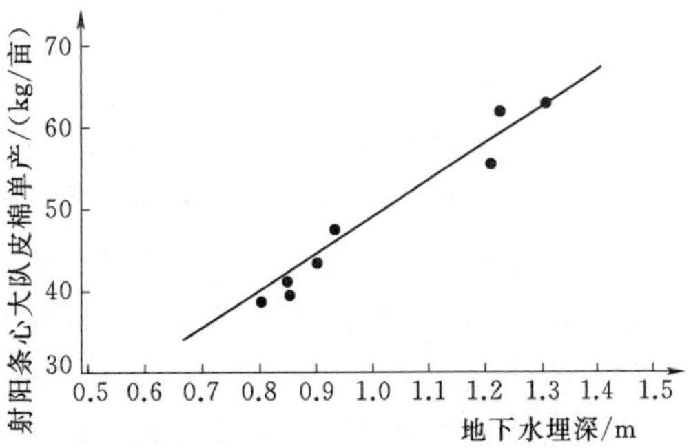

图 10.3 射阳皮棉单产与主要生长期地下水埋深关系

10.3 农村水利科技推广

几十年来，江苏以农田水利试验站为基础、以水利院校及科研院所（江苏省水利科学研究院、河海大学水利水电学院、扬州大学水利学院、南京水利科学研究院农村水利科学研究推广中心等）为技术依托，通过广大水利技术人员的辛勤努力，在中低产田改造、机电排灌与泵站节能改造、装配式建筑物、节水灌溉技术、盐碱土改良、暗管与鼠道排水、水土保持和小流域治理、灌区信息化与自动化、节水型生态灌区建设、灌溉用水管理与农村水利现代化等技术推广领域取得了一系列成果，有力地推进了农村水利现代化进程。

10.3.1 中低产田改造

江苏中低产田主要指缺少沟渠的实心田、尚未改良的盐碱地、地势低洼的易涝易渍田和水土流失严重的坡耕地等 4 种类型。易旱实心田主要分布在江苏淮北、滨海垦区和通南高沙土地区，盐碱地主要分布在江苏淮北和滨海垦区，易涝易渍田主要分布在圩区洼地、冲沟低谷以及湖泊周边，坡耕地主要分布在低山丘陵地区。

针对江苏中低产田的特点，各地从 20 世纪 50 年代开始探索研究、分析总结、试点推广治理技术，在 80 年代后期形成了成套的中低产田改造技术。采取以水利措施为主、以农业措施为辅的方法，分阶段、有重点、因地制宜地进行治理改造。

对易旱实心田，采取开沟筑渠、健全水系、搞好建筑物配套等措施，改善农田灌溉、排水条件。

对盐碱地，采取健全灌排沟渠、排灌分开、引水灌溉、淋盐洗碱、改制种稻、种植绿肥等措施，改良土壤物理性状。

对易涝易渍田，采取圈圩建站、开沟排水、预降水位等措施，提高除涝降渍能力。

对水土流失严重的小流域，坚持生物措施、工程措施和农业耕作措施相结合，以坡改梯为重点，以小流域为单元，岗、塝、冲全面规划，山、水、田、林综合治理，实行水保林、用材林、经济林相结合，乔、灌、草相结合，防治水土流失，改善生态环境；对坡耕地，采取开挖环山截水沟、修筑梯田与塘坝、植树造林等蓄水保水措施，防治水土流失。

同时，对淮北水资源紧缺地区，研究解决外部水资源的优化配置，做到蓄、引、提、调有机结合，天上水、地面水、外来水、地下水合理利用；平原区河网梯级控制，调引水源；山丘区，兴建水库、塘坝、水窖，开挖环山截水沟，最大限度地拦蓄雨水；井渠结合的灌区，非灌溉季节，引长江、淮河水或拦蓄雨水，补给地下水；大、中型灌区，通过建闸拦蓄，充分利用回归水，提高水资源利用率；积极推广节水灌溉技术、机械化施工技术、装配式建筑物、灌排泵站节能改造技术等。

“九五”期间，江苏在淮北重点地区（苏北灌溉总渠以北、洪泽湖周边、微山湖西三大片贫困地区和革命老区，涉及徐州、淮安、连云港、盐城、宿迁5个市，丰县、沛县、睢宁、泗洪、泗阳、灌南、灌云、响水、滨海、阜宁、淮阴、涟水、盱眙13个县的205个乡镇、3610个行政村），集中改造中低产田535万亩，辐射改造中低产田1400万亩。项目实施后，增加耕地22万亩，每年节水6.71亿m^3，尚有巨大的节能、生态与社会效益，该成果获2000年度江苏省科技进步二等奖。

江苏省中低产田改造工程从1988年开始全面实施，2005年基本结束，历时18年，涉及改造中低产田2900万亩，其中，低产田为960万亩。中低产田全部达到省水利厅制定的改造标准，新增旱涝保收、高产稳产农田710万亩，年增产粮食175.8万kg。在此期间，围绕中低产田改造开展了大量研究，取得了包括全国科学大会奖、国家科技进步奖在内的奖励8项，详见表10.18。

表10.18　江苏中低产田改造主要科研与推广成果

获奖年份	成果名称	获奖等级	完成单位
1996	百万亩低产田改造工程综合治理技术及推广	国家科技进步三等奖、江苏省科技进步二等奖	扬州市水利局、泰州市水利局、泰兴市水利局等
2000	江苏淮北重点地区中低产田改造水利技术研究及推广	江苏省科技进步二等奖	江苏省水利厅
1978	徐淮地区三麦灌溉调查试验研究	江苏省科学大会奖	江苏省水文总站、徐州水利试验站
1978	井灌井排改良滨海盐碱土研究	江苏省科学大会奖	江苏省水文总站、东台水利试验站
1987	江苏省农田水利分区治理技术及推广	江苏省科技进步一等奖	江苏省水利厅农水处，徐州、淮阴、盐城等市水利局

10.3.2　机电排灌与中小型泵站技术改造

江苏是我国发展机电灌排最早的省份之一，1980年全省机电灌排面积就达6000万亩左右，占全省耕地面积的85.9%，基本实现灌排机电化；但快速的发展，也带来了一些问题，当时全省约有3.1万座小型泵站、10万台水泵不符合节能、节水、安全、高效的要求，有100万kW小型灌排泵站带病运行。

1980年，水利部颁发《机电灌排站实行八项技术经济指标考核》的暂行规定。江苏省水利厅为提高泵站装置效率，开展了泵站普查，规范泵站测试方法和进行泵站改造研究与试点工作。1981年省水利厅《关于加强机电排灌管理搞好调整配套工作意见》提出

“调、配、改、修、换”5个方面的泵站改造技术措施。“调”，是根据自然条件、农业生产和农村经济发展需要，适当调整灌区规模、作物布局，按照灌排区工作扬程，调整机泵型号，使机泵尽可能处于高效区运行；“配”，要求做到机泵配套合理，水泵设计扬程与灌区工作扬程配套，渠道、建筑物、田间工程配套；“改”，改革机泵不合理的安装形式和安装高程，改善进出水条件、动力传动方式，改用新技术、新工艺、新设备；“修”，修理机、泵、管，恢复和提高其技术性能，维修泵站建筑物、配电线路等，保证安全生产；“换”，即对质量低劣、老化严重、无配件供应或确定无修复价值的设备报废更新，以及对处于过渡阶段的淘汰产品，进行逐步换件、局部改造，先后更新。

1986年后，泵站技术改造在江苏全面展开，通过高校科研人员与江苏农村水利基层科技人员的共同努力，在实践中，总结、提出了一整套机电排灌技改技术，如：对不同系列、不同负载率、不同出厂年代的电机，提出了提高电机效率的技改措施；通过提高水泵过流部分光洁度、修复密封环间隙（包括轴流泵叶片与泵壳间隙），调整蜗壳与叶轮轴线、叶片安放角，改进水泵进水口，调节水泵（转速、叶片角、扬程）等措施提高水泵工作效率；通过优化管线、管径，调整管路配件及附属设施，减少管路水头损失；通过改进水泵机组排列形式、优化进水池布局与尺寸、合理安装出水管、优化出水池等措施，提高泵站装置效率。在此期间，省水利厅陆续印发了《江苏省机电灌排效率测试技术改造资料汇编》《中小型泵站技术改造经验选编》以及《泵站技术改造竣工验收条例》《泵站技术改造验收合格证》等，使全省泵站技术改造逐步走上规范化、标准化。

江苏省水利厅推广中小型泵站技术改造，从1981年开始对山、平、圩不同地区，按灌、排、降不同要求，对混流泵、轴流泵、离心泵等不同类型的泵站，在武进、丹徒、铜山、溧阳、江都五县试点，改造机组995台3.3万kW。1984—1986年在取得试点经验的基础上，扩大试点到丰县、铜山、灌云、金湖、阜宁、建湖、如皋、泰县、丹阳、江宁、武进、溧阳、江阴、昆山15个县（市），改造泵站968座2.7万kW；1986年开始，在全省范围内普及推广中小型泵站改造技术，截至1997年，全省累计改造泵站2.3万座95万多kW，年节电6114万kW·h，增加灌排流量698m^3/s，扩大和改善灌排面积1306万亩，节省基建投资1.745亿元，增产粮食65.3万t。在长达10多年推广时间内，推广范围覆盖全省，受益面积达1306万亩，改造动力约占应改造数的47.5%。该推广成果获1998年度江苏省科技进步三等奖。

2010年后，针对传统小型灌溉泵站占地多、一旦土地流转或城市化后变更土地利用性质造成泵站拆除重建损失较大等缺点，扬州大学按照定型化、工厂化、模块化、智能化的要求开发了一体式机泵柜（泵站）系列定型产品，利用机柜式泵房来取代过去的砖混结构泵房。该成果设计了13种立式轴流泵、6种导叶式混流泵、23种卧式混流泵及多种潜水泵的对应机泵柜的定型产品，取得1项发明专利、3项实用新型专利。该系列产品具有以下优点：易装易拆，可重复使用；占地少，多数泵房仅需要4m^{2}左右；安装简单、快捷，基础施工强度符合要求后，泵房安装仅3h左右，而传统的砖混结构泵房一般需要10d左右；功能全、自动化程度高，具有自动控制、量水、智能保护（防盗等）、遥控开停机等功能。目前，一体式机泵柜（泵站）正在江苏各地推广。

30年来，江苏机电排灌与泵站节能改造科研与推广成果见表10.19。

表 10.19　　江苏机电排灌与中小型泵站节能改造主要科研与推广成果

获奖年份	成果名称	获奖等级	完成单位
1984	推广泵站节能改造技术	水利部科技进步四等奖	武进县水利局
1987	中小型泵站现场效率测试和泵站节能技术改造研究推广	水利部科技进步四等奖	省水利厅农水处、灌排总站、武进县水利农机局
1990	泵站开敞式进出水池现场试验研究	水利部科技进步三等奖	溧阳县水利农机局、江苏农学院
1985	机电排灌站节能改造技术	江苏省科技进步四等奖	徐州市水利局、铜山县水利局、江苏工学院等
1986	机电排灌设备节能技术改造	江苏省科技进步四等奖	丹徒县水利农机局
1988	中小型泵站流道节能技术研究	江苏省科委科技进步三等奖	江苏农学院
1992	中型泵站综合技术改造方案论证与研究	江苏省科技进步四等奖	江苏农学院，江苏省水利厅灌排总站、科教处、工管处、农水处等
1998	中小型泵站技术改造研究推广	江苏省科技进步三等奖	江苏省水利厅
2015	一体式机泵柜	第一届扬州专利优秀奖	扬州大学

10.3.3　装配式建筑物

田间装配式建筑物是针对建筑物现场砌筑或现浇而言的一种施工工艺。江苏省水利厅长期以来高度重视田间装配式建筑物研发与推广，从20世纪70年代后期开始，全省各级水利部门，按照“先进、实用、经济、高效”的要求，积极采用新技术、新材料、新结构、新工艺，对各类建筑物工程分部位或整体结构进行研究、改进、创新，做到结构合理、牢固耐用、材料节省、造价降低、安装速度加快。1978年起，省水利厅先后编印了《农桥轻型桥台资料选编》《装配式田间工程建筑物》《桁架拱桥图集》《小型涵闸工程设计图集》《小型机电排灌配套手册》《农田水利配套建筑物施工细则》等配套建筑物的技术资料20余种。在长期的生产实践中不断总结、改进、提高，从开始的“重、厚、笨、老”发展到“轻（轻型）、薄（薄壳）、巧（灵巧）、预（预制、装配）”，进而向“合（合理布局、综合利用）、改（技术改革、挖潜改造）、新（新技术、新结构、新材料）、化（标准化、系列化、工厂化、施工机械化）、精（轻、巧、薄）”的方向发展。

据铜山、高邮、江都、金坛等地的典型资料分析，装配式建筑物与现场砌筑式相比可节省造价30%～50%，节省用工50%～70%。仅20世纪90年代，江苏推广装配式建筑物1800多万亩，与常规配套建筑物相比，节约经费5.4亿元，节工1800万工日。

2014年，扬州大学主持完成了水利公益性行业科研专项“南方地区农田水利田间工程标准化研究”，主要成果有：①改进、试制、优化了部分田间配套建筑物，设计了6种定型构件及利用该定型构件构造了放水闸、退水闸、节制闸、涵闸、涵洞、倒虹吸等；②编制了田间工程标准化图集（包括46种不同田间配套建筑物）；③修订完成了6类地区典型田间工程标准化布置模式；④修订了不同类型地区典型田间工程标准化模式所对应的万亩定额；⑤建立了江苏农田水利典型田间工程标准化设计数据库。主要成果获得2014年度江苏省水利科技进步一等奖，第七届江苏省农业技术推广二等奖。

江苏装配式配套建筑物主要科研与推广成果见表10.20。

表 10.20　　江苏装配式建筑物主要科研与推广成果

获奖年份	成果名称	获奖等级	完成单位
1986	江苏省农田水利配套建筑物技术发展和推广	水利部科技进步二等奖	江苏省水利厅农水处
1992	淮北地区铜山县农田水利装配式配套建筑物研究及推广示范	水利部科技进步三等奖	南京水利科学研究院、江苏省水利厅、铜山县水利局
1992	预制装配式小型水工建筑物技术	水利部科技进步四等奖	扬州市水利局、高邮市水利局、江都县水利局
1993	红旗联圩中沟以上装配式建筑物系列研究	水利部科技进步三等奖	江苏省水利厅农水处、盐城市水利局、射阳县水利局
1997	农田水利装配式建筑物技术的研究与推广	水利部科技进步三等奖	江苏省水利厅农水处、扬州市水利局、徐州市水利局等
1992	淮北地区铜山县农田水利配套建筑物研究及推广示范	江苏省科技进步四等奖	铜山县水利局、江苏省水利厅
2006	江苏平原地区现代化田间工程模式研究	江苏省水利科技优秀成果二等奖	淮安市水利局、扬州大学
2014	南方地区农田水利田间工程建设关键技术集成与应用推广	江苏省水利科技优秀成果一等奖；第七届江苏省农业技术推广二等奖	江苏省水利厅、扬州大学

10.3.4　节水灌溉技术

(1) 水稻节水灌溉技术。江苏近70%的农田稻麦轮作，水稻节水灌溉技术长期受到高度重视。20世纪70年代，随着机电排灌逐步推广，水稻种植面积不断扩大，特别是淮北地区将旱改水作为农村脱贫主要措施之一后，由于水资源紧缺，水稻灌溉技术也相应从传统的"深水灌溉"向"浅水勤灌""浅湿灌溉""湿润灌溉""控制灌溉"发展。进入80年代，随着水稻灌溉面积的进一步扩大，加上乡镇企业的发展，人民生活水平的提高，水资源供需矛盾进一步加剧。江苏农水科研系统围绕水稻节水、高产开展技术攻关，各地总结了多种水稻节水高产模式，例如以淮安地区为主的"浅湿调控灌溉"、以盐城地区为主的"控制灌溉"、以苏南地区为主的"湿润灌溉"等，至20世纪末，推广面积就达1500万亩以上。

由于江苏水稻种植期与雨季高度重合，高施肥量下的稻田易使大量氮磷随排水流失，导致水环境恶化。近年来，河海大学与省水利厅相关部门合作，开展了水稻浅湿控制节水灌溉技术、协同灌溉技术研究，主要措施有：在农田尺度上采用蓄雨控灌技术，通过适当降低灌水下限，提高雨后蓄水深度，以减少腾发量，增加雨水利用率，减少排水量和稻田污染物负荷；在农田控制灌排的基础上，利用农沟对农田排水再次拦截，并滞蓄农沟控制区内沟渠、道路以及农田侧渗排水，利用农沟和农田的湿地效应，滞蓄排水，吸收氮磷，减轻对外河水体的污染。

江苏水稻节水灌溉技术主要科研与推广成果见表10.21。

表 10.21　　江苏水稻节水灌溉技术主要科研与推广成果

获奖年份	成果名称	获奖等级	完成单位
1988	水稻湿润灌溉技术试验研究	江苏省科委科技进步四等奖	常熟市水利科学研究所
1998	水稻浅湿调控灌溉技术开发与推广	江苏省科技进步二等奖	淮阴市水利局
2000	水稻旱作节水灌溉技术试验研究	江苏省科委科技进步三等奖	徐州市水利局
2002	水稻高产节水灌溉技术推广	江苏省科技进步三等奖	江苏省水利厅、河海大学等
2006	减轻农业面源污染的水稻非充分水肥耦合技术研究	江苏省水利科技优秀成果三等奖	苏州市水利局、扬州大学、常熟市水利科学研究所
2007	多功能节水灌溉研究	江苏省水利科技优秀成果三等奖	太仓市水利局
2009	南方地区水稻非充分灌溉技术试验研究及应用	江苏省水利科技优秀成果三等奖	无锡市锡山区水利农机局、扬州大学、无锡市水利局
2011	沟田协同控制灌排技术节水及环境效应试验研究	江苏省水利科技优秀成果一等奖	江苏省农村水利科技发展中心、河海大学、涟水县水利科学研究站

（2）节水灌溉工程技术。江苏在开展水稻节水灌溉技术研究与推广的同时，十分重视节水灌溉工程技术的研究、引进与推广，至 2015 年，江苏推广渠道衬砌、管道灌溉、喷微灌工程等节水灌溉工程面积达 3402.6 万亩，占有效灌溉面积的 56.3%。长期以来，渠道防渗是江苏省推广的主要节水工程措施之一，在防渗渠道的标准化设计、施工以及新材料应用等技术领域取得了一系列成果，并广泛应用于生产实践。管道灌溉是江苏大力推广的另一节水灌溉工程措施。从 20 世纪 70 年代开始，无锡等地推广地下暗渠灌溉工程，由于节水、省地等多种效益，在长达近 50 年时间内，暗渠面积不断增长，刚开始时推广采用地下灰土渠，后改为混凝土管道。目前无锡江阴市 90%以上的干支二级到田小型机电灌区，上级为混凝土低压管道，下级为混凝土衬砌渠道。2003 年，常熟市针对苏南人多地少、经济发达的特点，对难于执行灌溉制度、分散经营的小型机电灌区，在董浜镇研究示范恒压变频管道灌溉系统（又称田间自来水），目前，仅常熟市的推广面积已超过 8 万亩。

近几年来，江苏各地结合新一轮的农村土地流转，在水旱轮作区大力推广低压管道灌溉工程，在经济作物种植区、蔬菜园区正在大力推广喷微灌等高效节水灌溉技术。

江苏节水灌溉工程技术主要科研与推广成果见表 10.22。

表 10.22　　江苏节水灌溉工程技术主要科研与推广成果

获奖年份	成果名称	获奖等级	完成单位
1990	高充填 PVC 合金防渗薄膜及其在农田水利工程中的应用	水利部科技进步四等奖	江苏省水利科学研究所
1979	喷灌程序自动控制装置	江苏省重要科技成果四等奖	江苏省水利科学研究所、昆山农田排灌研究所、江苏省垦区土壤改良研究所
1985	折射式喷头研制	江苏省科技进步四等奖	无锡园艺水利研究所
1986	轻小型移动式化肥罐	江苏省科技进步四等奖	无锡园艺水利研究所

续表

获奖年份	成果名称	获奖等级	完成单位
1999	渠道防渗节水技术推广应用	江苏省科技进步三等奖	南通市水利局、通州、如皋、如东、海安县水利局等
2002	大掺量统排粉煤灰混凝土渠道防渗技术研究与应用	江苏省科技进步三等奖	盐城市水利局、扬州大学
2006	渠道防渗新技术集成推广	江苏省科技进步二等奖	江苏省水利科学研究所、江苏省水利厅农水处、扬州大学等
2006	农田管道输水灌溉工程技术研究及推广应用	江苏省科技进步三等奖	扬州大学、无锡市锡山区水利农机局、中国水利水电科学研究院、江苏省水利厅农村水利处等
2008	微喷灌技术在桃园的推广与应用	江苏省水利科技优秀成果三等奖	无锡市惠山区水利农机局
2010	微灌节水技术在现代高效农业中的示范与推广	江苏省水利科技优秀成果二等奖	江阴市水利农机局、农业部南京农业机械化研究所
2010	现浇暗渠施工机具的研究与应用	江苏省水利科技优秀成果二等奖	南通市清淤疏浚机械有限公司、江苏省水利科学研究院、如东县水务局

10.3.5 暗管与鼠道排水

江苏圩区众多，不少地区受外河水位顶托，农田地下水位长期偏高；加上梅雨季节连绵降雨，农田土壤水分难以外排，导致农作物产生渍害，影响农业生产，群众称为“地下涝”或“哑巴涝”。中华人民共和国成立后，江苏在初步整治洪涝的基础上，着手探索防治渍害的方法和措施。20 世纪 50 年代中期开展调查研究和典型示范，重点是搞好明沟，排除地面水。60 年代，重点逐步转向降低地下水位，启动埋暗管、打鼠洞的田间地下排水试点。70 年代初期，推广土暗墒田间排水措施，土暗墒一度发展到 300 多万亩，但由于只适于黏性土质地区，且不宜稻季使用，还因花工多，致暗墒面积不够稳定；随后，排水治渍措施，由单一的明排或暗降发展到明沟、暗沟相结合，提高了治渍效果。80 年代，在总结各种暗排措施的基础上，扩大试点推广鼠道排水降渍工程。90 年代，重点开展制管和铺管机具与鼠道犁的研制，以及波纹塑料排水管道技术的引进与推广工作。到 20 世纪末，江苏在暗管与鼠道降渍工程技术研究与推广方面取得了丰硕成果，共获得包括 3 项国家科技进步奖在内的 10 多项成果，详见表 10.23。

表 10.23　　江苏暗管与鼠道排水主要科研与推广成果

获奖年份	成果名称	获奖等级	完成单位
1978	地下排灌技术	全国科学大会奖（无等级）	无锡县水利局、常熟县农田水利试验站、昆山县农田水利试验站
1982	圩区水利措施及农田暗管、鼠道排水治渍技术	国家农业科技推广奖（无等级）	江苏省水利厅农水处，江苏省水利科学研究所，南通、扬州等市水利局
1985	江苏省麦田排水降渍技术推广——麦田一套沟的形成与发展	国家科技进步三等奖	江苏省作物栽培技术指导站、江苏省水利厅农水处、沙洲县农科所等
1993	淮安市鼠道排水治渍增产示范工程	水利部科技推广三等奖	江苏省水利厅、淮阴市水利局、淮安市水利局

续表

获奖年份	成果名称	获奖等级	完成单位
1978	东风 12 型绳索牵引鼠道犁及其应用	江苏省科学大会奖	常熟县水利局、常熟农田水利试验站、常熟农机所
1980	IKP－100 开沟铺管机	江苏省重要科技成果三等奖	中国农机化研究室、江苏省水利科学研究所、无锡园艺水利研究所
1981	ZG－80 黏土制管机	江苏省重要科技成果四等奖	江苏省水利科学研究所、无锡园艺水利研究所、无锡县坊前轻工机械厂
1982	农田地下灌排降工程	江苏省重要科技成果四等奖	无锡县水利局
1984	鼠洞排水治渍技术	江苏省重要科技成果三等奖	常熟农田水利试验站
2000	农田鼠道成洞机具研制	江苏省科委科技进步三等奖	高邮市水利技术推广服务中心
2006	蔬菜旱、涝、渍减灾技术研究	江苏省水利科技优秀成果二等奖	江苏省水利厅规划计划处、河海大学水利水电工程学院

进入 21 世纪后，农田排水技术的研究、推广一度进入了低迷状态。目前，江苏已经开始在连云港市省属国营黄海农场、沿海滩地等处进行试点研究与推广。

10.3.6 水土保持与小流域治理

江苏小流域面积一般不超过 50km²，区内地形复杂，一般有低山、丘陵和冲田，小河、小溪和小沟分布在两山或两丘之间。小流域地形坡度大，坡耕地多，是水土流失的源头，小流域综合治理是水土流失治理的关键举措。江苏采取的小流域综合治理措施主要包括工程和生态防护两方面。工程措施主要有兴建小型水库、塘坝、谷坊、蓄水池等水源工程，拦蓄降雨径流，增加农田和林地灌溉水源，多余的雨水通过拦蓄沉淀变成清水下山；开好截水沟和冲田“用”字形沟，治理小河、小溪，消灭雨水漫流现象；配好桥、涵、闸、站等水土保持配套建筑物，保持自上而下水流通畅；改造坡耕地，建设高效节水灌溉工程。生态防护措施主要有种草、植树、绿化造林，达到小流域范围内看不到表土裸露现象。

江苏在开展丘陵山区水土保持治理的同时，也重视通南和废黄河等地平原沙土区水土保持的技术研究与推广。平原沙土区水土保持治理以骨干河道或行政村形成的小区域为综合治理单元，主要采取种草植树的生物防治措施，在道路两旁、村庄房前屋后植树，在堤坡、渠坡、沟河坡、田埂种草。种草植树以经济林草为主，达到看不到沙土露头的要求。平原沙土区采取种草植树的水土保持生物措施治理后，沟河及渠道一年挖、二年淤、三年平的现象显著改善。

多年来，江苏水土保持与小流域治理技术推广取得了重大的经济社会效益，全省水土流失面积明显减少，由 20 世纪 80 年代的 14817km² 下降到 2013 年的 5505km²，其中，丘陵山区水土流失治理率达 65.3%；平原沙土区水土流失治理率达 58.8%。特别是南京林业大学与南通市水利局共同完成的苏北沿海平原沙土区土壤侵蚀规律与综合防治技术课题，应用水土保持生物技术措施理论，率先研究了平原沙土区防护林的优化配置技术和固土防蚀功能，建立了乔、灌、草立体配置，网、带、片有机结合，持续高效的生态防护体系；结合该地区土壤渗透性强，沟、河、站、涵淤积严重等特点，研发了泵站进水池防淤、沟河排水防冲、坡面护岸等工程技术，有效地防止了水土流失和岸坡坍塌；通过研究耕作措施对土壤有机质的积累和土壤性状的改良作用，提出了合理的水土保持农作制度，形成了独具特色的平原沙土区水土流失综合防治技术措施体系。该技术体系在南通高沙土区得到了全面推广，取得了重大经济社会效益，研究推广成果获得了国家科技进步二等奖，多项科研与推广成果见表10.24。

表10.24　江苏水土保持与小流域治理主要科研与推广成果

获奖年份	成果名称	获奖等级	完成单位
2003	基于生态边界层理论的黄淮海平原林业生态系统工程技术	国家科技进步二等奖	南京林业大学、南通市水利局、如皋市农田水利科技试验站等
1978	山区水土保持综合措施研究	江苏省科学大会奖	夹谷山水土保持试验站
1992	丘陵山区小流域综合治理与开发技术研究	江苏省科技进步三等奖	赣榆县水利局、连云港市水利局、江苏省水利厅等
1997	丘陵山区灌溉水源综合开发运用技术研究	江苏省科技进步四等奖	盱眙县水利局、淮阴市水利局
2000	徐州市雨水资源开发利用研究	江苏省科委科技进步三等奖	徐州市水利局
2002	苏北沿海平原沙土区土壤侵蚀规律与综合防治技术	江苏省科技进步二等奖	南通市水利局、南京林业大学、江苏省水土保持办公室等
2007	盱眙县丘陵山区水土保持生态建设研究与应用	江苏省水利科技优秀成果三等奖	盱眙县水务局、盱眙县水利试验站
2008	丘陵山区生态修复效益研究	江苏省水利科技优秀成果三等奖	盱眙县水务局、扬州大学、盱眙县水利试验站
2009	农村河道生态环境整治研究与应用	江苏省水利科技优秀成果一等奖	南京市水利局、河海大学、溧水县水务局
2009	淮北沙土地区河道边坡设计与植物防护技术研究	江苏省水利科技优秀成果二等奖	淮安市淮阴区水利局、淮阴区农田水利试验站、扬州大学

10.3.7　灌区信息化与自动化

灌区信息化、自动化是农田水利现代化建设的标志之一，江苏灌区信息化技术从20世纪80年代的单机数据库技术，发展到目前的基于GIS的网络数据平台（如淮安市洪金灌区信息化管理系统）；自动化控制技术从20世纪80年代的单板机，到PC机控制（如2004年南通的三联灌区自动化控制），再到目前的网络控制技术（如常熟董浜、无锡东港、张家港永联、洪金灌区等灌溉自动控制系统）。

无锡水利局与扬州大学联合开发的无锡太湖水稻智能管道灌溉系统，由计算机控制泵站与支管电磁阀进行轮灌。示范区采用土壤水分张力传感器与液位传感器，实时监测旱作物的田间土壤含水量、地下水埋深；采用液位传感器实时监测水田田间水深；采用热成像技术采集作物冠层温度，通过区域冠层温度与植物蒸腾-蒸发量关系，实时判断作物需水情况；采用小型自动气象站，监测光照、环境温度、湿度、风力、降雨量等要素，结合作物品种及其生长期需水要求，判断作物的需水情况；结合作物生长模型，确定最佳灌溉时刻、最佳灌溉水量与灌溉时间以及最优轮灌组合，实现无人值守的自动灌溉模式。

近10年来，江苏洪金、渠南、高邮、五岸、沭南、皂河、来龙、如海、淳东、沿运、淮涟、沂北等大型灌区均开发了管理信息系统或决策支持系统。淮安市洪金灌区，开发了信息管理系统（IMS）、地理信息系统（GIS）和决策支持系统（DSS），实现了主要轮灌干渠渠首闸、节制闸的自动控制。开发的信息管理系统具有对灌区的基本情况、工程情况、用水情况及行政管理情况等数据进行录入、维护、统计、查询、生成报表、打印、数据备份等功能；地理信息系统（GIS）具有对斗渠、中沟以上全部渠道、排水沟道，以及闸、站、桥、涵等配套建筑物的信息查询、维护、修改、备份等功能；在此基础上，开发了基于平原自流灌区特点的干支渠道灌溉决策支持系统，实现了灌区干渠按条、分段、以及干渠续灌分级控制等轮灌方案的优化比选与自动控制灌溉的功能。

江苏灌区信息化、自动化技术的应用、开发与推广取得了长足进展，主要获奖成果见表10.25。

表10.25　江苏灌区信息化与自动化主要科研与推广成果

获奖年份	成果名称	获奖等级	完成单位
1985	农田灌区自动化控制	江苏省科技进步四等奖	江阴排灌管理所、江阴县水利农机局
1986	农田灌溉水利自动阀	江苏省科技进步四等奖	江阴排灌管理所
1986	微机控制自动化试验泵站	江苏省科技进步四等奖	太仓县水利局、江苏农学院
1991	HMC-51A型涵闸微机监控装置	水利部科技进步四等奖	江苏省水利科学研究所
1991	沿运灌区WYLC-I型两极分布式微机流量自控系统	江苏省科学技术进步四等奖	江都水利工程科研所、淮安市渠南水利管理所
2002	农田节水灌溉工程实时监控管理系统研究与应用	江苏省科技进步三等奖	江苏省机电排灌工程研究所、无锡市水利局等
2004	三联灌区自动化控制系统研究与应用	江苏省科技进步三等奖	南通市水利局、河海大学常州分校、如皋市水务局等
2008	变频恒压供水系统在蔬菜生产中的推广应用	江苏省水利科技优秀成果三等奖	常熟市水利技术推广站
2010	高邮灌区群闸调配专家决策控制系统	江苏省水利科技优秀成果二等奖	高邮市水务局、河海大学

10.3.8 节水型生态灌区建设

江苏年降雨量大多为800～1100mm，且过境水资源丰沛。江苏在灌区节水改造中，将节水、生态保护的理念贯穿于续建配套全过程，在节水的同时，十分注重农田生物多样性保护、排水河道的生态环境保护与修复。在高邮灌区，河海大学与高邮市水务局针对平原自流沙土灌区的特点，探索开发了系列渠道生态修复措施：渠道护岸不护底（坡岸采用混凝土或砖石等材料，底部采用黏土夯实、碾压）、分段设通道（分段设蛙类等动物逃逸通道）、缓坡作缓冲（渠道分段采用复式断面、缓坡、不作护砌）、护岸墙留孔（直立挟垛式挡水墙采用空心透水砖）等，保持了灌区水生植物、动物、微生物正常生存环境，保持水体良好的自净能力。河海大学与昆山水利局在昆山锦溪、扬州大学与洪泽水利局在周桥灌区，为了控制、减少乃至解决农田面源污染问题、保护河湖水质，试点推广了灌溉-排水-湿地综合管理系统，将灌溉、排水和湿地三者连接为一个有机的整体，降减农田面源污染，保护农田生物多样性。

江苏省水利厅与扬州大学共同完成的“江苏省大型灌区节水改造关键技术研究与应用”课题，在吸取国内外灌区续建配套与节水改造新理论、新技术的基础上，根据江苏灌区的自然、社会特点，开展了一系列灌区改造理论创新与新技术开发，在渠道衬砌方案优选、混凝土衬砌渠道的生态修复、生态排水沟的构建等方面进行了节水型生态灌区的建设实践。江苏在节水型生态灌区探索与实践方面取得了一系列成绩，主要科研获奖等级与成果名称见表 10.26。

表 10.26　　江苏节水型生态灌区建设主要科研获奖等级与成果名称

获奖年份	成果名称	获奖等级	完成单位
1992	山区节水型灌溉系统工程研究	江苏省科技进步四等奖	铜山县水利局
2005	渠道工程系统优化设计理论与应用研究	水利部“大禹奖”三等奖	扬州大学、南通市水利局、江苏省水利厅、淮安市水利局等
2007	水稻节水灌溉对水环境的影响	江苏省水利科技优秀成果三等奖	无锡市园艺水利研究所有限公司、无锡市水利局、无锡市锡山区水利农机局
2009	江苏省大型灌区节水改造关键技术研究与应用	江苏省科技进步三等奖、省水利科技优秀成果	江苏省水利厅农水处、扬州大学
2011	南方灌区生态节水工程建设与管理模式	江苏省水利科技优秀成果二等奖	高邮市水务局、河海大学
2014	高标准农田水利工程建设关键技术的研究与应用推广	第七届江苏省农业技术推广奖二等奖	江苏省水利厅、扬州大学

10.3.9　灌溉用水管理

江苏省灌区管理推行“面上工程信息化、骨干工程自动化、灌溉调度科学化”，灌溉用水管理是其核心。对于沿运大、中型自流灌区，科学的轮灌制度是做好灌溉用水管理工作的关键；对于丘陵山区的大中型灌区，蓄引提“长藤结瓜”系统的水资源配置与雨洪利用是灌溉管理的核心。从 20 世纪 80 年代起，大型平原自流灌区（如洪金灌区）就开展了干渠续灌分级控制水位、干渠逐条轮灌、干渠分段轮灌等轮灌工作制度与灌溉效益的比选研究；高邮灌区根据江苏灌溉用水试验成果，总结推广“一年用水早知道”灌溉配水模式，取得了显著效益。

目前，江苏全省各县区全部完成了《县级农业水价综合改革实施方案》，以反映农业水价形成机制、农业用水总量控制和定额管理为抓手，建立灌溉节约用水的精准补贴和节水奖励机制，全面推进农业灌溉用水科学管理。江苏省 20 多年来，在灌溉用水管理方面的主要科研获奖等级与成果名称见表 10.27。

表 10.27　　江苏省灌溉用水管理主要科研获奖等级与成果名称

获奖年份	成果名称	获奖等级	完成单位
1993	改进灌溉管理与费用回收	水利部科技进步三等奖	江苏省水利厅排灌总站
2002	经济自立灌排区试点推广措施与水价标准研究	江苏省科技进步三等奖	江苏省农村水利科技发展中心
2003	江苏农业节水补偿机制研究	江苏省科技进步三等奖	江苏省节水办公室、江苏省水利厅
2006	洪金灌区管理决策支持及优化调度系统研究与应用	江苏省水利科技优秀成果二等奖	淮安市水利局、扬州大学
2006	皂河灌区良性运行机制示范推广	江苏省水利科技优秀成果二等奖	淮安市淮阴区农田水利试验站、淮安市淮阴区水利局
2006	设施栽培蔬菜瓜果需水规律及灌溉模式研究	江苏省水利科技优秀成果一等奖	南通市水利局、河海大学、南通市崇川区水利科学研究所
2007	江苏省多种经济作物需水量试验研究	江苏省水利科技优秀成果二等奖	江苏省水利厅农水处、江苏省农村水利科技发展中心、河海大学
2009	灌排试验系统研发及农田水肥高效利用理论研究	江苏省水利科技优秀成果二等奖	昆山市水利技术推广站、河海大学、江苏省农村水利科技发展中心

10.3.10　农村水利现代化

农村水利现代化是借鉴发达国家经验，用当代材料、设备来装备农村水利，用先进技术、工艺来改造农村水利，用科学的理念与经营管理方法来指导农村水利，保障水安全、粮食安全，服务于当地社会经济发展、提高人民生活水平、促进水生态环境可持续发展的过程。

江苏经济发达，水资源相对丰沛，农村水利现代化借鉴了发达国家经验，避免走发达国家走过的弯路。如河道治理、节水灌溉技术、节水型生态灌区等，走出了一条具有江苏特色的农村水利现代化道路。早在 1998 年，江苏省水利厅与扬州大学联合开展了苏南地区农村水利建设标准与评价方法研究，该成果获水利部 1999 年度科技进步三等奖；2000 年，水利部农水司委托江苏省水利厅与扬州大学，开展了“经济发达地区农村水利现代化指标体系与评价方法”的研究；2002 年，水利部农水司颁布实施了《经济发达地区农村水利现代化工作指导意见》，编制出版了《农田示范园区建设标准》(SL 371)；2011 年颁布出台了《江苏省农村水利现代化建设标准》；2012 年水利部农水司委托太湖流域管理局、扬州大学开展“农村水利现代化评价指标体系研究”，旨在对我国不同类型地区的农村水利建设与管理进行分类指导。

参 考 文 献

[1] 中华人民共和国住房和城乡建设部，中华人民共和国国家质量监督检验检疫总局. 灌溉与排水工程设计规范：GB 50288—2018 [S]. 北京：中国计划出版社，2018.

[2] 中华人民共和国建设部，中华人民共和国国家质量监督检验检疫总局. 微灌工程技术规范：GB/T 50485—2009 [S]. 北京：中国计划出版社，2009.

[3] 中华人民共和国住房和城乡建设部，中华人民共和国国家质量监督检验检疫总局. 喷灌工程技术规范：GB/T 50085—2007 [S]. 北京：中国计划出版社，2007.

[4] 中华人民共和国国家质量监督检验检疫总局，中国国家标准化管理委员会. 管道输水灌溉工程技术规范：GB/T 20203—2017 [S]. 北京：中国计划出版社，2017.

[5] 中华人民共和国水利部，中华人民共和国住房和城乡建设部. 防洪标准：GB 50201—2014 [S]. 北京：中国计划出版社，2014.

[6] 中华人民共和国住房和城乡建设部，中华人民共和国国家质量监督检验检疫总局. 堤防工程设计规范：GB 50286—2013 [S]. 北京：中国计划出版社，2013.

[7] 中华人民共和国水利部. 农村水利技术术语：SL 56—2013 [S]. 北京：中国水利水电出版社，2013.

[8] 中华人民共和国水利部. 村镇供水工程设计规范：SL 687—2014 [S]. 北京：中国水利水电出版社，2014.

[9] 郭元裕. 农田水利学 [M]. 3版. 北京：中国水利水电出版社，2007.

[10] 江苏省革命委员会水电局. 圩区的规划与治理 [M]，1975.

[11] 江苏省水利厅，扬州大学. 灌排田间工程定型设计与装配式建筑物图集 [R]，2012.

[12] 江苏省农业资源开发局. 江苏省丘陵山区农业综合开发“十二五”规划 [R]，2011.

[13] 江苏省统计局. 江苏统计年鉴：2011—2016年 [M].

[14] 江苏省第一次全国水利普查领导小组办公室. 江苏省第一次全国水利普查成果汇编 [G]，2013.

[15] 江苏省水利厅，扬州大学. 江苏省抗旱规划 [R]，2011.

[16] 江苏省水利厅，扬州大学. 江苏省重点塘坝建设规划 [R]，2012.

[17] 南京市六合区水务局，扬州大学. 南京市六合区水资源综合规划 [R]，2007.

[18] 宿迁市水务局，扬州大学. 江苏省淮北地区高亢岗地水利综合治理模式研究 [R]，2011.

[19] 泗洪县水利局，扬州大学. 泗洪县西南岗水源工程规划 [R]，2011.

[20] 新沂市水利局，扬州大学. 江苏省新沂市丘陵山区雨水集蓄利用规划研究报告 [R]，2003.

[21] 新沂市水利局，扬州大学. 江苏省新沂市丘陵山区水源工程规划 [R]，2004.

[22] 江苏省水利厅. 江苏省水土保持公报 [R]，2013.

[23] 江苏省水利厅. 江苏省水土保持规划：2015—2030年 [R]，2015.

[24] 江苏省水利厅. 江苏省省级水土流失重点预防区和重点治理区规划报告 [R]，2014.

[25] 盱眙县水利设计室. 江苏省盱眙县林山小流域综合治理工程初步设计报告 [R]，2004.

[26] 江苏省水利厅. 江苏省水利工程管理资料汇编：第五册 [G]，2016.

[27] 江苏省水利厅，扬州大学. 江苏省灌溉发展总体规划：2011—2020年 [R]，2012.

[28] 江苏省水利厅，扬州大学. 江苏省大型灌区续建配套与节水改造规划：2009—2020年[R]，2010.

[29] 江苏省水利厅. 江苏省水资源公报：2002—2011年 [R].

[30] 南通市水利勘测设计研究院有限公司. 南通市水土保持规划 [R]，2016.

[31] 胡和平，田富强. 灌区信息化建设 [EB/OL]. (2003-8-24). http: www. jsgg. com. cn/Index/Display. asp? NewsID=3809.
[32] 国家发展改革委，水利部，卫生部. 全国农村饮水安全工程"十二五"规划 [R]，2011.
[33] 江苏省水利厅，扬州大学. 江苏省"十三五"农村饮水安全巩固提升工程规划 [R]，2016.
[34] 江苏省水利厅，扬州大学. 江苏省农村饮水工程现状与需求调查 [R]，2015.
[35] 江苏省水利厅，扬州大学. 江苏省县级农村饮水安全水质检测中心实施方案 [R]，2014.
[36] 江苏省水利厅，扬州大学. 江苏省农村饮水安全工程"2013—2017"规划 [R]，2013.
[37] 江苏省水利厅，扬州大学. 江苏省农村饮水安全现状调查 [R]，2012.
[38] 江苏省水利厅，扬州大学. 江苏省农村饮水安全工程"十二五"规划 [R]，2005.
[39] 江苏省水利厅，扬州大学. 江苏省农村饮水安全工程"2010—2013"规划 [R]，2010.
[40] 江苏省水利厅，扬州大学. 江苏省农村饮水安全工程"十一五"规划 [R]，2010.
[41] 江苏省水利厅，扬州大学. 江苏省农村饮水安全调查评估 [R]，2004.
[42] 王铁生. 长藤结瓜灌溉系统的水利计算 [M]. 北京：水利电力出版社，1984.
[43] 董其林. 农田水利 [M]. 北京：中国农业出版社，1983.
[44] 周明耀，陶长生. 灌区管理工作手册 [M]. 南京：河海大学出版社，1993.
[45] 水利部农村水利司，中国灌溉排水发展中心. 农民用水户协会知识普及读物 [M]. 北京：中国水利水电出版社，2007.
[46] 高洪深. 决策支持系统 (DSS) [M]. 北京：清华大学出版社，2000.
[47] 中国水利水电科学研究院. 中国农村饮水安全科技新进展 [M]. 北京：中国水利水电出版社，2009.
[48] 倪文进，马超德. 中国农村饮水安全工程管理实践与探索 [M]. 北京：中国水利水电出版社，2010.
[49] 程吉林，鲁梦江. 农村供水工程规划 [M]. 北京：中国水利水电出版社，2010.
[50] 李广贺. 水资源利用与保护 [M]. 北京：中国建筑工业出版社，2002.
[51] 严煦世，刘遂庆. 给水排水管网系统 [M]. 北京：中国建筑工业出版社，2002.
[52] 江苏省水利厅农田水利处. 农田水利基础知识 [M]. 南京：江苏科学技术出版社，1987.
[53] 江苏省水利厅. 江苏水情读本 [M]. 南京：江苏凤凰科学技术出版社，2015.
[54] 江苏省水利厅. 江苏水利工作手册 [M]，2016.
[55] 缪华. 南方地区小型机电灌区田间配套建筑物标准化研究 [D]. 扬州：扬州大学，2012.
[56] 郭丹萍. 江苏省田间工程典型布置模式研究 [D]. 扬州：扬州大学，2012.
[57] 王阳. 南方小型机电渠灌区标准化研究 [D]. 扬州：扬州大学，2012.
[58] 高良敏. 南方小型机电（塑料、混凝土）管道灌区标准化研究 [D]. 扬州：扬州大学，2012.
[59] 李春雨. 渠道防渗工程技术比较 [J]. 山西建筑，2010，36 (16)：367-368.
[60] 李波，洪林，李瑞鸿，等. 渠道生态衬砌技术及其应用前景 [J]. 节水灌溉，2010 (10)：64-65，71.
[61] 顾宏，黄万勇，李江安，等. 高邮灌区渠道生态衬砌形式与综合评价 [J]. 节水灌溉，2012 (12)：51-53，57.
[62] 马秀梅. 平原河网地区的水系规划研究 [D]. 南京：河海大学，2006.
[63] 涂琴，李红，蔡彬，等. 江苏省节水灌溉技术发展现状及趋势 [J]. 农机化研究，2013 (4)：240-244.
[64] 蔡晓莉，韦顺凡. 农业节水灌溉现状及其发展趋势 [J]. 中国农村水利水电，2009 (8)：20-21.
[65] 王文晶. 我国节水灌溉技术现状与发展趋势分析 [J]. 农机使用与维修，2013 (7)：17-18.
[66] 郭相平，张展羽. 节水农业的潜力在哪里 [J]. 中国农村水利水电，2001 (10)：13-14.
[67] Blackman P G，Davies W J. Root to shoot communication in maize plants of the effect of soil drying [J]. Journal of Experimental Botany，1985，36 (162)：39-48.
[68] Gollan T，Passioura J B，Munns R. Soil water status affects the stomatal conductance of fully turgid

wheat and sunflowerleaves [J]. Australian Journal of Plant Physiology, 1986, 13: 459-464.
[69] 李中华, 王树鹏, 张云峰. 高效节水灌溉工程优化设计要点 [J]. 中国农村水利水电, 2012 (12): 23-25.
[70] 赵守仁, 汪恩德. 试论江苏省盐渍土的综合治理 [J]. 北方水稻, 1992 (3): 20-22.
[71] 金兆森, 陶涛. 江苏省平原沙土地区水土保持措施及其作用 [J]. 水土保持研究, 2005, 12 (5): 119-121.
[72] 葛书龙. 我省圩区现状及治理思路 [J]. 江苏水利, 1999 (12): 38-39.
[73] 刘克强, 李敏. 平原河网地区圩区建设与规划的几点思考 [J]. 水利规划与设计, 2009 (5): 20-21, 54.
[74] 徐慧, 杨姝君. 太湖平原圩区河网演变模式探析 [J]. 水科学进展, 2013 (3): 366-371.
[75] 戴龙洋, 李绍同, 於汝良. 关于里下河区域洪涝治理几个热点问题的思考 [J]. 治淮, 2008 (4): 11-13.
[76] 高俊峰, 韩昌来. 太湖地区的圩及其对洪涝的影响 [J]. 湖泊科学, 1999 (2): 105-109.
[77] 徐昌杰, 刘俊, 陶雷. 混合圩区排涝布局优化研究 [J]. 中国农村水利水电, 2009 (12): 84-86.
[78] 蔡勇, 胡乐, 夏红卫. 江苏农村水利现代化的探索与实践 [J]. 江苏水利, 2012 (1): 9-10, 13.
[79] 林泽新. 太湖流域防洪工程建设及减灾对策 [J]. 湖泊科学, 2002 (1): 12-18.
[80] 张根福. 圩区建设与生态、社会效应: 20 世纪 50—70 年代太湖流域联圩并圩的考察 [J]. 中央民族大学学报 (哲学社会科学版), 2012 (4): 36-41.
[81] 冯小明. 昆山市圩区防洪除涝规划相关问题的探讨 [J]. 灌溉排水学报, 2007 (增刊1): 23-24.
[82] 詹红丽, 张展羽, 刘建成, 等. 封闭圩区水环境治理规划 [J]. 中国农村水利水电, 2003 (11): 37-39.
[83] 郭元裕, 白宪台, 雷声隆. 南方圩 (湖) 区最优水面率研究 [J]. 水利学报, 1982 (7): 8-17.
[84] 张学技, 阎伟, 丁光浩, 等. 常州市芙蓉大圩最优水面率研究 [J]. 灌溉排水学报, 2006 (6): 71-73.
[85] 陆建林, 张礼华. 沿江赶潮地带太仓半高田区排水规划探讨 [J]. 灌溉排水学报, 2007 (1): 79-80.
[86] 阎玮. 苏南圩区城市化排水标准与最优水面率研究 [D]. 扬州: 扬州大学, 2006.
[87] 秦莹. 苏南圩区水系优化规划方法与应用 [D]. 扬州: 扬州大学, 2010.
[88] 仇锦先. 江苏省淮北丘陵山区雨水集蓄利用灌溉最优化研究 [D]. 扬州: 扬州大学, 2003.
[89] 秦灏. 江苏省淮北丘陵山区生态环境需水量及雨水集蓄利用优化研究 [D]. 扬州: 扬州大学, 2007.
[90] 冯英艳. 六合丘陵山区水资源配置动态模拟模型研究 [D]. 扬州: 扬州大学, 2008.
[91] 胡大伟. 扬州市丘陵山区小流域生态治理模式研究 [D]. 扬州: 扬州大学, 2009.
[92] 张银龙. 江苏省丘陵山区农田水利综合治理模式 [D]. 扬州: 扬州大学, 2013.
[93] 吴盘清. 宜兴市丘陵山区小流域综合治理综述 [J]. 江苏水利, 2002 (10): 41.
[94] 王礼先. 小流域综合治理的概念与原则 [J]. 中国水土保持, 2006 (2): 16-17, 52.
[95] 张新玉, 杨元辉. 我国水土保持小流域综合治理模式研究 [J]. 中国水利, 2011 (12): 58-61.
[96] 朱克成. 浅谈江苏省的小流域综合治理 [J]. 江苏水利, 1991 (2): 13-16, 80.
[97] 刘复新, 朱克成. 江苏省丘陵岗地的治理和开发利用 [J]. 土壤肥料, 1989 (5): 45-47.
[98] 刘复新, 朱克成. 江苏省小流域治理试点成果和经验 [J]. 中国水土保持, 1987 (8): 47-48.
[99] 刘德. 山东省水土流失的治理措施及治理技术 [J]. 水土保持研究, 1994 (2): 39-52.
[100] 李希悦. 二十五里沟小流域治理 [J]. 中国水土保持, 1987 (9): 50-51.
[101] 张青峰, 邢丽芳. 3S 技术在水土保持与荒漠化防治中的应用 [J]. 山西水土保持科技,

2004 (4): 12-15.
[102] 李文训. 山东省小流域综合治理模式研究 [D]. 济南: 山东师范大学, 2008.
[103] 孙浩, 姜健俊, 蒋雷. 浅析江苏省大型灌区续建配套与节水改造的经验与启示 [J]. 治淮, 2012 (3): 37-39.
[104] 蒋晓红. 大型灌区续建配套与节水改造规划设计相关技术与方法研究 [D]. 扬州: 扬州大学, 2009.
[105] 曹虎, 魏胜林, 唐剑, 等. 农业灌溉渠道水体生态修复与景观设计的思考 [J]. 安徽农业科学, 2012 (26): 12988-12989, 13004.
[106] 蒋斌, 黄海田, 王朝俊. 江苏水利信息化与自动化的现状及其发展方向 [J]. 水利水文自动化, 2010 (1): 19-23.
[107] 陈兴, 程吉林, 蒋晓红, 等. 洪金灌区管理信息系统研究与开发 [C]//农业工程科技创新与建设现代农业: 2005年中国农业工程学会学术年会论文集第三分册. 中国农业工程学会, 2005.
[108] 肖梦华, 俞双恩, 章云龙. 控制排水条件下淹水稻田田面及地下水氮浓度变化 [J]. 农业工程学报, 2011 (10): 180-186.
[109] 胡泊. 江苏省节水型生态灌区评价指标体系研究与软件开发 [D]. 扬州: 扬州大学, 2011.
[110] 李纪人. 地理信息系统在水利中的应用 [J]. 中国水利, 2001 (8): 67-68.
[111] 范昊明, 杨国范, 安禹, 等. GIS技术在灌区用水管理中的应用研究 [J]. 沈阳农业大学学报, 2002 (2): 142-145.
[112] 年立新. 加速实现灌区信息化建设 [J]. 中国农村水利水电, 2001 (9): 10-11.
[113] 周学文, 张建云. 水利信息化及其发展思路 [J]. 中国水利, 2001 (1): 39-40.
[114] 陈兴, 程吉林, 蒋晓红. 基于GIS灌区决策支持系统的研究 [J]. 扬州大学学报 (自然科学版), 2006 (2): 43-47.
[115] 陈兴, 程吉林, 朱春龙, 等. 大型灌区管理信息系统的研究与开发 [J]. 灌溉排水学报, 2006 (2): 53-57.
[116] 陈兴, 高晓琴, 谢亚军. 基于MapX的灌区地理信息系统开发 [J]. 灌溉排水学报, 2003 (6): 63-65.
[117] 曾庆祝. 大型自流灌区信息与控制系统研究与应用 [J]. 江苏水利, 2006 (10): 13, 15.
[118] 沈波, 程佩璜, 何培康. 南通市沙土区几种水土保持工程技术措施 [J]. 水土保持通报, 2002 (5): 40-41.
[119] 刘复新. 江苏省水土保持情况和治理措施 [J]. 中国水土保持, 1983 (1): 15-17.
[120] 沈波, 张玉建. 小型泵站进水池防淤堰研制与应用 [J]. 江苏水利, 1999 (10): 37-38.
[121] 沈波, 胡海波, 肖海涛. 通南高沙土区农田土壤侵蚀规律研究 [J]. 水利水电科技进展, 2003 (1): 35-37, 70.
[122] 沈波, 吉庆丰, 肖海涛, 等. 沙土区骨干河道综合治理研究与应用 [J]. 江苏水利, 2005 (1): 37-40.
[123] 张银龙, 沈波, 张金池, 等. 平原沙土区河道边坡防护技术及应用 [J]. 南京林业大学学报 (自然科学版), 2008 (2): 113-117.
[124] 肖海涛, 沈波, 姜国华, 等. 平原高沙土地区土壤侵蚀规律及主要防治措施 [J]. 水土保持研究, 2003 (2): 131-134.
[125] 吕振霖. 严格管理严格保护确保全省饮用水源地供水安全 [J]. 江苏水利, 2007 (8): 4, 6.
[126] 张小马. 加快实施农村饮水安全工程让人民群众喝上干净的水 [J]. 江苏水利, 2008 (2): 5-6.
[127] 李亚平. 精心部署抓落实攻坚克难惠民生加快推进新一轮农村饮水安全工程建设 [J]. 江苏水利, 2014 (7): 1-2, 9.
[128] 蔡勇, 蒋伟. 江苏省农村饮水安全工程建设探索 [J]. 中国水利, 2014 (7): 46-47, 51.

[129] 张键，宗姗，时惠，等．复合曝气生物滤池处理微污染源水的试验研究［J］．安全与环境学报，2009（3）：29-32．
[130] 何莲，程吉林，张汉松．农民安全饮水水价承受能力的定量分析研究［J］．灌溉排水学报，2011（4）：22-26．
[131] 何莲，程吉林，张汉松．农村集中供水工程规模效益的优化研究［J］．灌溉排水学报，2011（5）：7-11，16．
[132] 何莲，程吉林，张汉松，等．农村饮水安全工程评价指标研究与系统开发［J］．灌溉排水学报，2010（6）：14-17．
[133] 王忠烨，程吉林，何莲，等．农村饮水工程水泵选型的计算机模块开发［J］．中国农村水利水电，2010（4）：129-131．
[134] 陆海明，邹鹰，孙金华，等．南方农村饮水水源地生态防控体系示范工程：以南京市东龙河小流域为例［J］．水利水运工程学报，2011（3）：59-64．
[135] 王哲，张启权，曹惠娟，等．溧水县饮用水源地保护的对策探讨［J］．江苏水利，2007（5）：35-37．
[136] 卫臻，周密，朱元龙，等．张家港市饮用水源地水质立体化监测系统研究［J］．水资源保护，2008（4）：91-94．
[137] 戴桂忠，顾宏，李敏，等．农村小水厂回购策略初探［J］．水利发展研究，2011（3）：70-71，78．
[138] 王丽萍，余莹莹，梁森，等．农村饮水安全工程徐州供水模式的选择及实施［J］．江苏水利，2010（8）：45，48．
[139] 朱开蒙．丰县农村饮水安全工程建设的实践［J］．江苏水利，2007（7）：43-45．
[140] 周昌云，许健，张日华，等．农村公共供水工程专项整治的实践与思考［J］．江苏水利，2006（2）：46，48．
[141] 罗健，贝久兵．宝应区域供水的探索和思考［J］．江苏水利，2012（1）：30-31．
[142] 季祥华．大丰市农村饮水安全工程建设实践与启示［J］．水利发展研究，2012（2）：72-74，93．
[143] 陈新明．推进城乡供水一体化建设的几点做法［J］．江苏水利，2012（5）：41．
[144] 石伟丰．推进城乡一体化供水的探索［J］．江苏水利，2014（10）：41，43．
[145] 周青，严小明，赵越，等．推进城乡联网统一供水的探索［J］．江苏水利，2014（7）：32-34．
[146] 耿卫明．加强农村饮水安全工程建设质量管理的探索［J］．江苏水利，2014（9）：31-33．
[147] 张营灏，井然，王玉侠．丰县高质量高标准建设饮水安全工程［J］．中国水利，2010（15）：59-60．